INTRODUCTION TO
JAVASCRIPT
PROGRAMMING
The "Nothing but a Browser"
Approach

斯坦福
程序设计入门课
JavaScript实现

[美] 埃里克·S. 罗伯茨（Eric S. Roberts） 著

编程思考者团队 译

机械工业出版社
China Machine Press

图书在版编目（CIP）数据

斯坦福程序设计入门课：JavaScript 实现 /（美）埃里克·S. 罗伯茨（Eric S. Roberts）著；
编程思考者团队译 . —北京：机械工业出版社，2021.1
（世界名校公开课）
书名原文：Introduction to JavaScript Programming: The "Nothing but a Browser"
　　　　　 Approach

ISBN 978-7-111-66942-5

I. 斯…　 II. ① 埃…　 ② 编…　 III. 程序设计 - 普及读物　 IV. TP311.1-49

中国版本图书馆 CIP 数据核字（2020）第 227100 号

本书版权登记号：图字　01-2020-2379

斯坦福程序设计入门课：JavaScript 实现

出版发行：机械工业出版社（北京市西城区百万庄大街 22 号　邮政编码：100037）
责任编辑：李美莹　　　　　　　　　　　　　责任校对：李秋荣
印　　刷：北京建宏印刷有限公司　　　　　　版　　次：2021 年 1 月第 1 版第 1 次印刷
开　　本：185mm×260mm　1/16　　　　　　印　　张：24.25
书　　号：ISBN 978-7-111-66942-5　　　　　定　　价：119.00 元

客服电话：(010) 88361066　88379833　68326294　　投稿热线：(010) 88379604
华章网站：www.hzbook.com　　　　　　　　　　　　读者信箱：hzit@hzbook.com

本书是斯坦福大学计算机科学首门编程课程的教材。从书名可以看出，本书采用 JavaScript 编程语言来讲授如何编写程序。JavaScript 语言是浏览器的内置语言，其地位和流行程度不言而喻。可以说，不需要安装其他软件，只要有浏览器，任何人都可以轻松地学习编程。

深入浅出是本书的一大亮点。本书章节设置循序渐进，层次合理，不像同类书籍那样，读不了几章就给人一种强烈的"劝退感"。本书非常方便读者轻松阅读，可以帮助他们掌握编程的方法和基本原则。

颇具趣味性是本书的另一亮点。每章开篇都会介绍计算机科学史上的一位重要人物，这一点在同类书籍中很少见到。每章中的案例和练习题所涉及的主题和来源也丰富多彩，在颇具趣味性的同时让人大开眼界。通过本书，译者团队也对西方文化有了更多的了解。

书中涉及的编程知识面比较广，帮助读者在轻松阅读的同时，逐步窥见编程领域的全貌，也为后续更深入地学习相关知识做了很好的铺垫。在翻译本书的过程中，我们团队成员时常发出类似这样的感慨："如果在我当初学编程的时候，学校能使用这样的教材该有多好啊！"

十分感谢机械工业出版社华章公司的关敏和闫南两位老师把本书交给我们团队来翻译，也很感谢本书的责任编辑李美莹老师。

因为是团队协作翻译，这里介绍一下参与本书翻译工作的团队人员及具体分工。编程思考者团队参与本次翻译工作的成员共 10 人：钱昱、老姚、Dendoink、桃翁、小生方勤、李世奇、yck、浪里行舟、陈大鱼头和石小阳。其中，钱昱负责文前和第 9 章的翻译；老姚负责第 1 章、第 4 章和第 11 章的翻译；Dendoink 负责第 2 章和第 3 章的翻译；桃翁负责第 5 章的翻译；小生方勤负责第 6 章的翻译；李世奇负责第 7 章的翻译；yck 负责第 8 章的翻译；浪里行舟负责第 10 章的翻译；陈大鱼头负责第 12 章的翻译；石小阳负责全部章节的审校工作。另外，钱昱和老姚负责全书协调统一以保证整体质量。

更详细的说明和译者介绍可参见 https://github.com/programmingthinkers/public。

限于译者水平，译文中难免出现疏漏和错误，欢迎大家批评指正。

编程思考者团队
2020 年 8 月

•• 写给学生的话 ••

你好！当拿起本书的时候，你就已经开始迈入计算机科学的大门了。约两千五百年前，中国哲学家老子曾有句名言："千里之行，始于足下。"而本书正好可以作为你计算机科学之旅的起点。

随着计算机科学的蓬勃发展，相关工作不仅机会多，薪水也丰厚。但与之形成鲜明对比的是，掌握足够技能并且胜任这些工作的人却很少。此外，计算机科学也正在改变几乎所有其他学科，不限于理工类，而是跨所有大学课程。无论选择哪个研究领域，了解如何高效使用计算机都会让你获益良多。

本书通过教授如何使用 JavaScript 语言编写程序，引导你走上奇妙的计算机科学之旅。JavaScript 语言是基于 Web 的应用程序的核心语言。本书所有示例代码都可以在任何浏览器上运行，包括手机上的浏览器。虽然使用 JavaScript 来演示，然而本书着重讲解编程的基本原则，其中的道理也可以用于任何其他语言中。

正如学习其他技能一样，学习编程也可能需要花一番功夫。许多学生觉得计算机学科有点难以应付，认为学习该学科超出了他们的能力范围。然而，学习编程基础却并不需要你对高等数学或者电子学有详细的了解，它强调的是掌握解决问题的能力。

要做到这一点，你需要能够进行具有逻辑性的思考，并且按照计算机能够理解的方式来表达你的逻辑。或许最重要的是，你要在解决这个问题的过程中，不会被困难和挫折所打倒。如果能成功地坚持到最后，最终解决问题时的那份喜悦会让你忘记过程中遭遇过的挫折。

祝你在计算机科学之旅中一路顺风！

Erid S. Roberts

斯坦福大学

本书旨在用于大学课程中的第一门编程课。它覆盖了传统计算机科学首门课程（通常称为 CS1）的所有内容。本书假设读者没有任何编程经验，适合计算机科学专业的学生，以及对编程基础感兴趣的其他专业学生阅读。

本书使用的 JavaScript 编程语言是业界使用最广泛的语言之一，并且已成为编写交互式 Web 应用程序的标准语言。正因为 JavaScript 如此流行，所以每个主流 Web 浏览器都内置了对 JavaScript 的支持，这意味着任何具有浏览器的设备都可以运行 JavaScript 程序，无须借助于任何其他软件。但是，本书的重点是对编程基本原则的讲解，而非 JavaScript 语言本身，所以书中并没有照本宣科地涵盖所有 JavaScript 知识点，而且避免了学生可能会误用的一些方面。本书采用的 JavaScript 子集可以为学生提供足够的能力来编写能够在任何 Web 浏览器中运行的令人兴奋的程序。

当前 JavaScript 在 CS1 中的使用情况

作为一门学科，计算机科学的发展日新月异。这些变化让人振奋不已，尤其是对于那些在数字时代成长起来的学生而言。对教育工作者来说，高速发展带来的挑战总是会延伸到课程的最初阶段。随着语言、工具和范式的转变，教学策略也需要不断与时俱进。

在 20 年前，支持 applet 的 Java 编程语言看起来像是未来的潮流，似乎很有可能成为基于 Web 的编程的标准。但事实上这并未发生。到 21 世纪初，Java applet 已被抛弃，取而代之的是无处不在的 JavaScript、HTML 和 CSS 的混合体，它们如今已成为 Web 应用程序的基础。

当发现 JavaScript 取得了 Web 语言竞赛的胜利时，我和几个同事就开始考虑在斯坦福大学的程序设计入门课程中使用它。我们最初选择 JavaScript 的动机，很大程度上来自于我们对"只需要浏览器"模式的强烈兴趣，在这种模式下，即使无法使用计算机而只有智能手机的学生也完全可以在 Web 环境中工作。当我们开始讲授 JavaScript 版本的导论课程时，我们发现基于浏览器的模式和我们预想的完全一样。学生们不再需要安装和使用单独的开发环境，只需要浏览器环境即可。学生们还可以将 JavaScript 内容添加到自己的 Web 页面上，这样不仅可以提高他们的学习动力，而且也可以鼓励他们展示自己的作品。

除了基于 Web 模式的这些优点之外，我们很高兴地发现 JavaScript 作为一种教学语言也能很好地胜任。学生掌握 JavaScript 基本知识的速度远比他们学习 Java 的学长们更快。正如本书第 9 章中介绍的被广泛使用的 JavaScript 对象表示法（JSON）的发明者道格拉斯·克罗克福德（Douglas Crockford）的评论：JavaScript 是一种美丽的、优雅的、富有表现力的语言，尽管它经常被用在其他不怎么能展示这份优雅的网络技术环境中。如果你专注于 JavaScript 语言本身，它的美丽和优雅使得讲授 JavaScript 比讲授其他语言要简单得多，而且也没有那么多令人困惑的细节需要额外解释。

本书在篇幅上也反映出了 JavaScript 相对简单这一点，与我的同课程的 Java 版教材相比，在篇幅上少了 30%。尽管篇幅变小了，JavaScript 版教材涵盖的内容却多了至少25%。在某种程度上，表达的简洁性也反映了 JavaScript 程序比用 Java 编写的相同程序更短的事实。然而，更重要的是，在从 Java 到 JavaScript 的转换过程中，那些消失的程序部分恰恰是最需要解释的。

教学方法

为了最大化学生的理解程度，本书采用了已被证实有效的三个策略。首先，为了介绍 JavaScript 的编程概念，本书使用了类似于理查德·帕蒂（Richard Pattis）的卡雷尔（Karel）机器人微型世界教学方式，它在过去约 40 年里称职地引导斯坦福大学的学生进入编程世界。虽然跳过 Karel 这一章也可以，但我们发现，通过这种入门方式，学生从中获得的对概念的理解是完全对得起其所花费的时间的。其次，本书采用了道格拉斯·克罗克福德在 *JavaScript: The Good Parts* 一书中推荐的编程指南，该指南指出了如何用 JavaScript 编写优雅、结构良好的程序。最后，本书编排有序，在学生掌握了必要的背景知识之后，再给出最具挑战性的课题。例如，在学生完成了数据结构和继承章节的学习之后，在第 12 章中再详细讨论 JavaScript 如何与其他 Web 技术（如 HTML 和CSS）一起工作。

教学特点

本书利用以下特点来巩固学生的学习。

- ❑ **章节开篇**：每章开头都有一张照片和一个对计算机科学产生重大影响的人物的简短传记。这些传记及其不同的背景故事也展示了计算机科学人性化的一面。
- ❑ **关键术语**：书中的每个新术语都以楷体显示，并且在其后附上含义。
- ❑ **源代码**：所有示例程序的源代码都可以在本书的网站上找到。此外，它们都可以在任何浏览器中运行。
- ❑ **章节总结**：每章包含一个概括性的总结，列出了该章介绍的关键思想。

❑ 复习题：每章的总结之后是课后复习题，用于测试学生是否理解章节知识点。复习题答案可以在本书的网站上找到。

❑ 练习题：每章最后一部分是练习题，用于测试学生是否理解章节内容，同时给他们机会编写令人兴奋的应用。

参考资源

以下资源可以访问华章图书官网 http://www.hzbook.com，通过注册并登录个人账号下载。

❑ 教学幻灯片：本书的网络资料库中提供每章教学用的幻灯片。这些幻灯片展示了每章的知识要点，并包括程序示例的详细演示。

❑ 程序源代码：上述网站提供了本书中所有示例程序的源代码。该网站上对应的页面方便学生可以直接在浏览器中运行这些程序。

❑ 复习题参考答案：复习题在本书中起自测的作用，以便学生了解自己的理解程度。复习题的参考答案也同样放在了上述网站中。

阅读须知

在入门性质的课程中使用 JavaScript 的一个很大的好处是示例程序可以在所有支持 HTML 5 和 ECMA 6 的浏览器中运行，而这二者基本已被所有主流浏览器支持。本书中的 JavaScript 示例代码都不需要最新版的 JavaScript 特性，并且实际上仅使用即使较旧的浏览器通常也支持的 ECMA 6 扩展。

虽然使用 www.pearsonhighered.com/cs-resources 网站上的在线编辑器也可以编写简单的程序，但大多数学生还是觉得使用更强大的文本编辑器编写程序更为简单。在网上可以自由地获取众多优秀的编辑器，并且我们发现最好让学生亲自选择最适合自己的编辑器，而不是强制他们一定要选择某一个。

•• 致　　谢 ••

许多人以不同的方式为本书的面世做出了贡献。特别感谢道格拉斯·克罗克福德，他的 *JavaScript: The Good Parts* 一书证明 JavaScript 可以用来编写美丽、优雅而富有表现力的程序，并向读者展示了如何做到这一点。

我还要感谢斯坦福大学的同事们，他们的无私帮助使得本书的面世成为可能。这里对杰瑞·凯恩（Jerry Cain）表示深深的谢意，我和他一起在 2016—2017 春季学期教授了基于 JavaScript 的入门课程的试点课程。我们从这个试点课程的教授中学到了很多东西，并将过程中的思考和理解整合到了本书的最终版里。杰瑞不仅是一位出色的同事，还是一位优秀的读者，他认真地阅读了本书的初稿。他的一些角度独特的点评也使得本书变得更加完善。我还要感谢我的同事克里斯·皮耶希（Chris Piech）、基思·施瓦兹（Keith Schwarz）和马蒂·斯特普（Marty Stepp）对本书的大量贡献，以及几届课长和试点课程中的学生，他们的共同努力使得这门课变得更加精彩。

非常感谢特蕾西·约翰逊（Tracy Johnson）、马西娅·霍顿（Marcia Horton）、埃琳·奥尔特（Erin Ault）、梅根·雅各比（Meghan Jacoby）以及 Pearson 团队的其他成员多年来对本书以及我之前出版的书的支持。此外，我也要感谢审稿人保罗·福多尔（Paul Fodor）、伊恩·厄廷（Ian Utting）、克里斯廷·克里斯滕森（Kristine Christensen）和泽克西·乌姆里加尔（Zerksis Umrigar）对本书的审阅，他们也为本书提供了出色的反馈和建议。

同以往一样，本书成书的最大功劳属于我的妻子劳伦·腊斯克（Lauren Rusk），她再次作为我的开发编辑，为我的工作提供了莫大的帮助。劳伦的专业知识为本书的行文准确性和优美性提供了保障。没有她，所有的事情都不可能像现在这样好。

•• 目　录 ••

第 1 章

轻 松 入 门

在如今的很多学校里……计算机正被用来对孩子进行编程。而我的想法是：要让孩子来对计算机进行编程。与此同时，孩子们还能从中获得成就感，因为他们掌握了一项最先进的、强有力的技术手段，进而和科学、数学以及知识模型建构等领域中某些最深邃的概念发生亲密接触。

——西摩·佩珀特，*Mindstorms*，1980 年

20 世纪 60 年代，麻省理工学院的西摩·佩珀特（Seymour Papert）教授用一种叫作 LOGO 的语言教授波士顿地区的小学生编程，学生们通过编写程序控制机器人海龟。海龟可以向前或向后移动，可以绕其中心旋转特定角度，可以使用安装在底部的笔在一大张纸上画画。LOGO 海龟因此成为第一个被设计用来在简化环境中教授计算科学基础的编程微型世界。

计算机科学是当今世界最具活力的研究领域之一。大多数学生意识到，获得计算机科学的学位意味着能有更好的职业选择机会。然而，很少有人意识到计算机科学为创造力、智力挑战和寻找世界面临的重要问题的解决方案都提供了非凡的机会。

（Rick Friedman/Corbis Entertainment/Getty Images）

西摩·佩珀特（1928—2016）

解锁计算机科学的力量需要你掌握编程（programming）这门学科，它是一个将解决问题的策略转化成可以由计算机执行的精确表达方式的过程。然而，编程并不是你可以通过阅读一本书就能学会的东西。与几乎所有值得学习的技能一样，编程也需要实践。而本书提供了所需的工具，让你可以通过编

       原书为 the computer is being used to program the child。——译者注

写解决有趣问题的程序来开始实践。

与此同时，要想一蹴而就地学会编程是很困难的，你必须循序渐进地学习它。然而现代编程语言囊括了如此多的细节，以至于其复杂性阻碍了人们对全局的理解。

为了避免被这些语言固有的复杂性所困扰，本书在一个被称为微型世界（microworld）的简化环境的上下文中介绍编程。通过设计，微型世界是容易被理解的，让你可以立即开始编写程序。在这个过程中，你将学习编程的基本概念，而不必掌握大量无关的细节。

多年来，包括本章开篇简单提到的 LOGO 海龟项目在内的许多不同的微型世界蓬勃发展。本书首先会介绍一个被称为 Karel 的微型世界，我们在斯坦福大学使用它长达 30 多年，并取得了巨大成功。使用 Karel 能让你从一开始就解决有挑战性的问题，而且因为 Karel 鼓励想象力和创造力，你可以在这个过程中得到很多乐趣。

1.1 Karel 介绍

20 世纪 70 年代，斯坦福大学的研究生理查德·帕蒂（Richard Pattis）认为，如果人们能够在一个不像大多数编程语言那样复杂的环境中学习编程概念，那么编程基础的教授就会变得相对容易。从 LOGO 项目的成功中受到启发，帕蒂设计了一个微型世界，在这个世界中，学生教一个虚拟机器人解决简单的问题。帕蒂以捷克剧作家卡雷尔·恰佩克（Karel Čapek）的名字命名他的机器人为 Karel。1923 年，卡雷尔的戏剧 *Rossum's Universal Robots* 将 "robot" 一词引入了英语。Karel 很快取得了成功，并很快传播到世界各地的大学。

（Courtesy of Richard Pattis）

理查德·帕蒂

1.1.1 Karel 的编程

Karel 是一个非常简单的机器人，生活在一个同样简单的世界里。你可以通过一组指令指挥 Karel 在它的世界里执行某些任务。这些指令构成一个程序（program），一般来说，组成程序的文本称为代码（code）。编写程序时，你必须以一个能让 Karel 正确理解的方式来精确地编写。而且你编写的每个程序都必须遵守一组语法规则，这些规则定义了该程序是否合法。

Karel 的编程语言的规则与其他更复杂的语言类似。不同之处在于 Karel 的编程语言非常小，小到事实上不到一个小时你就能学完需要知道的东西。即使如此，你会发现解决 Karel 世界里的一个问题也可以是相当具有挑战性的。解决问题是编程的本质，你可以通过学习规则获得解决问题的能力。

1.1.2 Karel 的世界

Karel 的世界由从西向东的**大街**（street）和从南向北的**大道**（avenue）所定义。大街和大道的交叉点叫作**街角**（corner）。Karel 只能被放置在一个街角，必须面对四个标准的罗盘方向之一（北、东、南、西）。在下面的示例世界中，Karel 在第 1 大街和第 1 大道的街角处，并且面向东方。

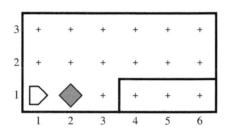

在这个例子中可以看到 Karel 的世界的其他几个组成部分。Karel 前面那个灰色的菱形物体是一个**蜂鸣器**（beeper）。理查德·帕蒂将蜂鸣器描述为"能发出轻微蜂鸣声的塑料锥"。只有当 Karel 和蜂鸣器在同一个街角时，才能听到这些声音。例如，图中此时，Karel 并未意识到蜂鸣器的存在，只有当 Karel 移动到下一个街角时才会发现它。图中的实线是**墙壁**（wall）。Karel 的世界总是由边缘的墙壁包裹着，并且也可能包含内墙。

Karel 的世界是用来讲故事的，它以不同的方式解释世界的几何形状。在某些情况下，可以将世界看作一个二维平面上的大街和大道。在另一些情况下，则需要忘记大街和大道，用不同的方式思考 Karel 的世界。在本例所示的图中，最易想象的是你正从侧方观察世界。Karel 站在地上，内墙形成了一个平台，Karel 需要登上去。此外，只要发挥你的想象力，蜂鸣器可以用来表示故事中出现的任何物体。

1.1.3 Karel 的内置函数

Karel 运行程序时执行的操作称为**函数**（function）。当 Karel 出厂时，它只知道如何执行图 1-1 所示的 4 个函数。这些示例中出现的括号是 Karel 语法的一部分，它们指定你想要执行的操作，在编程术语中称为**调用函数**（calling the function）或函数调用。

`move()`	Karel 向前移动一个街区。如果前面有墙壁阻挡，则 Karel 不能向前移动
`turnLeft()`	Karel 逆时针（向左）旋转 90 度
`pickBeeper()`	Karel 从当前街角拾起一个蜂鸣器放入其蜂鸣器袋，蜂鸣器袋可以放入无限多个蜂鸣器。只有在当前街角至少有一个蜂鸣器时，Karel 才能执行 `pickBeeper` 函数
`putBeeper()`	Karel 从袋子中取出一个蜂鸣器放在当前街角。只有当袋子中至少有一个蜂鸣器时，Karel 才能执行 `putBeeper` 函数

图 1-1　Karel 内置函数

一些内置函数对 Karel 的活动有特定的限制。如果 Karel 试图做一些非法的事情，如穿过墙壁或拾起一个不存在的蜂鸣器，则会出现错误状态（error condition）。每当出现错误时，Karel 都会显示一条消息，说明哪里出错了，并停止执行程序。

1.2 教 Karel 解决问题

在很大程度上，学习 Karel 编程就是要弄清楚如何使用 Karel 有限的操作集来解决特定问题。举个简单的例子，假设你想让 Karel 把蜂鸣器从第 2 大道和第 1 大街交叉的初始位置上移动到第 5 大道和第 2 大街交叉的平台中心位置上。那么，你的目标就是编写一个 Karel 程序来完成如下所示的前后效果图所描述的任务。

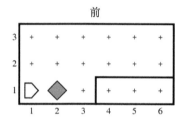
前

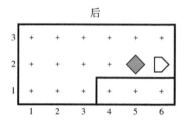
后

1.2.1 开始起步

解决这个问题的最初几个步骤很简单。你需要告诉 Karel 向前移动，拿起蜂鸣器，然后再次向前移动，到达平台的底部前面（即第 3 大道和第 1 大街的街角处）。你可以在一个叫作 Karel 控制台（Karel console）的交互式窗口中输入指令，Karel 模拟器会执行这些指令。因此，程序的前 3 步如下所示。

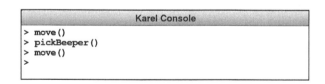

执行这些函数调用后，Karel 处于以下位置。

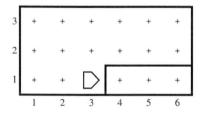

从这里开始，Karel 的下一步是向左转，开始攀登平台。这个操作也很简单，因为 Karel 的内置函数包括 **turnLeft**。在前面的程序的尾部调用 **turnLeft**，Karel 就会在位于第 3 大道和第 1 大街的街角处变为面向北方。如果你随后调用 **move** 指令，Karel 将向北移动到以下位置。

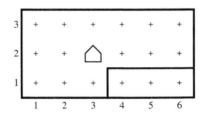

你要做的下一件事是让 Karel 向右转，这样它就又面向东方了。虽然这个操作在概念上就像让 Karel 向左转一样简单，但有一个小问题：Karel 的语言有 **turnLeft** 指令，但没有 **turnRight** 指令。这就好像你买了经济型的机器人，却发现它少了一个重要的功能。

此时，你就有了第一次像程序员那样思考的机会。你可以访问一组 Karel 函数，但不是你需要的那组。你能做什么？你能否仅使用你所拥有的功能来完成 **turnRight** 函数的效果？答案当然是肯定的。你可以通过向左转 3 次实现向右转。在 3 个左转操作后，Karel 将面向所期望的方向。因此，接下来程序中的 3 个步骤可能是：

```
turnLeft()
turnLeft()
turnLeft()
```

尽管向左转三次达到了预期的效果，但这并不是一个优雅的解决方案。作为程序员，你想说的是：

```
turnRight()
```

唯一的困难是 Karel 还没有定义一个叫作 **turnRight** 的函数。要在一个程序中使用 **turnRight**，首先要让 Karel 知道 **turnRight** 是什么意思。

1.2.2　定义函数

Karel 编程语言最强大的功能之一就是定义新函数的能力。当你有一个用于执行某些有用的任务（比如向右转）的操作序列时，可以给这个序列起个名称。用一个新名称封装指令序列的操作称为**定义函数**（defining a function）。定义函数的格式如下：

```
function name() {
    构成函数体的一些语句
}
```

这个模式中的第一个单词是 **function**，Karel 和 JavaScript 都用它来定义一个函数。在编程语言中，预定义的、具有特定含义的单词称为**关键字**（keyword）。

要完成函数定义，你只需将斜体占位符 name 替换为 **turnRight**，并编写实现函数所需的语句，如下所示：

```
function turnRight() {
    turnLeft();
    turnLeft();
    turnLeft();
}
```

一旦定义了如 **turnRight** 这样的函数，就可以把它看作一个新的内置函数，就像 **move** 或 **turnLeft** 一样。从某种意义上说，定义一个函数就像是为你的机器人升级，使其包含被遗漏的操作。

1.2.3 完善程序

在让 Karel 向右转到平台上方后，程序的其余部分就很简单了。所要做的就是向前移动两次，放下蜂鸣器，然后再次向前移动，达到想要的最终状态。解决问题的程序从开始到结束的完整步骤如下所示。

```
Karel Console
> move()
> pickBeeper()
> move()
> turnLeft()
> move()
> turnRight()
> move()
> move()
> putBeeper()
> move()
>
```

与其在控制台中键入每条指令，不如定义一个包含这一系列指令的新函数。然后你可以使用单个名称调用该函数。在本书中，表示完整程序的函数以大写字母开头，其名称需要尽可能清晰地描述其用途。图 1-2 定义了一个名为 **MoveBeeperToLedge** 的程序级函数和一个名为 **turnRight** 的函数。

除了 **MoveBeeperToLedge** 和 **turnRight** 的定义外，图 1-2 还包含了两处被称为注释（comment）的重要编程特性，注释是一些向人类读者解释程序操作的文本。在 Karel 中，注释以字符 **/*** 开头，并以字符 ***/** 结尾。第一个注释描述整个程序的操作，第二个描述了 **turnRight** 函数。在这么短的程序中，这样的注释可能是不必要的。然而，随着程序变得越来越复杂，注释很快就会成为记录程序设计，并让其他程序员更容易理解的基本工具。

```
/*
 * File: MoveBeeperToLedge.k
 * -------------------------
 * This program solves the problem of moving a beeper to a ledge.
 */

function MoveBeeperToLedge() {
    move();
```

图 1-2　把蜂鸣器移动到平台上的程序

```
    pickBeeper();
    move();
    turnLeft();
    move();
    turnRight();
    move();
    putBeeper();
    move();
}
/*
 * Turns Karel right 90 degrees.
 */
function turnRight() {
    turnLeft();
    turnLeft();
    turnLeft();
}
```

图 1-2 （续）

1.2.4 使用库函数

尽管图 1-2 中的代码明确地包含了 **turnRight** 的定义，但是必须将该代码复制到需要该函数的每个程序中，这是非常烦琐的。对于最常见的操作，以一种方便其他程序重用的方式存储它们是有意义的。在计算机科学中，有用的函数和其他程序组件的集合称为**程序库**或**库**（library）。例如，**turnRight** 函数和同样有用的 **turnAround**$^{\ominus}$函数都包含在一个名为 **turns** 的特殊 Karel 程序库，你可以在程序开始处简单地引入一行代码：

```
"use turns";
```

这个声明要求 Karel 使用 **turns** 程序库，其中包含了 **turnRight** 和 **turn-Around** 函数的定义。本章其余部分中的所有 Karel 示例都使用了 **turns** 程序库。

1.2.5 分解策略

无论何时开始解决一个编程问题，不管这个程序是用 Karel 还是一种更高级的编程语言编写的，你的第一个任务就是弄清楚如何把整个问题分解成更小的部分。更小的部分称为**子问题**（subproblem），每个子问题都可以作为一个单独的函数来实现。这个过程叫作**分解策略**（decomposition）。分解策略是程序员用来管理复杂性的最强大的策略之一，你将在本书中反复看到它。

为了理解在一个非常简单的问题的上下文中分解策略是如何工作的，这里假设 Karel 站在一条"路"上，如下前一个图所示。

⊖ 表示旋转 180 度。——译者注

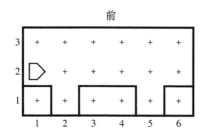
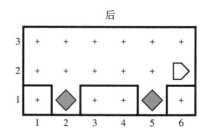

Karel 的工作是用蜂鸣器把两个凹坑（一个在第 2 大道，一个在第 5 大道）填补，然后继续走到下一个街角，最终在后一个图中显示的位置结束。

虽然可以使用 4 个预定义的指令来解决这个问题，但是你可以使用函数来改进程序的结构。你可以使用 **turnRight** 和 **turnAround** 缩短程序，使其意图更明确。更重要的是，你可以使用分解策略将问题拆分为子问题，然后独立地解决这些问题。例如，你可以把凹坑填补的问题分成以下几个子问题：

1. 往前走一个街区就到了第 2 大道的第一个凹坑。

2. 在凹坑里放一个蜂鸣器。

3. 往前走 3 个街区，就到了第 5 大道的第 2 个凹坑。

4. 在凹坑里放一个蜂鸣器。

5. 向前移动一个街区以达到所需的最终位置。

如果你以这种方式考虑问题，你可以使用函数来确保程序反映你对问题结构的理解，如图 1-3 所示。

与任何编程问题一样，你可能也尝试过其他分解策略。一些策略使程序更容易阅读，而另一些只会使意思含混不清。随着编程问题变得越来越复杂，分解策略将成为设计过程中最重要的方面之一。

```
/*
 * File: FillTwoPotholes.k
 * ------------------------
 * This program instructs Karel to fill two potholes, which must be on
 * 2nd and 5th Avenues.
 */

"use turns";

function FillTwoPotholes() {
   move();
   fillPothole();
   move();
   move();
   move();
   fillPothole();
   move();
}

/*
```

图 1-3　填补两个凹坑的 Karel 程序

```
 * Fills a pothole immediately underneath Karel.  When you call
 * this function, Karel must be standing just above the pothole,
 * facing east.  When the function returns, Karel will be in its
 * original position above the repaired pothole.
 */

function fillPothole() {
   turnRight();
   move();
   putBeeper();
   turnAround();
   move();
   turnRight();
}
```

图 1-3 （续）

选择一种有效的分解策略与其说是一门技术，不如说是一门艺术，当然，通过实践后，你会对此更擅长。1.4 节介绍了一些通用的指导原则，这些原则将对你的实践有所帮助。

1.3 控制语句

尽管定义新函数的能力很有用，但实际上这并不能使 Karel 解决任何新问题。函数的名称只是一组特定指令的快捷方式。因此，总是可以将作为一系列函数调用组成的程序组装为单个函数，从而完成相同的任务，尽管生成的代码可能很长且难于阅读。指令仍然以不依赖于 Karel 世界的状态而是按固定的顺序执行。在你能够解决更有趣的问题之前，你必须能够编写超越这种严格的线性逐步操作的程序。为此，你需要学习 Karel 编程语言中的几个新语句，使得 Karel 能够检查它的世界状态并相应地改变它的执行模式。

影响程序执行指令顺序的语句称为**控制语句**（control statement）。控制语句分为以下两类：

1. **条件语句**（conditional statement）。条件语句指定程序中的某些语句仅在特定条件成立时才执行。在 Karel 中，使用 **if** 语句指定条件执行。

2. **循环语句**或**迭代语句**（iterative statement）。循环语句指定程序中的某些语句应该重复执行，形成程序员所谓的**循环**（loop）。Karel 支持两种循环语句，一种是 **repeat** 语句，它允许你按固定次数重复执行一组指令；另一种是 **while** 语句，它允许你只要某些条件保持不变，可以重复执行一组指令。

1.3.1 条件语句

为了让你了解条件语句在什么地方可以派上用场，让我们回到 1.2 节末尾介绍的凹坑填补程序。在 **fillPothole** 函数填补凹坑之前，Karel 可能想要检查是否其他维修人员已经用蜂鸣器填补了凹坑。如果是这样，Karel 就不需要再放一个了。要在程序上下文中表示这种检查，你需要使用 **if** 语句，它有以下两种形式之一：

```
if (条件测试) {
    当条件为真时才执行的一些语句
}
```

或者

```
if (条件测试) {
    当条件为真时才执行的一些语句
} else {
    当条件为假时才执行的一些语句
}
```

当你希望仅在某些条件下执行操作时，**if** 语句的第一种形式非常有用。当你需要在两个可选的行动方案中做出选择时，第二种选择是合适的。

这些模式的第一行显示的"条件测试"必须替换为 Karel 可以在其环境中执行的测试之一，如图 1-4 所示。与函数调用一样，测试也包含一组空括号，这是 Karel 语法的一部分。列表中每行的第一个测试和第二个测试是成对的，第二个测试检查相反的条件。例如，你可以用 **frontIsClear** 条件来检查 Karel 前面的道路是否畅通，或者用 **frontIsBlocked** 条件来检查是否有一堵墙挡住了去路。选择正确的条件要依据你考虑问题的逻辑，并查看哪个条件最容易测试。

frontIsClear()	frontIsBlocked()	Karel 前方是否有墙？
leftIsClear()	leftIsBlocked()	Karel 左方是否有墙？
rightIsClear()	rightIsBlocked()	Karel 右方是否有墙？
beepersPresent()	noBeepersPresent()	当前街角是否有蜂鸣器？
beepersInBag()	noBeepersInBag()	Karel 的袋子中是否有蜂鸣器？
facingNorth()	notFacingNorth()	Karel 是否面向北？
facingEast()	notFacingEast()	Karel 是否面向东？
facingSouth()	notFacingSouth()	Karel 是否面向南？
facingWest()	notFacingWest()	Karel 是否面向西？

图 1-4 可以被 Karel 测试的条件

你可以使用 **if** 语句来修改 **fillPothole** 函数的定义，这样 Karel 只有在街角没有蜂鸣器时才会放下一个蜂鸣器。**fillPothole** 的新定义如下所示：

```
function fillPothole() {
    turnRight();
    move();
    if (noBeepersPresent()) {
        putBeeper();
    }
    turnAround();
    move();
    turnRight();
}
```

本例中的 **if** 语句演示了 Karel 中所有控制语句共有的几个特性。控制语句以一个**头部**（header）开始，头部指示控制语句的类型以及控制程序流的任何附加信息。在本例中，头部是：

```
if (noBeepersPresent())
```

这表明，只有在 **noBeepersPresent** 为真时，才执行大括号内的语句。大括号中的语句表示控制语句的**主体**（body）。

在一个函数中包含 **if** 语句通常是有意义的，它可以检查在世界的当前状态中是否适合应用该函数。例如，只有当 Karel 位于一个凹坑上方且面向东方时，调用 **fillPothole** 函数才能正常工作。你可以用 **rightIsClear** 测试来确定南边是否有一个凹坑，也就是 Karel 所面对的那个方向的右边。以下 **fillPothole** 的实现包括这个测试以及你已经看到的 **noBeepersPresent** 测试：

```
function fillPothole() {
    if (rightIsClear()) {
        turnRight();
        move();
        if (noBeepersPresent()) {
            putBeeper();
        }
        turnAround();
        move();
        turnRight();
    }
}
```

从本例中使用的间距可以看出，每个控制语句的主体相对于包围它的语句是缩进的。通过缩进可以更容易准确地看出哪些语句将受到控制语句的影响。当控制语句的主体包含其他控制语句时，这种缩进特别重要。控制语句内部还有其他控制语句，这种情形称为**嵌套**（nested）。

1.3.2　循环语句

在解决 Karel 问题时，你会经常发现解决问题中有些语句是重复出现的。如果你真的要给一个机器人编程来填补凹坑，让它只填补一个凹坑几乎是不值得的。让机器人执行这样的任务的价值来自一个事实：机器人可以重复执行它的程序来填补一个又一个的凹坑。

为了了解在编程问题的上下文中如何重复使用语句，请考虑以下风格的道路，其中凹坑沿第一大街均匀地分布在每条偶数编号的大道上。

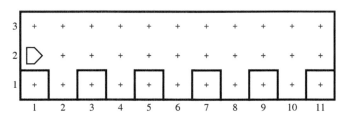

你的任务是写一个程序，指导 Karel 填补这条路上的所有凹坑。请注意，这条路在第 11 大道之后就已经到达路的尽头，这意味着你正好有 5 个凹坑要填补。

因为从这个例子中你知道正好有 5 个洞需要填补，所以你需要的控制语句是一个 **repeat** 语句，它指定你想要重复执行的某个操作的固定次数。**repeat** 语句如下所示：

```
repeat (重复的次数) {
    需要重复执行的语句
}
```

例如，如果你想修改 **FillTwoPotholes.k** 程序，让它解决填补 5 个均匀间隔的凹坑这样更复杂的问题，你所要做的是编写以下代码：

```
function FillFivePotholes() {
    repeat (5) {
        move();
        fillPothole();
        move();
    }
}
```

只有在事先知道需要重复的次数时，**repeat** 语句才有用。在大多数应用程序中，重复的次数是由问题的特定性质控制的。例如，一个填坑机器人似乎不太可能总是指望正好有 5 个凹坑。如果 Karel 可以继续填补凹坑，直到它遇到一些条件（比如到达大街的尽头）使它停止，这样将更好。这样的程序在应用上更加通用，在以下两个世界中的任何一个都能正常工作，在两个世界中的凹坑都正好相隔两个街角。

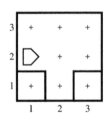 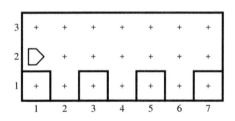

要编写与这些世界中的任何一个都兼容的通用程序，你需要使用 **while** 语句。在 Karel 中，**while** 语句的通用形式如下所示：

```
while (条件测试) {
    需要重复执行的语句
}
```

条件测试是从图 1-4 中列出的一组条件中选择的。

为了解决填补凹坑的问题，Karel 需要调用 **frontIsClear** 条件来检查前方的道路是否畅通。如果你在一个 **while** 循环中使用 **frontIsClear** 条件，Karel 将重复执行循环，直到它撞到墙上。因此，只要凹坑出现在每个偶数的街角处，并且道路的尽头用墙壁标志，**while** 语句就可以解决稍微更一般的道路修复问题。**FillRegularPotholes**

函数的以下定义完成了这个任务:

```
function FillRegularPotholes() {
    while (frontIsClear()) {
        move();
        fillPothole();
        move();
    }
}
```

1.3.3 解决通用问题

到目前为止,各种各样的填坑程序还不是很现实,因为它们依赖于特定的条件(比如均匀间隔的凹坑),在现实世界中不太可能是这样的。如果你想编写一个更通用的程序来填补凹坑,那么它应该能够使用更少的约束。特别是,假定每一个街角都出现凹坑是没有意义的。理想情况下,不应该限制凹坑的数量,也不应该限制凹坑的间距。凹坑只是表示路面的墙壁上的一个开口。

要改变程序以解决这个更普遍的问题,需要你以不同的方式考虑总体策略。你需要让程序在道路上的每个十字路口调用 **fillPothole**,而不是让循环遍历每个凹坑。

这一策略分析表明,解决这一通用问题的办法可能以下定义一样简单:

```
function FillAllPotholes() {
    while (frontIsClear()) {
        fillPothole();
        move();
    }
}
```

遗憾的是,解决方案并不那么容易。编写的程序有一个逻辑缺陷,程序员称之为 **bug** 的错误。本书使用右边的飞虫符号来标记包含错误的函数,以确保你不会意外地将这些示例用作自己代码的模型。

上述例子中的 bug 是比较微妙的。即使你认为已经对程序进行了彻底的测试,也很容易忽略它。特别是,该程序可以在到目前为止你看到的所有凹坑填补世界中都可以正常工作,它也可以在许多你尚未看到的世界中正常工作。只有当大街的最后一条大道上有一个凹坑时,它才会失败,如下面的前后效果图所示。

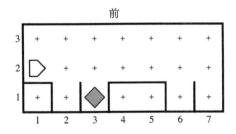
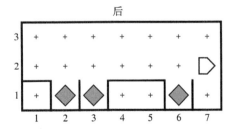

在这个例子中,Karel 没有填补最后一个凹坑。事实上,如果你仔细观察执行过程,你会发现 Karel 甚至从来没有进入最后一个凹坑去检查它是否需要填补。这里的问题是什么?

仔细研究程序的逻辑，你会发现错误在于 **FillAllPotholes** 的循环结构，它看起来如下所示：

```
while (frontIsClear()) {
    fillPothole();
    move();
}
```

一旦 Karel 填完第 6 大道的凹坑，它就会执行 **move** 指令并返回到 **while** 循环的顶部。此时，Karel 站在第 7 大道和第 2 大街的街角处，面对着边界墙。因为现在的 **frontIsClear** 测试失败了，所以 **while** 循环没有检查道路的最后一段就退出了。

这个程序中的错误是一个称为篱笆桩错误（fencepost error）的编程问题。它的名字来源于这样一个事实：它比你想象的要多一个篱笆桩来隔开一个特定的距离。例如，如果篱笆桩的位置总是相隔 10 英尺[⊖]，100 英尺中你需要建多少个篱笆桩？答案是 11，如下图所示。

100 英尺，11 个篱笆桩

Karel 世界里的情况大致相同。为了填满一条有 7 个街角长的街道上的凹坑，Karel 不得不检查 7 个凹坑，但只需要移动 6 次。因为 Karel 在道路的两端开始和结束，它需要执行的 **move** 指令比它检查的街角数量少一个。

一旦发现了这个 bug，修复它实际上非常容易。在 Karel 停在尽头之前，程序所要做的就是在最后一个十字路口处做一个凹坑特例检查，如下所示：

```
function FillAllPotholes() {
    while (frontIsClear()) {
        fillPothole();
        move();
    }
    fillPothole();
}
```

完整的程序如图 1-5 所示。

```
/*
 * File: FillAllPotholes.k
 * -----------------------
 * This program fills an arbitrary number of potholes in a road.
 */

"use turns";

function FillAllPotholes() {
```

图 1-5　填补任意数量凹坑的 Karel 程序

⊖　1 英尺＝0.3048 米。——编辑注

```
    while (frontIsClear()) {
        fillPothole();
        move();
    }
    fillPothole();
}

/*
 * Fills a pothole immediately underneath Karel, if one exists.
 * When you call this function, Karel must be standing just above
 * the pothole, facing east.  When the function returns, Karel
 * will be in its original position above the repaired pothole.
 */

function fillPothole() {
    if (rightIsClear()) {
        turnRight();
        move();
        if (noBeepersPresent()) {
            putBeeper();
        }
        turnAround();
        move();
        turnRight();
    }
}
```

图 1-5 （续）

1.4 逐步求精法

当你面临一个复杂的编程问题时，找出如何将问题分解为多个部分通常是你最重要的任务之一。最有成效的策略之一被称为**逐步求精法**（stepwise refinement），它从问题的整体角度出发来解决问题。把整个问题分解成几个部分，然后解决每个部分，如果有必要的话，部分仍可以再进一步分解。

1.4.1 一个逐步求精法的练习

假设 Karel 最初在第 1 大街和第 1 大道的街角处，面向东方，在这个世界里，每条大道都可能有一个垂直的蜂鸣器塔，其高度未知，尽管有些大道也可能是空的。Karel 的工作是收集每一个塔的蜂鸣器，把它们都放回第 1 大街最东端的街角，然后回到它的起始位置。图 1-6 说明了这个程序在一个可能的世界中的操作。

解决这个问题的关键是正确地分解程序。此任务比你之前见过的其他任务更为复杂，这使得选择适当的子问题对于获得成功的解决方案更为重要。

1.4.2 自上而下设计的原则

逐步求精法的中心思想是，应该从顶层开始设计程序，程序的顶层表示在概念上它是最高和最抽象的。在这一层，蜂鸣器塔的问题被明确划分为三个独立的阶段。第一，Karel 要收集所有的蜂鸣器。第二，Karel 必须把它们放在最后一个十字路口。第三，

前　　　　　　　　　　　　　　后

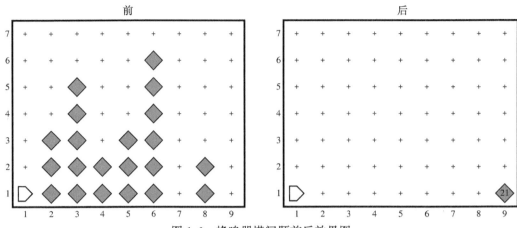

图 1-6　蜂鸣器塔问题前后效果图

Karel 必须回到原来的位置。该大纲建议对问题进行以下分解：

```
function CollectBeeperTowers() {
    collectAllBeepers();
    dropAllBeepers();
    returnHome();
}
```

在这一层上，问题很容易理解。即使你还没有给 **CollectBeeperTowers** 函数的函数体编写任何代码，也一定要说服自己，只要你认为自己写的函数能正确地解决子问题，你将对整个问题有一个解决办法。

1.4.3　求精第一个子问题

既然你已经为整个程序定义了结构，现在就可以开始处理第一个子问题了，它要收集所有蜂鸣器。这个任务本身比你目前看到的问题要复杂得多。收集所有的蜂鸣器意味着你必须在每个塔上都要收集蜂鸣器，直到你到达最后一个街角。你需要对每个塔重复一个操作，这一事实表明你需要使用 **while** 循环。

但是这个 **while** 循环是什么样的呢？首先，你应该考虑到测试条件。你想要 Karel 停止时，应当会撞到第 1 大街的东墙上，这意味着只要前面没有阻挡，Karel 会继续向前移动。因此，**collectAllBeepers** 函数将包含一个 **while** 循环，该循环将使用 **frontIsClear** 作为测试条件。在每个位置，你要 Karel 收集塔上从那个街角开始的所有蜂鸣器。如果你给该操作起了一个类似于 **collectOneTower** 的名称，那么你就可以实现 **collectAllBeepers** 函数，即使目前细节还未完善。然而，你必须小心。为了避免前面提到的的篱笆桩问题，代码必须在最后一个循环之后调用一次 **collectOneTower**，如下所示：

```
function collectAllBeepers {
    while (frontIsClear()) {
        collectOneTower();
        move();
    }
    collectOneTower();
}
```

如你所见，此函数与图 1-5 中的 **FillAllPotholes** 函数具有相同的结构。唯一不同的是，**collectAllBeepers** 调用 **collectOneTower**，而 **FillAllPotholes** 调用 **fillPothole**。这两个程序都使用了如下策略：

```
while (frontIsClear()) {
    执行一些操作。
    move();
}
对最后一个街角执行一些操作。
```

当你沿着路径移动到东墙处时，如果需要在每一个街角执行某项操作，你可以使用这个策略。如果你记住了通用策略，那么每当遇到类似形式的问题时，你都可以快速地编写代码。这类可重用策略在编程中经常出现，也称为**编程惯例**（programming idiom）或**模式**（pattern）。你了解的模式越多，就越容易找到适合特定类型问题的模式。

1.4.4 编写下一层代码

尽管 **collectAllBeepers** 的代码已经完成，但是在实现 **collectOneTower** 之前还不能运行程序。当 **collectAllBeepers** 被调用时，Karel 是站在一个塔底或一个空街角。在前一种情况，你需要收集塔上的蜂鸣器。在后一种情况下，你可以简单地继续前进。此时你需要一个 **if** 语句，在这个语句中，调用 **beepersPresent** 来查看当前位置是否是一个塔。

在将这样的语句添加到代码里之前，有必要考虑一下是否需要进行测试。通常，通过观察那些一开始看起来很特殊的情况，可以用与更通用的情况完全相同的方法来处理，这样一来程序可以变得简单得多。根据当前的问题，你可能会认为每条大道上都有一个蜂鸣器塔，但其中一些塔的高度为零。利用这种洞察力可以简化程序，因为你不再需要测试某个特定大道上是否有塔。

collectOneTower 功能仍然非常复杂，需要进一步分解。为了收集塔中所有的蜂鸣器，Karel 必须爬上塔去收集每一个蜂鸣器，旋转 180 度，然后回到标志着世界南部边界的墙壁前。这些步骤包括以下代码：

```
function collectOneTower() {
    turnLeft();
    collectLineOfBeepers();
    turnAround();
    moveToWall();
    turnLeft();
}
```

collectOneTower 函数开始和结束处的 **turnLeft** 指令对该程序的正确性至关重要。当 **collectOneTower** 函数调用时，Karel 总是在第 1 大街的某个地方并且面向东方。当它完成了它的操作时，只有当 Karel 再次面向东方，程序才算正确地工作。在函数调用之前必须为真（true）的条件称为前置条件（precondition），必须在函数结束后应用的条件称为后置条件（postcondition）。

1.4.5　完成

虽然已经完成了艰苦的工作，但是仍然有一些问题需要解决，因为有几个函数还没有编写。幸运的是，这些函数中的每一个都可以很容易地进行编码，而不需要进行任何进一步的分解。例如，函数 **moveToWall** 看起来如下所示：

```
function moveToWall() {
   while (frontIsClear()) {
      move();
   }
}
```

BeeperTowers 的完整实现如图 1-7 所示。

```
/*
 * File: BeeperTowers.k
 * ---------------------
 * This program collects all the beepers in a series of towers, deposits
 * them at the easternmost corner on 1st Street, and then returns home.
 */

function BeeperTowers() {
   collectAllBeepers();
   dropAllBeepers();
   returnHome();
}

/*
 * Collects the beepers from every tower along 1st Street.
 */

function collectAllBeepers() {
   while (frontIsClear()) {
      collectOneTower();
      move();
   }
   collectOneTower();
}

/*
 * Collects the beepers in a single tower.
 */

function collectOneTower() {
   turnLeft();
   collectLineOfBeepers();
   turnAround();
   moveToWall();
```

图 1-7　收集各个塔里所有蜂鸣器的 Karel 程序

```
    turnLeft();
}

/*
 * Collects a consecutive line of beepers.
 */
function collectLineOfBeepers() {
    while (beepersPresent()) {
        pickBeeper();
        if (frontIsClear()) {
            move();
        }
    }
}

/*
 * Drops all the beepers from Karel's bag onto the current corner.
 */
function dropAllBeepers() {
    while (beepersInBag()) {
        putBeeper();
    }
}

/*
 * Returns Karel to the corner of 1st Avenue and 1st Street, facing east.
 */
function returnHome() {
    turnAround();
    moveToWall();
    turnAround();
}

/*
 * Moves Karel forward until it is blocked by a wall.
 */
function moveToWall() {
    while (frontIsClear()) {
        move();
    }
}
```

图 1-7 （续）

1.5　Karel 世界里的算法

尽管自顶向下设计是编程的关键策略，但是如果不考虑解决问题的策略，就不能机械地应用它。解决特定问题通常需要相当大的创造力，设计解决方案策略的过程传统上称为算法设计（algorithmic design）。

算法一词来自 9 世纪的波斯数学家穆罕默德·伊本·穆萨·阿尔·花拉子密（Muhammad ibn Mūsā al-Khwārizmī）的名字，他开发了第一个系统的代数学。在第 3 章，你将有更多的机会学习算法并了解阿尔·花拉子密。

在更详细地研究算法之前，考虑 Karel 领域中的一个简单算法是有帮助的。例如，假设你想教 Karel 逃离没有环路的任何迷宫。在 Karel 的世界里，迷宫可能如下所示。

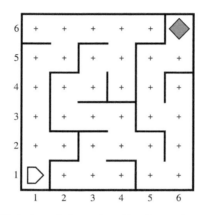

　　Karel 的工作是在迷宫的走廊里穿行，直到找到标示出口的蜂鸣器。然而，该程序必须足够通用，以解决任何无环路迷宫，而不只是图中所示的情况。

　　对于没有环路的任何迷宫（实际上迷宫只需要满足在 Karel 初始位置上没有环路环绕），你可以使用一个简单的策略，叫作**右手法则**（right-hand rule）。你可以把右手放在墙壁上，然后穿过迷宫，始终保持你的手不从墙壁上拿开。另一种表达这种策略的方法是一步一步地走迷宫，总是选择最右边的路径。在 Karel 中，右手法则的程序可以很容易地用一个函数实现：

```
function SolveMaze() {
   while (noBeepersPresent()) {
      turnRight();
      while (frontIsBlocked()) {
         turnLeft();
      }
      move();
   }
}
```

　　在外层 **while** 循环的开始，Karel 向右转以检查该路径是否可用。然后内层 **while** 循环向左转，直到前面没有阻挡。当这种情况发生时，Karel 就继续前进，整个过程一直持续到 Karel 到达标示迷宫终点的蜂鸣器处。

总结

　　本章你有幸见到了 Karel，一个生活在非常简单的世界里的非常简单的机器人。从 Karel 开始，便可以学习编程的基础知识，而不必掌握大而全式的编程语言所带来的诸多复杂性。本章的重点包括以下几点：

　　❑ Karel 机器人是理查德·帕蒂在 20 世纪 70 年代开发的一个编程微型世界，理查德·帕蒂当时是斯坦福大学计算机科学的研究生。

❑ Karel 生活在一个由西向东的大街和由南向北的大道所组成的矩形世界。Karel 总是被放置在一个标志着大街和大道的十字路口的街角，它必须面向四个标准指南针方向之一（北、东、南、西）。

❑ Karel 的世界被边界的墙壁包围着，可能还包括能阻挡 Karel 在两个街角之间移动的内墙。

❑ Karel 的世界里有蜂鸣器，理查德·帕蒂将其描述为"能发出轻微蜂鸣声的塑料锥"。蜂鸣器不是在街角上，就是在 Karel 的蜂鸣器袋子里面，二者都可以放置任何数量的蜂鸣器。

❑ 当 Karel 出厂时，它只知道如何执行 4 项操作 ——**move**、**turnLeft**、**putBeeper** 和 **pickBeeper**，这些操作在图 1-1 中有详细的定义。

❑ 你可以通过定义函数来扩展 Karel 的操作指令系统，函数是一组已命名的操作序列。例如，下面的函数定义通过执行 3 个连续的左转给了 Karel 右转的能力：

```
function turnRight() {
    turnLeft();
    turnLeft();
    turnLeft();
}
```

❑ **turnRight** 和 **turnAround** 这两个函数都包含在一个叫作 **turns** 的程序库中，你可以通过在程序中添加以下代码来使用它们：

```
"use turns";
```

❑ 解决大问题的最佳策略是把它分成一个个小的子问题，每个子问题作为一个单独的函数来实现。这个过程称为分解策略或逐步求精法。

❑ Karel 编程语言包括两类控制语句。条件语句只允许在特定条件成立的情况下执行其他语句。循环语句允许你重复一系列语句，可以重复指定的次数，也可以重复条件满足的次数。

❑ Karel 的每个控制语句的语法规则如下图所示。

if 语句

```
if (condition) {
    statements
}
```

if-else 语句

```
if (condition) {
    statements
} else {
    statements
}
```

```
repeat 语句

repeat (count) {
    statements
}
```

```
while 语句

while (condition) {
    statements
}
```

- ❏ Karel 可以测试的条件见图 1-4。
- ❏ 当你使用循环语句时，避免篱笆桩错误是很重要的，篱笆桩错误是由于没有认识到需要的 **move** 指令数比街角数少 1。
- ❏ 在计算机科学中，算法是一种解决方案策略。算法是该领域最重要的研究课题之一。

复习题

1. 用你自己的话，解释一个编程微型世界的意义和目的。
2. 谁创造了 Karel 微型世界？
3. Karel 这个名字的来源是什么？
4. 定义 Karel 世界的以下各个方面：大街、大道、街角、墙壁和蜂鸣器。
5. Karel 的四个预定义函数是什么？
6. 名为 **turns** 的 Karel 程序库中包含的两个函数是什么？
7. 什么是逐步求精法策略？
8. 仅当某些条件适用时，你使用什么控制语句来执行语句？这个语句的两种形式是什么？
9. Karel 在重复一组语句时提供了哪两个语句？
10. 你会用什么条件来测试 Karel 是否可以从现在的位置向前移动？你会使用什么条件来测试当前街角是否有蜂鸣器？
11. 什么是篱笆桩错误？
12. 什么是前置条件和后置条件？
13. 图 1-7 中的 **collectLineOfBeepers** 函数包括一个 **if** 语句，该语句在 Karel 移动之前测试 **frontIsClear** 条件。为什么做这个测试很重要？

练习题

1. 本章只明确定义了程序库 **turns** 中的两个转弯函数之一，请编写一个 Karel 函数来实现另一个。

2. 假设 Karel 已经住进了它的房子，也就是下图中间的方形区域。

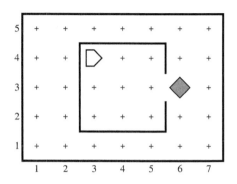

如图所示，Karel 从房子的西北角开始。问题是要给 Karel 编写一个程序，让它从门口收集报纸（用一只蜂鸣器代表），然后回到原来的位置。

这个练习非常简单，主要是为了让你入门。你可以假设世界上的每一个地方看起来都和图上一样。房子就是这个大小，门总是在显示的位置，蜂鸣器就在门外。因此，你所要做的就是写出必要的语句序列，让 Karel 执行以下任务：

1）移动到报纸处。

2）把它捡起来。

3）回到 Karel 最初的出发点。

即使这个程序只需要几行代码，它仍然值得使用程序分解策略进行一些练习。在你的解决方案中，分解程序使其包含大纲中所示的每个步骤的函数。

3. 实现一个名为 **backup** 的 Karel 函数，该函数的作用是将 Karel 向后移动一个方格，但使其面向相同的方向。例如，下面的前后效果图显示了当 Karel 在第 1 大街和第 2 大道的街角处并且面向东方时调用 **backup** 的效果。

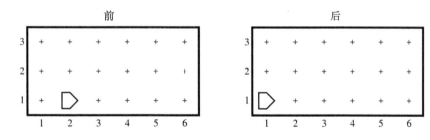

如果 Karel 背靠墙壁，当 Karel 试图执行作为实现一部分的 **move** 指令时，**backup** 函数会失败。

4. 编写一个程序，教 Karel 爬山，如下所示。

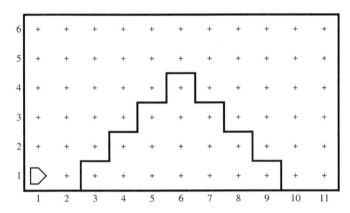

所涉及的步骤是：

1）移动到山前。

2）爬上四个阶梯到达山顶。

3）在山顶插一面旗子（当然是用蜂鸣器来代表）。

4）从对面的四个台阶上爬下来。

5）移动到世界的东方尽头（即东墙）。

世界的最终状态应该如下所示。

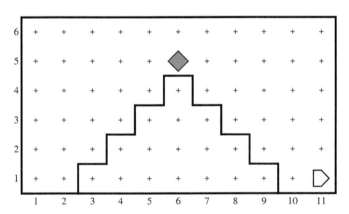

5. 扩写你在练习题 4 中编写的程序，使 Karel 能够爬上任何高度的阶梯山。因此，除了爬如练习题 4 中的山外，它还应该能够爬鼹鼠丘。

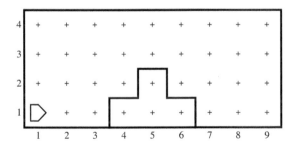

或者能爬像珠穆朗玛峰一样的山峰。

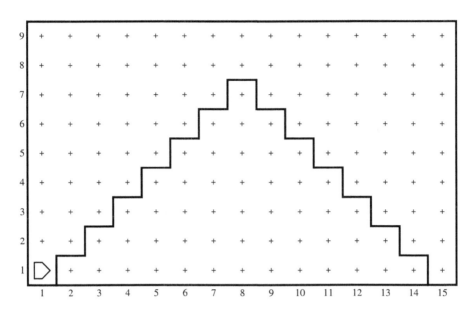

6. 对于那些生活在寒冷气候中的人来说，冬天可能是一段痛苦的时光。树木已经失去了
   它们的叶子，成为这个季节被破坏的纪念碑，如下面的示例世界所示。

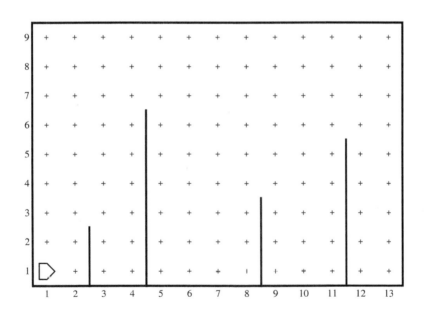

在这个示例世界中，垂直的墙壁部分表示贫瘠的树干。Karel 的工作是爬上每一根
树干，在每棵树的顶部装饰一簇四片叶子的叶丛，如下排列成方形。

因此，当 Karel 完成后，场景将会是这样的。

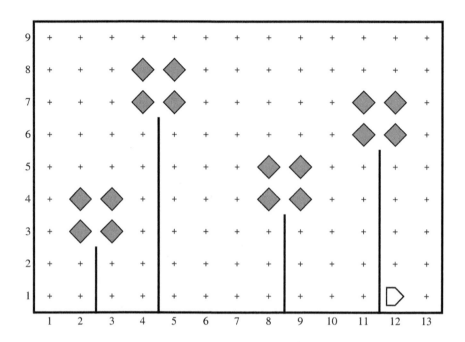

Karel 所面临的情况不一定完全符合图中所示的情况。可能会有更多的树，Karel
只是继续这个过程，直到蜂鸣器袋子中没有蜂鸣器了。这些树也可能有不同的高度或
与上图中所示的树的间距不同。你的任务是设计一个足够通用的程序来解决任何这样
的问题，在以下假设的前提下：

❑ Karel 的起点面向东方，在第一棵树的西边。

❑ 树之间总是有至少两个街角，这样顶部的叶子才不会彼此干扰。

❑ 树总是在顶墙以下至少两个街角处结束，这样叶丛就不会撞到顶墙。

❑ Karel 有足够的蜂鸣器装饰所有的树。因此，蜂鸣器的原始数量必须是树木数量
的四倍。

❑ Karel 应该在最后一棵树的底部并且面向东方。

仔细想想这个程序的各个部分是什么，以及如何把它分解成更简单的子问题。如
果只有一棵树呢？这将如何简化问题，以及如何使用单棵树解决方案来解决更通用的
情况？

7. 假设今天是万圣节，Karel 要去玩"不给糖就捣蛋"的游戏。Karel 从一条大街的西端
开始，这条大街的两边都有房子，如下图所示。

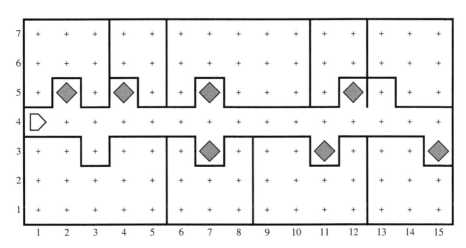

每所房子的前面都有一个门廊。Karel 的任务是到每家每户，走进门廊区域，看看门廊里是否有糖果（用蜂鸣器代表）。如果有糖果，Karel 应该拿起糖果。如果没有糖果，Karel 应该移动到下一个房子去。Karel 必须检查大街两边的每一个门廊，并在最初的十字路口结束，面向相反的方向。因此，在上述世界中执行完你的程序后，Karel 应在如下所示的位置。

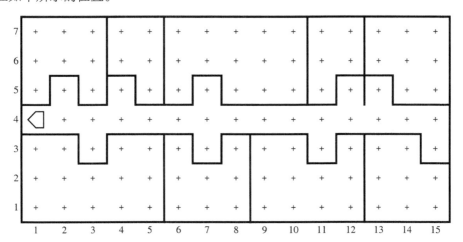

Karel 可以利用以下关于世界的事实：

❑ Karel 从大街的西端开始，面向东方，拿着一个空的蜂鸣器袋子。

❑ 大街上的房屋紧密地排列在一起，相邻的房屋之间没有空隙。

❑ 可能有任意数量的房子，通常大小不同。

❑ 除了一个小门廊外，每所房子面向大街的一面是实墙，门廊总是有一个十字路口宽。门廊可以出现在前墙的任何地方。

❑ 每个门廊要么是空的，要么用一个单独的蜂鸣器标记万圣节糖果。

❑ 在执行结束时，Karel 应该回到最初的十字路口（在大街的西端），但现在应该面向西方。

8. 现在 Karel 已经精通如何过万圣节了，是时候庆祝一个不同的节日了。Karel 已经决定把情人节礼物发给每一个在小学课堂上使用 Karel 学习编程的学生。Karel 不记得每一横排到底有多少张课桌，但它确实记得有 3 排课桌，教室看起来如下图所示。

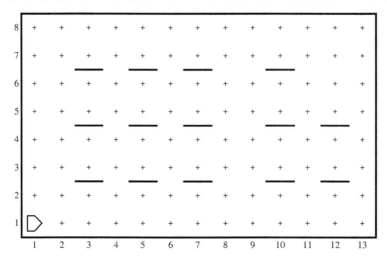

Karel 可以利用以下事实：

❑ Karel 从第 1 大道和第 1 大街的街角开始，面向东方，袋子里装着无数个蜂鸣器。

❑ 如上图所示，正好有 3 排学生课桌，就在第 3、第 5 和第 7 大街的南面。

❑ Karel 不知道每排有多少张课桌（可能会有所不同），课桌之间有多大空间，或者每排末端的课桌与教室墙壁之间有多大空间。Karel 所知道的是，每张课桌都只有一个单位宽，而且没有靠墙的课桌。

当 Karel 结束后，房间里所有的课桌都应该有一个情人节礼物，如下图所示。

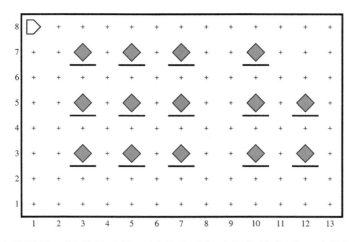

9. Karel 听说编程既是一门科学又是一门艺术（它对艺术的本质一无所知），决定报名参加一个按序号涂颜色的班。在这门课中，Karel 被呈现在一张"画布"上，上面有成堆的蜂鸣器，如下图所示。

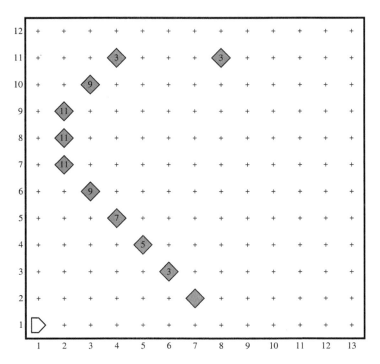

为了完成按数字着色的任务，Karel 所要做的就是从左到右走过每条大街，捡起每一堆蜂鸣器，然后在每一个连续的街角里，把蜂鸣器从那堆蜂鸣器里重新分配出去。

为了了解这个过程是如何进行的，考虑一下 Karel 到达第 11 大街时发生了什么。在这行（即第 11 大街）开始的时候，Karel 站在第 1 个街角处，手里拿着一个空的蜂鸣器袋子，如下图所示。

然后 Karel 走在大街上，在第 4 大道发现有一堆蜂鸣器（3 个）。当 Karel 到达那个街角时，捡起了所有蜂鸣器。这一步让 Karel 处于以下位置，并且袋子中有 3 个蜂鸣器。

从这里开始，下一步是把蜂鸣器放下来，一次一个，从发现蜂鸣器堆的街角开始。执行这一步导致形成下图效果，其中 Karel 的蜂鸣器袋再一次为空。

然后 Karel 对第 2 堆蜂鸣器重复这个过程，最后在这一行的最后的位置。

世界的最终状态应该如下所示：

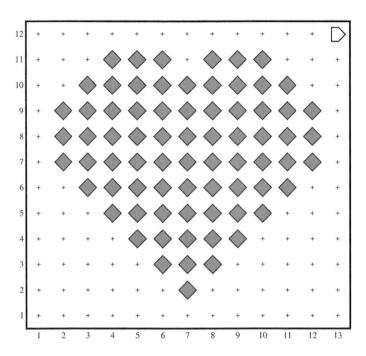

你的工作是编写程序，将这种按序号涂颜色的图画转换为相应的完美杰作。在编写程序时，Karel 可以利用以下关于世界的事实：

❑ 世界内有任意数量的蜂鸣器，但没有内墙。

❑ 从来没有这么多的蜂鸣器堆，以至于 Karel 要么撞到墙上，要么遇到一堆蜂鸣器。

❑ Karel 总是在西南角（第 1 大街和第 1 大道）开始，并且面向东方，拿着一个空的蜂鸣器袋子。

❑ 完成时 Karel 必须位于世界的东北角，并且面向东方。

10. 卡特里娜飓风过去十多年后，墨西哥湾沿岸仍有相当大的破坏，一些社区还没有重建。作为改善国家基础设施计划的一部分，政府已经建立了一个名为卡特里娜自动救援（或 KAREL）的项目，派遣建筑机器人修复受损地区。你的工作是给那些机器人编写程序。

每个机器人从大街的西端开始，如下图所示。

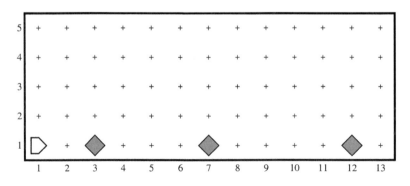

图中的每一个蜂鸣器都代表一堆瓦砾，一所房屋曾经立在那里。Karel 的工作是沿着大街走，在每个蜂鸣器标记的地方建一个新房子。此外，这些房子需要用脚柱支撑起来，以避免下一次风暴的破坏。每个房子看起来如下所示。

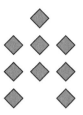

新房子应该建在废墟的中心，这意味着上图中的第 1 个房子将沿着第 2 大道的左边缘建造。

在最后，Karel 应该在街的东端，建造了一套房子，对应于之前的初始条件，看起来如下所示。

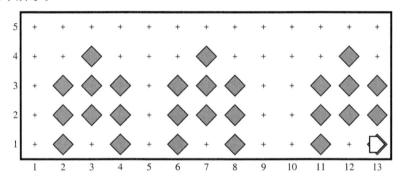

在解决这个问题时，你可以利用以下关于世界的事实：

- ❑ Karel 从第 1 大街和第 1 大道的街角处向东出发，它的蜂鸣器袋子里装着无数个蜂鸣器。
- ❑ 指示房屋建造位置的蜂鸣器将被分隔开来，以便有足够的空间建造房屋，而不会重叠或撞到墙壁。
- ❑ Karel 必须在世界的东南角面向东方。此外，如果 Karel 建造一个房子延伸到最后的街角，它也不会走到墙外。

11. 在这个练习题中，你的工作是让 Karel 在一个空的矩形世界中创建一个蜂鸣器的棋盘图案，如图 1-8 中的前后效果图所示。

这个问题有一个很适合分解策略的结构并且有一些有趣的算法问题。在考虑如何解决这个问题时，应该确保你的解决方案不只限于示例中显示的标准 8×8 大小的棋盘，对于不同的尺寸也应该有作用。奇数尺寸的棋盘比较棘手，你应该确保你的程序在一个 5×3 的世界中，生成以下图案。

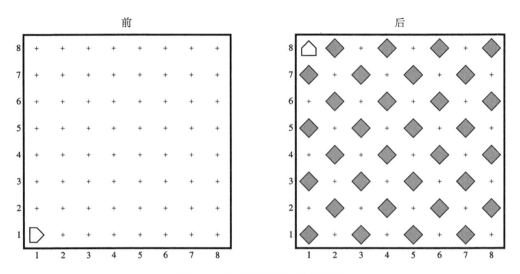

图 1-8 棋盘问题的前后效果图

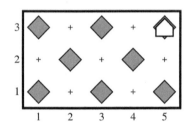

另一个需要考虑的特殊情况是世界只有一列宽或一行高时。

12. Karel 程序计划在第 1 大街的中心放置一个蜂鸣器。例如，如果 Karel 在世界的初始位置如下图所示。

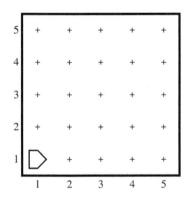

程序执行完毕后，Karel 站在蜂鸣器上，具体位置如下图所示。

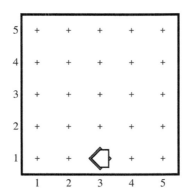

请注意，世界的最终配置应该只有一个蜂鸣器在第 1 大街的中心。一路上，Karel 被允许在任何地方放置额外的蜂鸣器，但必须在结束之前再次把它们都捡起来。

要解决这个问题，你可以利用以下事实：

❑ Karel 从第 1 大道和第 1 大街的街角处开始，面向东方，袋子里装着无数个蜂鸣器。

❑ 世界的初始状态中没有内墙或蜂鸣器。

❑ 世界不必是正方形的，但你可以认为它至少和它的宽度一样高。

❑ 如果世界的宽度是奇数，Karel 必须把蜂鸣器放在中心位置。如果宽度是偶数，Karel 可以把蜂鸣器放在中间两个十字路口中的任何一个上。

❑ Karel 在结束时面向的方向并不重要。

有许多不同的算法可以用来解决这个问题。有趣的挑战是想出一个有效的策略。

第 2 章

JavaScript 简介

计算机程序是人类最复杂的造物。

———道格拉斯·克罗克福德，*JavaScript: The Good Parts*，2008 年

道格拉斯·克罗克福德（Douglas Crockford）撰写了大量有关 JavaScript 的文章，多年来一直宣传这门语言的优点，尤其在 JavaScript 刚诞生那几年，那时这门语言得到了大量不合理的负面评价。克罗克福德在他 2008 年出版的 *JavaScript: The Good Parts* 一书中，坚称 JavaScript 那浅显可规避的缺点背后，隐藏的是一门美丽、优雅、富有表现力的语言。正如我们在斯坦福大学程序设计入门课程中使用 JavaScript 语言时所发现的那样，通过专注于这门语言的精华，编写出能体现其美丽、优雅和表现力的程序并不难。本书的目的是教你如何使用 JavaScript 语言来创建可读性强且结构合理的程序。

(Jagadeesh Nv/EPA/Shutterstock)

道格拉斯·克罗克福德（1955—）

在第 1 章的 Karel 微型世界中，我们对编程的概念进行了简单的介绍，但是，其中至少缺了一个至关重要的概念。尽管使用蜂鸣器可以让 Karel 操纵它所在世界的内容，但是 Karel 中没有提供有效的数据处理机制。在计算科学中，数据（data）一词通常与信息（information）一词表达同样的意思，而计算机的强大之处正是体现在它们对信息高质高速的处理能力上面。在欧洲大部分地区，计算机科学通常称为信息学（informatics），以强调信息的核心作用。

在体会到计算机的强大功能之前，你至少需要学习一下编程语言在数据处理方面的基础知识。本书中的程序使用的是 JavaScript 编程语言。JavaScript 早已成为编写交互式 Web 应用程序的标准语言，它的第一个版本出现在 1995 年，据报道，它是由网景通信公司的一个程序员在短短十天内编写的。由于该语言的流行，每个主流 Web 浏览器都内

置了 JavaScript，这意味着任何具有浏览器的设备都可以运行 JavaScript 程序，而无须任何其他软件。

但是，本书的重点不是 JavaScript 语言本身，而是使用它所编写的程序。因此，本书没有涵盖所有 JavaScript 知识点，而是有意地避开了该语言中那些易于滥用的部分。即便如此，在本书中，你仍将学到 JavaScript 语言的最佳特性，这足以让你编写出令人兴奋的应用程序。

2.1　数据和类型

在计算机的大部分历史中，甚至在现代计算机时代之前，计算机主要使用的都是**数值数据**（numeric data）。在 20 世纪 60 年代中期制造的计算机都与数值数据的处理紧密相关，以至于这些计算机得到了**数字处理器**（number cruncher）的绰号。但是，信息具有多种表现形式，而且计算机越来越善于处理许多不同类型的数据。当编写计数或求和的程序时，你使用的是**数值数据**。当编写用于操作字符的程序（通常组装成较大的单元，如单词、句子和段落等）时，你使用的是**字符串数据**（string data）。在本书的学习过程中，你将学习它们以及许多其他数据类型。

在计算机科学中，**数据类型**（data type）由两个属性定义：域（domain）和操作集（set of operations）。域是一个值的集合，集合中的元素都属于该类型。例如，对于数值数据来说，它的域由数字组成，如 0、42、-273 和 3.14159265 等。而字符串数据的域包括键盘上的或可以显示在屏幕上的字符序列。操作集是允许你操作该类型值的工具箱。数值数据的操作集包括加、减、乘、除以及各种更复杂的数学函数。但是，对于字符串数据来说，很难想象像乘法这样的操作会有什么意义。因此，想要使用字符串数据，则需要一组不同的操作，例如组合两个字符串以形成更长的字符串，或者比较两个字符串，查看它们是否按字母顺序排列。通常来说，操作集必须适合域的元素。域和操作集二者共同定义了数据类型。

2.2　数值数据

如今的计算机使用各种令人兴奋的形式来存储数据，以至于讨论数字似乎显得有些无聊。即便如此，数字还是讨论数据的良好起点，主要是因为数字既简单又熟悉。毕竟，自打学会计数以来，你就一直在使用数字。此外，正如你将在第 7 章中发现的那样，在计算机内部，所有信息均以数字形式表示。

2.2.1　JavaScript 中数字的表示

现代编程语言的一个重要设计原则是，人类读者所熟悉的概念应该以一种容易识别的形式表达出来。与大多数语言一样，JavaScript 语言也采用了这个原则来表示数字，这意味着在 JavaScript 程序中，数字的使用方式就跟你在其他任何地方所用的一样。但是，大多数语言将数字分为两类：整数（integer）和包含小数点的浮点数（floating-point number）。相比而下，JavaScript 中的数字只定义了一种类型，它们由一串数字构成，可以使用也可以不使用小数点，如果表示负数，前面需要使用减号。因此，以下示例在 JavaScript 中都是合法数字：

```
0     42     -273     3.14159265     -0.5     1000000
```

请注意，大数字的书写不需要使用逗号将数字分成三元组。例如最后一个示例显示的一百万的值。

数字也可以用科学记数法的变体形式书写，即将数值表示为一个数乘以 10 的幂。如果想用科学记数法表示一个数，你需要先用标准的十进制记数法写一个数字，然后在后面紧跟字母"E"和一个表示指数的整数，当然可以选择在其前面加上 + 或 -。例如，光速（单位是米 / 秒）大约是：

2.9979×10^8

在 JavaScript 中可以写作：

```
2.9979E+8
```

在 JavaScript 的科学记数法中，字母 E 表示"乘以 10 的多少次幂"。

2.2.2　算术表达式

在 JavaScript 中，数值数据的真正威力在于它允许你使用数学运算来执行计算，其复杂度从加减等基本运算到高度复杂的数学函数不等。与数学中一样，JavaScript 允许你通过使用操作符来表示数学运算，例如 + 和 - 分别用于表示加法和减法。

在学习 JavaScript 时，有一些应用程序会很有用，可以使用它们尝试输入 JavaScript 表达式，并查看运行结果。本书配套的网站中就有一个这样的应用程序，当然，其他的 JavaScript 环境中也有类似的功能。本书中的示例都是在名为 JavaScript 控制台（JavaScript console）的窗口上下文中与 JavaScript 交互的，但是，即使你使用的是不同的环境，这些示例也很容易迁移。

为了了解 JavaScript 控制台的交互工作方式，假设你想解决以下问题，该问题是由创作歌手、政治讽刺作家和数学家汤姆·莱勒（Tom Lehrer）于 1965 年在他的歌曲"New Math"中提出的。

$$
\begin{array}{r}
342 \\
-173 \\
\hline
\end{array}
$$

（MixPix/Alamy Stock Photo）

Tom Lehrer

要找到答案，只需将上述减法操作输入到 JavaScript 控制台
中，如下所示。

```
JavaScript Console
> 342 - 173
169
>
```

此计算是算术表达式（arithmetic expression）的一个示
例，该算术表达式中的每个值称为项（term），连接每个项的符号称为操作符或运算符
（operator），其中大多数操作符是从小学算术就熟悉的。JavaScript 中的算术操作符包括：

- ❏　+　　加
- ❏　−　　减（如果只在其右边有值，则表示负数）
- ❏　*　　乘
- ❏　/　　除
- ❏　%　　取余

唯一你可能不熟悉的操作符是 "%"，它用于计算一个数除以另一个数的余数。例
如，7 % 3 的值为 1，因为 7 除以 3 余 1。如果一个数可被另一数整除，则没有余数，因
此 12 % 4 的值为 0。在本书中，"%" 操作符仅对正整数使用，因为其含义很容易理解。

你可以使用括号来修改计算顺序，但要遵循标准的数学约定，在执行加法和减法之
前先执行乘法、除法和求余运算。例如，如果要对数字 4 和 7 求平均值，则可以在控制
台输入以下表达式。

```
JavaScript Console
> (4 + 7) / 2
5.5
>
```

如果省略了括号，JavaScript 会首先将 7 除以 2，然后将 4 和 3.5 相加得到值 7.5，如下所示。

```
JavaScript Console
> 4 + 7 / 2
7.5
>
```

如果 JavaScript 是你的第一门编程语言，此示例中的计算看起来很自然，因为它遵
循通常的算术约定。但是，如果你以前使用过其他语言，那么 JavaScript 对数字的处理
可能会要求你以不同的方式思考算术表达式。如本章前面所述，许多编程语言定义了两
种不同的数字类型：一种用于整数，一种用于浮点数。但是 JavaScript 只有一种数字类

型，这让算术更加简单。

2.2.3 优先级

JavaScript 表达式中的操作符的执行顺序由它们的优先级（precedence）决定，优先级用于衡量每个操作符与其两边表达式的绑定程度，两边的表达式称为操作符的操作数（operand）。如果两个操作符竞争同一个操作数，那么首先应用优先级更高的操作符。如果两个操作符的优先级相同，则按照操作符的结合性（associativity）来指定应用顺序，结合性表示操作符是向左分组还是向右分组的。JavaScript 中的大多数操作符都是左结合的（left-associative），这意味着最左边的操作符首先被求值，但是，也有一些操作符是右结合的（right-associative），即从右向左分组（或操作），如图 2-1 所示。

优先级从高到低　　　　　　　　　　　　　　　　　　　　　**结合性**

操作符	结合性
()　　[]　　.	左结合
一元操作符：-　++　--　!　~　typeof　new	右结合
*　/　%	左结合
+　-	左结合
<<　>>　>>>	左结合
<　<=　>　>=　instanceof　in	左结合
===　!==　==　!=	左结合
&	左结合
^	左结合
|	左结合
&&	左结合
||	左结合
?:	右结合
=　op=	右结合

图 2-1　JavaScript 操作符的完整优先级表

图 2-1 给出了 JavaScript 操作符的完整优先级表，其中许多操作符你可能很少会用到。在本书后面介绍其他操作符时，你可以通过此表查看它们的优先级处于何等位置。之所以指明优先级顺序，是为了确保 JavaScript 表达式遵循与数学表达式相同的规则，因此，通常你可以凭着自己的直觉去用。另外，当不确定操作顺序具体如何时，你可以随时添加括号让操作顺序更明确。

2.3　变量

当编写程序处理数据值时，你可以使用一些名称来指代程序运行过程中会改变的那些值，这样会很方便。在编程中，将指代值的名称称为变量（variable）。

JavaScript 中的每个变量都有两个属性：**名称**（name）和**值**（value）。要了解二者之间的关系，最好将变量视为带有外部标签的盒子，如下所示。

```
name
  value
```

标签上标出变量的名称，用于区分不同的盒子。如果程序中有三个变量，则每个变量将具有不同的名称。而变量的值对应于盒子里面的内容。盒子的名称是固定的，但是你可以随意更改它的值。

2.3.1　变量声明

在现代的 JavaScript 版本中，创建新变量的标准方法是在程序中另起一行，以关键字 **let** 开头，后跟变量名、等号和该变量的初始值，最后是一个分号。引入新变量的程序代码称为**声明**（declaration）。例如，以下声明引入了一个名为 **r** 的变量，并将其赋值为 10：

```
let r = 10;
```

从概念上讲，该声明会在计算机内存中创建一个盒子，将其命名为 **r**，并将值 10 存储在内部，如下所示。

```
r
  10
```

2.3.2　赋值

声明变量后，可以使用**赋值语句**（assignment statement）来更改其值，赋值语句看起来像是声明，但开头没有 **let** 关键字。例如，如果你执行如下赋值语句：

```
r = 2.5;
```

盒子中的值将变成如下所示。

```
r
  2.5
```

声明语句和赋值语句中等号右侧显示的值可以是任何 JavaScript 表达式。例如，你可以使用以下声明语句来计算数字 3、4 和 5 的平均值：

```
let average = (3 + 4 + 5) / 3;
```

赋值语句通常用于修改变量的当前值。例如，你可以使用如下语句将 **deposit** 变量的值加给 **balance** 变量：

```
balance = balance + deposit;
```

该语句把 **balance** 的当前值加上 **deposit** 的值，然后将结果存储回 **balance** 变量中。这种形式的赋值语句非常普遍，JavaScript 允许你使用以下简写形式：

```
balance += deposit;
```

同样，你可以通过以下方式从 **balance** 变量中减去 **surcharge** 变量的值：

```
balance -= surcharge;
```

一般而言，这样的 JavaScript 语句

variable op= expression;

等同于

variable = variable op (expression);

上述模式中的括号用来强调在应用 *op* 操作符之前，先对 *expression* 这一表达式求值。这样的语句称为**速记赋值**（shorthand assignment）。

2.3.3 自增和自减操作符

除了速记赋值操作符外，JavaScript 进一步为给变量加上或减去 1 这样常见的操作提供了简写形式。给变量加上 1 称为变量**自增**（incrementing）。给变量减去 1 称为变量**自减**（decrementing）。在 JavaScript 中这两个操作的表达形式极其紧凑，用 **x++** 表达式表示变量 **x** 自增，用 **x--** 表达式表示变量自减。

但是，这两个操作符并不像上一段所描述的那样简单。"**++**"和"**--**"操作符有两种编写方式。一种是操作符放在操作数之后（如 **x++**），另一种是操作符放在操作数之前（如 **++x**）。在第一种形式中，操作符位于操作数之后，称为**后缀形式**（suffix form）。在第二种形式中，操作符位于操作数之前，称为**前缀形式**（prefix form）。

如果你所做的只是单独执行"**++**"或"**--**"操作符，那么前缀形式和后缀形式具有完全相同的效果。仅当将这些操作符用作较大表达式的一部分时，你才会注意到差异。与所有操作符一样，自增和自减操作符会产生一个值，但是该值是多少取决于该操作符相对于操作数的位置。执行"**++**"的两种情况如下所示：

❏ **x++** 首先计算 x 的值，然后自增。整个表达式的值是在自增操作发生之前的原来值。

❏ **++x** 首先计算 x 自增后的值，然后将这一新值用作整个表达式的值。

"**--**"操作符的行为类似，只不过，不是自增而是自减。

乍一看，此功能可能看起来很深奥和不必要，在某些方面也确实是这样。当然，你不一定必须用"**++**"和"**--**"操作符不可。此外，在少数情况下，在较大的表达式中嵌入使用这二者，这样的程序代码明显优于分成两步操作（第一步使用值，然后再让值自增）的程序代码。另外，"**++**"和"**--**"操作符牢固地扎根于 C、C++、Java 和 JavaScript 等语言的历史传统中。程序员们频繁地使用它们，以至于它们已成为这些语

言的标准术语了。鉴于它们广泛应用在程序中，你需要了解它们，以便可以理解现有代码。

2.3.4　命名约定

用于变量、常量、函数等的名称统称为**标识符**（identifier）。在 JavaScript 中，标识符的构成规则如下所示：

1. 标识符必须以字母、下划线（**_**）或美元符号（**$**）开头。

2. 所有其他字符必须是字母、数字、下划线或美元符号。本书仅将下划线用作常量名称中的分隔符，并且一律不使用美元符号（通常保留给 JavaScript 库使用）。

3. 标识符不能是图 2-2 中列出的保留关键字之一。

```
abstract      default      for          new          throw
arguments     delete       function     null         throws
await         do           goto         package      transient
boolean       double       if           private      true
break         else         implements   protected    try
byte          enum         import       public       typeof
case          eval         in           return       var
catch         export       instanceof   short        void
char          extends      int          static       volatile
class         false        interface    super        while
const         final        let          switch       with
continue      finally      long         synchronized yield
debugger      float        native       this
```

图 2-2　JavaScript 中的保留关键字

标识符会进行大小写的区分。因此，标识符 **ABC** 与标识符 **abc** 是不同的。

你可以用表达变量含义的名称来命名，增加程序的可读性。例如，如果用 r 指代圆的半径是比较恰当的，因为它遵循标准的数学约定。但是，在大多数情况下，最好使用长一点的名称，以便阅读程序的人能清楚地了解变量包含的值。例如，如果你需要一个变量来跟踪文档中的页数，则最好使用诸如 **numberOfPages** 之类的名称，而不要使用诸如 **np** 之类的缩写形式。

由于名称中间出现大写字母，因此 **numberOfPages** 这一变量名乍一看可能有点奇怪。但是，该名称遵循了已被广泛接受的变量命名约定。按照约定，JavaScript 中的变量名称以小写字母开头，然后每个新单词的首字母大写。该约定称为**驼峰式命名**（camel case），因为变量名中的大写字母看起来像驼峰。

2.3.5　常量

你还可以给不会随着程序运行而更改的值赋予名称，从而使程序更具可读性。这些不变的值称为**常量**（constant）。在现代版本的 JavaScript 中，你可以将声明语句中的 **let** 关键字替换为 **const**，从而声明一个常量。例如，在程序中要计算圆的几何值时，

如果声明一个名为 **PI** 的常量来表示数学常量 **π** 的合理近似值，那样会很有用。尽管在本章后面，你会发现常量 **PI** 已经在一个标准库中定义了，但是，你仍然可以使用如下声明定义：

```
const PI = 3.14159265;
```

按照约定，常量名称全部使用大写字母，并使用下划线表示单词边界。

尽管常量在程序运行时不会更改其值，但对于程序员来说，把在程序开发周期中自己希望更改的值声明为常量，这通常也很有用。这样的常量用法，在 2.8 节中有更详细的讨论。

2.3.6　顺序计算

当你可以定义变量和常量时，算术计算就变得更容易了，即使在控制台窗口中也是如此。例如，以下语句用来计算半径为 10 的圆的面积。

```
JavaScript Console
> const PI = 3.14159265;
> let r = 10;
> let area = PI * r * r;
> area
314.159265
>
```

JavaScript 没有表示幂函数运算的操作符⊖，因此要表示 r^2 计算的最简单方法是简单地将 r 与自身相乘。

2.4　函数

正如你在第 1 章中编写简单的 Karel 程序时所发现的那样，你无须在控制台窗口中输入所有计算操作，而是可以将这些步骤存储为函数。JavaScript 的函数与 Karel 的函数的最大区别是，在 JavaScript 中，函数可以使用其调用者提供的信息，然后返回信息。调用者通过在括号内指定表示函数调用的值，将信息发送给函数。这些值称为**实际参数**（argument）⊖。在函数内部，每个实际参数都分配给一个称为**形式参数**（parameter）⊜的变量。该函数使用这些参数来计算结果，然后将结果传回给调用者，此过程称为**返回结果**（returning a result）。

在编程语言（比如 JavaScript）的上下文中，**函数**（function）这个术语是为了唤起数学中类似的概念。比如，如下数学函数：

⊖　最新的 JavaScript 版本支持"******"操作符。——译者注
⊖　实际参数可以简称为"实参"。——译者注
⊜　形式参数可以简称为"形参"。在一般上下文中，二者几乎对应，此时实际参数和形式参数都可以简称为"参数"，本书用参数变量特指形式参数变量。——译者注

$$f(x) = x^2 - 5$$

它表明了 x 值和函数值之间的关系。这种关系如下图所示，显示了函数值如何随 x 值变化。

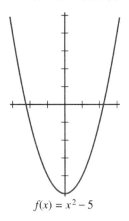

$$f(x) = x^2 - 5$$

2.4.1　用 JavaScript 实现函数

我们可以使用例子来讲解编写函数的过程。数学函数 $f(x) = x^2 - 5$ 在 JavaScript 中可以如下实现：

```
function f(x) {
    return x * x - 5;
}
```

在上述定义中，**x** 是参数变量，由调用者传递的参数来设置。例如，假设你调用 **f(2)**，则变量 **x** 将值设置为 2。**return** 语句指定了函数结果的计算过程。**x** 乘以本身得到值 4，再减去 5 得到的最终结果为 -1，然后把 -1 传回给调用者。

在定义好函数 **f** 后，你可以从控制台中调用它，如下所示。

```
                    JavaScript Console
> f(0)
-5
> f(2)
-1
> f(-3)
4
>
```

参数变量和 **let** 语句中引入的变量只能在它们出现的上下文中访问到（此上下文目前一直是一个函数）。因此，这些变量称为**局部变量**（local variable）。相反，在函数外部声明的变量是**全局变量**（global variable），它们可以在程序中的任何位置使用。随着程序变大，全局变量的使用会让程序更难以阅读和维护。因此，本书中的程序避免使用除常量之外的任何全局变量。因此，你可以将 **PI** 声明为全局变量，这是可以接受的，但是那些值可能会更改的变量，你始终需要将它们声明为局部变量。

假设已定义了 2.3 节中的常量 PI，那么你可以使用如下函数来计算圆的面积。

```
function circleArea(r) {
    return PI * r * r;
}
```

当调用 **circleArea** 函数时，你需要指定一个半径值。例如，在给定 **PI** 和 **circleArea** 函数的定义下，你可以在控制台窗口中执行以下命令。

```
                        JavaScript Console
> circleArea(1)
3.141592653
> circleArea(10)
314.1592653
>
```

你可以使用函数来计算在实际情况中出现的值，而这在很大程度上超出了传统数学的范围。例如，如果你到美国以外的地方旅行，你会发现世界上其他地方的温度是摄氏度而不是华氏度。把摄氏温度转换成华氏温度的公式是：

$$F = \frac{9}{5}C + 32$$

你可以轻松地将其转换为以下 JavaScript 函数：

```
function celsiusToFahrenheit(c) {
    return 9 / 5 * c + 32;
}
```

以下示例运行说明了 **celsiusToFahrenheit** 函数的用法。

```
                        JavaScript Console
> celsiusToFahrenheit(0)
32
> celsiusToFahrenheit(20)
68
>
```

函数可以使用多个参数，此时，定义中的参数名称和调用中的参数值都用逗号分隔。例如如下函数：

```
const INCHES_PER_FOOT = 12;
const CENTIMETERS_PER_INCH = 2.54;

function feetAndInchesToCentimeters(feet, inches) {
    let totalInches = feet * INCHES_PER_FOOT + inches;
    return totalInches * CENTIMETERS_PER_INCH;
}
```

该函数将以英尺和英寸[⊖]为单位的长度转换为以厘米为单位的同等长度。

调用 **feetAndInchesToCentimeters** 函数时，必须按参数列表指定的顺序提供参数。调用函数时，第一个参数指定英尺数，第二个参数指定英寸数。以下示例运行显示了 **feetAndInchesToCentimeters** 函数三次调用的结果，第一次调用表明 1 英寸为 2.54 厘米，第二次调用表明 1 英尺为 30.48（12×2.54）厘米，第三次调用表明 8 英尺 4 英寸（总计 100 英寸）总长度为 254 厘米。

⊖ 1 英寸＝0.0254 米。——编辑注

```
                    JavaScript Console
> feetAndInchesToCentimeters(0, 1)
2.54
> feetAndInchesToCentimeters(1, 0)
30.48
> feetAndInchesToCentimeters(8, 4)
254
>
```

即使一个 JavaScript 函数可以接受多个参数，但一个函数的返回结果只能有一个。因此，不可能编写出一个 JavaScript 函数来将以厘米为单位的长度转换为两个独立的值，其中一个代表总英尺数，而另一个代表剩余的英寸数。在本章后面和第 9 章中，你会看到有几种方式可以尽可能地实现这一目标。

2.4.2　库函数

与所有现代语言一样，JavaScript 预定义了一些函数集合和其他有用的函数定义，其中给程序员使用的函数集合称为*程序库或者库*（library）。**Math** 库是 JavaScript 中最有用的库之一，它定义了一些你在编写程序时会经常使用的数学函数，即使你编写的程序看起来没有那么像数学问题，但是它们也经常出现。

与 JavaScript 中的大多数内置库一样，**Math** 库是作为类的一部分实现的，目前你可以简单地认为类（class）是一组相关定义整合在一起的结构。图 2-3 列出了 **Math** 库中可用的一些常量和函数。

数学常量

Math.PI	数学常量 π
Math.E	数学常量 e，自然对数的底数

常用数学函数

Math.abs(x)	返回 x 的绝对值
Math.max($x, y, ...$)	返回参数中的最大值
Math.min($x, y, ...$)	返回参数中的最小值
Math.sqrt(x)	返回 x 的平方根
Math.round(x)	返回四舍五入之后的整数
Math.floor(x)	返回小于等于 x 的最大整数
Math.ceil(x)	返回大于等于 x 的最小整数

对数和指数函数

Math.exp(x)	返回以 e 为底的 x 的指数函数（e^x）
Math.log(x)	返回以 e 为底的 x 的对数函数
Math.log10(x)	返回以 10 为底的 x 的对数函数
Math.pow(x, y)	返回 x^y

图 2-3　JavaScript **Math** 库中的常量和函数节选

三角函数

Math.cos(*theta*)	返回 *theta* 的余弦
Math.sin(*theta*)	返回 *theta* 的正弦
Math.tan(*theta*)	返回 *theta* 的正切
Math.atan(*x*)	返回位于 $-\pi/2$ 到 $+\pi/2$ 之间的 *x* 的反正切
Math.atan2(*y*, *x*)	返回 *x* 坐标轴和从原点到坐标 (*x*, *y*) 的线段之间的角度

随机值函数

Math.random()	返回 0 到 1 之间的随机数

图 2-3 （续）

在 JavaScript 中，你可以通过类名称、点号和要使用的常量或函数名称，来使用类中的可用功能。例如，表达式 **Math.PI** 表示 **Math** 类中名为 **PI** 的常量，其中 **PI** 定义为数学常量 π 的近似值。同样，**Math.sqrt(2)** 函数调用返回 2 的平方根的最佳近似值。

你可以使用 **Math** 类中的函数编写自己的函数。以下函数使用了勾股定理计算从原点到 (*x*, *y*) 点的距离：

```
function distance(x, y) {
    return Math.sqrt(x * x + y * y);
}
```

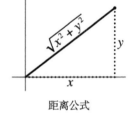

距离公式

2.5 字符串数据

到目前为止，本章中的编程示例仅适用于数值数据。如今，计算机处理数值数据要比处理字符串数据少，其中，字符串数据是对由单个字符组成的信息的通称。现代计算机能够处理字符串数据，这一能力极大地促进了文本消息传递、电子邮件、文字处理系统、社交网络以及各种其他应用程序的发展。

从概念上讲，**字符串**（string）是一个字符序列，这些字符组合在一起构成了一个单元。与大多数现代语言一样，JavaScript 内置了字符串类型，在程序中，你可以将字符序列括在引号中表示一个字符串。例如，字符串 **"JavaScript"** 是 10 个字符的序列，包括两个大写字母和八个小写字母。哈姆雷特自言自语的字符串 **"To be, or not to be"** 是由 19 个字符组成的序列，其中包括 13 个字母、5 个空格和 1 个逗号。

JavaScript 允许你使用单引号或双引号来指定字符串，但是最好统一使用一种样式。本书中的程序使用双引号，主要是因为一般编程语言都有这个约定。唯一的例外是字符串本身包含双引号，例如只有一个双引号构成的单字符字符串，可以写成：**'"'**。此时，你也可以在字符串中的双引号前面加上反斜杠（\）来表示，因此双引号的单字符字符串可以写成 **"\""**。

在大多数情况下，你可以像使用 JavaScript 的数值数据类型一样使用字符串。例如，你可以声明字符串变量并为其赋值，就像使用数字变量一样。例如：

```
let name = "Eric";
```

该语句声明了一个名为 **name** 的变量，并将其初始化为 4 个字符的字符串 **"Eric"**。与本章前面用于理解声明数字变量的代码一样，我们可以绘制一个盒子（其外部标有名称，内部存储值），用来表示值是字符串的变量，如下所示。

name

"Eric"

注意，双引号不是字符串内容的一部分，但为了便于查看字符串的开始和结束位置仍在方框图中写出来。

同样，你也可以声明字符串常量，例如：

```
const ALPHABET = "ABCDEFGHIJKLMNOPQRSTUVWXYZ";
```

该声明将常量 **ALPHABET** 定义为由 26 个大写字母的字符组成的字符串，如以下图所示。

ALPHABET

"ABCDEFGHIJKLMNOPQRSTUVWXYZ"

2.5.1　字符串操作

在 2.1 节中，你了解了数据类型由两个属性定义：域和操作集。对于字符串，域是所有字符序列的集合。在 JavaScript 中，大多数字符串操作都定义为 **String** 类的一部分，对此，第 7 章将进行详细介绍。目前，仅学习 2 个字符串操作就足够了：

1. 确定字符串的长度。

2. 将两个字符串尾首相连，这称为连接（concatenation）。

在 JavaScript 中，可以通过在字符串表达式的末尾添加 "**.length**" 来确定字符串的长度。例如，**ALPHABET.length** 表达式的值为 26。

JavaScript 使用 "**+**" 操作符用于连接操作，另外，"**+**" 操作符如前所述还用于表示数字相加。当 JavaScript 使用 "**+**" 操作符时，它首先检查操作数的类型。如果 2 个操作数均为数字，则 JavaScript 会将 "**+**" 操作符解释为加法操作，如果 2 个操作数中的某一个是字符串，或者 2 个都是，则 JavaScript 会将 "**+**" 操作符解释为连接操作。例如，如下表达式：

```
2 + 2
```

它的值是 4，因为 "+" 的两个操作数都是数字。相反地，如下表达式：

```
"abc" + "def"
```

其结果是 6 个字符组成的字符串 **"abcdef"**。

注意，此示例中重要的是，连接操作符不会在单词之间引入空格字符或任何其他分隔符。如果你想将两个字符串组合成一个字符串，同时还要明显区分出不同的单词，那么你必须显式地包含空格。例如，假设 **greeting** 变量值是 **"Hello"** 字符串，**name** 变量值是 **"Eric"** 字符串，则如下表达式：

```
greeting + " " + name
```

该表达式将生成一个由 10 个字符组成的字符串 **"Hello Eric"**。

连接操作符还允许你将字符串数据与其他类型的数据连接在一起。如果"**+**"的操作数之一是字符串，而另一个是其他值，则 JavaScript 在执行连接之前会自动将非字符串类型的数据转换为字符串。例如，表达式：

```
"Fahrenheit " + 451
```

它生成字符串 **"Fahrenheit 451"**，因为 JavaScript 会把数字 451 转换成字符串 **"451"**，然后再将两个字符串连接在一起。

2.5.2 编写简单的字符串函数

尽管除了最简单的字符串函数外，你还需要在第 7 章中学习其他操作来编写内容，但是这里有必要看一些仅使用连接操作符的示例。

例如：

```
function doubleString(str) {
    return str + str;
}
```

该函数将输入的字符串以两个副本连接在一起组成新字符串，并返回该字符串。调用该函数的示例如下所示。

```
JavaScript Console
> doubleString("a")
aa
> doubleString("boo")
booboo
> doubleString("hots")
hotshots
>
```

类似地，你可以使用以下函数在单词后面加上字符串 **"s"** 来创建一个简单的复数形式：

```
function simplePlural(word) {
    return word + "s";
}
```

此函数并不适用于所有英语单词，因为许多单词需要根据最终辅音添加 **"es"** 而不是

"s"。在第 7 章中你将有机会解决更复杂的问题。

　　2.4 节提到了一个问题，如何将以厘米为单位的距离转换为以英尺和英寸为单位的等长距离？其中一种解决方案是使用连接操作。尽管 JavaScript 不允许函数返回两个单独的值，但是你可以让函数返回包含两个所需值的字符串，进而显示正确的答案，如以下函数所示：

```javascript
function centimetersToFeetAndInches(cm) {
    let totalInches = cm / CENTIMETERS_PER_INCH;
    let feet = Math.floor(totalInches / INCHES_PER_FOOT);
    let inches = totalInches % INCHES_PER_FOOT;
    return feet + "ft " + inches + "in";
}
```

　　该函数使用了本章前面介绍的常量。以下控制台日志显示了对 **centimetersToFeetAndInches** 函数的三次调用，其中每一次的输入都是之前 **feetAndInchesToCentimeters** 函数相应调用输出的结果：

```
                    JavaScript Console
> centimetersToFeetAndInches(2.54)
0ft 1in
> centimetersToFeetAndInches(30.48)
1ft 0in
> centimetersToFeetAndInches(254)
8ft 4in
>
```

2.6　在浏览器中运行 JavaScript

　　如前面示例演示的那样，通过 JavaScript 控制台，你可以查看 JavaScript 如何对表达式求值和调用简单函数，但是你无法通过 JavaScript 控制台了解完整的 JavaScript 程序是如何运行的。由于 JavaScript 是一门服务于**万维网**（World Wide Web，通常简称为 Web，指遍布全球的计算机网络上可访问的互联文档的庞大集合）的编程语言，所以 JavaScript 程序通常在 Web 浏览器的控制下运行。当访问包含 JavaScript 内容的页面时，浏览器将执行 JavaScript 程序并在屏幕上显示它的输出。以下各节向你展示如何将简单的 JavaScript 程序嵌入 Web 页面中。

2.6.1　"Hello World"程序

　　与学习编程的一般情形一样，学习 JavaScript 程序如何工作的最佳方法就是从一个具体例子入手。尽管可用的示例很多，但是计算机科学的文化历史给出了适合作为任何语言的第一个示例的程序。这个编程问题最初出现 *The C Programming Language*[⊖]

　　⊖　本书中文版由机械工业出版社出版，中文名为《C 程序设计语言》，ISBN 为 978-7-111-61794-5。——编辑注

的一本书中，该书作者是布莱恩·克尼汉（Brian Kernighan）和丹尼斯·里奇（Dennis Ritchie），书中第 1 章的第 1 页给出了以下建议：

> 学习一门新程序设计语言的唯一途径就是使用它编写程序。对于所有语言的初学者来说，编写的第一个程序几乎都是相同的，即：

> 请打印出下列内容
> hello, world

> 尽管这个练习很简单，但对于初学语言的人来说，它仍然可能成为一大障碍，因为要实现这个目的，我们首先必须编写程序文本，然后成功地进行编译，并加载、运行，最后输出到某个地方。掌握了这些操作细节以后，其他事情就比较容易了。

该建议之后是"Hello World"程序的四行代码，这四行代码早就成为所有 C 程序员共享的遗产的一部分。

尽管 JavaScript 是从 C 派生的众多语言之一，但"Hello World"程序在两种语言中看起来并不完全相同。即使这样，克尼汉和里奇的建议仍然是正确的：你编写的第一个程序应尽可能简单，以便你可以将注意力集中在编程处理机制上。你的任务（也是必须要做的）是要在浏览器中运行 JavaScript 版本的"Hello World"。图 2-4 给出该程序的 JavaScript 版本，并附有注释说明，以向原始作者致敬。

```
/*
 * File: HelloWorld.js
 * ---------------------
 * This program displays "hello, world" on the console.  It is inspired
 * by the first program in Brian Kernighan and Dennis Ritchie's classic
 * book, The C Programming Language.
 */

function HelloWorld() {
   console.log("hello, world");
}
```

图 2-4　JavaScript 中的"Hello World"程序

除了注释，程序本身只由一个函数体只占一行的函数定义构成，如下所示：

```
function HelloWorld() {
   console.log("hello, world");
}
```

HelloWorld 函数的函数体调用了内置 **console.log** 函数，请求其在 JavaScript 控制台上显示字符串 **"hello, world"**。

到目前为止，一切似乎都相当简单。但是，正如克尼汉和里奇所建议的那样，最困难的部分在于弄清楚如何"编写程序文本，然后成功地进行编译，并加载、运行，最后输出到某个地方"。这些操作步骤不必与克尼汉和里奇说的步骤完全相同，具体取决于你正使用的编程工具。

你至少需要两个应用程序才能开始这些操作。首先，你需要一个**文本编辑器**（text editor），使用它你可以创建 JavaScript 程序文件。所有现代计算机都带有某种文本编辑器，但是，假设你使用的编辑器能够理解 JavaScript 的结构、能够捕获简单的输入错误、能够用不同颜色显示不同的程序结构，你会发现编写程序变得更容易。其次，你需要一个可以读取和显示 Web 页面的 **Web 浏览器**（Web browser）。使用哪种浏览器都没有关系，只要它大体支持 2015 年发布的 JavaScript 版本 6，那么你就可以使用。如果你使用的浏览器版本过低而不支持的话，则应将其更新为当前版本。

你需要做的第一件事是使用编辑器完整输入图 2-4 所示的 **HelloWorld.js** 程序，然后将其保存在你电脑的新文件夹中。然而，这一步只是在浏览器中运行程序的一部分。为了完成这个任务，你要学习更多关于 Web 结构的知识，以及如何在 Web 页面中嵌入 JavaScript 程序。

2.6.2　JavaScript 和 Web

在万维网上的每个页面都由作为其地址的**统一资源定位符**（Uniform Resource Locator，URL）来标识。大多数 Web 页面包含一些相关主题的其他页面的嵌入式引用。这些引用称为**超链接**（hyperlink），超链接为 Web 提供互联结构。当你在浏览器中输入显式 URL 或单击表示 URL 的超链接时，浏览器会获取该地址 Web 页面的内容。对于大多数 Web 页面，浏览器使用一种称为**超文本传输协议**（Hypertext Transfer Protocol，简称 HTTP，用于表示 URL 开头前缀，通常使用"http:"或者更安全的"https:"）的交互方案来读取页面的内容。然后，浏览器解析页面的内容，并将其显示在屏幕上。

现代 Web 页面使用三种不同但相互关联的技术来定义页面内容：

1. 使用通过**超文本标记语言**（Hypertext Markup Language，HTML）编写的文件定义页面的结构和内容。

2. 使用**层叠样式表**（Cascading Style Sheet，简称 CSS）指定页面的视觉外观。

3. 页面的任何交互行为都是使用一个或多个文件描述的，这些文件通常是用 JavaScript 编写的。

如果要创建具有专业质量的 Web 页面，你需要学习这些技术的相关知识。由于本书着重于 JavaScript 编程，因此前几章仅介绍了足以让你运行 JavaScript 程序相关 HTML 和 CSS 的内容，而第 12 章将更详细地介绍这些技术。

2.6.3　JavaScript 程序的 HTML 模板

每个 Web 页面都与一个 HTML 文件相关联，按照约定，该文件通常命名为 **index.**

html，它描述了页面的内容。特别是，**index.html** 文件是一系列由尖括号括起来的关键字部件组合而成，这些部件在 HTML 中称为标签（tag）。正如你将在本节后面的示例中看到的那样，很多标签在闭合尖括号之前也包含一些附加信息，这些附加字段称为属性（attribute）。

index.html 文件以一个特殊标签开头，该标签表示该文件是采用标准 HTML 规范：

```
<!DOCTYPE html>
```

在 **<!DOCTYPE>** 标签之后，HTML 标签通常成对出现。成对标签中的第一个标签是一个 HTML 文件部件的开始标签，第二个标签使用相同的关键字，前面有一个斜杠字符来表示该部件的结束标签。例如，**index.html** 文件中的整个 HTML 文本均以名为 **<html>** 的开始标签开始，并以相应的 **</html>** 结束标签结束。为了使读者清楚地知道每对标签中都包含 HTML 文件的哪些部件，通常在开始标签和结束标签之间缩进一行。

标准 HTML 文件在 **<html>** 和 **</html>** 标签之间包括两个部件。其中的第一个是 **<head>** 部件，它定义了整个页面的功能，第二个是 **<body>** 部件，它定义了页面内容。与其他成对标签一样，**<head>** 和 **<body>** 部件分别以标签 **</head>** 和 **</body>** 结尾。

对于基于 JavaScript 的简单 Web 页面，**<head>** 部件包含两种类型的内部标签。其中的第一个是 **<title>** 部件，该部件定义显示在 Web 页面顶部的标题。**<title>** 部件具有以下形式：

```
<title> 你想使用的任何标题 </title>
```

你可以用任何要用作标题的文本替换上述的斜体部分。按照约定，本书中的 Web 程序使用程序文件的名称作为标题，因此 **HelloWorld.js** 程序的 **<title>** 部件应为：

```
<title>HelloWorld</title>
```

<head> 部件的另一个组件是一个或多个 **<script>** 标签，这些标签指定要加载的 JavaScript 文件的名称。这些 <script> 标签均具有以下形式：

```
<script src="filename"></script>
```

在这种模式下，你需要使用文件名的实际名称替换上述的 *filename* 部分。例如，要加载 **HelloWorld.js**，你可以使用以下标签：

```
<script src="HelloWorld.js"></script>
```

随着你的程序越来越大、越来越复杂，它们通常需要多个 JavaScript 文件。在某些情况下，那些额外的 JavaScript 文件将成为通用库，但在另外一些情况下，将一个复杂的应用程序拆分为多个 JavaScript 文件也是有意义的，其中每个 JavaScript 文件负责整个程序的某些部分。在这两种情况下，你都需要在 **\<head\>** 部件中包含其他 **\<script\>** 标签，以加载应用程序所需的任何 JavaScript 程序库或程序组件。

尽管"Hello World"程序从技术上讲不需要任何程序库，但事实证明，在 **\<head\>** 部件添加一个程序库会让你的程序员生涯更加轻松。请记住，在克尼汉和里奇给出的清单中，你的任务之一是"输出到某个地方"，大多数浏览器的控制台日志很难找到，这主要是为了最大程度地减少普通 Web 用户的困惑，因为用户很容易因为控制台日志中出现消息而分散注意力。为了让控制台输出更易于查看，本书中使用的 **index.html** 文件包含以下 **\<script\>** 标签，以此加载一个名为 JSConsole.js 的程序库，该程序库用于将控制台日志作为 Web 页面本身一部分来显示出来：

```
<script src="JSConsole.js"></script>
```

对于不包含其他内容的基于 JavaScript 的简单 Web 页面，**\<body\>** 部件将为空，开始和闭合标签之间没有任何内容。但是，**\<body\>** 标签必须指定 **onload** 属性才能启动程序。**onload** 属性的值是一个 JavaScript 表达式，它通常是一个函数调用。例如，要在页面加载所有必要的 JavaScript 代码后触发对 **HelloWorld** 函数的调用，**onload** 属性的值应该是 **"HelloWorld()"**。

"Hello World"程序的 **index.html** 文件的完整内容如图 2-5 所示。你可以将此文件用作实现其他基于 JavaScript Web 页面所需的 **index.html** 文件模板。

```
<!DOCTYPE html>
<html>
  <head>
    <title>HelloWorld</title>
    <script src="JSConsole.js"></script>
    <script src="HelloWorld.js"></script>
  </head>
  <body onload="HelloWorld()"></body>
</html>
```

图 2-5　"Hello World"程序的 **index.html** 文件

2.7　测试和调试

尽管你有时会幸运地编写一些极其简单的程序，但作为一名程序员，很快你就必须接受这样一个事实：很少有程序在第一次运行时能够正确运行。大多数情况下，你需要花费很多时间来测试程序，看看它是否正常工作，然后发现异常，进入**调试**（debugging）过程，发现并修复代码中的错误。

关于调试在编程过程的重要性，最令人信服的描述可能来自英国计算先驱莫里斯·威尔克斯（Maurice Wilkes，1913–2010），他在 1979 年对该领域的早期工作提出了以下看法。

开始编程后，我们惊讶地发现，正确地编写程序并不像我们想象得那么容易。我们不得不开始调试。我意识到从那时起我一生的大部分时间都将用于发现自己程序中的错误。

Maurice Wilkes

(Science and Society Picture Library/Getty Images)

2.7.1　防御式编程

即使无法完全避免 bug，也可以通过在编程过程中小心谨慎来减少 bug 的数量。正如在汽车中进行安全驾驶非常重要，在编写代码时进行防御式编程也很有意义。防御式编程最重要的方面是仔细检查你的程序，以确保它们按照你的计划执行。你还会发现，花一些时间使代码尽可能清晰和可读将有助于避免将来出现问题。

但是，你可以让 JavaScript 来帮助你。以前版本的 JavaScript 过于宽松，因为它无法检查常见的编程错误，例如忘记声明变量。在标准 JavaScript 中，忘记声明变量不会生成错误消息。相反，JavaScript 会自动将该变量创建为整个 Web 文档的一部分，而这通常不是程序员想要的。

现代版本的 JavaScript 允许你通过在 JavaScript 文件的开头添加以下一行代码来进行更严格的检查：

```
"use strict";
```

这样做使 JavaScript 解释器可以更好地识别代码中的潜在问题。从这里开始，本文中的所有程序都将使用此功能。

2.7.2　成为一名优秀的调试者

调试是编程中最具创造性和智力挑战的方面之一。但是，它也可能是最令人沮丧的。如果你刚开始学习编程，那么调试给你带来的沮丧可能要比有趣的智力挑战带来的兴奋多得多。这个事实本身并不令人惊讶。毕竟，调试是一项需要时间学习的技能。在获得必要的经验和专业知识之前，闯入调试的世界时，你常常会面对一个你完全不知道如何解决的谜题。而且，第二天就需要完成任务，而你却没有任何进展，直到你以某种方式解决了那个谜题，这期间沮丧可能是最自然的反应。

令人惊讶的是，人们在调试时所面临的挑战与其说是技术上的，不如说是心理上的。要成为一个成功的调试者，最重要的是开始以新的方式思考，让你超越心理上的障碍。没有神奇的、按部就班的发现解决问题的方法，这些问题通常是你自己造成的。你需要的是逻辑、创造力、耐心和大量的练习。

2.7.3　编程的各个阶段

在开发程序时，编写代码的过程只是复杂智力活动的一部分。在坐下来编写代码之前，花一些时间思考一下程序设计总是明智的。正如你在第 1 章使用 Karel 时所发现的那样，通常有很多方法可以将大问题分解为更易于管理的部分。在开始编写每个函数之前，思考一下如何使用分解策略来设计，这几乎肯定会减少整个项目花费的总时间以及减少期间你遭遇的挫折。编写代码后，你需要测试它是否有效，并且很可能会花一些时间找出那些妨碍程序无法有效执行的 bug。

设计、编码、测试和调试这四个活动构成了编程过程的主要组成部分。而且尽管在顺序上有一些限制（例如，你无法调试尚未编写的代码），但是将这些阶段视为严格顺序是错误的。学生遇到的最大问题在于，他们认为，先完成整个程序的设计和编码，然后再尝试整体运行，这样才符合逻辑。而专业程序员从来不会这样做。他们先进行初步设计，编写一些代码片段，测试这些代码片段，查看它们是否按预期工作，然后修复测试中发现的 bug。只有当这一代码片段正常工作时，专业程序员才会返回到代码、测试和调试程序的下一部分。因为从实践中看到了之前设计的效果如何，所以他们会不时地回顾并重新审视设计。你必须学会以大致相同的方式工作。

同样重要的是要认识到编程过程中的每个阶段都需要一种根本不同的途径。在各个阶段之间来回切换时，你需要采用不同的思维方式。以我的经验，说明这些思维方式有何不同的最佳方法是，我们将每个阶段与一个几乎依赖于相同技能和思维方式的职业做类比。

> **编程过程中的阶段和角色**
> 设计 = 建造师
> 编码 = 工程师
> 测试 = 破坏者
> 调试 = 侦　探

在设计阶段，你必须像建造师一样思考。你不仅需要了解必须解决的问题，还需要了解不同解决方案策略的内在美学。这些美学判断并非完全没有约束。你知道需要什么，知道什么是可能的，然后在这些限制内选择最佳设计。

当你进入编码阶段时，你将转换为工程师角色。此时你的工作就是基于自己对编程的理解，将理论设计转换为实际的实现。这个阶段绝不是机械的，而且需要大量的创造力，但是你的目标是产出一个你认为可以实现设计的程序。

众多方面中，测试阶段是最难理解的过程。当你作为测试人员时，你的职责不是确定程序是否有效，而恰恰相反。你的工作是打破它。因此，测试人员需要承担破坏者（vandal）的角色。你需要有意识地搜索任何可能出错的地方，并从发现任何缺陷中获得真正的快乐。在编程过程的此阶段，最困难的心理障碍出现了。作为程序员，你希望程序能够运行。作为测试者，你希望它失败。很多人难于以这种方式切换注意力。毕竟，当你指出一位程序员犯了愚蠢的错误，而碰巧你就是那位程序员时，这很难让人喜出望外，即便如此你也需要做出这种转变。

最后，你在调试阶段将作为侦探工作。在测试过程可能暴露了存在的错误，但不一定能暴露错误发生的原因。在调试阶段，你的工作是整理所有可用的证据，提出关于出现问题的假设，通过其他测试检查该假设，然后进行必要的更正。

与测试一样，当你扮演侦探角色时，调试阶段充满了心理上的陷阱。作为工程师编写代码时，会认为你以建造师的身份设计的代码可以正常工作。现在，你必须找出为什么不能正常工作，这意味着你必须舍弃在早期阶段持有的先入之见，并以崭新的视角来解决问题。成功做到这一转变始终是一个艰巨的挑战。第一次看起来正确的代码，在你第二次回头看它时，可能会觉得一样好。

你需要记住的是，测试阶段已经确定程序不能正常工作了，那么一定是什么地方出现了问题。这不是浏览器或 JavaScript 的不当行为，也不是什么不幸的巧合。正如在莎士比亚（Shakespeare）的 *Julius Caesar* 中，卡修斯（Cassius）提醒布鲁图（Brutus）所说的："亲爱的布鲁图，错的不是世界，错的是我们自己。"是你在编写代码时，引入了错误，所以找到它是你的工作。

当你学习如何编写更复杂的程序时，本书将提供有关调试的其他建议，但是与任何特定的调试策略或技术相比，以下原则将对你更有帮助：

当你尝试查找 bug 时，理解程序正在做什么比理解程序没在做什么更重要。

大多数在代码中遇到问题的人都会回到最初的问题，并试图弄清为什么程序没有按照他们的意愿执行。尽管这种方法在某些情况下可能会有所帮助，但这种想法更有可能让你对实际问题视而不见。如果你第一次做了不必要的假设，那么这次你仍可能再次犯同样的错误，然后你就看不到你的程序不能正常运行的任何原因了。相反，你需要收集有关程序实际上正在做什么的信息，然后尝试找出哪里出现了问题。

尽管许多现代浏览器都配备了复杂的 JavaScript 调试器，但你可能会从 `console.log` 函数中获得最大收益。如果发现程序无法正常工作，请在你认为程序可能走错了路径的地方添加一些 `console.log` 函数调用。在一些情况下，只需在程序里添加如下代码即可：

```
console.log("I got here");
```

如果控制台上出现消息 `"I got here"`，则说明程序已执行到代码中的这一位置。调用 `console.log` 函数显示一些重要变量的值通常会更有帮助。例如，如果你希望变量 `n` 在代码中的某个位置的值为 100，则可以添加以下一行代码：

```
console.log("n = " + n);
```

假设运行程序显示 **n** 的值为 0，则说明在此之前出现了问题。通过缩小问题所在的程序区域，你能更好地找到和纠正错误。

由于调试过程与侦查艺术相似，因此这里我可以提供自己在侦探小说中遇到的一些比较相关的调试知识，如图 2-6 所示。我还强烈推荐罗伯特·波西格（Robert Pirsig）广受赞誉的小说 *Zen and the Art of Motorcycle Maintenance: An Inquiry into Values*（Bantam 出版社，1974 年），这是迄今为止关于调试的艺术和心理学最好的阐述。最相关的章节是第 26 章关于"进取心的陷阱"的讨论。

对一切似乎有利于我们私欲的情况，我们都要保持怀疑的态度。
　　　　——埃米尔·加博里奥（Émile Gaboriau），*Monsieur Lecoq*，1888 年
没有什么比第一手证据更好的了。
　　　　——阿瑟·柯南·道尔（Sir Arthur Conan Doyle），*A Study in Scarlet*，1888 年
在没有数据之前就进行理论分析是一个重大错误。荒谬的是，人们开始扭曲事实以迎合理论，而不是以理论迎合事实。
　　　　——阿瑟·柯南·道尔（Sir Arthur Conan Doyle），*A Scandal in Bohemia*，1892 年
在侦探领域中，最重要的是能够从一些偶然的、至关重要的事实中进行辨认。否则，你肯定在耗费精力而不是集中精力。
　　　——阿瑟·柯南·道尔（Sir Authur Conan Doyle），*The Adventure of the Reigate Squires*，1892 年
有了方法和逻辑人们就能完成任何事。
　　　　　——阿加莎·克里斯蒂（Agatha Christie），*Poirot Investigates*，1924 年
侦查需要一种近乎固执的耐心坚持。
　　　　　——P. D. 詹姆斯（P. D. James），*An Unsuitable Job for a Woman*，1972 年
事情总是比你想得艰难。
　　　　　——亚历山大·致考尔·史密斯（Alexander McCall Smith），
　　　　　The No. 1 Ladies' Detective Agency，1998 年

图 2-6　侦探小说中的调试建议

2.7.4　心理障碍的一个例子

尽管大多数测试和调试所涉及的编程复杂性超出了本章的内容范围，但是仍然可以通过一个非常简单的程序来说明，有时你很容易被自己的假设所蒙蔽，导致你不仅找不到错误的原因，甚至都不会意识到错误的存在。在多年计算机科学教学生涯中，我最喜欢在学期开始时布置的一个问题是编写一个求解二次方程的函数：

$$ax^2 + bx + c = 0$$

你从中学就知道，这个方程可以通过如下公式求得两个解：

$$x = \frac{-b \pm \sqrt{b^2 - 4ac}}{2a}$$

用"+"代替"±"符号可以求得第一个解，用"−"代替"±"符号可以求得第二个解。我给学生的问题是编写一个以 *a*、*b* 和 *c* 为参数并显示 *x* 的这两个解的函数。

尽管大多数人能正确地解决这个问题，但总有许多学生（大班中比例多达 20%）给出类似如下的函数：

```
function quadratic(a, b, c) {
    let root = Math.sqrt(b*b - 4*a*c);
    let x1 = (-b + root) / 2*a;
    let x2 = (-b - root) / 2*a;
    console.log("x1 = " + x1);
    console.log("x2 = " + x2);
}
```

如飞虫符号所示，尽管问题很微妙，但是 **quadratic** 函数的这种实现是不正确的。看起来表达式 **2*a** 在分数的分母中，而实际上并非如此。在 JavaScript 中，相同优先级的操作符（例如，定义 **x1** 和 **x2** 的两行中的 " **/** " 和 " ***** "）是按从左到右的顺序求值的。因此，这些表达式中的括号值首先除以 2，然后再乘以 **a**，而二次公式要求分母为 **(2*a)**，这意味着必须要加上括号。

但是，此示例中的真正教训在于，许多学生并没有发现他们写的测试程序根本就没通过，这一错误更严重。大部分犯此错误的学生都没有对系数 a 用除 1 以外的任何值来测试程序，因为这样最容易手动计算出答案。如果 a 为 1，则乘以或除以 a 都没关系，因为答案是相同的。糟糕的是，测试程序的其他 a 值时，一些学生往往没有注意到他们的程序给出的答案是不正确的。我经常得到如下所示的示例运行：

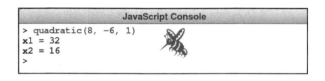

```
                    JavaScript Console
> quadratic(8, -6, 1)
x1 = 32
x2 = 16
>
```

示例运行断言 $x = 32$ 和 $x = 16$ 是如下方程的解：

$$8x^2 - 6x + 1 = 0$$

但是很容易检查这两个值实际上都不满足方程。即便如此，学生还是乐于提交生成该示例运行的程序，而不会注意到答案是错误的。

2.7.5　编写有效的测试程序

每当你编写函数时，最好编写一个配套函数用来检查代码实现是否适用于各种情形。图 2-7 显示了如何在程序文件包含 **quadratic** 函数的定义及其相应的测试程序。本书提供的每个示例程序都包含此类测试函数，当你自己编写代码时，采用这种方式是一种很好的实践。在编写程序时就要考虑到测试，这样会更容易发现在代码中偶尔出现的 bug。

```
/*
 * File: Quadratic.js
 * --------------------
 * This file defines the quadratic function, which solves the quadratic
 * equation given the coefficients a, b, and c.
 */

"use strict";

function quadratic(a, b, c) {
   let root = Math.sqrt(b*b - 4*a*c);
   let x1 = (-b + root) / (2*a);
   let x2 = (-b - root) / (2*a);
   console.log("x1 = " + x1);
   console.log("x2 = " + x2);
}

/* Test program */

function TestQuadratic() {
   console.log("x^2 + 5x + 6 = 0 (roots should be -2 and -3):");
   quadratic(1, 5, 6);
   console.log("");
   console.log("x^2 + x - 12 = 0 (roots should be 3 and -4):");
   quadratic(1, 1, -12);
   console.log("");
   console.log("x^2 - 10x + 25 = 0 (roots should be 5 and 5):");
   quadratic(1, -10, 25);
   console.log("");
   console.log("8x^2 - 6x + 1 = 0 (roots should be 0.5 and 0.25):");
   quadratic(8, -6, 1);
}
```

图 2-7　**quadratic** 函数的实现及其相应的测试程序

TestQuadratic 函数将生成几个以不同参数测试运行 **quadratic** 函数的结果。此外，为了确保运行此程序的人不会简单地就相信计算机生成的答案，程序需要准确地指出正确的答案应该是什么。**TestQuadratic** 程序的完整示例运行如下所示。

```
                          Quadratic
> TestQuadratic()
x^2 + 5x + 6 = 0 (roots should be -2 and -3):
x1 = -2
x2 = -3

x^2 + x - 12 = 0 (roots should be 3 and -4):
x1 = 3
x2 = -4

x^2 - 10x + 25 = 0 (roots should be 5 and 5):
x1 = 5
x2 = 5

8x^2 - 6x + 1 = 0 (roots should be 0.5 and 0.25):
x1 = 0.5
x2 = 0.25
>
```

尽管不可能测试一个函数所有可能的输入，但是通常可以选择一组测试用例来检查最可能会出现错误的地方。例如，对于 **quadratic** 函数，应确保测试函数会检查系数 a、b 和 c 的取值范围。另外，正如 2.7.4 节中的示例所演示的那样，知道答案应该是什么也很重要。

2.8 软件维护

软件开发更令人惊讶的一个方面是程序需要维护。事实上，对软件开发的研究表明，对于商业应用程序来说，在软件发布后支付程序员维护软件的费用占总成本的 80%～90%。然而，在软件的上下文中，很难准确地想象维护意味着什么。乍一听，这个想法听起来很奇怪。如果你以汽车或桥梁为例，一般都是某些东西坏了的时候才需要维护，比如，一些金属生锈了、一些机械连杆由于过度使用而磨损了，或者一些东西在事故中被打碎了。但是这些情况都不适用于软件。代码本身不会生锈，因此反复使用同一个程序并不会以任何方式削弱它的功能。意外的误用肯定会导致危险的后果，但通常不会损害程序本身，即便如此，程序通常也可以从备份副本中恢复。那么，在这样的环境中，维护意味着什么？

软件需要维护主要有两个原因。首先，即使经过大量的测试，在某些情况下，虽然经过多年的现场使用，但是 bug 仍然可以存在于原始代码中。然后，当一些意料之外的情况出现时，先前处于休眠状态的 bug 会导致程序失败。因此，调试是程序维护的必要部分，但是，调试却不是最重要的部分。更重要的是，尤其是在对程序维护的总体成本的影响方面，程序需要根据变化的需求进行更改。用户通常希望在他们的应用程序中添加新特性，而软件开发人员则试图提供这些特性来保持客户忠诚度。无论是要修复错误还是要添加特性，在这两种情况下，都必须阅读程序，弄清楚发生了什么，进行必要的更改，验证这些更改是否有效，然后发布新版本。该过程困难、耗时、昂贵并且容易出错。

程序维护特别困难，因为许多程序员编写程序时不会长远考虑。对他们来说，能够让程序正常运行就足够了，然后再去做其他事情。致力于编写出其他人可理解和可维护的程序的编程学科称为软件工程（software engineering）。在本书中，我们鼓励你使用有效的软件工程技术来编写程序。

许多初学编程的人都感到不安，因为他们知道没有一组精确的规则可以确保良好的编程风格。软件工程不是照着烹饪书就能学会做菜的过程。相反，它是一种混合了许多艺术性技巧的过程。另外，实践是至关重要的。通过编写和阅读别人的程序，一个人才能学会编写结构良好的程序，就像一个人学着成为小说家一样。成为一名高效的程序员需要训练——训练不是走捷径，也不是在匆忙完成项目后就忘记了未来的维护者。良好的编程实践还需要培养一种审美意识，即知道程序的可读性和结构良好意味着什么。

尽管编写可维护程序没有严格的规则，但是肯定有一些重要的原则，包括以下内容：

- ❏ 在编写代码和注释时，要考虑到将来的维护者。
- ❏ 对变量、常量和函数命名时，名称应该能体现其目的。
- ❏ 使用缩进突出显示程序的层次结构。

❑ 设计你的程序，使它们在需求变更时易于修改。

此列表中的最后一点值得进一步讨论。鉴于程序在生命周期中不可避免地会发生变化，因此良好的编程习惯可帮助将来的维护人员进行必要的修改。支持持续维护的一种有用策略是，对那些在将来的某个时间可能会改变的值使用常量定义。

在历史示例的上下文中，使用常量定义的价值也许最容易说明。暂时想象一下，你是一位在 20 世纪 60 年代后期从事阿帕网（ARPANET）初始设计工作的程序员，阿帕网是当今 Internet 的先驱。由于当时资源非常有限，阿帕网的设计人员对可以连接到网络的计算机（当时称为主机）的数量进行了限制。在阿帕网的早期，限制数量为 127 个主机。如果 JavaScript 在 1969 年就存在的话，那么你可能声明如下常量：

```
const MAXIMUM_NUMBER_OF_HOSTS = 127;
```

然而，在以后的某个时候，网络的爆炸性增长将会迫使你提高这一限制。

如果你定义成了一个常量，那么修改起来就会很容易，但是如果你写的是数字 127，那么修改就很困难了。那样的话，你需要修改所有表示主机数量的 127 这一数字。然而有些 127 可能表示除了主机数量限制之外的其他内容，并且不能修改这些值中的任何一个也同样重要。如果一旦在修改过程中犯了一个错误，那么你将很难跟踪到这个 bug。

总结

在本章中，通过研究几个使用两种不同数据类型（数字和字符串）的示例程序，你已经开始了 JavaScript 的编程之旅。本章介绍的重点包括：

❑ 本书的主要焦点不是 JavaScript 语言本身，而是理解编程基础所需要的原则。为了减少你需要掌握的语言细节的数量，本书依赖于道格拉斯·克罗克福德称之为"JavaScript 精华"的特性，另外，本章开头部分描述了道格拉斯·克罗克福德的贡献。

❑ 数据值有许多不同的类型，每种类型都由域和操作集定义。

❑ JavaScript 中的数字是用传统的十进制记数法编写的。JavaScript 还允许使用科学记数法表示数字，其中添加字母 E 和指数用来表示乘以 10 的指数幂。

❑ 表达式由操作符连接的项组成。操作符所应用的子表达式称为其操作数。

❑ 操作顺序由优先级规则确定。操作符的完整列表及其优先级如图 2-1 所示。

❑ JavaScript 中的变量具有两个属性：名称和值。在 JavaScript 程序中，使用如下声明语句来指定变量的名称和初始值：

```
let identifier = expression;
```

❑ 常量用于指定程序中不会更改的值。在 JavaScript 中声明常量，你需要在声明中

使用 **const** 关键字而不是 **let** 关键字。按照约定，可以使用下划线标记单词边界，全部用大写形式编写常量名称。

❑ 可以通过使用赋值语句来更改变量的值。当你为变量赋一个新值时，其之前的值会丢失。

❑ JavaScript 有一个简短赋值语句形式：

variable op= expression;

是如下表达式的简写：

variable = variable op (expression);

❑ JavaScript 中有"**++**"和"**--**"操作符，它们分别让变量的值加 1 和减 1。这两个操作符可以放在操作数之前或之后。放置位置决定了相应操作是在表达式求值之前还是之后进行。

❑ 函数是由代码块组织成一个独立单元，并拥有名称。然后，程序的其他部分可以调用该函数，可能给它传递参数，并接收该函数返回的结果。

❑ 在函数体内声明的变量称为局部变量，仅在该函数内部可见。在任何函数外部声明的变量是全局变量，可以在程序中的任何位置使用。本书中避免使用全局变量，因为它们让程序难以维护。

❑ 拥有返回值的函数必须具有 **return** 语句，用以指定返回结果。函数可以返回任何类型的值。

❑ JavaScript 的 **Math** 库定义了各种函数，实现了诸如 **sqrt**、**sin** 和 **cos** 之类的标准数学函数。图 2-3 中展示了常用的数学函数列表。

❑ 字符串是一个字符序列，这些字符一起构成一个单元。在 JavaScript 中，你可以通过将字符序列括在引号中来表示字符串。JavaScript 支持单引号或双引号。

❑ 尽管第 7 章将介绍字符串支持的诸多其他操作，但本章和后面几章中的示例仅使用 **length** 字段和"**+**"操作符。如果"**+**"操作符的两个操作数都是数字，将值相加，如果两个操作数中的任何一个是字符串，则两个操作数都将转换为字符串，并将二者尾首相连。

❑ 在 C 语言的定义文档中，布莱恩·克尼汉和丹尼斯·里奇建议，任何一门语言编写的第一个程序都应该是打印字符串 **"hello, world"**。这本书遵循了他们的建议。

❑ JavaScript 语言设计用于万维网连接。JavaScript 程序通常在 Web 浏览器的上下文中运行。

❑ 现代 Web 页面使用三种不同的技术来定义其内容。使用 HTML（超文本标记语言）定义页面的结构和内容，使用 CSS（层叠样式表）指定视觉外观，并使用

JavaScript 定义交互行为。

- 在浏览器中运行的每个 JavaScript 程序都必须包含 **index.html** 文件，该文件定义了页面的整体结构，加载了必要的 JavaScript 程序和库，并指定页面已加载时需要执行的 JavaScript 表达式。这些 **index.html** 文件的通常格式如图 2-5 所示。
- JavaScript 文件通过 **index.html** 文件中的 **\<script\>** 标签加载到浏览器中，每个标签具有以下形式：

  \<script src="*filename*"\>\</script\>

- 编程过程的四个阶段是设计、编码、测试和调试，最好将这些阶段视为相互关联的而不是按顺序进行的。专业程序员通常会编写程序的一部分，对其进行测试、调试，然后再回过头来处理下一部分。
- 编程过程的每个阶段都要求你以不同的方式行事。在设计阶段，你扮演建筑师角色。在编码时，你扮演工程师角色。在测试过程中，你必须扮演破坏者角色，努力打破程序，而不是证明它可以工作。调试时，你需要像侦探一样思考，充分利用福尔摩斯的所有聪明才智。
- 当你尝试查找 bug 时，理解程序正在做什么比理解程序没在做什么更重要。
- 为了了解你的程序在做什么，最有用的资源是 **console.log** 函数。
- 程序员在测试和调试阶段面临的最严重的问题是心理上的，而不是技术上的。你的假设和欲求很容易妨碍你理解问题的所在。
- 在编写函数的定义时，连同包含测试程序是一种很好的编程实践。
- 程序需要在生命周期内进行维护，随着用户需求的变化，既要修正 bug，又要添加新特性。

复习题

1. 定义数据类型的两个属性是什么？
2. 以下哪些是 JavaScript 中的合法数字：

a) **42**　　　　　　　　　　　　g) **1,000,000**

b) **-17**　　　　　　　　　　　　h) **3.1415926**

c) **2+3**　　　　　　　　　　　　i) **123456789**

d) **-2.3**　　　　　　　　　　　　j) **0.000001**

e) **20**　　　　　　　　　　　　　k) **1.1E+11**

f) **2.0**　　　　　　　　　　　　　l) **1.1X+11**

3. 将以下数字重写为 JavaScript 的科学记数法格式：

a) **6.02252 × 10^{23}**

b) **29979250000.0**

c) **0.00000000529167**

d) **3.1415926535**

顺便说一下，这些值都是一个重要的科学常量或数学常量的近似值：（a）阿伏伽德罗数，即一摩尔化学物质中的分子数（b）光速，以厘米每秒（1 厘米每秒＝0.01 米每秒）为单位（c）玻尔半径，单位为厘米，是处于最低能量状态的氢原子周围电子轨道的平均半径（d）数学常量 π。在 π 的情况下，使用科学记数法的形式没有任何优势，当然使用也是可以的。

4. 以下哪些是 JavaScript 中的合法变量名称：

   a) **x**
   b) **formula1**
   c) **average_rainfall**
   d) **%correct**
   e) **short**
   f) **tiny**
   g) **total output**
   h) **aReasonablyLongVariableName**
   i) **12MonthTotal**
   j) **marginal-cost**
   k) **b4hand**
   l) **_stk_depth**

5. "**%**" 操作符在 JavaScript 中表示什么？

6. 判断题："**-**" 操作符在操作数之前用于表示取相反数，此时，优先级与其表示减法时的优先级相同。

7. 通过应用适当的优先级规则，计算以下每个表达式的结果：

   a) **6 + 5 / 4 - 3**
   b) **2 + 2 * (2 * 2 - 2) % 2 / 2**
   c) **10 + 9 * ((8 + 7) % 6) + 5 * 4 % 3 * 2 + 1**
   d) **1 + 2 + (3 + 4) * ((5 * 6 % 7 * 8) - 9) - 10**

8. 你会使用怎样的速记赋值语句来表达变量 **salary** 和 2 的乘积？

9. 在 JavaScript 中，与如下语句具有相同作用的常用语句是什么？

   x = x + 1;

10. 请用你自己的话解释自增操作符和自减操作符的前缀和后缀形式之间的区别。

11. 以下每个表达式的值是什么：

    a) **Math.round(5.99)**
    b) **Math.floor(5.99)**
    c) **Math.ceil(5.99)**
    d) **Math.floor(-5.99)**
    e) **Math.sqrt(Math.pow(3, 2) + Math.pow(4, 2))**

12. 函数 **Math.random** 返回的可能值的范围是多少？

13. 如何在 JavaScript 中指定一个字符串值？

14. 如果字符串存储在变量 **str** 中，你如何确定其长度？

15. 术语"连接"是什么意思？

16. JavaScript 如何确定将"**+**"操作符解释为相加还是连接操作？

17. 基于 2.5 节 **doubleString** 函数的定义，如果调用 **doubleString(2)**，JavaScript 会产生什么值？基于这种行为，将函数名称缩短为 **double** 是否合理？为什么？

18. 对以下表达式求值：

    a) **123 + 456**

    b) **123 + "456"**

    c) **"Catch-" + 2 + 2**

    d) **"Citizen" + 2 * 2**

19. 布莱恩·克尼汉和丹尼斯·里奇建议你学任何语言时应该编写的第一个程序是什么？他们建议从这个程序开始的理由是什么？

20. 用于实现 Web 页面的三种技术是什么？这些技术分别在哪些不同方面对 Web 页面进行控制？

21. 定义一个 Web 页面的 HTML 文件的常用名是什么？

22. 将 JavaScript 文件加载到浏览器中的 HTML 标签的语法是什么？

23. 本章中用于实现可以在控制台输出的 JavaScript 程序库的名称是什么？本章给出使用此库而不是标准系统控制台的原因是什么？

24. 如何在 JavaScript 程序中启用严格的错误检查？

25. 本章给出的编程过程的四个阶段是什么？对于每个阶段如何进行，本章给出了什么专业角色作为模型？

26. 判断题：专业程序员按顺序完成编程过程的四个阶段，完成每个阶段，然后再进行下一个阶段。

27. 判断题：在测试程序时，你的主要目标是证明程序有效。

28. 本章给出了什么建议，以便你调试时可以有效地思考？

29. 本章认为什么内置函数是最有用的调试工具？

30. 用自己的话解释程序维护的含义。

31. 本章给出了哪些指南来改善你的编程风格？

练习题

1. 使用 JavaScript，你会如何实现以下数学函数：

$$f(x) = x^2 - 5x + 6$$

2. 请编写一个 **quotient** 函数，传入 **x** 和 **y** 两个数字（假设它们都是正整数），并且返回 **x/y** 的商，舍弃余数。例如，调用 **quotient(9,4)** 应该返回 2，因为 9 除以 4 商为 2，余数为 1。如果使用 **Math.floor** 函数，那么你可以很轻松地实现这个函数，但是本练习题的挑战是只用标准算数操作符来实现 **quotient** 函数。

3. 根据数学史学家的说法，德国数学家卡尔·弗里德里希·高斯（Carl Friedrich Gauss，1777—1855）在年幼时就展露出了他的数学天赋。当他上小学时，他的老师要求他计算前 100 个整数的和，据说高斯通过以下公式直接给出了对前 N 个整数的求和的答案：

Carl Friedrich Gauss

(Georgios Kollidas/Alamy Stock Photo)

$$\frac{N \times (N+1)}{2}$$

请编写一个 **sumFirstNIntegers** 函数，该函数以 N 的值作为参数并返回这前 N 个整数的和，如以下示例运行所示。

```
JavaScript Console
> sumFirstNIntegers(3)
6
> sumFirstNIntegers(100)
5050
>
```

4. 请参考 2.4 节中的 **celsiusToFahrenheit** 函数，编写一个 **fahrenheitToCelsius** 函数，该函数可以以相反的方向转换一个温度值。转换公式为：

$$C = \frac{5}{9}(F - 32)$$

5. 请编写一个函数，以给定三角形的底和高的值来计算其面积，这些值的定义如下图所示。

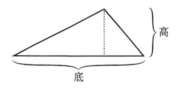

高

底

对于任何三角形，面积始终等于底乘以高的一半。

6. 请编写一个 **quote** 函数，该函数以一个字符串作为参数，在其开头和结尾添加双引号。使用该函数，你应该可以重现以下控制台的效果。

```
JavaScript Console
> quote("hello")
"hello"
> quote("Fahrenheit " + 11 * 41)
"Fahrenheit 451"
> "   "

> quote("   ")
"   "
>
```

如上图控制台最后一行所示，使用 **quote** 函数可以使得查看字符串开始和结束的位置更加容易，特别是在字符串包含空格的情况下。

7.

消灭词汇是件很有意思的事情。

——乔治·奥威尔的《1984》中的赛麦

在乔治·奥威尔（George Orwell）的小说中，赛麦（Syme）和他在真理部的同事们致力于将英语简化为一种更通用的语言，称为"新话"（Newspeak）。正如奥威尔在其附录"新话的原则"中所描述的那样，单词可以使用各种前缀，以消除对英语中大量单词的需求。例如，奥威尔写道：

这个原则同样适用于语言中的每一个单词，任何一个单词都可以加前缀"un"表示否定意义，或加前缀"plus"表达加重语气，或可加前缀"doubleplus"表示更强烈的语气。例如，"uncold"（不冷）意为"warm"（温暖），而"pluscold"和"doublepluscold"意为"very cold"（很冷）和"superlatively cold"（极冷）。

请给出如下三个函数 negate、intensify 和 reinforce 的定义，三个函数都接受一个字符串参数，功能是分别在该字符串中添加前缀"un""plus"和"doubleplus"。你的函数定义应可以让你生成以下控制台会话。

```
JavaScript Console
> negate("cold")
uncold
> intensify("cold")
pluscold
> reinforce(intensify("cold"))
doublepluscold
> reinforce(intensify(negate("good")))
doubleplusungood
>
```

8. 请打开编辑器创建 **HelloWorld.js** 程序和 **index.html** 文件，输入的内容分别与图 2-4 和图 2-5 一致。然后使用浏览器打开 **index.html** 文件，查看你的 JavaScript 程序能否正常运行。

9. 对于练习题 3～7 中的每一题，请参照图 2-7 中的 **TestQuadratic** 函数，编写一个测试程序以显示一些具有代表性的函数的值。再创建一个 **index.html** 文件，加载同时包含函数定义和测试程序的 JavaScript 文件，然后通过浏览器读取 **index.html** 文件查看程序能否正常运行。

第 3 章

控 制 语 句

我有一个正在运行的编译器，没有人会碰它……因为他们认真地告诉我，计算机只能进行算术运算，而无法执行程序。

——格蕾丝·穆雷·赫柏，引用自夏琳·比林斯（Charlene Billings）的
Grace Hopper: Navy Admiral and Computing Pioneer，1989 年

格蕾丝·穆雷·赫柏（Grace Murray Hopper）曾在瓦萨学院学习数学和物理，后来在耶鲁大学获得了数学博士学位。二战期间，赫柏加入了美国海军，并被派往哈佛大学的条例计算局，在那里，她与计算机先驱霍华德·艾肯（Howard Aiken）一起共事。赫柏成为 Mark I 数字计算机的第一批程序员之一，Mark I 数字计算机是第一批能够执行复杂计算的计算机。在计算科学早期，赫柏做出了几项贡献，并且

(Bettmann/Getty Images)

格蕾丝·穆雷·赫柏（1906—1992）

她是 COBOL 语言开发的主要贡献者之一，该语言仍然广泛应用在商业编程的应用程序中。1985 年，赫柏成为第一位晋升海军上将的女性。格蕾丝·穆雷·赫柏是在计算机科学领域获得成功的女性的典型案例。为表彰她的贡献，现在有一个两年一度的计算机领域女性庆祝活动，就以她的名字命名。

在第 2 章中，你看到了一些使用 JavaScript 函数的简单示例。在每个示例中，函数均从其函数体的第一条语句开始执行，然后按顺序继续执行其余的语句，过程中可能会调用其他函数。在编写更有趣的应用程序之前，你需要学习如何以更复杂的方式控制程序的操作，就像在第 1 章 Karel 程序中你所做的那样。

　　与 Karel 的函数类似，JavaScript 中的函数通常使用控制语句以指定操作顺序。两种语言中的 **if** 和 **while** 语句本质上是相同的，但是 JavaScript 使用了更为灵活的 **for** 语句来实现 Karel 中 **repeat** 语句的效果。此外，JavaScript 中还有一个称为 **switch** 的条件语句，通过 **switch** 语句可以编写支持在多种可能的执行路径中进行选择的代码。本章介绍了 JavaScript 中的这些控制语句，并在此过程中扩展了用于解决问题的工具集。

　　学生通常认为，必须有一些明确的规则来确定何时需要使用编程语言提供的各种控制语句。其实，真正的编程并非如此，控制语句只是解决问题的工具。在确定针对特定上下文使用什么控制语句之前，你必须认真地思考需要解决的问题是什么，也需要思考应该选择怎样的解决策略。在确定如何解决这些基本问题之后，你才可以给程序编写代码。编程过程中没有什么是自动的。

　　事实上，没有什么神奇的规则可以将问题转化为可运行的程序，因此，编程才成为一项宝贵的技能。假如真有一种方式，能做到根据定义良好的算法来执行编程过程，那么就可以很容易地使该过程自动化，而这样就完全不需要程序员了。编程涉及许多问题，其中一些问题非常复杂，可能需要很高的才智和创造力才能解决。正是这些问题导致计算机编程变得十分困难。当然，也正因如此，编程才变得越来越有趣。

3.1　布尔数据

　　JavaScript 和 Karel 这两种语言的控制语句之间的主要区别在于条件测试不一样。Karel 的条件表达式（例如 **frontIsClear** 和 **faceingNorth**）仅在 Karel 世界中有意义。在 JavaScript 中，你可以创建其值为 true 或 false 的表达式来表示一个条件。此类表达式称为**布尔表达式**（Boolean expression），该名字来源于英国数学家乔治·布尔（George Boole），他提出了一种处理这类数据的代数方法。布尔值在 JavaScript 中使用内置类型表示，该类型的域由两个值组成：**true** 和 **false**。

　　JavaScript 定义了几个使用布尔值的操作符。这些操作符总体分为两类：关系操作符和逻辑操作符，接下来的两节将对其进行讨论。

3.1.1　关系操作符

　　在 JavaScript 中，一个最简单的问题就是如何比较两个数据值的大小。例如，你可能想判断两个值是否相等，或一个值是否大于或小于另一个值。传统数学中，我们使用操作符 "＝" "≠" "＜" "＞" "≤" 和 "≥" 等符号来分别表示 "等于" "不等于" "小于" "大于" "小于等于" 和 "大于等于" 等关系。遗憾的是，由于这些符号中有几个没在标准键盘上给

George Boole

(Pictorial Press Ltd./Alamy Stock Phcto)

出，因此 JavaScript 表示这些操作符的方式与数学符号略有不同，它们使用以下字符组合来代替：

- **===**　　等于
- **!==**　　不等于
- **<**　　　小于
- **>**　　　大于
- **<=**　　小于等于
- **>=**　　大于等于

因为它们是用于测试两个值之间的关系，所以这些操作符统称为**关系操作符**（relational operator）。像第 2 章介绍的算术操作符一样，使用时，关系操作符位于两个值之间。例如，如果需要检查 **x** 的值是否小于 0，则你可以使用表达式 **x<0**。

乍看起来，关系操作符"**===**"和"**!==**"似乎有些奇怪。因为已经保留了单个等号来表示赋值，所以 C 编程语言（JavaScript 是其派生语言）的设计人员引入了一个新的操作符，即两个连续等号，用来表示判断是否相等。JavaScript 的设计人员保留了"**==**"操作符，但是其定义方式十分令人困惑，以至于任何人（无论是新手还是经验丰富的程序员）都很难正确地使用它。在 JavaScript 中，检查完全相等和完全不相等的操作符为"**===**"和"**!==**"，如果你能优先使用这些操作符而不是较短的形式，则可以避免很多麻烦。

3.1.2　逻辑操作符

除了作用于任何类型的值生成布尔值的关系操作符之外，JavaScript 还定义了三个作用于操作数的操作符，可以生成布尔值：

- **!** 逻辑非（如果接下来的操作数为 **false**，则结果为 **true**）
- **&&** 逻辑与（如果两个操作数均为 **true**，则结果为 **true**）
- **||** 逻辑或（如果其中一个或两个操作数为 **true**，则结果为 **true**）

这些操作符称为**逻辑操作符**（logical operator），优先级按顺序从高到低。

尽管操作符"**&&**""**||**"和"**!**"对应于英语单词"and""or"和"not"，但是重要的是要记住英语在逻辑上的表达有些不精确。为避免这种不精确的情况，用更正式的数学方式来考虑这些操作符会很有帮助。逻辑学家使用**真值表**（truth table）定义这些操作符，真值表显示了布尔表达式的值如何随其操作数值的变化而变化。例如，给定布尔值 **p** 和 **q**，"**&&**"操作符的真值表如下所示。

p	q	p && q
false	false	false
false	true	false
true	false	false
true	true	true

该表的前两列分别表示 **p** 和 **q** 的布尔值，最后一列表示布尔表达式 **p&&q** 的值。因此，真值表中的第一行的意思是，当 **p** 为 **false** 并且 **q** 是 **false** 时，表达式 **p&&q** 的值也为 **false**。

"||"的真值表如下所示。

p	q	p || q
false	false	false
false	true	true
true	false	true
true	true	true

即使"||"操作符对应于英语单词"or"，但它不像通常在英语中那样表示一个或者另一个，而是表示其中一个或两个，这是其数学含义。

"!"的真值表如下所示。

p	!p
false	true
true	false

对于一个更复杂的逻辑表达式，如果需要确定它的工作方式，可以将其分解为上述的基本运算，并为表达式的各个部分建立一个真值表。

在大多数情况下，逻辑表达式并没有那么复杂，以至于你需要一个真值表来弄清楚它们。经常引起混乱的唯一情况是"!"操作符与"&&"或者"||"一起出现。当使用英语的人说"not true"时（即对应于使用"!"操作符），对于人类听众来说意义清楚的语句常常与数理逻辑不一致。每当你发现需要表达一个包含"not"单词的条件时，都应格外小心，以免出错。

例如，假设你要在程序中表达"x is not equal to either 2 or 3"（x 不等于 2 或 3）的想法。只阅读此条件测试的英语版本时，新程序员就有可能按以下方式编写此表达式：

```
x !== 2 || x !== 3
```

如第 1 章所述，本书使用飞虫符号来标记包含故意错误的代码段。这个例子中，问题在于该代码的非正式英语转换与其在 JavaScript 中的解释不符。如果从数学的角度看这个条件测试，则可以看到，如果"**x** is not equal to 2"（**x** 不等于 2）或"**x** is not equal to 3"（**x** 不等于 3），则表达式为 **true**。其实，不管 **x** 是什么，这两个语句中肯定有一个必须为 **true**，因为如果 **x** 为 2，那么它就不能等于 3，反之亦然。要解决此问题，你需要完善对英语表达的理解，以便更准确地表达此条件。也就是说，当"it is not the case that either **x** is 2 or **x** is 3"（只要不是如下情况：x 等于 2，或者 x 等于 3）时，你都希望条件测试为 **true**。你可以直接将这个表达转换为 JavaScript 表达式：

```
!(x === 2 || x === 3)
```

但是得到的表达式有点笨拙。你真正要问的问题是以下两个条件是否都为 **true**：

❑ **x** 不等于 2。

❑ **x** 不等于 3。

如果你以这种形式考虑问题，则可以将测试编写为：

x !== 2 && x !== 3

这种简化是如下数理逻辑中通用关系的一个具体示例：

!(p || q)　等同于　**!p && !q**

对于任何逻辑表达式 **p** 和 **q**。该变换规则的对偶形式是：

!(p && q)　等同于　**!p || !q**

二者被称为**德摩根定律**（De Morgan's laws），以英国数学家奥古斯都·德·摩根（Augustus De Morgan）的名字命名。忘记应用这些规则而依赖于英语逻辑是导致编程错误的常见来源。

Augustus De Morgan

(The History Collection/Alamy Stock Photo)

3.1.3　短路求值

对"**&&**"和"**||**"操作符的解释方式，JavaScript 语言不同于许多其他编程语言。例如，在 Pascal 编程语言中，它用"AND"和"OR"表示这两个操作符，在对相应表达式进行求值的时候，需要对两边的操作数都进行求值，即使当求值过程进展到一半时，也可以确定结果了。

而 JavaScript 的设计人员（或更准确地说，JavaScript 所基于的语言的设计人员）采用了不同的方式，这种方式对程序员来说更方便。例如如下表达式：

exp_1 **&&** exp_2

或者：

exp_1 **||** exp_2

每当 JavaScript 对上述表达式求值时，按从左向右的顺序，对各个子表达式求值，一旦答案能确定下来，执行就结束。例如，在包含"**&&**"的表达式中，如果 exp_1 为 **false**，则无须计算 exp_2，因为最终答案始终都为 **false**。同样，在使用"**||**"的示例中，如果第一个操作数为 **true**，则无须执行第二个操作数。这种会在知道答案后立即停止执行的方式称为**短路求值**（short-circuit evaluation）。

短路求值的主要优点在于，它允许一个条件控制第二个条件的执行。在许多情况下，仅当第一个条件满足特定要求时，整个复合条件才有意义。例如，假设你要表达以下复合条件：

（1）整数 **x** 的值不为零。

（2）**x** 整除 **y**。

你可以在 JavaScript 中将此条件测试表达式编写成：

```
(x !== 0) && (y % x === 0)
```

因为仅当 **x** 为非 0 时才能计算表达式 **y%x**。然而在 Pascal 语言中的相应表达式无法生成所需的结果，因为 Pascal 始终会计算该条件的两个部分。因此，在 Pascal 语言中，如果 **x** 为 0，即使这个表达式看起来已经检查了该情况，但是因为表达式中除以 0 了，所以会导致程序结束。复合条件中，用来保护后置条件以防止产生求值错误的前置条件，称为守卫（guard）。譬如前一个例子中的条件测试：

```
(x !== 0)
```

3.2　**if** 语句

在 JavaScript 中，表示条件执行的最简单方法是使用 **if** 语句，**if** 语句与你在 Karel 中看到的两种形式相同，如下面的语法框所示。

```
if (condition) {
    statements
}
```

```
if (condition) {
    statements
} else {
    statements
}
```

上述模板中的 *condition* 条件组件是布尔表达式，布尔表达式在 3.1 节已经说明过。在 **if** 语句的简单形式中，仅当条件测试结果为 **true** 时，JavaScript 才执行 *statements* 语句块。如果条件测试结果为 **false**，则 JavaScript 会完全跳过 **if** 语句块。在包含 **else** 关键字的形式中，如果条件测试为 **true**，则 JavaScript 执行语句的第一个语句块；如果条件测试为 **false**，则执行第二个语句块。在这两种形式中，条件表达式为 **true** 时，JavaScript 所执行的代码称为 **then** 子句（then clause）。在 **if-else** 形式中，条件为 **false** 时执行的代码称为 **else** 子句（else clause）。

你可以使用 **if** 语句在 JavaScript 的 **Math** 类中实现几个最简单的函数。例如，你可以实现 **abs** 函数：

```
function abs(x) {
   if (x < 0) {
      return -x;
   } else {
      return x;
   }
}
```

同样，你可以实现 **max** 函数（至少有两个参数），如下所示：

```
function max(x, y) {
   if (x > y) {
      return x;
   } else {
      return y;
   }
}
```

正如在研究 Karel 时，你可能意识到的那样，是否使用 **if** 或 **if-else** 形式取决于问题的结构。当你的问题要求仅在适用特定条件的情况下才执行代码时，可以使用简单的 **if** 语句。如果程序必须在两组独立的动作之间进行选择，则可以使用 **if-else** 形式。通常可以根据人类语言描述问题的方式来做出此决定。如果该描述中包含"否则"或类似的词，则很有可能需要 **if-else** 形式。如果人类语言描述中没有传达出这种概念，则 **if** 语句的简单形式可能就足够了。

3.2.1 **if** 语句的其他形式

如果 **if** 的 **then** 子句只由一条语句组成，JavaScript 允许你去掉该语句两边的大括号。但是，作为一般规则，书写时始终使用这些大括号是个好习惯，因为这样做可以使阅读代码的人更容易确定 **if** 语句块中包含哪些语句。使用大括号也使程序更易于维护，因为人们很难判断单个 **if** 语句是否包含两个连续的语句。例如，很容易误读以下代码：

if (*condition*)
    statement$_1$;
    statement$_2$;

想象一下，假如希望上述 **if** 语句本来是包括 *statement*$_1$ 和 *statement*$_2$ 的，因为没有使用大括号，则 *statement*$_2$ 不属于 **if** 语句的范围，因此 *statement*$_2$ 始终都会被执行。

本书的程序在两种情况下放宽了对 **if** 语句中每个子句都需要包含大括号的规则（如下图所示）。第一种情况是，当 **if** 语句只有一条子语句且没有 **else** 子句时。第二种情况是，当 **else** 子句包含另一个条件测试以测试某些附加条件时，这样的语句称为**级联 if 语句**（cascading if statement），这可能涉及许多其他 **else-if** 代码。

```
if (condition) statement
```

```
if (condition₁) {
   statements
} else if (condition₂) {
   statements
} else if (condition₃) {
   statements
} else {
   statements
}
```

例如，以下函数实现了 **Math** 类的 **sign** 函数，该函数根据 **x** 的值是正数、零还是负数来相应地返回 -1、0 或 +1：

```
function sign(x) {
   if (x < 0) {
      return -1;
   } else if (x === 0) {
      return 0;
   } else {
      return 1;
   }
}
```

请注意，对于 **x>0** 条件，无须明确条件测试。如果程序能够执行最后的 **else** 子句，则说明没有其他可能性了（假设 **x** 是一个数字），因为前面的条件已经排除了负数和零的情况。

在许多情况下，当需要在一组独立的子句中进行选择时，使用 **switch** 语句比采用级联 **if** 语句形式更好些。我们将在 3.3 节中描述 **switch** 语句。

3.2.2 "?:"操作符

JavaScript 编程语言提供了另一种更紧凑的机制来表达条件执行，即 "**?:**"操作符，它在某些情况下非常有用。该操作符也称为问号冒号操作符（question-mark colon operator），即使在代码中这两个字符实际上并不会并排出现。与 JavaScript 中的其他任何操作符不同，"**?:**"操作符需要三个操作数。其操作的一般形式是：

condition **?** *expression*$_1$ **:** *expression*$_2$

当 JavaScript 遇到 "**?:**"操作符时，它首先计算 *condition*。如果 *condition* 为 **true**，则对 *expression*$_1$ 求值并将其结果用作整个表达式的值；如果 *condition* 为 **false**，则整个表达式的值是对 *expression*$_2$ 求值的结果。因此，"**?:**"操作符是在表达式的上下文中实现如下语句的一种节省空间的形式：

```
if (condition) {
    使用 expression₁ 的值
} else {
    使用 expression₂ 的值
}
```

例如，你可以使用 "**?:**"操作符以如下简化形式实现 **max** 函数：

```
function max(x, y) {
   return (x > y) ? x : y;
}
```

从技术角度来讲，条件测试部分不需要括号，但是许多 JavaScript 程序员在此上下文中都使用括号，以增强代码的可读性。

3.3 switch 语句

if 语句对于程序逻辑需要双向决策（某些条件为 **true** 或 **false**）的应用程序是理想的，并且程序会相应地执行操作。但是，某些应用程序需要更复杂的决策结构，其中涉及两个以上的选择，这些选择可以分为一组互斥的情况：在一种情况下，程序会执行 x；在另一种情况下，程序会执行 y；而在第三种情况下，程序会执行 z，等等。在许多应用程序中，最适合此类情况的语句是 **switch** 语句，该语句在下面的语法框中概述。

```
switch (expression) {
 case c1:
    statements
    break;
 case c2:
    statements
    break;
 case c3:
    statements
    break;
 default:
    statements
    break;
}
```

switch 语句的头部是：

```
switch (e)
```

其中，e 是一个表达式。在 **switch** 语句的上下文中，此表达式称为控制表达式（control expression）。**switch** 语句的主体分为用两个关键字（**case** 或 **default**）之一引入的单个语句组。**case** 一行及其后面直到下一个 **case** 或 **default** 关键字之前的所有语句通称为 **case** 子句（case clause）。**default** 一行及其关联的语句称为 **default** 子句（default clause）。例如，在上述语法框显示的模板中的如下语句构成第一个 **case** 子句：

```
case c1:
    statements
    break;
```

当程序执行 **switch** 语句时，将对控制表达式 e 求值并将其与值 c_1、c_2 等进行比较，其中 c_1、c_2 等每个值必须为常量。如果控制表达式的值与某个 **case** 常量匹配，则执行其相应的 **case** 子句中的语句。当程序到达该子句末尾的 **break** 语句时，则该子句所有操作完成，并且程序继续执行整个 **switch** 语句以下的语句。如果没有任何一个 **case** 常量与控制表达式的值匹配，则将执行 **default** 子句中的语句。

语法框中显示的模板有意表明 **break** 语句是语法的必要部分。建议你仔细考虑这种形式的 **switch** 语法。在缺少 **break** 语句的情况下，JavaScript 程序将在完成当前子句的语句后，从下一个子句继续执行语句。尽管此设计在一些不常见的情况下很有用，但它往往会导致出乎意料的问题。为了强调 **switch** 语句包含 **break** 语句的重要性，本书中的每个 **case** 子句都以显式 **break** 或 **return** 语句结尾。

此规则的一个例外是，不同常量的多个 **case** 需要执行同样的语句组时，可以按顺序罗列相应的常量。例如，**switch** 语句可能包含以下代码：

```
case 1:
case 2:
    statements
    break;
```

这表示如果 **switch** 表达式值为 1 或 2 时，则应执行指定的语句。JavaScript 解释器将此构造视为两个 **case** 子句，其中第一个为空。由于空子句不包含 **break** 语句，因此程序将继续执行第二个子句。但是，从概念的角度来看，你最好将这个构造看作一个表示两种可能性的 **case** 子句。

default 子句在 **switch** 语句中是可选的。如果所有 **case** 都不匹配，并且没有 **default** 子句，则程序将继续执行 **switch** 语句之后的语句，这期间无须其他操作。为了避免程序可能忽略意外情况，除非你确定已枚举了所有可能性，否则每次编写 **switch** 语句时都应包含一个 **default** 子句，这是一种良好的编程习惯。

因为 **switch** 语句可能相当长，所以如果 **case** 子句本身很短，程序就更容易阅读。如果空间够大，还可以将 **case** 标识符、子句的语句以及 **break** 或 **return** 等语句写在同一行上。例如，图 3-1 中的 **monthName** 函数使用 **switch** 语句将数字形式的月份转换为月份的名称形式。

```
/*
 * Converts a numeric month in the range 1 to 12 into its name.
 */

function monthName(month) {
    switch (month) {
    case  1: return "January";
    case  2: return "February";
    case  3: return "March";
    case  4: return "April";
    case  5: return "May";
    case  6: return "June";
    case  7: return "July";
    case  8: return "August";
    case  9: return "September";
    case 10: return "October";
    case 11: return "November";
    case 12: return "December";
    default: return undefined;
    }
}
```

图 3-1　将数字月份转化为月份名称的函数

图 3-1 中的 **default** 子句值得特别说一句。如果 **month** 参数不是 1～12 之间的合法值之一，则 **monthName** 函数将返回 JavaScript 预定义的常量 **undefined**，该常量通常用于表示没有意义的结果。

3.4 while 语句

while 语句是最简单的循环结构，该语句重复执行一条语句或者语句块，直到条件表达式变为 **false**。**while** 语句的模板如下方语法框所示。

```
while (condition) {
    statements
}
```

整个语句，包括 **while** 控制头和大括号括起来的循环体，构成 **while** 循环（while loop）。当程序执行 **while** 语句时，它首先对条件表达式求值，以查看它是 **true** 还是 **false**。如果条件为 **false**，则循环终止，程序会继续执行在整个循环之后的下一条语句。如果条件为 **true**，则执行整个循环体，然后程序返回控制头再次检查条件。每一次循环周期（cycle）都要执行一遍函数体的所有语句。

关于 **while** 循环的操作，有两个重要的原则需要注意：

1. 在循环的每个周期（包括第一个循环）开始之前都要执行条件测试。如果一开始条件测试为 **false**，则根本不会执行循环体。

2. 仅在循环周期开始时执行条件测试。如果该条件在循环过程中的某个时刻变为 **false**，则程序将在执行完整的周期后才会注意到该事实。然后，程序将再次执行条件测试。如果仍然为 **false**，则循环终止。

学习如何有效地使用 **while** 循环通常需要查看几个使用 **while** 循环的解决策略的示例。一个具有特殊历史意义的应用程序是找到整数的最大因数，这是曼彻斯特大学的小型实验机上运行的第一批程序之一。这台小型实验机是第一台实现了现代存储程序体系结构的计算机，这台机器制作团队亲切地称呼它为"Baby"。找到整数的最大因数的程序的作者是该团队的首席工程师汤姆·基尔伯恩（Tom Kilburn）。

由于"Baby"的能力极其有限，因此基尔伯恩的算法必须非常简单。在给定数字 N 的情况下，该程序仅从 N–1 开始递减计数，直到找到一个能整除 N 的数字。使用 JavaScript 的扩展操作集，基尔伯恩的算法可能如下所示：

```javascript
function largestFactor(n) {
   let factor = n - 1;
   while (n % factor !== 0) {
      factor--;
   }
   return factor;
}
```

以下控制台日志中显示了使用 **largestFactor** 的两个示例的计算结果。

```
                    LargestFactor
> largestFactor(63)
21
> largestFactor(262144)
131072
>
```

1948 年 6 月 21 日在"Baby"上进行上面的第二个计算时，该程序花了 52 分钟后计算出答案。此过程证明了"Baby"架构的有效性和可靠性。

作为第二个示例，假设要求你编写一个 **digitSum** 函数，该函数将一个整数的所有数位上的数字加起来。例如，调用 **digitSum(1729)**，输出结果应该为 19，即 1 + 7 + 2 + 9。你将如何实现这样的函数？

函数要做的第一件事就是记录运行过程中的总和。这样做的通常策略是声明一个名为 **sum** 的变量，并将其初始化为 0，然后将每个数位上的数字逐个加到 **sum** 变量里，最后返回 **sum** 的值。代码结构如下所示：

```
function digitSum(n) {
    let sum = 0;
    遍历整数中每个数位上的数字，将其添加到 sum 中。
    return sum;
}
```

部分用编程语言、部分用人类语言编写的程序称为伪代码（pseudocode）。

例如下面这句话：

> 遍历整数中每个数位上的数字，将其添加到 sum 中。

它明确指定了需要某种循环结构，因为需要对整数中每个数位上的数字重复执行一个操作。如果很容易确定一个数字包含多少个数位，则可以选择使用本章接下来介绍的 **for** 循环精确遍历特定次数的循环。碰巧的是，找出一个数字中有多少个数位与将它们加起来一样困难。编写此程序的最佳方法是不断加上数字，直到发现加上最后一个数字为止。这种运行到某些情况发生前不断循环的行为通常使用 **while** 语句进行编码。

这个问题的实质在于确定如何将整数分解成其组成数字。整数 n 的最后一位是 n 除以 10 后剩下的余数，即表达式 **n%10** 的结果。数字的其余部分（由除最后一位以外的所有数字组成的整数）可以出 **Math.floor(n/10)** 给出，在数学中表示为 $\lfloor n/10 \rfloor$。例如，假设 **n** 的值为 1729，则可以使用这两个表达式将该数字分为 172 和 9 两部分，如下图所示：

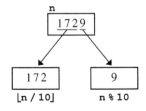

因此，为了将整数中的所有数位上的数字相加，你需要做的就是在每一次循环时将值 **n%10** 添加到变量 **sum**，然后用 **Math.floor(n/10)** 替换 **n** 的值。下一次循环将从原始整数的倒数第二个数字开始，依此类推，直到处理完所有数位的数字。

但是，你如何知道何时停止循环呢？因为在每个循环周期中都会计算 **Math.floor(n/10)**，最终 **n** 会变为 0。此时，你已经处理了整数中的所有数位的数字，可以退出循环了。我们可以得到，解决问题所需的 **while** 循环如下所示：

```
while (n > 0) {
   sum += n % 10;
   n = Math.floor(n / 10);
}
```

图 3-2 给出了 **digitSum** 函数的完整实现。

```
/*
 * Returns the sum of the digits in n, which must be a nonnegative integer.
 */
function digitSum(n) {
   let sum = 0;
   while (n > 0) {
      sum += n % 10;
      n = Math.floor(n / 10);
   }
   return sum;
}
```

图 3-2　对数字中各数位上的数字求和的函数

接下来介绍 **while** 循环的最后一个示例。如果你能够在字符串中添加必要的空格，这样就可以在 JavaScript 控制台中以固定宽度显示字符串时，哪怕字符串长度不同仍能保证正确对齐。例如，数字列通常在右侧对齐，这意味着有必要在数字的开头添加空格，直到它填满列的整个宽度。你可以使用以下函数来实现此目标，该函数的两个参数是任意类型的值和字段的宽度：

```
function alignRight(value, width) {
   let str = "" + value;
   while (str.length < width) {
      str = " " + str;
   }
   return str;
}
```

该函数返回一个字符串，**value** 位于该字符串（字段）右边缘，字符串宽度为 **width**。函数的第一行代码使用连接操作符将值（**value**）转换为字符串，其中不包含任何字符的字符串称为空字符串（empty string）。因此，第一行代码的作用是初始化变量 **str**，使其包含 **value** 的字符串表示形式。接下来，该函数使用连接操作符在 **str** 的开头添加空格，直到达到所需的长度，然后将填充后的字符串返回给调用者。3.5 中，你将看到 **alignRight** 函数的实际应用。

3.5 **for** 语句

for 语句是 JavaScript 中最重要的控制语句之一，它最常用于要重复特定次数地执行某项操作的情形中。**for** 语句的一般形式如下图语法框所示。

```
for (init; test; step) {
    statements
}
```

for 循环的操作由其控制头的三个表达式 *init*、*test* 和 *step* 决定。*init* 表达式用于表示 **for** 循环如何初始化，通常包括变量声明并给变量赋予初始值。在 **for** 循环中，此变量称为索引变量（index variable）。*test* 表达式是一个条件测试，其编写方式与 **while** 语句中的条件测试完全相同。只要测试表达式为 **true**，循环就会继续进行。*step* 表达式表示索引变量在每个循环结束时如何变化。

可以通过示例说明 *init*、*test* 和 *step* 表达式的意义。最常见的 **for** 循环形式如下所示：

```
for (let i = 0; i < n; i++)
```

循环首先声明索引变量 **i**，并将其初始化为 0。循环在每个周期结束时，只要 **i** 小于 **n**，就让 **i** 的值自增。因此，该循环总共运行 **n** 个周期，取值为 0，1，2，…，**n-1**。

更一般地说，**for** 循环的习惯用法如下所示：

```
for (let i = start; i <= finish; i++)
```

它首先将 **i** 的值设置为 *start*，然后只要 **i** 的值小于或等于 *finish* 就会继续。因此，此循环使用变量 **i** 从 *start* 一直数到 *finish*。

你可以使用这种形式的 **for** 循环的习惯用法来定义一个 **fact** 函数，该函数输入一个整数 n 并返回其阶乘（factorial），该阶乘被定义为 **1** 到 **n** 之间所有整数相乘后的结果，在数学中习惯写为 *n*!。前几个数字的阶乘如下所示。

```
 0! =        1    (直接定义)
 1! =        1  = 1
 2! =        2  = 1 × 2
 3! =        6  = 1 × 2 × 3
 4! =       24  = 1 × 2 × 3 × 4
 5! =      120  = 1 × 2 × 3 × 4 × 5
 6! =      720  = 1 × 2 × 3 × 4 × 5 × 6
 7! =     5040  = 1 × 2 × 3 × 4 × 5 × 6 × 7
 8! =    40320  = 1 × 2 × 3 × 4 × 5 × 6 × 7 × 8
 9! =   362880  = 1 × 2 × 3 × 4 × 5 × 6 × 7 × 8 × 9
10! =  3628800  = 1 × 2 × 3 × 4 × 5 × 6 × 7 × 8 × 9 × 10
```

在统计学、组合数学和计算机科学中，阶乘都有广泛的应用。因此，能计算阶乘的函数是解决这些领域中问题的一个有用工具。

作为编程问题，计算阶乘与对一系列数字求和的问题有些相似，图 3-2 给出了后者的 **digitSum** 函数实现，该函数使用一个称为 **sum** 的变量来记录数字运行过程中的总和。对于阶乘函数，情况大同小异，只是你必须记录的是乘积，而不是总和。你可以使用类似的代码跟踪数字运行过程中的乘积。除了用"*"操作符代替"+"之外，唯一的显著区别是必须将正在运行的乘积变量初始化为 1 而不是 0。因此，**fact** 函数的完整实现如下所示：

```
function fact(n) {
   let result = 1;
   for (let i = 1; i <= n; i++) {
      result *= i;
   }
   return result;
}
```

至此，你可以在控制台窗口或其他函数中使用 **fact** 函数。但是，如果你可以生成一个阶乘列表（如前面展示的那样），这将会很有用。为此，最简单的方法是使用 JavaScript 控制台通过调用函数 **console.log** 来显示输出（如图 3-3 所示），该函数会在控制台上显示其参数，然后将光标移至下一行的开头。

```
/*
 * File: FactorialTable.js
 * --------------------------
 * This program defines the function FactorialTable, which prints a table
 * of factorials in a specified range.
 */

"use strict";

/* Constants */

const LOWER_LIMIT = 0;
const UPPER_LIMIT = 10;
const NUMBER_WIDTH = 2;
const FACTORIAL_WIDTH = 7;

/*
 * Displays a table of factorials between LOWER_LIMIT and UPPER_LIMIT.
 */

function FactorialTable() {
   for (let i = LOWER_LIMIT; i <= UPPER_LIMIT; i++) {
      console.log(alignRight(i, NUMBER_WIDTH) + "! = " +
               alignRight(fact(i), FACTORIAL_WIDTH));
   }
}

/*
 * Returns the factorial of n.  The factorial is simply the product of
 * the integers between 1 and n, inclusive.
 */

function fact(n) {
   let result = 1;
   for (let i = 1; i <= n; i++) {
      result *= i;
   }
   return result;
}
```

图 3-3　在控制台上展示阶乘列表的程序

```
/*
 * Returns a string in which value appears at the right edge of a field
 * that is at least the specified width.  If the value does not fit in
 * that field, the returned string will be longer than the specified width.
 */
function alignRight(value, width) {
   let str = "" + value;
   while (str.length < width) {
     str = " " + str;
   }
   return str;
}
```

图 3-3 （续）

图 3-3 中的 **FactorialTable.js** 程序显示了位于 **LOWER_LIMIT** 和 **UPPER_LIMIT** 常量之间所有数的阶乘，如以下示例运行所示。

```
                    FactorialTable
> FactorialTable();
 0! =        1
 1! =        1
 2! =        2
 3! =        6
 4! =       24
 5! =      120
 6! =      720
 7! =     5040
 8! =    40320
 9! =   362880
10! =  3628800
>
```

注意，**FactorialTable** 程序使用 **alignRight** 函数在固定宽度的列中显示值。

尽管 **for** 循环的 *step* 表达式通常用来让索引变量自增，但这不是唯一的可能性。例如，你可以通过将 **i++** 替换为 **i+=2** 来进行计数，或者使用 **i--** 向后数（即倒数）。作为反向计数的一个示例，以下函数从一个初始值开始倒数，直到它等于 0：

```
function countdown(start) {
   for (let t = start; t >= 0; t--) {
      console.log(t);
   }
}
```

调用 **countdown(10)** 后，在控制台上输出的结果如下所示。

```
                    Countdown
10
9
8
7
6
5
4
3
2
1
0
```

Countdown 程序演示了任何变量都可以用作索引变量。本例中，之所以该变量命

名为 **t**，大概是因为它是火箭发射倒计时的传统变量，如短语"T minus 10 seconds and counting"（10 秒倒计时开始）。

for 循环模式中的 *init*、*test* 和 *step* 表达式是可选的，但必须有分号。如果缺少 *init* 表达式，则不执行初始化。如果缺少 *test* 表达式，则认为它的值是 *true*。如果缺少 *step* 表达式，则在循环周期结束后不执行任何操作。

3.5.1 **for** 和 **while** 的关系

for 表达式：

```
for (init; test; step) {
    statements
}
```

它在操作上与如下所示的 **while** 语句相似：

```
init;
while (test) {
    statements
    step;
}
```

尽管你可以使用 **while** 语句重写 **for** 语句，但是使用 **for** 语句仍具有优势。使用 **for** 语句时，该语句的头部包含了你需要了解的所有信息，比如循环会执行多少次。例如，如果你看到以下语句：

```
for (let i = 0; i < 10; i++) {
    ……循环体……
}
```

在上述程序中，你知道循环体将执行 10 次，对于 0 到 9 之间的每个 **i** 值都执行一次。而在相应的 **while** 循环中：

```
let i = 0;
while (i < 10) {
    ……循环体……
    i++;
}
```

如果 while 的循环体很大，底部的自增操作很容易丢失。

尽管使用 **for** 和 **while** 的代码片段相似，但是它们并不相同。主要区别在于索引变量声明的处理方式。在上面的 **for** 循环示例中，变量 **i** 仅在循环内部定义，而在循环外是未定义的。变量可用的有效范围称为它的**作用域**（scope）。例如，**for** 循环中索引变量的作用域是包含循环体的大括号内的代码。

3.5.2 嵌套的 **for** 语句

在许多应用程序中，你会发现需要在一个应用程序的 **for** 循环内部再编写另一个

for 循环，以两层循环对应索引变量形成的组合来执行内层循环内的语句。例如，假设你要显示一个乘法表，该表显示从 1 到 10 之间的每对数字的乘积。你希望程序的输出看起来如下所示。

```
                        MultiplicationTable
     1    2    3    4    5    6    7    8    9   10
     2    4    6    8   10   12   14   16   18   20
     3    6    9   12   15   18   21   24   27   30
     4    8   12   16   20   24   28   32   36   40
     5   10   15   20   25   30   35   40   45   50
     6   12   18   24   30   36   42   48   54   60
     7   14   21   28   35   42   49   56   63   70
     8   16   24   32   40   48   56   64   72   80
     9   18   27   36   45   54   63   72   81   90
    10   20   30   40   50   60   70   80   90  100
```

绘制此乘法表的代码如图 3-4 所示。要创建每个条目，你需要两个嵌套的 **for** 循环：一个用来遍历每一行的外循环和一个用来遍历每一行中各条目的内循环。对于每一行和每一列，内层 **for** 循环内的代码只执行一次，该表中共有 100 个单独条目。

```
/*
 * File: MultiplicationTable.js
 * ----------------------------
 * This program uses nested loops to create a multiplication table.
 */

"use strict";

/* Constants */

const TABLE_SIZE = 10;
const FIELD_WIDTH = 4;

/*
 * Draws a multiplication table on the console.
 */

function MultiplicationTable() {
   for (let i = 1; i <= TABLE_SIZE; i++) {
      let line = "";
      for (let j = 1; j <= TABLE_SIZE ; j++) {
         line += alignRight(i * j, FIELD_WIDTH);
      }
      console.log(line);
   }
}
```

图 3-4　显示乘法表的程序

外循环遍历从 1 到 10 的每个 **i** 值，在每次循环时，都显示表的一行。为此，代码首先声明 **line** 变量并将其初始化为空字符串。然后，内部循环遍历 **j** 的值（从 1 到 10），并将 **i** 和 **j** 的乘积连接到 **line** 变量的后面，其中使用 **alignRight** 函数以确保列宽相同。内部循环完成后，程序再调用 **console.log** 以显示乘法表已完成的行。

练习嵌套 **for** 循环的一个有用方法是，编写以字符形式在控制台上绘制图案的程序。作为一个简单的示例，以下函数绘制一个三角形，其中每行中的星星数自增一：

```
function drawConsoleTriangle(size) {
   for (let i = 1; i <= size; i++) {
      let line = "";
```

```
        for (let j = 0; j < i; j++) {
            line += "*";
        }
        console.log(line);
    }
}
```

例如，调用 **drawConsoleTriangle(10)** 在控制台的输出效果如下所示。

```
                    ConsoleTriangle
*
**
***
****
*****
******
*******
********
*********
**********
```

在本章练习题中，你将有机会创建几个类似的图案。

3.6 算法编程

算法的概念是计算机科学的基础。从第 1 章可以知道，"算法"这一词语来自 9 世纪波斯数学家穆罕默德·伊本·穆萨·阿尔·花拉子密（Muhammad ibn Mūsā al-Khwārizmī），他的工作对现代数学产生了重大影响。图 3-5 包含一张阿尔·花拉子密雕像照片，该雕像位于乌兹别克斯坦境内他的出生地附近。

(Melvyn Longhurst/Alamy Stock Photo)

图 3-5　乌兹别克斯坦希瓦城门外的阿尔·花拉子密雕像

尽管通常将算法视为解决问题的策略就足够了，但现代计算机科学将其定义形式化，因此算法指代解决问题的策略具有如下特点：

❑ 清晰并且无歧义，即算法描述是可以被理解的。

❑ 有效，即可以执行算法的每个步骤。

❑ 有限，即该算法可以在有限步骤后终止。

接下来的几节给出了一些示例，说明如何使用控制语句实现一些历史上重要的算法。

3.6.1 早期的平方根算法

与阿尔·花拉子密的时代相比，算法的使用可以追溯到更远的历史。大约 4000 年前，巴比伦的数学家使用算法过程来计算平方根。算法过程存在的主要证据来自楔形文字泥板，如图 3-6 所示，它显示了平方根 2 的近似值，其精确度远比任何人单独通过测量得出的精确度高。尽管巴比伦的数学家如何进行必要计算的精确细节已经丢失，历史学家认为，他们的方法与 1 世纪生活在亚历山大港的希腊数学家希罗（Hero）所描述的算法相似。希罗描述的算法最有可能起源于巴比伦，人们通常称此算法为**巴比伦算法**（Babylonian method）。

（Yale Peabody Museum of Natural History）

左侧的楔形文字泥板可以追溯到公元前 19 世纪至 16 世纪的第一巴比伦王朝。泥板上有一个标有对角线的正方形图形，另外上面还有 3 个巴比伦数字。泥板上的数字有点模糊，底部图片是还原后的示图。

水平对角线上的数字具体数字如下所示。

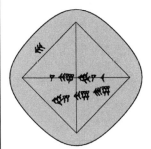

巴比伦算术使用以 60 为基底的系统，这意味着每个数字都是其左侧数字位置的六十分之一。因此该数字序列的结果对应于以下计算：

$$1 + \frac{24}{60} + \frac{51}{60 \times 60} + \frac{10}{60 \times 60 \times 60} \approx 1.414213$$

该值是用 4 个以基底 60 的巴比伦数字表示 2 的平方根。

泥板上的另外两个数字说明了边长和对角线之间的关系。如果边长为 30（左上角的 ⟪），则对角线的长度大约为：

$$42 + \frac{25}{60} + \frac{35}{60 \times 60} \approx 42.4264$$

图 3-6 巴比伦楔形文字泥板上给出的 2 的平方根近似值

用于计算平方根的巴比伦算法是一种称为**逐次逼近法**（successive approximation）的通用技术的示例，在该方法中，你首先对答案进行粗略的猜测，然后通过一系列的改进，一点一点地得到越来越接近的答案。例如，如果要查找某个数字 n 的平方根，则首先选择一个较小的数字 g 作为第一个猜测。在此过程的每一步，你的猜测 g 都会小于或大于实际的平方根。无论哪种情况，如果将 n 除以 g，结果将不可避免地位于所需值的相反侧。例如，如果 g 太小，则 n 除以 g 将太大，反之亦然。对这两个值求平均值将始终得出更好的近似值。在每一步中，你都可以简单地用以下公式的结果替换先前的猜测 g，该公式将 g 和 n 除以 g 的结果取平均值：

$$\frac{g + \frac{n}{g}}{2}$$

然后，你可以继续使用此公式从而得到一个新的猜测，重复上面的过程，直到答案尽可能接近所需的实际值为止。

为了更好地了解巴比伦算法的工作原理，这里可以举一个简单例子。假设与那个楔形文字泥板的抄写员一样，你想计算 2 的平方根。g 的第一个可能的猜测是 1，即 n 值的一半。因此，第一个近似步骤计算出以下平均值：

$$\frac{1 + \frac{2}{1}}{2} = \frac{3}{2} = 1.5$$

相对来说，1.5 与 2 的实际平方根（大约为 1.4142136）很接近，因此可以说这一过程还算是步入正轨。

要计算下一个近似值，你需要做的就是将 $\frac{3}{2}$ 作为 g 的下一个值代入公式，然后计算出新的平均值，如下所示：

$$\frac{\frac{3}{2} + \frac{2}{\frac{3}{2}}}{2} = \frac{17}{12} \approx 1.4166667$$

这时，再将 $\frac{17}{12}$ 作为 g 的新值，重复计算：

$$\frac{\frac{17}{12} + \frac{2}{\frac{17}{12}}}{2} = \frac{577}{408} \approx 1.4142157$$

然后再次应用逐次逼近法会得到：

$$\frac{\frac{577}{408} + \frac{2}{\frac{577}{408}}}{2} = \frac{665857}{470832} \approx 1.4142136$$

仅仅经过 4 次迭代后，通过使用巴比伦算法就得到了一个 2 的平方根近似值，并且精确到 8 位小数。此外，由于每个步骤生成的近似值都接近于精确值，因此你可以重复此过程以产生具有任何所需精度水平的近似值。

图 3-7 给出了 **sqrt** 函数的定义，该函数使用巴比伦算法近似求出其参数的平方根。该函数使用 **while** 循环持续处理这个过程，直到近似值达到所需的精度水平为止。而在此实现中，**while** 循环会一直进行下去，直到当前近似值的平方与原始数字之间的差小于等于常量 **TOLERANCE** 的值为止。

```
/*
 * File: BabylonianSquareRoot.js
 * -----------------------------
 * This file implements a function sqrt that calculates square roots
 * using the Babylonian method.
 */

"use strict";

/* Define a constant specifying how close the value needs to be */

const TOLERANCE = 0.000000000000001;

/*
 * Calculates the square root of n using the Babylonian method, which
 * operates as follows:
 *
 * 1. Choose a guess g (any value will do; this code uses n / 2).
 * 2. Compute a new guess by averaging g and n / g.
 * 3. Repeat step 2 until the error is less than the desired tolerance.
 */

function sqrt(n) {
   let g = n / 2;
   while (Math.abs(n - g * g) > TOLERANCE) {
      g = (g + n / g) / 2;
   }
   return g;
}
```

图 3-7 使用巴比伦算法计算平方根的 JavaScript 程序

3.6.2 寻找最大的公约数

尽管你已经在编程示例的上下文中看到了一些简单的算法，但是你还没有仔细专注于算法过程本身的性质。到目前为止，你所看到的大多数编程问题都非常简单，以至于会立刻想到适当的解决方案。但随着问题变得越来越复杂，相应的解决方案也需要更多的思考，并且在编写最终程序之前，你需要考虑多种解决策略。

为了说明算法策略的演进过程，以下各节考虑了经典数学中另一个问题的两个解决方案，即找到两个整数的**最大公约数**（Greatest Common Divisor，GCD）。给定两个整数 x 和 y，最大公约数是能整除两者的最大整数。例如，49 和 35 的最大公约数是 7，6 和 18 的最大公约数为 6，而 32 和 33 的最大公约数为 1。

假设要求你编写一个函数，该函数接受两个正整数 x 和 y 作为输入并返回它们的最大公约数。从调用者的角度来看，你想要的是一个函数 **gcd(x,y)**，该函数将两个整数作为参数并返回另一个整数，即它们的最大公约数。因此，此函数的函数头是：

function gcd(x, y)

在计算最大公约数的多种实现方式中，最明显的方法就是尝试所有可能的值。首先，你只是"猜测"**gcd(x,y)** 是 **x** 和 **y** 中的较小者，因为任何比之大的值都不可能整除 **x** 和 **y** 中的较小者。然后，你用 **x** 和 **y** 分别除以你猜测的那个值，然后查看它是否能整除 **x** 和 **y**。如果能整除，你就找到了答案，如果不能整除，就让猜测的值自减 1，然后再重试。这种尝试所有可能的策略通常称为**蛮力方法**（brute-force approach）。

在 JavaScript 中，用于计算 **gcd** 函数的蛮力方法如下所示：

```
function gcd(x, y) {
   let guess = Math.min(x, y);
   while (x % guess !== 0 || y % guess !== 0) {
      guess--;
   }
   return guess;
}
```

在确认此实现事实上是否是计算 **gcd** 函数的有效算法之前，对于有关代码，你需要问自己几个问题。**gcd** 函数的蛮力实现始终会给出正确答案吗？函数总是会停止，还是会永远持续下去？

要确定程序给出的答案是否正确，你需要查看 **while** 循环中的条件：

x % guess !== 0 || y % guess !== 0

与之前一样，**while** 条件指示循环将在什么情况下继续。要找到什么情况下 **while** 会停止，你需要对 **while** 条件取否。因为条件中包含"**&&**"和"**||**"，对此条件取否有点棘手。不过，你可以使用 3.1.2 节中介绍的德摩根定律。根据德摩根定律，当 **while** 循环终止时，必须满足以下条件：

x % guess === 0 && y % guess === 0

此时，你可以立即知道 **guess** 的最终值必定是一个公约数，而要判断它实际上是否是最大公约数，你必须考虑 **while** 循环中使用的策略。在策略中需要注意的关键因素是，程序在所有可能的值中，是从后往前一个一个尝试的。最大公约数永远不能大于 **x** 或 **y**，因此蛮力搜索从这两个值中的较小者开始。如果程序退出 **while** 循环，那么它一定尝试了 **guess** 从初始值到当前值之间的每个值。因此，如果还有一个较大的值可以整除 **x** 和 **y**，那样的话，程序将在 **while** 循环的较早迭代中找到它。

要意识到的关键一点是，直到函数终止，**guess** 的值要么是 1，要么是比 1 大的最大公约数。也就是说，**while** 循环肯定会终止，无论 **x** 和 **y** 是什么值，1 都能整除 **x** 和 **y**。

3.6.3 欧几里得算法

蛮力算法并不是唯一有效的策略。尽管蛮力算法在其他上下文中也可以使用，但是针对 **gcd** 函数来说，如果你担心效率问题，蛮力算法不是一个很好的选择。例如，如果你调用如下函数时：

```
gcd(1000005, 1000000)
```

对于这两个数字，尽管你能立即看出答案是 5，但是为了找到这个答案，蛮力算法仍会运行 **while** 循环体接近一百万次。

你需要找到的是一种可以保证找到正确答案，但所需步骤比蛮力方法要少的算法。只有这样才对得起你的才智以及对问题的清晰理解。幸运的是，希腊数学家欧几里得（Euclid）在大约公元前 300 年的某个时期给出了具有创造性的见解，他的 *Elements*（第 7 卷，命题 II）包含了解决该问题的巧妙方法。用现代话来说，欧几里得的算法可以如下描述：

1. 将 **x** 除以 **y** 并计算余数，余数命名为 **r**。

2. 如果 **r** 为零，则过程结束，答案为 **y**。

3. 如果 **r** 不为零，将 **x** 设置为 **y** 的旧值，将 **y** 的值设置为 **r**，然后重复整个过程。

你可以轻松地将此算法转换为以下代码：

```
function gcd(x, y) {
    let r = x % y;
    while (r !== 0) {
        x = y;
        y = r;
        r = x % y;
    }
    return y;
}
```

此 **gcd** 函数的实现也可以正确地找到两个整数的最大公约数。它与蛮力算法有两点不同。首先，它可以更快地计算出结果。其次，比较难证明它是正确的。

虽然对欧几里得算法正确性的正式证明不在本书的讨论范围内，但是通过采用希腊人使用的数学心智模型，你可以轻松地了解算法的工作原理。在希腊数学中，几何学处于中心地位，数字被看作是对距离的刻画。例如，当欧几里得着手寻找两个整数（例如 51 和 15）的最大公约数时，他将问题定为寻找一个最长的量尺，使用该量尺可以同时丈量出这两个距离。因此，为了让这个特定问题直观起来，你可以使用两根木棒，其中一根木棒长度为 51 个单位，另外一根木棒长度为 15 个单位，如下所示。

问题是找到一个用作丈量的新木棒，你可以将新木棒端对端放置在上面两个木棒的上方，以便精确地覆盖距离 **x** 和 **y**。

欧几里得算法首先以较短的木棒为单位去丈量较长的木棒，如下所示：

x	51			
y	15	15	15	6

除非较小数字是较大数字的除数，否则会有一些余数，如上图中阴影部分所示。在这种情况下，有 51 除以 15 得 3，余 6，这意味着阴影区域的长度为 6 个单位。欧几里得的基本见解是，原始两个距离的最大公约数也必须是较短杆的长度和图中阴影区域长度的最大公约数。

鉴于这个观察，你可以通过将原始问题简化为涉及较小数字的简单问题来解决。在这里，新数字分别为 15 和 6，你可以通过重新应用欧几里得算法来找到它们的最大公约数。首先，将新值 x' 和 y' 表示为适当长度的木棒。然后，你以较短的木棒去丈量较长的木棒。

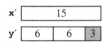

该过程将再一次产生一个剩余的区域，该区域的长度为 3。如果再重复一次这个过程，则会发现阴影区域长度 3 就是 x' 和 y' 的公约数，因此，根据欧几里得的命题，该长度也是原始数为 x 和 y 的公约数。下图说明了 3 确实是原始数字的公约数。

x	3	3	3	3	3	3	3	3	3	3	3	3	3	3	3	3	3
y	3	3	3	3	3												

欧几里得在 *Elements* 一书中对他的主张提供了一个完整的证明。如果你对 2000 年前的数学家如何思考此类问题感兴趣，那么你可能会发现查看原始希腊语源的译文很有趣。

尽管欧几里得算法和蛮力算法都正确计算了两个整数的最大公约数，但两种算法的效率却存在巨大差异。再次假设你调用以下函数：

gcd(1000005, 1000000)

蛮力算法需要大约一百万步后才能找到答案。欧几里得的算法只需要两步。在欧几里得算法的开始，**x** 为 1000005，**y** 为 1000000，并且在循环的第一个循环周期内，**r** 为 5。由于 **r** 的值不为 0，因此程序将 **x** 设置为 1000000，将 **y** 设置为 5，然后再次迭代。在第二个循环周期中，**r** 的新值是 0，因此程序退出 **while** 循环，并返回答案为 5。

本章中介绍的两种用于计算最大公约数的策略清楚地表明，算法的选择会对解决方案的效率产生深远的影响。如果你继续学习这本书以外的计算机科学知识，你将学会如何量化性能差异以及学会几种提高算法效率的通用方法。

3.7 避免使用模糊的真假值

在本书所包含的程序中，每个条件测试都会产生一个布尔值，这意味着它始终

为 **true** 或 **false**。遗憾的是，JavaScript 这门语言在这一点上就没有这么严格了。JavaScript 将以下值（有几个你尚未见过）定义为假值（falsy），大概是想暗示它们就像合法的布尔值 **false**：

false, 0, "", undefined, null, 和 **NaN**

相对的，JavaScript 将任何其他值定义为真值（truthy）。在条件测试上下文中，任何假值都将被视为 **false**。任何真值都将被视为 **true**。

如果你想编写易于阅读和维护的程序，你绝对应该避免依赖这些真假的模糊定义，并确保每个测试都产生一个合理的布尔值（就像这本书所做的那样）。道格拉斯·克罗克福德在其 *JavaScript: The Good Parts* 附录中的 JavaScript "糟粕" 部分列出了 "令人惊讶的一组假值"。你也可以听从更久远的建议：

你们的话，是，就说是，不是，就说不是，若再多说就是出于那恶者。

——马太福音 5:37，*The New English Bible*

总结

本章的目的是介绍 JavaScript 中最常用的控制语句，并为你提供各种用法示例。包括以下要点。

- 在任何现代编程语言中最有用的类型之一是布尔数据，对于布尔数据，它的域只包含两个值——**true** 和 **false**。
- 你可以使用关系操作符（"**<**""**<=**""**>**""**>=**""**===**" 和 "**!==**"）生成布尔值，并且可以使用逻辑操作符（"**&&**""**||**" 和 "**!**"）组合布尔值。
- 逻辑操作符 "**&&**" 和 "**||**" 按照从左到右的顺序执行，一旦可以确定结果后，就立即停止执行。这种行为称为短路求值。
- 控制语句分为两类：条件语句和循环语句。
- **if** 语句指定代码段应在满足哪些条件时执行。
- 当一个问题具有以下结构时 **switch** 语句指定条件执行：在情况 1 下，这样做；在情况 2 下，这样做；等等。
- **while** 语句只要条件满足就重复执行。
- **for** 语句重复执行，其中每个循环周期都需要执行一些操作才能更新索引变量的值。**for** 语句控制头的一般形式是：

for (*init*; *test*; *step*)

其中，*init* 表达式通常用于声明并初始化索引变量，*test* 表达式指定循环继续的条件，而 *step* 表达式指定在每个循环结束时执行哪些操作。

❑ 算法是一种清晰、无歧义、有效且有限的策略。

❑ 通常有许多不同的算法可以解决特定问题。算法的效率通常差异很大。选择最适合应用程序的算法是程序员工作的重要部分。

❑ JavaScript 并不强求条件测试的值必须为 **true** 或 **false**，而是允许程序员使用模糊的真假值。如果要编写易于阅读和维护的程序，则应避免编写任何依赖于语言缺陷的代码。

复习题

1. JavaScript 布尔值的两个关键字是什么？

2. 如何编写一个布尔表达式来检测整数变量 **n** 的值是否在 0 到 9 之间（包括 0 和 9）？

3. 描述以下条件表达式的含义：

   (x !== 4) || (x !== 17)

   当 **x** 是什么值时表达式为 **true**？

4. 短路求值这一术语的含义是什么？

5. 控制语句的两种类型是什么？

6. 两个控制语句嵌套是什么意思？

7. 请描述 **switch** 语句的一般操作。

8. 本章对于 **case** 或 **default** 子句作为最后一条语句时提出了什么规则？

9. 图 3-1 中的 **monthName** 函数使用什么特殊值来表示非法的数字月份？

10. 作为现代数字计算机的先驱，曼彻斯特大学开发的小型实验机的昵称是什么？

11. 假设 **while** 循环的循环体有一条语句，在执行到它时，会使该 **while** 循环的条件变为 **false**。循环是在该点立即终止还是完成当前循环周期后终止？

12. 计算机科学家使用什么术语来指代部分以编程语言编写，部分以人类语言编写的不完整的程序？

13. 为什么图 3-2 所示的 **digitSum** 函数前面的注释要求参数值为正数很重要？如果参数为负将会发生什么？

14. 什么是空字符串，如何用 JavaScript 编写？

15. **for** 语句的控制头中出现的三个表达式的作用分别是什么？

16. 在以下种种情况下，你将使用什么样的 **for** 循环：

   a）从 1 数到 100。

   b）从 0 开始按 7 计数，直到数字超过两位数为止。

　　c）从 100 倒数到 0。

17. 满足什么条件的解决方案才能称为算法？

18. 使用欧几里得算法计算 7735 和 4185 的最大公约数。计算过程中，局部变量 **r** 取了哪些值？

19. 在本章中出现的计算 **gcd(x,y)** 的欧几里得算法示例中，**x** 始终大于 **y**。如果 **x** 小于 **y** 会发生什么？

20. 在 JavaScript 中，假值和真值意味着什么？本书建议采取什么策略来避免产生与这两个术语相关的歧义？

练习题

1. 请参考 **max** 函数的两个定义（一个使用 **if** 语句，另一个使用"**?:**"操作符），编写 **min** 函数的相应实现，该函数返回两个参数中较小的一个。

2. 编写一个函数 **max3** 返回其三个参数中的最大值。

3. 众所周知，为了打发长途旅行的时间，在美国长大的年轻人会唱以下不断重复的歌曲：

99 bottles of beer on the wall.
99 bottles of beer.
You take one down, pass it around.
98 bottles of beer on the wall.

98 bottles of beer on the wall. . . .

　　总之，你明白这首歌是什么意思。请编写一个 JavaScript 程序，使用 **console.log** 显示这首歌的歌词。在测试程序时，可以设置瓶（bottle）数为 99 以外的初始值。

4. 当谈及无厘头歌曲时，还有更古老的一首歌是"This Old Man"，其第一节歌词是：

This old man, he played 1.
He played knick-knack on my thumb.
With a knick-knack, paddy-whack,
Give your dog a bone.
This old man came rolling home.

　　除了第一行末尾的数字和第二行的押韵单词外，其余各节歌词都是相同的，具体替换如下所示：

2—shoe	5—hive	8—pate
3—knee	6—sticks	9—spine
4—door	7—heaven	10—shin

　　请编写一个程序来显示包含 10 节歌词的这首歌。

5. 请编写一个函数，该函数需要输入一个正整数 N，然后计算并显示前 N 个奇整数之和。例如，如果 N 为 4，则函数应显示值 16，即 $1 + 3 + 5 + 7$。

6.

为什么一切都是乱七八糟（at sixes or at sevens）的？

——吉尔伯特与沙利文，*H. M. S. Pinafore*，1878 年

请编写一个程序，显示 1 到 100 之间可以被 6 或 7 整除的整数，但要求这些整数不能同时被 6 和 7 整除。

7. 请参照 **digitSum** 函数，定义一个函数，该函数传入一个数字参数，并以数位相反的顺序返回数字，如以下运行示例所示。

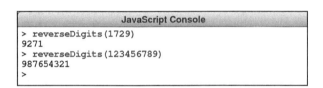

本练习的目的不是将整数按逐个字符拆开，直到第 7 章，你才会学习如何做。你需要使用算术来计算逆整数。例如，在对 **reverseDigits(1729)** 的调用中，新整数在第一次循环后是 9，在第二次循环后是 92，在第三次循环后是 927，在第四次循环后是 9271。

8. 整数 n 的数根（digital root）定义为对数字重复求和的结果，直到仅剩下一位数为止。例如，可以使用以下步骤来计算 1729 的数根：

步骤 1：$1 + 7 + 2 + 9 \rightarrow 19$
步骤 2：$1 + 9 \qquad \rightarrow 10$
步骤 3：$1 + 0 \qquad \rightarrow 1$

因为步骤 3 最后之和为一位数 1，所以 1 是 1728 的数根。请编写一个返回数根的函 **digitalRoot** 函数。

9. 请重写 3.5 节的 **countdown** 函数，使其使用 **while** 循环而不是 **for** 循环。

10. 请编写一个函数 **drawConsoleBox(width, height)**，该函数在控制台上绘制具有指定尺寸的线框。使用" **+** "表示框的角，使用" **-** "表示顶部和底部边框，使用" **|** "表示左侧和右侧边框。例如，调用 **drawConsoleBox(52,6)** 将产生以下图形。

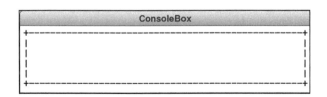

11. 请编写一个函数 **drawConsoleArrow(width)**，该函数绘制一个指向右侧的三角形箭头，它的中线具有指定的宽度。例如，调用 **drawConsoleArrow(6)** 应该输出以下图形。

```
                    ConsoleArrow
*
**
***
****
*****
******
*****
****
***
**
*
```

　　如果你仅在 **drawConsoleTriangle** 的代码末尾再添加第二个倒数的循环，可以很轻松地完成这个程序。但是，如果你改为使用单个外层循环（当到达所需宽度时改变方向），则你可以更好地理解 JavaScript 中 **for** 语句的灵活性。

12. 请编写一个函数 **drawConsolePyramid(height)** 来绘制指定高度的金字塔。控制台上图形每一行的宽度都比上一行多 2，同时，每行都相对于其他行居中，并且底部的一行应该与左边缘对齐。因此，调用 **drawConsolePyramid(8)** 将产生下图形。

```
                  ConsolePyramid
               *
              ***
             *****
            *******
           *********
          ***********
         *************
        ***************
```

13. 为曼彻斯特 "Baby" 编写的第一个程序发现了一个数字的最大因数，而更有趣的问题是找到完整的因数集。请编写一个函数 **printFactors(n)**，以单行的形式列出所有因数，显示为数字 **n** 等于各个因数相乘的形式，如以下控制台日志所示。

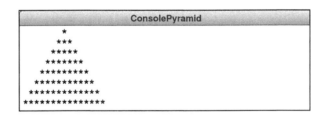

14. 德国数学家戈特弗里德·威廉·冯·莱布尼茨（Gottfried Wilhelm von Leibniz）发现了一个非凡的事实，即可以使用以下数学关系来计算常量 π。

$$\frac{\pi}{4} = 1 - \frac{1}{3} + \frac{1}{5} - \frac{1}{7} + \frac{1}{9} - \cdots$$

等号右边的公式表示一个无穷级数，每个分数代表该级数中的一项。以 1 开头，减去三分之一，再加上五分之一，依此类推。像这样不断增加奇数对应的分数项，随着时间的推移，你得到的数字将越来越接近 $\pi / 4$ 的值。

请编写一个程序来计算莱布尼茨级数中的前 10 000 个项组成的 π 的近似值。

15. 如果一个大于 1 的整数除了自身和 1 以外再没有其他因数，则称其为 **质数**（prime）。例如，数字 17 是质数，因为它没有 1 和 17 以外的任何因数。但是，数字 91 不是质数，因为它可以被 7 和 13 整除。请编写一个谓词函数 **isPrime(n)**，如果 **n** 为质数则返回 **true**，否则返回 **false**。作为初步策略，你可以使用蛮力算法（仅测试每个可能的除数）实现 **isPrime** 函数。一旦该版本完成后，请尝试对算法进行改进，以提高其效率而又不影响其准确性。

16. 希腊数学家对那些等于其真因子之和的数字特别感兴趣，其中 *n* 的真因数是指小于 *n* 本身的除数。他们称这样的数字为 **完全数**（perfect number）。例如，6 是一个完全数，因为它是 1、2、3 的和，这三个数是小于 6 的整数且能整除 6。类似地，28 是一个完全数，因为它是 1、2、4、7、14 的和。

请编写一个谓词函数 **isPerfect(n)**，如果整数 **n** 为完全数则返回 **true**，否则返回 **false**。请再编写一个程序测试 **isPerfect** 函数，检测 1 到 9999 内的完全数。一旦你的程序识别出一个完全数，则在屏幕上显示出来。输出的前两行应为 6 和 28。你的程序也应在 1 到 9999 这一范围内找到另外两个完全数。

17. 除了欧几里得的计算最大公约数的算法是最古老的算法之一，其实还有其他的算法可以追溯到许多世纪以前。在中世纪，需要复杂算法思想的问题之一就是确定复活节日期，该日期是在春分月圆后的第一个星期日。根据这个定义，计算涉及一周中的一天、月亮的轨道和太阳在黄道带中的运行周期的相互作用。解决此问题的早期算法可追溯到 3 世纪，并在 8 世纪学者尊者彼得（Venerable Bede）的著作中进行了描述。1800 年，德国数学家卡尔·弗里德里希·高斯（Carl Friedrich Gauss）发表了一种确定复活节日期的算法，该算法纯粹是计算性的，因为它只使用了算术，不用查表格。图 3-8 给出了他的算法（从德语翻译而来）。

请编写一个 JavaScript 函数 **findEaster(year)**，该函数返回一个字符串，用于显示指定年份中的复活节日期。例如，调用 **findEaster(1800)** 返回字符串 **"April 13"**，此日期是高斯发表算法一年的复活节。

遗憾的是，图 3-8 中的算法仅适用于 18 和 19 世纪。不过，在网络上找到支持所有年份的插件很容易。在实现了高斯算法后，请继续研究以实现更通用的方法。

---

① 将希望计算复活节的年份数分别除以 19、4 和 7，并将这些余数分别记为 a、b 和 c。如果整除了，余数设为 0，不需要考虑商数。下面的除法，也是如此操作。

② 用 $19a+23$ 除以 30，余数记为 d。

③ 当年份位于 1700～1799 时，用 $2b+4c+6d+3$ 除以 7，余数记为 e。而当年份位于 1800～1899 时，用 $2b+4c+6d+4$ 除以 7，余数记为 e。

当 $d+e$ 小于等 9 时，复活节日期是 3 月 $22+d+e$ 号。而当 $d+e$ 大于 9 时，复活节日期是 4 月 $d+e-9$。

图 3-8　计算复活节日期的高斯算法

来源：卡尔·弗里德里希·高斯，"Berechnung des Osterfestes"，1800 年 8 月

Http://gdz.sub.uni-goettingen.de/no_cache/dms/load/img/?IDDOC=137484

第4章

简 单 图 形

与数字计算机连接的显示器让我们有机会熟悉在物理世界中无法实现的概念。这是进入数学仙境的一面镜子。

——伊凡·苏泽兰特，"The Ultimate Display"，1965 年

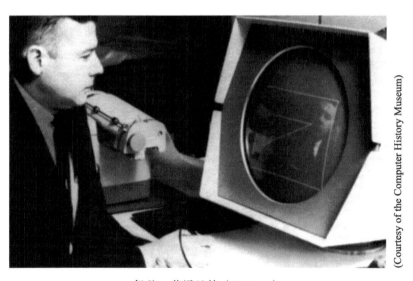

伊凡·苏泽兰特（1938—）

伊凡·苏泽兰特（Ivan Sutherland）生于内布拉斯加州，在高中时就对电脑产生了浓厚的兴趣，那时家里的一个朋友给了他一个机会，让其给一台名为 SIMON 的小型继电器机器编程。由于计算机科学当时还不是一门学科，苏泽兰特在匹兹堡卡内基理工学院（现卡内基梅隆大学）主修电气工程，随后在加州理工学院获得硕士学位，并在麻省理工学院获得博士学位。他的博士论文 " Sketchpad: A Man-Machine Graphical Communications System" 后来成为计算机图形学的基石之一。在这篇片论文里苏泽兰特介绍了图形用户界面的概念，这已成为现代软件的一个基本特征。取得学位后，苏泽兰特先后在哈佛大学、犹他大学和加州理工学院任教，之后离开学术界，创办了一家计算

机图形公司。1988 年，苏泽兰特获得了图灵奖。

　　尽管仅使用第 2 章中描述的数字类型和字符串类型数据就可以学习编程的基础知识，但是数字和字符串不再像在计算机科学早期时那样令人兴奋。对于在 21 世纪长大的学生来说，计算机带来的许多乐趣来自于能处理其他更有趣的数据类型的能力，这些数据包括图像和交互式图形对象。JavaScript 是处理图形数据的理想工具。只要引入一些图形类型，就可以创建更吸引人的应用程序，进而你会更有动力去掌握这些内容。

　　本章将向你介绍名为**便携式图形程序库**（Portable Graphics Library）中的工具，它是一个用于编写简单图形用户应用程序的工具集。本章所讨论的内容已为你提供足够的信息，如有必要，我们也会介绍这个图形程序库的更多高级特性。

4.1　图形版"Hello World"

　　HelloWorld.js 可以很好地演示如何在基于 Web 的控制台里使用 JavaScript。类似地，我们仍然可以用同样的思路演示 JavaScript 图形化编程。基于图形的 **GraphicsHelloWorld.js** 程序的代码如图 4-1 所示。这里的目标不再是在控制台中打印"hello, world"，而是在 Web 页面的图形窗口中显示它。

```
/*
 * File: GraphicsHelloWorld.js
 * ----------------------------
 * This program displays the string "hello, world" at location (50, 100)
 * on the graphics window.  The inspiration for this program comes from
 * Brian Kernighan and Dennis Ritchie's book, The C Programming Language.
 */

"use strict";

/* Constants */

const GWINDOW_WIDTH = 500;
const GWINDOW_HEIGHT = 200;

/* Main program */

function GraphicsHelloWorld() {
   let gw = GWindow(GWINDOW_WIDTH, GWINDOW_HEIGHT);
   let msg = GLabel("hello, world", 50, 100);
   gw.add(msg);
}
```

图 4-1　图形版"Hello World"程序

　　与图 2-4 中的 **HelloWorld.js** 程序类似，**GraphicsHelloWorld.js** 需要在浏览器中运行，因此需要一个 **index.html** 文件来定义 Web 页面结构，如图 4-2 所示。这个文件与 **HelloWorld.js** 的几乎完全相同。唯一的区别是这个程序需要加载图形程序库而不是控制台程序库。对应的 **<script>** 标签如下所示：

<script src="JSGraphics.js"></script>

```
<!DOCTYPE html>
<html>
  <head>
    <title>GraphicsHelloWorld</title>
    <script src="JSGraphics.js"></script>
    <script src="GraphicsHelloWorld.js"></script>
  </head>
  <body onload="GraphicsHelloWorld()"></body>
</html>
```

图 4-2 **GraphicsHelloWorld.js** 的 **index.html** 文件

GraphicsHelloWorld.js 程序的主要函数如下所示：

```
function GraphicsHelloWorld() {
    let gw = GWindow(GWINDOW_WIDTH, GWINDOW_HEIGHT);
    let msg = GLabel("hello, world", 50, 100);
    gw.add(msg);
}
```

GraphicsHelloWorld 的函数体开头是两个变量声明，其中 **gw** 变量代表"图形窗口"，另一个 **msg** 变量代表屏幕上的消息。这些变量声明的形式和之前一样，声明变量的同时为其初始化一个值，唯一不一样的就是这些值的类型。

4.2 类、对象和方法

关于图 4-1 中的 **GraphicsHelloWorld.js** 程序，最值得注意也是最重要的一点是，尽管使用的基本原则是相同的，但是存储在变量 **gw** 和 **msg** 中的值比之前使用的值要复杂得多。到目前为止，你存储在变量中的值都是数字或字符串。在 **GraphicsHelloWorld.js** 程序中，这些变量每一个存储的值都是一个**对象**（object），对象是一个专门术语，在计算机科学中用来指代一个概念上的集成实体，它将定义对象状态的信息和影响其状态的操作结合在一起。

每一个对象都是一个**类**（class）的代表，类可以想象成一个模板，它定义了特定类型的对象共享的所有属性和操作。一个类可以产生许多不同的对象，每个这样的对象都是该类的一个**实例**（instance）。

4.2.1 创建对象

GraphicsHelloWorld.js 程序包含两个创建对象的声明：

```
let gw = GWindow(GWINDOW_WIDTH, GWINDOW_HEIGHT);
let msg = GLabel("hello, world", 50, 100);
```

GWindow 函数和 **GLabel** 函数来自 **JSGraphics.js** 程序库，使用它们创建各自类的新对象。**GWindow** 类表示屏幕上的图形窗口，而 **GLabel** 类表示可以出现在该窗口中的字符串。创建新对象的函数称为*工厂方法*（factory method），通常以大写字母开头。

如下声明语句：

```
let gw = GWindow(GWINDOW_WIDTH, GWINDOW_HEIGHT);
```

它使用 **GWindow** 工厂方法创建 **GWindow** 类的一个对象。**GWINDOW_WIDTH** 和 **GWINDOW_HEIGHT** 参数用来指定窗口大小，二者的单位是*像素*（pixel），像素是铺满画面的小点。因此，调用 **GWindow** 后创建一个 500 像素宽、200 像素高的新 **GWindow** 对象。然后将该对象分配给一个名为 **gw** 的变量，以便代码的其余部分可以引用该窗口。

尽管 **gw** 和 **msg** 变量的声明创建了必要的对象，但仅靠这些代码并不会让 **GLabel** 出现在 **GWindow** 中。为了让消息显示出来，程序必须通知存储在 **gw** 中的 **GWindow** 对象，需要将存储在 **msg** 中的 **GLabel** 对象添加到用于显示的图形对象列表中。这一步体现在 **GraphicsHelloWorld.js** 程序的最后一行，代码如下所示：

```
gw.add(msg);
```

要理解这条语句的工作方式，需要进一步了解 JavaScript 处理对象的方式。

4.2.2 向对象发送消息

当你用一种支持对象的语言编程时，采用一些*面向对象范式*（object-oriented paradigm）的思想和术语是很有帮助的，面向对象范式是一种编程的概念模型，它关注对象及其交互方式，而不是像传统的模型那样，数据和操作是分离的。在面向对象编程中，任何触发对象中特定行为的通用术语都称为*消息*（message）。在 JavaScript 中，面向对象思想是通过调用与对象关联的函数来实现向对象发送消息。与对象关联的函数称为*方法*（method），调用方法的对象称为*接收者*（receiver）。

在 JavaScript 中，使用以下语法调用方法：

receiver . name (arguments)

在调用方法 **gw.add(msg)** 时，存储在 **gw** 中的图形窗口是接收者，**add** 是响应消息的方法的名称。**msg** 参数让 **GWindow** 类的实现知道添加哪种图形对象，在本例中，参数是存储在 **msg** 变量中的 **GLabel** 对象。**GWindow** 做出响应，在屏幕上指定的坐标处显示消息，效果如下所示。

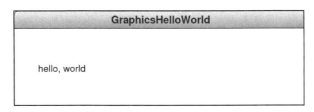

正如你从屏幕截图中看到的，在此处显示了所需的消息。虽然它不是非常令人兴奋，但是你将有机会在本章后面完善它。

4.2.3 引用

在 JavaScript 中，存储在 **gw** 这样的变量中的值不是整个对象本身，而是一个引用（reference），引用是计算机内部的一个值，用来指示实际对象数据的链接。在 **GraphicsHelloWorld.js** 程序中，如下声明语句：

```
let gw = GWindow(GWINDOW_WIDTH, GWINDOW_HEIGHT);
```

它初始化变量 **gw**，其值为一个引用，是一个能够显示图形对象的浏览器窗口区域的引用，如下图所示。

正如箭头所指，存储在 **gw** 中的引用指向一个更大的值，该值表示屏幕上的图形窗口。

如下声明语句：

```
let msg = GLabel("hello, world", 50, 100);
```

它以类似的方式操作。这行代码创建了一个 GLabel 对象，并将该对象的引用赋值给 **msg** 变量，如下图所示。

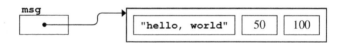

虽然通常可以忽略引用和其所关联的对象之间的区别，但重要的是要理解将对象值赋给变量并不会复制整个对象，而是只复制引用。例如，如果你写了如下声明：

```
let msg2 = msg;
```

此时，JavaScript 不会创建第二个对象，而是让它为 **msg** 和 **msg2** 都存储同一对象的引用，如下图所示。

如果你需要创建第二个 **GLabel**（哪怕是内容一模一样），仍需要调用 **GLabel** 工厂方法。

在第 8～11 章中学习数组和对象时，理解 JavaScript 如何使用引用作为到更大数据结构的链接将特别重要。

4.2.4 封装

从 4.2.3 节中的 **GLabel** 对象的图中可以看出，只有数据值存储在这些对象中。除了这些值之外，对象还包含应用于该类对象的方法，尽管你需要在查看图形程序库内部时才会看到这些方法的代码。内部数据值和方法的代码对于创建 **GLabel** 的函数是不可见的，它们被安全地打包在对象中。这种将数据和代码打包在一起的模型称为**封装**（encapsulation）。

4.3 图形对象

4.2 节介绍的 **GLabel** 类只是图形程序库中可以在屏幕上显示对象的几个类之一。本节介绍另外三个类（**GRect**、**GOval** 和 **GLine**），它们与 **GLabel** 和 **GWindow** 一起构成一个对创建图形化应用程序有用的"入门工具包"，在后面你仍有机会学习其他类。

4.3.1 **GRect** 类

GRect 类允许你创建矩形并将它们添加到图形窗口。例如，图 4-3 中的程序创建了一个图形窗口，并在窗口内添加了一个用蓝色填充内部的矩形，如下所示。

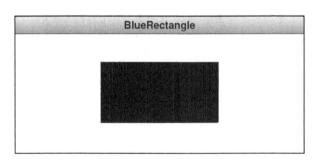

图 4-3　在图形窗口上绘制一个蓝色矩形

BlueRectangle.js 程序的大部分代码看起来与图 4-1 的 **GraphicsHelloWorld. js** 程序的代码类似。正如本书中的每个图形程序一样，它包括用于表示图形窗口大小的常量定义，以及一个主程序，该主程序首先创建一个具有指定尺寸的 **GWindow** 并将其赋值给 **gw** 变量。

BlueRectangle 函数中的下条语句是：

```
let rect = GRect(150, 50, 200, 100);
```

它创建一个可以在窗口中显示矩形的 **GRect** 对象。在此调用中，前两个参数 150 和 50 表示矩形位置的 x 和 y 坐标，后两个参数 200 和 100 指定矩形的宽度和高度。与前面对 **GWindow** 的调用一样，这些值都是以像素为单位的，但是一定要记住，y 轴正方向是沿着屏幕向下的，坐标原点在左上角。为了与此约定一致，通常将图形对象的原点定义为其左上角。因此，将存储在变量 **rect** 中的 **GRect** 对象的左上角放置于相对于窗口左上角的位置 (150, 50)。这种几何结构如图 4-4 所示。

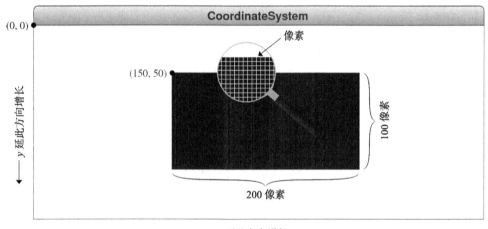

图 4-4　图形程序库使用的坐标系统

BlueRectangle 函数中的其余语句都是方法调用。例如如下语句：

```
rect.setColor("Blue");
```

它向矩形对象发送 **setColor** 消息，要求其更改颜色。**setColor** 的参数是一个字符串，它表示 JavaScript 定义的诸多颜色名称中的一个，如图 4-5 所示。在本例中，**setColor** 调用告诉矩形将其颜色设置为蓝色。

如果图 4-5 中列出的 140 种标准 Web 颜色对你来说还不够，JavaScript 允许你通过组合不同三种基本颜色（红色、绿色和蓝色）的比例来指定 16 777 216 种不同的颜色。如果你想这么做的话，只需将颜色指定为 "#*rrggbb*" 形式的字符串，其中 *rr* 表示红色值，*gg* 表示绿色值，*bb* 表示蓝色值。这些值中的每一个都表示为十六进制的两位数。你可能已经从 Web 页面设计中熟悉了这种形式的颜色说明。如果不熟悉的话,你仍有机会在第 7 章学习更多关于十六进制记数法的知识。

AliceBlue	DarkSlateGrey	LightPink	PaleVioletRed
AntiqueWhite	DarkTurquoise	LightSalmon	PapayaWhip
Aqua	DarkViolet	LightSeaGreen	PeachPuff
Aquamarine	DeepPink	LightSkyBlue	Peru
Azure	DeepSkyBlue	LightSlateGray	Pink
Beige	DimGray	LightSlateGrey	Plum
Bisque	DimGrey	LightSteelBlue	PowderBlue
Black	DodgerBlue	LightYellow	Purple
BlanchedAlmond	FireBrick	Lime	RebeccaPurple
Blue	FloralWhite	LimeGreen	Red
BlueViolet	ForestGreen	Linen	RosyBrown
Brown	Fuchsia	Magenta	RoyalBlue
BurlyWood	Gainsboro	Maroon	SaddleBrown
CadetBlue	GhostWhite	MediumAquamarine	Salmon
Chartreuse	Gold	MediumBlue	SandyBrown
Chocolate	Goldenrod	MediumOrchid	SeaGreen
Coral	Gray	MediumPurple	Seashell
CornflowerBlue	Grey	MediumSeaGreen	Sienna
Cornsilk	Green	MediumSlateBlue	Silver
Crimson	GreenYellow	MediumSpringGreen	SkyBlue
Cyan	Honeydew	MediumTurquoise	SlateBlue
DarkBlue	HotPink	MediumVioletRed	SlateGray
DarkCyan	IndianRed	MidnightBlue	SlateGrey
DarkGoldenrod	Indigo	MintCream	Snow
DarkGray	Ivory	MistyRose	SpringGreen
DarkGrey	Khaki	Moccasin	SteelBlue
DarkGreen	Lavender	NavajoWhite	Tan
DarkKhaki	LavenderBlush	Navy	Teal
DarkMagenta	LawnGreen	OldLace	Thistle
DarkOliveGreen	LemonChiffon	Olive	Tomato
DarkOrange	LightBlue	OliveDrab	Turquoise
DarkOrchid	LightCoral	Orange	Violet
DarkRed	LightCyan	OrangeRed	Wheat
DarkSalmon	LightGoldenrodYellow	Orchid	White
DarkSeaGreen	LightGray	PaleGoldenrod	WhiteSmoke
DarkSlateBlue	LightGrey	PaleGreen	Yellow
DarkSlateGray	LightGreen	PaleTurquoise	YellowGreen

图 4-5 JavaScript 预定义的颜色名称

BlueRectangle 函数中下一行的方法调用为:

```
rect.setFilled(true);
```

它向矩形发送一个 **setFilled** 消息。**setFilled** 的参数是一个布尔值,它指定是否填充矩形内部。调用 **rect.setFilled(true)** 表示应该填充矩形的内部。相反,调用 **rect.setFilled(false)** 表示不填充,只有轮廓。

BlueRectangle 函数最后一行的方法调用为:

```
gw.add(rect);
```

它向图形窗口发送一个 **add** 消息,要求它将存储在 **rect** 变量中的图形对象添加到窗口中。添加矩形将生成最终效果。

默认情况下,**GRect** 函数会创建未填充的矩形。因此,如果 **BlueRectangle** 函数中没有这条语句,其结果如下所示。

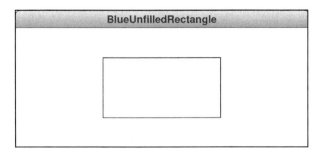

对于已填充的形状，调用 **setFillColor** 函数时，可以使用图 4-5 中的任何颜色名称来设置图形内部颜色。例如，如果你将图 4-3 中的 **setColor("Blue")** 替换为 **setFillColor("Cyan")**，则矩形将用青色填充，但是轮廓仍是黑色的，如下所示。

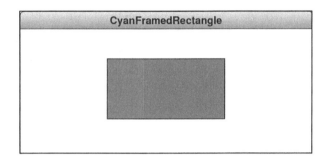

4.3.2 GOval 类

顾名思义，**GOval** 类用于在图形窗口中显示一个椭圆图形。在结构上，**GOval** 类类似于 **GRect** 类，**GOval** 函数本身接受与 **GRect** 函数相同的参数，二者拥有相同的一组方法。区别在于这些类在屏幕上生成的图形不同。**GRect** 类显示一个矩形，其位置和大小由参数值 *x*、*y*、*width* 和 *height* 决定。**GOval** 类显示的椭圆的边缘刚好与矩形的边界相接。

很容易通过实例说明 **GRect** 和 **GOval** 类之间的关系。下面的函数定义扩展了之前的 **BlueRectangle.js** 程序的代码，添加了具有相同坐标和尺寸的 **GOval** 对象：

```
function GRectPlusGOval() {
    let gw = GWindow(GWINDOW_WIDTH, GWINDOW_HEIGHT);
    let rect = GRect(150, 50, 200, 100);
    rect.setFilled(true);
    rect.setColor("Blue");
    gw.add(rect);
    let oval = GOval(150, 50, 200, 100);
    oval.setFilled(true);
    oval.setColor("Red");
    gw.add(oval);
}
```

结果输出如下所示。

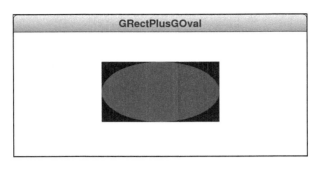

这个例子有两点需要注意。首先，红色的 **GOval** 实例的边缘触及矩形的边界。其次，在 **GRect** 对象之后添加的 **GOval** 对象覆盖了位于椭圆下面的矩形部分。如果你按照相反的顺序添加这些图形，你只会看到蓝色的 **GRect** 对象，因为整个 **GOval** 对象都被覆盖在 **GRect** 对象下面。

4.3.3 GLine 类

GLine 类用于在图形窗口中显示线段。**GLine** 函数有四个参数，分别是两个端点的 x 坐标和 y 坐标。例如，如下函数调用：

```
GLine(0, 0, GWINDOW_WIDTH, GWINDOW_HEIGHT)
```

它创建一个 **GLine** 对象，该对象从图形窗口左上角的点 (0,0) 连接到右下角相对的点。

下面的函数使用 **GLine** 类在图形窗口中绘制两条对角线：

```
function DrawDiagonals() {
   let gw = GWindow(GWINDOW_WIDTH, GWINDOW_HEIGHT);
   gw.add(GLine(0, 0, GWINDOW_WIDTH, GWINDOW_HEIGHT));
   gw.add(GLine(0, GWINDOW_HEIGHT, GWINDOW_WIDTH, 0));
}
```

在浏览器中加载该程序，效果如下所示。

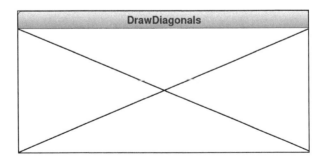

4.3.4 GLabel 类

之前的 **GraphicsHelloWorld.js** 程序使用了 **GLabel** 类，其结果并不完全令人满意。出现在屏幕上的消息尺寸太小了，不能引起太多的兴奋。要使 **"hello,world"**

消息更大，需要以不同的**字体**（font）显示 **GLabel**。

你很可能已经从与其他计算机应用程序的工作中了解了字体，并且有一种直观的感觉，即字体决定了字符出现的样式。更正式地说，字体是一种编码，它将字符映射到屏幕上出现的图像中。要更改 **GLabel** 的字体，你需要向它发送一个 **setFont** 消息，它可能看起来如下所示：

```
msg.setFont("36px 'Times New Roman'");
```

调用 **setFont** 方法通知存储在 **msg** 中的 **GLabel** 对象，将其字体大小修改为 36 像素，将字体族修改为 *The New York Times* 使用的 " Times New Roman" 字体。程序如此调用了 **setFont** 后，图形窗口将如下所示。

作为 **setFont** 参数传递的字符串是使用 CSS 编写的，如第 2 章所述，CSS 是 Web 用来指定页面视觉外观的技术。该字符串指定了几个字体属性，它们的显示顺序如下：

❑ **字体样式**（font style），可用于指示字体的其他显示形式。此规范通常可以从字体字符串中省略，以表示显示正常字体，也可以设置为 **italic** 或 **oblique**，以表示斜体变体或倾斜字体。

❑ **字体粗细**（font weight），它指定字体应该有多粗。此规范对于普通字体是省略的，但可以设置 **bold** 来指定粗体。

❑ **字体大小**（font size），通过指示连续的两行文本之间的距离来指定字符的高度。在 CSS 中，字体大小通常以像素为单位，数字后跟后缀 **px**，例如最近一次调用 **setFont** 时使用的是 **36px**。

❑ **字体族**（font family），它指定与字体相关的名称。如果字体名称包含空格，则必须使用引号，通常使用单引号，因为需要它出现在双引号字符串中。例如，将文本设置为 " Times New Roman"，就需要字体字符串包含 **'Times New Roman'**。因为不同的计算机支持不同的字体，所以 CSS 允许字体规范包含几个用逗号分隔的字体族。然后浏览器将使用第一个可用的字体族。

CSS 定义了几个通用字体族，它们不特指某种字体，而是描述一种总是以某种形式出现的字体。图 4-6 中展示了常用的通用字体族。最好在首选字体族列表的最后再加上一个通用名称，以确保你的程序能够在尽可能多的浏览器上运行。

`Serif`	一种传统报纸式字体，字符上下边缘有短线修饰，这些修饰称为衬线（serif），引导眼睛以单个单位阅读单词。`'Times New Roman'` 是最常见的衬线（serif）字体
`Sans-Serif`	一种没有衬线修饰的字体。无衬线（sans-serif）字体包括 `'Arial'` 和 `'Helvetica Neue'`
`Monospaced`	一种打印机式字体，其中所有偶字符具有同样宽度，最常见的等宽（monospaced）字体包括 `'Monaco'` 和 `'Courier New'`

图 4-6　CSS 和 JavaScript 中通用字体族

你可能从文字处理程序中了解到，尝试不同的字体可能很有趣。例如，在大多数 Macintosh 系统中，都有一种名为"Lucida Blackletter"的字体，它产生的字体让人联想起中世纪彩绘手稿的风格。要对消息设置此字体，可以将此程序中的 `setFont` 调用更改为：

```
msg.setFont("24px 'Lucida Blackletter',Serif");
```

注意，字体字符串包含通用字体族 `Serif` 作为后备。如果显示页面的浏览器找不到名为"Lucida Blackletter"的字体，那么它可以替换为标准的衬线字体，比如"Times New Roman"。然而，如果它能够成功加载"Lucida Blackletter"字体，输出将会如下所示。

`GLabel` 类使用自己的几何模型，与古腾堡发明印刷机以来排字工人使用的几何模型类似。当然，字体的概念最初来源于印刷。打印机会将不同大小和风格的字体加载到打印机中，以控制字符在页面上的显示方式。图形程序库中用于描述字体和标记（label）[⊖] 的术语也来源于排版领域。如果你学习以下术语，你会发现更容易理解 `GLabel` 类的行为：

❑ 基线（baseline）是放置字符的假想线。
❑ 原点（origin）是标记文本开始的点。在从左向右读取的语言中，原点是第一个字符左边缘的基线上的点。在从右向左阅读的语言中，原点是第一个字符的右边缘的点，在基线的右端。
❑ 高度（height）是多行文本中相邻基线之间的距离。
❑ 升距（ascent）是字符在基线上方延伸的最大距离。
❑ 降距（descent）是字符在基线下方延伸的最大距离。

⊖ 即 GLabel 类的名称。

在 GLabel 类的上下文中对这些术语的解释如图 4-7 所示。

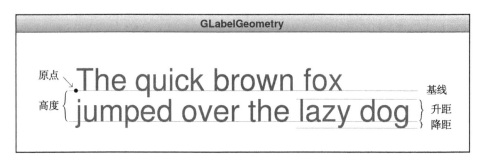

图 4-7　Glabel 类的几何结构

GLabel 类包含允许你获得这些属性的方法。例如，**GLabel** 类包含一个名为 **getAscent** 的方法，用于获得标记字体的升距。此外，它还包含一个名为 **getWidth** 的方法，用于获得 **GLabel** 的水平方向大小。

使用这些方法可以让标记在窗口中居中，尽管会引发一个有趣的问题。创建 **GLabel** 的唯一函数使用标记的初始坐标作为参数。如果你想居中一个标记，直到创建标记前你不会知道标记的坐标。为了解决这个问题，创建 **GLabel** 的函数有两种形式。第一种形式获取标记的字符串原点的 x 和 y 坐标。第二种形式省略原点坐标，将原点设置为默认值 (0, 0)。

例如，假设你想要将字符串 **"hello,world"** 置于图形窗口的中心。为此，你首先需要创建 **GLabel**，然后更改其字体，使标记具有所需的外观，最后确定标记的尺寸，以计算正确的初始位置。你可以在 **add** 方法中提供这些坐标，**add** 方法接受可选的 x 和 y 参数来设置对象添加到 **GWindow** 时的位置。下面的程序实现了这个策略：

```
function CenteredHelloWorld() {
   let gw = GWindow(GWINDOW_WIDTH, GWINDOW_HEIGHT);
   let msg = GLabel("hello, world");
   msg.setFont("36px 'Sans-Serif'");
   let x = (gw.getWidth() - msg.getWidth()) / 2;
   let y = (gw.getHeight() + msg.getAscent()) / 2;
   gw.add(msg, x, y);
}
```

将 **GLabel** 居中所需的计算体现在变量 **x** 和 **y** 的声明中，它们为居中的标记指定了原点。要计算标记的 x 坐标，需要将原点从窗口中心向左移动一半的宽度。让标记在垂直方向上居中比较麻烦。通过将 y 坐标定义为距中线的升距一半的位置，你可以得到非常接近的结果。这些声明还说明这样一个事实：**GWindow** 对象实现了 **getWidth** 和 **getHeight** 方法，因此可以使用这些方法来确定窗口的宽度和高度。

运行 **CenteredHelloWorld** 函数会在图形窗口中生成以下图像。

```
CenteredHelloWorld

            hello, world
```

如果你是一个坚持美学细节的人，可能会发现使用 **getAscent** 来垂直居中 **GLabel** 并不能产生最佳结果。你在画布上显示的大多数标记都显得向下了偏移几像素。原因是 **getAscent** 返回字体的最大升距，而不是这个特定 **GLabel** 的文本刚好高于基线的距离。如果你想让事情看起来完美，你可能需要调整一两个像素来垂直居中。

图 4-8 总结了 **GRect**、**GOval**、**GLine** 和 **GLabel** 类中最重要的方法。其他类和方法将在以后的章节中当涉及它们时再进行介绍。

创建图形对象的工厂方法

GRect (*x, y, width, height*)	创建一个特定大小的 **GRect** 对象，其原点位于 (*x, y*) 处
GRect (*width, height*)	创建一个特定大小的 **GRect** 对象，其原点位于 (0, 0) 处
GOval (*x, y, width, height*)	创建一个能放进指定大小的矩形的 **GOval** 对象，其原点位于 (*x, y*) 处
GOval (*width, height*)	创建一个能放进指定大小的矩形的 **GOval** 对象，其原点位于 (0, 0) 处
GLine (x_1, y_1, x_2, y_2)	创建一个连接 (x_1, y_1) 点和 (x_2, y_2) 点的 **GLine** 对象
GLabel (*str, x, y*)	创建一个包含指定字符串的 **GLabel** 对象，其基线原点位于 (*x, y*) 处
GLabel (*str*)	创建一个包含指定字符串的 **GLabel** 对象，其基线原点位于 (0, 0) 处

对所有图形对象通用的方法

object.**getX** ()	获取图形对象的 *x* 坐标
object.**getY** ()	获取图形对象的 *y* 坐标
object.**getWidth** ()	获取图形对象的宽度
object.**getHeight** ()	获取图形对象的高度
object.**setColor** (*color*)	设置图形对象的颜色为 *color*

只对 GRect 和 GOval 类可用的方法

object.**setFilled** (*flag*)	设置对象是否填充
object.**setFillColor** (*color*)	设置对象内部填充的颜色

只对 GLable 类可用的方法

object.**setFont** (*str*)	设置标记的字体。字体规范的格式是一个如文中所描述的 CSS 字符串
object.**getAscent** ()	获取字体的升距（基线上方最大距离）
object.**getDescent** ()	获取字体的降距（基线下方最大距离）

图 4-8　图形对象的方法总结

4.4　图形窗口

尽管对于任何使用图形程序库的程序来说，"窗口"都是必需的，但是 **GWindow** 类在概念上与库中的其他类不同。**GRect** 和 **GLabel** 等类是表示可以在图形窗口中显示的对象，而 **GWindow** 类表示图形窗口本身。

GWindow 对象通常如下代码初始化：

```
let gw = GWindow(GWINDOW_WIDTH, GWINDOW_HEIGHT);
```

它出现在使用图形程序库的每个程序的开头。此语句创建图形窗口并将加载到 Web 页面中，以便用户可以看到它。它还用于实现用于显示其他图形对象的概念框架。由程序库中的包（package）实现的概念框架称为它的模型（model）。该模型让你了解应该如何考虑使用该包。

模型最重要的作用之一是建立包的恰当类比和比喻。许多真实世界的比喻可以用于计算机图形学中，就像有许多不同的方法来创建视觉艺术一样。一个可能的比喻是绘画，在绘画中，艺术家选择画笔和颜色，然后通过在代表虚拟画布的屏幕上移动画笔来绘制图像。

为了与面向对象设计原则保持一致，便携式图形程序库使用了拼贴画（collage）比喻。拼贴画艺术家的工作是把各种各样的物体组合在背景画布上。在现实世界中，这些物体可能是几何形状、从报纸上剪下来的单词、线段形成的线条，或者从杂志上取下来的图像等。图形程序库为所有这些对象提供了相应的对象。

事实上，图形窗口使用拼贴画模型对你描述创建设计过程的方式是有影响的。如果你使用绘画比喻，你可能会说在一个特定的位置上使用画笔描边，或者用颜料填充一个区域。对于拼贴画模型，关键操作是添加和移除对象，以及在背景画布上重新定位它们。

拼贴画还具有这样一种特性，即某些对象可以放置在其他对象上方，从而覆盖它们背后的对象。移除这些物体就会显露出原来在下面的对象。在本书中，拼贴画中对象由后至前的顺序称为**堆叠顺序**（stacking order），尽管你有时会在更正式的作品中看到它被称为 z 顺序（z-ordering）。z 顺序的名称来自这样一个事实，即堆叠顺序发生在与由 x 轴和 y 轴构成的二维平面相垂直的轴上。在数学中，垂直该平面的轴称为 z 轴（z-axis）。

GWindow 类可用的方法如图 4-9 所示。目前，你的最重要的方法是 **add**、**getWidth** 和 **getHeight**。当应用程序用到其他方法时，届时将更详细地描述它们。

GWindow(*width, height*)	创建一个指定大小的新的 **GWindow** 对象
gw.getWidth()	返回图形窗口的宽度
gw.getHeight()	返回图形窗口的高度
gw.add(*obj*)	将对象（**obj**）添加到图形窗口中
gw.add(*obj, x, y*)	将对象添加到图形窗口中，并将对象重定位于 (*x, y*) 处
gw.remove(*obj*)	将对象从图形窗口中移除
gw.getElementCount()	返回图形窗口显示的对象总数
gw.getElement(*k*)	由后至前编号，返回位于索引 *k* 处的对象
gw.getElementAt(*x, y*)	返回覆盖 (*x, y*) 点的最上方的图形对象，如果没有这样的对象，返回 **null**
gw.addEventListener(*type, fn*)	给图形窗口添加指定 *type*（类型）事件，当事件触发时调用 *fn* 函数。第 6 章将讨论事件监听器

图 4-9　GWindow 类中的方法

4.5　创建图形化应用程序

一旦访问了图形程序库，就可以创建由 **GRect**、**GOval**、**GLine** 和 **GLabel** 类的实例组成的图形。接下来的几节将通过几个示例演示如何在程序中使用这些类。

4.5.1　指定坐标和大小

为了了解如何设计一个图形程序，可在必要位置上放置几个不同形状的图形，以创建一个完整的图形。假设你想显示一个红色气球，同时上面有一条乐观的消息，效果如下所示。

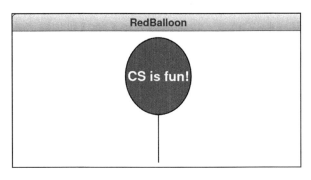

这个程序如图 4-10 所示，显示了三个图形对象：

1. **GOval** 表示气球本身，用黑色描边，用红色填充。

2. **GLine** 表示系在气球上的一条绳子。在代码中，使用单词 cord（绳索）而不是 string[○]来避免与消息混淆，消息是一个 JavaScript 字符串。

3. **GLabel** 显示白色的字符串 **"CS is fun!"**。

○　string 既有字符串的意思，又有绳子的意思。——译者注

```
/*
 * File: RedBalloon.js
 * --------------------
 * This program draws a red balloon emblazoned with the message
 * "CS is fun!" on the graphics window.
 */

"use strict";

/* Constants */

const GWINDOW_WIDTH = 500;
const GWINDOW_HEIGHT = 300;
const BALLOON_WIDTH = 140;
const BALLOON_HEIGHT = 160;
const BALLOON_LABEL = "CS is fun!";
const CORD_LENGTH = 100;

/* Main program */

function RedBalloon() {
   let gw = GWindow(GWINDOW_WIDTH, GWINDOW_HEIGHT);
   let cx = gw.getWidth() / 2;
   let cy = gw.getHeight() / 2;
   let balloonX = cx - BALLOON_WIDTH / 2;
   let balloonY = cy - (BALLOON_HEIGHT + CORD_LENGTH) / 2;
   let balloon = GOval(balloonX, balloonY, BALLOON_WIDTH, BALLOON_HEIGHT);
   balloon.setFilled(true);
   balloon.setFillColor("Red");
   let cordY = balloonY + BALLOON_HEIGHT;
   let cord = GLine(cx, cordY, cx, cordY + CORD_LENGTH);
   let label = GLabel(BALLOON_LABEL);
   label.setFont("bold 28px 'Helvetica Neue','Arial','Sans-Serif'");
   label.setColor("White");
   let labelX = cx - label.getWidth() / 2;
   let labelY = balloonY + (BALLOON_HEIGHT + label.getAscent()) / 2;
   gw.add(balloon);
   gw.add(cord);
   gw.add(label, labelX, labelY);
}
```

图 4-10　画一条系着绳子的红气球程序

对象本身并不难创建。在创建这种效果时，通常需要花费大量时间来确定每个对象的大小，以及它们在窗口中的位置，以便所有内容都能按照你希望的方式显示。

指定图形对象的大小和其他属性的最简单策略是将它们定义为常量，如 **RedBalloon.js** 示例所示。这些常量分别表示，图形窗口宽 500 像素、高 300 像素，气球本身宽 140 像素、高 160 像素，需要显示的消息是字符串 **"CS is fun!"**，系在气球底部的绳子长 100 像素。

在编写程序时，你的主要任务是根据这些常量的值精确地确定图形对象的位置。整个图形（气球以及它的绳子）都位于图形窗口的中心，这意味着你必须计算出每个对象相对于窗口中心的坐标位置。中心的坐标很容易通过如下声明计算，这种方式将在其他例子中反复出现：

```
let cx = gw.getWidth() / 2;
let cy = gw.getHeight() / 2;
```

然后，气球的椭圆的左上角的 x 坐标位于 **cx** 处向左移动气球宽度的一半，气球的椭圆的左上角的 y 坐标位于 **cy** 处向上移动图形整体高度的一半，即 **BALLOON_HEIGHT + CORD_LENGTH** 的一半。因此，椭圆左上角的坐标可以计算如下：

```
let balloonX = cx - BALLOON_WIDTH / 2;
let balloonY = cy - (BALLOON_HEIGHT + CORD_LENGTH) / 2;
```

其余的坐标也可以用类似的方法计算。例如，绳子顶部的 *y* 坐标可以用以下表达式计算：

```
let cordY = balloonY + BALLOON_HEIGHT;
```

4.5.2　使用简单的分解策略

图 4-10 中的 **RedBalloon.js** 程序是用单个函数编写的。在更复杂的图形应用程序中，将程序分解为多个函数是有意义的，每个函数负责部分绘图，就像你在第 1 章中处理 Karel 程序一样。在 Karel 的世界里，你需要仔细思考如何分解问题，并让每个函数都有意义。

为了了解如何分解一个简单的图形应用程序，假设你决定绘制一幅你梦想的房子的图形，绘图水平不需要太高。假设最后你希望在窗口上的图形如下所示。

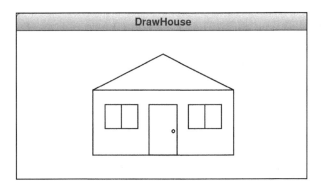

尽管还有其他策略可以选择，但一个可能的策略是将问题细分为绘制房屋框架、门和窗户等函数。然后，这些函数分别负责绘制如下所示的图形具体组件。然后，你可以通过调用一次 **drawFrame**、一次 **drawDoor** 和两次 **drawWindow** 来绘制整个房子。

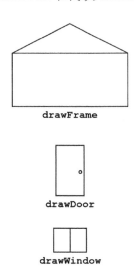

drawFrame

drawDoor

drawWindow

你仍然需要做的是弄清楚这些函数是如何在图形中确定位置和大小。与 **RedBalloon.js** 程序一样，可以使用常量指定一些值。但是，有些函数需要传递参数。至少，**drawWindow** 函数需要知道窗口中的 *x* 和 *y* 坐标，以便能够在两个不同的位置绘制窗户。

决定哪些值声明为常量、哪些值作为参数传递是需要权衡的。通常，声明常量比较简单，但是这限制了程序的灵活性。与此同时，传递过多的参数会使函数更难于理解和使用。在大多数应用程序中，采用混合策略是有意义的，即使用常量指定在整个程序中保持不变的值，使用参数指定调用者希望更改的值。

绘制房屋的完整程序如图 4-11 所示。每个函数都有三个参数：图形窗口 **gw**、坐标 **x** 和 **y**，它们指定了在窗口上的位置，即作为整个图形的这一部分应该出现的位置。为了与 JavaScript 的图形模型保持一致，这些坐标值指定了图形组件的左上角。对于没有左上角的图形对象，常用的策略是将坐标指定为图形的外接矩形的左上角（就像 **GOval** 类所做的那样），该矩形称为它的**边界框**（bounding box）。因此，整个房子的坐标位于下图所示的虚线矩形的左上角。

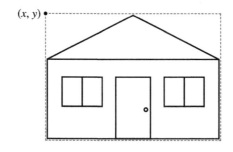

```
/*
 * File: DrawHouse.js
 * ------------------
 * This program draws a simple frame house at the center of the graphics
 * window.
 */

"use strict";

/* Constants */

const GWINDOW_WIDTH = 500;     /* The width of the graphics window          */
const GWINDOW_HEIGHT = 300;    /* The height of the graphics window         */
const HOUSE_WIDTH = 300;       /* The width of the house                    */
const HOUSE_HEIGHT = 210;      /* The height of the house including the roof */
const ROOF_HEIGHT = 75;        /* The height of the roof above the frame    */
const DOOR_WIDTH = 60;         /* The width of the door                     */
const DOOR_HEIGHT = 105;       /* The height of the door                    */
const DOORKNOB_SIZE = 6;       /* The diameter of the doorknob              */
const DOORKNOB_INSET_X = 5;    /* The distance from the knob to the door edge */
const WINDOW_WIDTH = 70;       /* The width of each window                  */
const WINDOW_HEIGHT = 50;      /* The height of each window                 */
const WINDOW_INSET_X = 26;     /* The distance from outer wall to the window */
const WINDOW_INSET_Y = 30;     /* The distance from the ceiling to the window */
```

图 4-11　画一个简单房子框架的程序

```
/* Main program */
function DrawHouse() {
   let gw = GWindow(GWINDOW_WIDTH, GWINDOW_HEIGHT);
   let houseX = (gw.getWidth() - HOUSE_WIDTH) / 2;
   let houseY = (gw.getHeight() - HOUSE_HEIGHT) / 2;
   drawFrameHouse(gw, houseX, houseY);
}

/*
 * Draws a simple frame house on the graphics window gw. The parameters
 * x and y indicate the upper left corner of the bounding box that
 * surrounds the entire house.
 */
function drawFrameHouse(gw, x, y) {
   drawFrame(gw, x, y);
   let doorX = x + (HOUSE_WIDTH - DOOR_WIDTH) / 2;
   let doorY = y + HOUSE_HEIGHT - DOOR_HEIGHT;
   drawDoor(gw, doorX, doorY);
   let leftWindowX = x + WINDOW_INSET_X;
   let rightWindowX = x + HOUSE_WIDTH - WINDOW_INSET_X - WINDOW_WIDTH;
   let windowY = y + ROOF_HEIGHT + WINDOW_INSET_Y;
   drawWindow(gw, leftWindowX, windowY);
   drawWindow(gw, rightWindowX, windowY);
}

/*
 * Draws the frame for the house on the graphics window gw.  The parameters
 * x and y indicate the upper left corner of the bounding box.
 */
function drawFrame(gw, x, y) {
   let roofY = y + ROOF_HEIGHT;
   gw.add(GRect(x, roofY, HOUSE_WIDTH, HOUSE_HEIGHT - ROOF_HEIGHT));
   gw.add(GLine(x, roofY, x + HOUSE_WIDTH / 2, y));
   gw.add(GLine(x + HOUSE_WIDTH / 2, y, x + HOUSE_WIDTH, roofY));
}

/*
 * Draws a door (with its doorknob) on the graphics window gw.  The
 * parameters x and y indicate the upper left corner of the door.
 */
function drawDoor(gw, x, y) {
   gw.add(GRect(x, y, DOOR_WIDTH, DOOR_HEIGHT));
   let doorknobX = x + DOOR_WIDTH - DOORKNOB_INSET_X - DOORKNOB_SIZE;
   let doorknobY = y + DOOR_HEIGHT / 2;
   gw.add(GOval(doorknobX, doorknobY, DOORKNOB_SIZE, DOORKNOB_SIZE));
}

/*
 * Draws a rectangular window divided vertically into two panes.  The
 * parameters x and y indicate the upper left corner of the window.
 */
function drawWindow(gw, x, y) {
   gw.add(GRect(x, y, WINDOW_WIDTH, WINDOW_HEIGHT));
   gw.add(GLine(x + WINDOW_WIDTH / 2, y,
                x + WINDOW_WIDTH / 2, y + WINDOW_HEIGHT));
}
```

图 4-11 （续）

4.5.3 在图形应用程序中使用控制语句

在第 3 章中学习的控制语句经常出现在图形编程中，特别是当你需要在图形窗口的不同位置绘制相同图形的多个副本时。例如，在图 4-12 中程序在图形窗口中画了五个居中的圆圈，如下图所示。

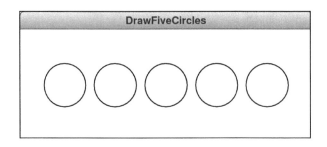

```
/*
 * File: DrawFiveCircles.js
 * -------------------------
 * This program draws a row of five circles centered in the graphics window.
 */

"use strict";

/* Constants */

const GWINDOW_WIDTH = 500;
const GWINDOW_HEIGHT = 200;
const CIRCLE_SIZE = 75;
const CIRCLE_SEP = 15;

/* Main program */

function DrawFiveCircles() {
   let gw = GWindow(GWINDOW_WIDTH, GWINDOW_HEIGHT);
   let cx = gw.getWidth() / 2;
   let cy = gw.getHeight() / 2;
   for (let i = 0; i < 5; i++) {
      let centerX = cx + (i - 2) * (CIRCLE_SIZE + CIRCLE_SEP);
      let circleX = centerX - CIRCLE_SIZE / 2;
      let circleY = cy - CIRCLE_SIZE / 2;
      gw.add(GOval(circleX, circleY, CIRCLE_SIZE, CIRCLE_SIZE));
   }
}
```

图 4-12　在图形窗口中画五个居中圆圈的程序

值得看下 **DrawFiveCircles.js** 的代码，以确保你理解表达式如何保证圆圈是居中的。

　　当使用二维图形设计时，通常需要使用嵌套循环在水平和垂直方向上排列图形对象。例如，图 4-13 中的 **Checkerboard.js** 程序绘制了一个类似如下的棋盘。

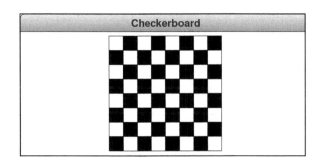

同样，花一些时间来通读图 4-13 中的代码是值得的，要特别注意以下细节：

- 该程序的设计使你可以通过更改常量 **N_ROWS** 和 **N_COLUMNS** 的值轻松地改变棋盘的大小。
- 棋盘在图形窗口中是居中的。变量 **x0** 和 **y0** 用于保存棋盘左上角的坐标。
- 通过检查它的行列号之和是偶数还是奇数来填充方块。对于白色方块，这个和是偶数；对于黑色方块，这个和是奇数。但是请注意，不需要在代码中包含 **if** 语句来测试这个条件。你所需要做的就是使用适当的布尔值调用 **setFilled** 方法。

```
/*
 * File: Checkerboard.js
 * ---------------------
 * This program draws a checkerboard centered in the graphics window.
 */

"use strict";

/* Constants */

const GWINDOW_WIDTH = 500;          /* Width of the graphics window  */
const GWINDOW_HEIGHT = 300;         /* Height of the graphics window */
const N_COLUMNS = 8;                /* Number of columns             */
const N_ROWS = 8;                   /* Number of rows                */
const SQUARE_SIZE = 35;             /* Size of a square in pixels    */

/* Main program */

function Checkerboard() {
   let gw = GWindow(GWINDOW_WIDTH, GWINDOW_HEIGHT);
   let x0 = (gw.getWidth() - N_COLUMNS * SQUARE_SIZE) / 2;
   let y0 = (gw.getHeight() - N_ROWS * SQUARE_SIZE) / 2;
   for (let row = 0; row < N_ROWS; row++) {
      for (let col = 0; col < N_COLUMNS; col++) {
         let x = x0 + col * SQUARE_SIZE;
         let y = y0 + row * SQUARE_SIZE;
         let sq = GRect(x, y, SQUARE_SIZE, SQUARE_SIZE);
         sq.setFilled((row + col) % 2 !== 0);
         gw.add(sq);
      }
   }
}
```

图 4-13　画一个棋盘的程序

4.5.4　返回图形对象的函数

一定要记住，图形对象是 JavaScript 中的数据值，其使用方式与数字和字符串完全相同。因此，可以将图形对象分配给变量，将它们作为参数传递给函数调用，或者让函数将它们作为结果返回。返回 **GObject** 某个子类的函数在创建图形应用程序时非常有用，这些图形应用程序需要显示具有某些预先设置的特性（如大小和颜色）的形状。

图 4-14 中的 **Target.js** 程序演示了这个特性，其中定义了一个 **createFilledCircle** 函数，它接受四个参数：x 和 y 的值代表圆心的坐标，r 指定圆的半径，以及一个表示 JavaScript 颜色名的字符串 *color*。**Target.js** 程序调用 **createFilledCircle** 函数三次，以创建三个红白颜色相间的圆圈，其大小逐步减小。外圆的半径由常量 **OUTER_RADIUS** 给出。两个内圆的大小分别是它的三分之二和三分之一。运行 **Target.js** 程

序产生如下输出。

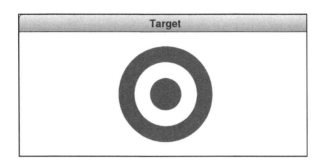

```
/*
 * File: Target.js
 * ---------------
 * This program draws a target at the center of the graphics window composed
 * of three concentric circles alternately colored red and white.
 */

"use strict";

/* Constants */

const GWINDOW_WIDTH = 500;
const GWINDOW_HEIGHT = 200;
const TARGET_RADIUS = 75;

/* Main program */

function Target() {
   let gw = GWindow(GWINDOW_WIDTH, GWINDOW_HEIGHT);
   let cx = gw.getWidth() / 2;
   let cy = gw.getHeight() / 2;
   gw.add(createFilledCircle(cx, cy, TARGET_RADIUS, "Red"));
   gw.add(createFilledCircle(cx, cy, 2 * TARGET_RADIUS / 3, "White"));
   gw.add(createFilledCircle(cx, cy, TARGET_RADIUS / 3, "Red"));
}

/*
 * Creates a circle of radius r centered at the point (x, y) filled
 * with the specified color and returns the initialized GOval to
 * the caller.
 */

function createFilledCircle(x, y, r, color) {
   let circle = GOval(x - r, y - r, 2 * r, 2 * r);
   circle.setColor(color);
   circle.setFilled(true);
   return circle;
}
```

图 4-14　在图形窗口上画一个红白相间靶子的程序

总结

本章介绍了便携式图形程序库，它允许你使用线段、矩形、椭圆和标记在屏幕上创建简单的图形。在此过程中，我们练习了在 JavaScript 中使用对象。

本章的重点包括：

❑ 本书中的图形程序使用便携式图形程序库，这是一个为入门课程设计的图形工具集合。该程序库由一个名为 **JSGraphics.js** 的 JavaScript 文件提供。

- JavaScript 支持一种称为面向对象范式的现代编程风格，它将注意力集中在数据对象及其交互上。
- 在面向对象范式中，对象是概念上集成的实体，它包含对象的状态和影响其状态的操作。每个对象都是一个类的代表，类是一个模板，定义了特定类型的所有对象共享的属性和操作。一个类可以产生许多不同的对象，每个这样的对象都是该类的一个实例。
- 对象通过发送消息进行通信。在 JavaScript 中，这些消息是通过调用方法实现的，这些方法只是属于特定类的函数。
- JavaScript 中的方法调用使用接收者语法，如下所示：

receiver . name (*arguments*)

receiver 是发送消息的对象，*name* 表示响应消息的方法的名称，而 *arguments* 是消息所携带的附加信息的值列表。
- 创建新对象的函数称为工厂方法，通常名称以大写字母开头。
- 任何使用便携式图形程序库的 JavaScript 程序的第一行都会使用以下声明创建一个 **GWindow** 对象：

```
let gw = GWindow(GWINDOW_WIDTH, GWINDOW_HEIGHT);
```

常量 **GWINDOW_WIDTH** 和 **GWINDOW_HEIGHT** 以像素为单位指定图形窗口的大小，像素是铺满画面的小点。变量 **gw** 初始化之后，就可以创建各种图形对象并将它们添加到窗口中了。
- 本章介绍了四类图形对象，包括 **GRect**、**GOval**、**GLine** 和 **GLabel**，它们分别表示矩形、椭圆、线段和文本字符串。其他图形对象将在后面的章节中介绍。
- 所有图形对象都支持 setColor 方法，该方法将颜色的名称作为字符串。JavaScript 定义了 140 种标准颜色，图 4-5 中给出了它们的名称。
- **GRect** 和 **GOval** 类使用 **setFilled** 与 **setFillColor** 方法来控制形状的内部是否被填充以及使用什么颜色填充。
- **GLabel** 类使用 **setFont** 方法设置标记显示的字体。**setFont** 的参数符合字体的 CSS 规范，4.3 节给出了描述。
- **GLabel** 类使用与其他图形对象不同的几何模型。在图 4-7 中对该模型进行了说明。

复习题

1. 本章中用于生成图形输出的实现程序的 JavaScript 库的名称是什么？

2. 用你自己的话定义以下术语：类、对象和方法。

3. 什么是引用？

4. 面向对象范式使用发送消息来模拟对象之间的通信。JavaScript 如何实现这个想法？

5. 接收者语法是什么？

6. 什么是工厂方法？

7. 在本书中出现的每个图形程序的第一行代码是什么？

8. 本章介绍的四类图形对象是什么？

9. 如何改变图形对象的颜色？

10. **GRect** 类和 **GOval** 类的 **setFilled** 与 **setFillColor** 方法的目的是什么？

11. 传递给 **setFont** 的参数字符串的格式是什么？

12. 在 **GLabel** 类的上下文中定义以下术语：基线、原点、高度、升距和降距。

13. 解释 **CenteredHelloWorld** 函数中以下两行代码的用途：

```
let x = (gw.getWidth() - msg.getWidth()) / 2;
let y = (gw.getHeight() + msg.getAscent()) / 2;
```

为什么在 x 坐标的计算中有一个减号，而在 y 坐标的计算中有一个加号？

14. 当你使用 **getAscent** 方法将 **GLabel** 垂直居中时，为什么得到的文本常常看起来低几像素？

15. 什么是拼贴画模型？

16. 术语"堆叠顺序"是什么意思？其他什么术语经常用于同样的目的？

练习题

1. 使用程序编辑器创建程序 **GraphicsHelloWorld.js** 及其关联的 **index.html** 文件，如图 4-1 和图 4-2 所示。在浏览器中打开 **index.html** 文件，以显示可以让图形化程序工作。

2. 编写一个图形程序 **TicTacToeBoard.js**，它在图形窗口的中心绘制一个井字游戏板，如下面的运行示例所示。

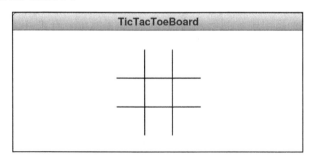

游戏板的大小应该被指定为一个常量，并且图表应该水平和垂直地居中于窗口。

3. 绘制图 4-7 的简化版本，它说明了 **GLabel** 类的几何结构。在实现中，应该显示两个字符串（"**The quick brown fox**" 和 "**jumped over the lazy dog**"），使用红色无衬线字体，字体大小大到足以使引导线容易看到。然后，对于每个字符串，你应该沿着基线、升距线和降距线画一条灰色线。最后，你应该画一个小实心圆来表示第一个字符串的基线原点。图形窗口看起来如下所示。

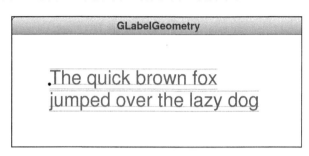

关于字体升距，此输出比图 4-7 更可靠一些，图 4-7 显示的字体比大写字母略高。

4. 使用图形程序库绘制彩虹，看起来如下所示。

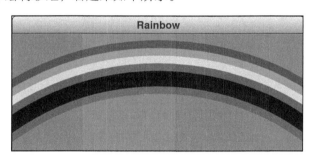

从顶部开始，彩虹中的七个色带分别是红色（red）、橙色（orange）、黄色（yellow）、绿色（green）、蓝色（blue）、靛蓝色（indigo）和紫色（violet）。另外，青色（cyan）为天空增添了可爱的色彩。请记住，本章只定义了 **GRect**、**GOval**、**GLine** 和 **GLabel** 类，不包括表示弧的图形对象。它会帮助你跳出思维定式，以一种比平常更直接的方式思考。

5. 如果你认为图 4-11 中 **DrawHouse.js** 生成的输出看起来有点单调，那么你可能想要绘制一个埃德加·爱伦·坡（Edgar Allan Poe）笔下的厄舍古屋：

> 当我第一眼看到这座建筑的时候，一种令人无法忍受的阴郁弥漫在我的灵魂里……我看着眼前的景色（仅仅是这所房子），还有这片土地上简单的地貌（荒凉的墙），以及像眼睛一样空洞的窗户……在几棵枯树的白色树干上（带着极度的沮丧）。

根据坡的描述，你可以画出如下所示的房子。

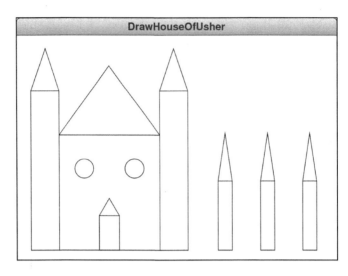

上图中左边的是那座有着"像眼睛一样空洞的窗户"的房子，右边的三个是"几棵枯树的白色树干"的风格化再现。

6. 编写一个程序，显示一个金字塔图形窗口。金字塔由水平排列的砖块组成，每向上移动一排时，砖块数量减少 1，如下所示。

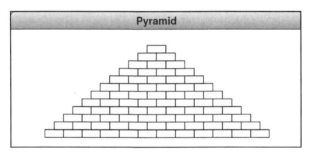

金字塔应该在窗口的水平和垂直方向上居中，并且应该使用常量来定义每块砖的尺寸和金字塔的高度。

7. 重写（并适当重命名）图 4-12 中的 **DrawFiveCircles.js** 程序，圆圈的数量由常量 **N_CIRCLES** 给出。

8. 增强图 4-13 所示的 **Checkerboard.js** 程序，使图形窗口也显示出与游戏初始状态相对应的红色和黑色的棋子，如下图所示。

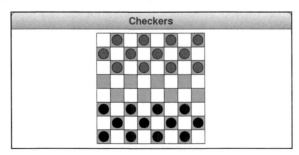

这个程序的另一个变化是黑色方块的颜色从黑色变成了灰色，这样黑色的棋子就不会在背景中消失不见了。

9. 重写如图 4-14 所示的 **Target.js** 程序，使圆的数量和半径由以下常量控制：

```
const N_CIRCLES = 7;
const OUTER_RADIUS = 75;
const INNER_RADIUS = 10;
```

给定这些值，程序应该生成如下所示图形。

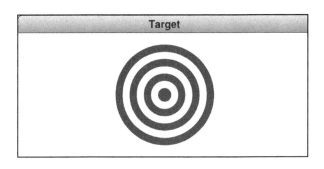

10. 经典的视错觉提供了丰富有趣的图形练习题。最简单的例子之一就是 **缪勒 – 莱尔错觉**（Müller-Lyer illusion），它是以德国社会学家弗朗茨·卡尔·缪勒 – 莱尔（Franz Karl Müller-Lyer）命名的，1889 年他首次描述了这种效果。缪勒 – 莱尔错觉是一种比较常见的错觉，它会问观看者，下图中两条水平线中哪一条较长。

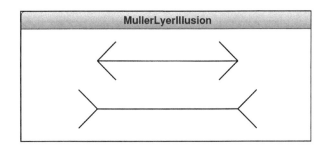

大多数人认为下面的线要长一些，但实际上这两条线是一样长的。

编写一个程序来生成在本例中出现的缪勒 – 莱尔错觉。确保使用常量来定义参数，比如不同行的长度。

11. 德国心理学家赫尔曼·艾宾浩斯（Hermann Ebbinghaus）发现了另一种错觉，**艾宾浩斯错觉**（Ebbinghaus illusion），它显示了环境如何影响相对大小的感知。英国心理学家爱德华·铁钦纳（Edward Tichener）在 1901 年出版的一本书中发表了艾宾浩斯错觉。这种错觉出现在图 4-15 中，似乎左边的中心圆比右边的小，尽管它们的大小是一样的。编写一个程序来生成这种错觉。

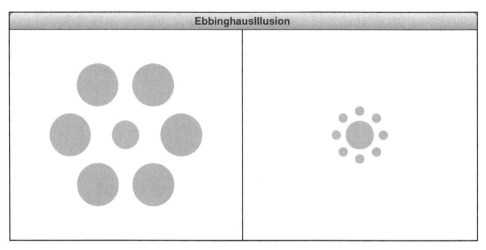

图 4-15　艾宾浩斯错觉：中心圆的大小是否相同

12. 编写一个程序来产生松奈错觉（Zöllner illusion），这是由德国天体物理学家约翰·卡尔·弗里德里希·松奈（Johann Karl Friedrich Zöllner）在 1860 年发现的。在这种错觉中，每条线的对角线方向相反，很难看出水平线实际上是平行的。

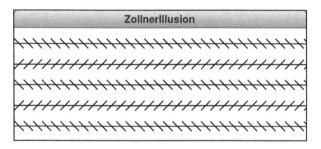

13. 一种更奇特的错觉是幼儿园错觉（kindergarten illusion），也叫咖啡墙错觉（café wall illusion），美国心理学家亚瑟·亨利·皮尔（Arthur Henry Pierce）在 1898 年最先对它进行了描述。在这种错觉中，将棋盘图案的每一行上的方块稍微移动一下，会使棋盘上的水平线看起来是倾斜的，而不是笔直的。从图 4-13 中的 **Checkerboard.js** 程序开始，进行必要的修改，生成如下所示的图。

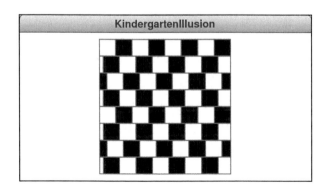

14. 图 4-16 中闪烁的网格错觉（scintillating grid illusion）是由埃尔克·林格巴赫（Elke Lingelbach）20 世纪 90 年代推广的，该错觉建立在鲁迪迈尔·赫尔曼（Ludimar Hermann）1870 年早期发布的一个错觉的基础上。在这个错觉中，观察者看到网格交叉点上白色圆圈内有黑点。编写一个程序来复现这种错觉。

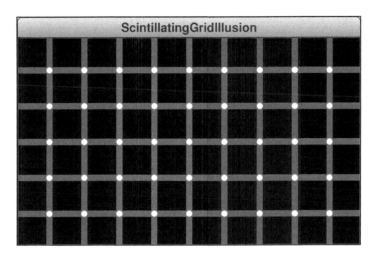

图 4-16　闪烁的网格错觉

15. 我们对图像的假设极大地影响了我们的视觉。在 1911 年，意大利心理学家马里奥·庞佐（Mario Ponzo）指出，人们希望在透视图中从远处看到的物体看起来更小。如果一个物体看起来违反了透视法则，我们的大脑会通过改变对其大小的感知来进行补偿。

在**庞佐错觉**（Ponzo illusion）的一种比较流行的形式中，它通过将两条水平线叠加在一个风格化的图像上，即一条铁轨向后延伸至远处，来说明这一原理。因为我们的经验告诉我们，铁轨在整个轨道上的距离都是一样远的，所以穿过铁轨的线必须比完全落在铁轨内的线大，如下面的例子所示。

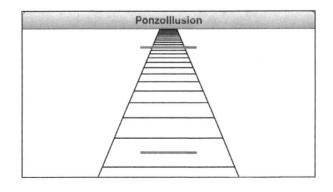

你的任务是使用单点透视来重现这幅图像，这是一种在二维绘图中表示三维场景的技术。在使用单点透视的绘画中，当物体离观察者越来越远时，它们会向一个单一的**消失点**（vanishing point）移动。这一技术是在文艺复兴早期发展起来的，并被佛罗伦萨艺术家和建筑师菲利波·布鲁内列斯基（Filippo Brunelleschi）在 1415 年的一幅画中使用。在创造庞佐错觉中，你的挑战是弄清楚当铁轨消失在远处时，每个十字路口应该在什么位置。执行这些计算所需的数学公式如图 4-17 所示。

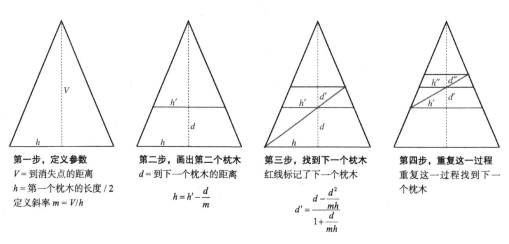

第一步，定义参数
V = 到消失点的距离
h = 第一个枕木的长度 / 2
定义斜率 $m = V/h$

第二步，画出第二个枕木
d = 到下一个枕木的距离
$$h = h' - \frac{d}{m}$$

第三步，找到下一个枕木
红线标记了下一个枕木
$$d' = \frac{d - \dfrac{d^2}{mh}}{1 + \dfrac{d}{mh}}$$

第四步，重复这一过程
重复这一过程找到下一个枕木

图 4-17　前缩透视法的数学

16. 早在 20 世纪 90 年代早期，在 JavaScript 出现之前，朱莉·泽伦斯基（Julie Zelenski）和卡蒂·卡普斯·帕兰特（Katie Capps Parlante）提出了一个可爱的图形作业，用于斯坦福大学的入门课程。这次作业的目的是画一个**样品拼布**（sampler quilt），这是由几个说明各种纫缝风格的不同的块类型组合而成的。

对于本练习题，你的工作是使用图形程序库创建样品拼布，如图 4-18 所示。这个拼布是由以下四个重复的图案组成的，其中三个是之前提到的例子：

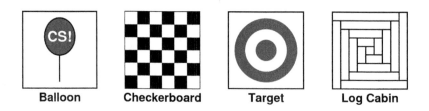

唯一的新块是第四个，这是一个经典的纫缝模式，称为木屋块。这个方块是由矩形组成的，且这些矩形向中心的正方形内螺旋。每个矩形的宽度和中心正方形的宽度都是一样的，这意味着尺寸是由螺旋中的块大小和帧数决定的。

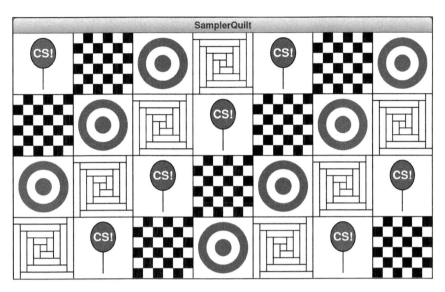

图 4-18　一个样品拼布的图形效果

第5章

函　　数

模块是建立在一种被称为信息隐藏的分解策略原则之上的，它的好处在于可以独立地更改系统细节。

——大卫·帕纳斯、保罗·克莱门茨（Paul Clements）和大卫·维斯
（David Weiss），"The Modular Structure of Complex Systems"，1984年

大卫·帕纳斯（David Parnas）是爱尔兰利默里克大学软件工程荣誉退休教授，在那里，他曾领导软件质量研究实验室，并曾在德国、加拿大和美国的大学任教。他对软件工程最具影响力的贡献是他在1972年发表的开创性论文"On the Criteria to be Used in Decomposing Systems into Modules"，该论文为本章所述的分解策略提供了坚实的基础。帕纳斯教授在1985年也引起了公众的广泛关注，当时他从一个国防部小组辞职，该小组负责调查战略防御计划（通常称为"星球大战"）的软件需求，并且指出该系统的需求不可能实现。帕纳斯勇敢地揭露了这些问题，并因此获得了1987年诺伯特·维纳社会责任奖。

(Courtesy of David Parnas)

大卫·帕纳斯（1941—）

本章将着重研究函数的概念，函数的概念最初出现在第1章，然后在第2章JavaScript的上下文中被重新讨论。函数是将一组语句封装起来并对其命名，它允许程序员使用单个名称调用整个操作集，使得程序变得更短、更简单。如果没有函数，随着程序在规模和复杂度上的增加，它们将变得难以管理。

为了理解函数是如何减少程序复杂性的，可以从两个不同的哲学观点来考察函数的作用：还原论（reductionism）和整体论（holism）。还原论是一种哲学思想，认为复杂的

系统、事物、现象可以化解为各部分之组合来加以理解和描述。还原论的对立面是整体论，整体论认为整体往往比部分之和更重要。当你试图将大型程序划分为函数时，就必须学会从这两个观点来看待这一过程。如果你只专注于大局，将无法理解解决问题所需的工具。另一方面，如果你只关注细节，则会只见树木不见森林。

当第一次学习编程时，最好的方法通常是在这两种观点之间切换。采用整体论的观点有助于培养你的编程感觉，并使你能够从程序细节中脱离并表示："我理解这个函数的作用。"采用还原论的观点，你可以说："我理解这个函数是如何工作的。"这两种观点都很重要。你需要了解函数是如何工作的，以便能够正确地编写它们。与此同时，你还需要能够退一步，全面地看待函数，以便理解为什么它们是重要的，以及如何有效地使用它们。

5.1　快速回顾函数

虽然从第 1 章编写第一个 Karel 程序开始，你就一直在使用函数，但到目前为止，你只看到了函数提供的部分计算能力。在更深入地研究函数如何工作的细节之前，回顾一些基本的术语是有帮助的。首先，**函数**是将一组语句封装在一起，并对其命名。执行与函数关联的语句集的行为称为**调用**（call）该函数。要在 JavaScript 中进行函数调用，需要编写函数的名称，后面跟着用括号括起来的表达式列表。这些表达式称为**参数**（argument），允许调用者将信息传递给函数。

5.1.1　函数定义的语法

典型的函数定义的形式如下面的语法框所示。其中 *name* 是函数名称，*parameters* 是接收参数值的参数名称列表，而 *statements* 表示函数体。向调用者返回值的函数必须包含至少一条指定函数返回值的 *return* 语句，如第二个语法框所示。

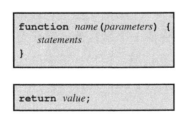

```
function name(parameters) {
    statements
}
```

```
return value;
```

这些语法模式可以用第 3 章中 **max** 函数的定义来说明，如下所示：

```
function max(x, y) {
   if (x > y) {
      return x;
   } else {
      return y;
   }
}
```

这个函数名为 **max**，接收两个参数 **x** 和 **y**，函数体中的语句首先确定这两个值中哪个更大，然后返回该值。

然而，通常我们只是简单调用函数以实现其效用，不需要返回显式的值。例如，第 1 章中的 Karel 函数和实现完整程序的 JavaScript 函数就不包含 **return** 语句。有些语言有专门术语来区分函数是否有返回值，称不返回值的函数为*过程*（procedure）。JavaScript 对这两种类型都使用了函数这个术语。其实，从技术上说，函数这个术语是准确的，因为 JavaScript 函数总是返回一个值，如果没有编写 **return** 语句，那么这个值就是 **undefined** 这一特殊值。

5.1.2　传递参数

关于调用函数的过程，需要记住的最重要的一点是，实际参数的值是按照它们出现的顺序复制到参数变量中的。第一个参数分配给第一个参数变量，第二个参数分配给第二个参数变量，依此类推。参数的名称与它们的值的分配顺序无关。很可能会出现这种情况，即在调用函数时传递的参数中和在该函数的参数列表中都有一个名为 **x** 的变量。然而，这只是一个巧合，只是重复使用了同一个名称而已。局部变量名和参数变量名仅在声明它们的函数内可见。

与大多数现代语言不同，JavaScript 不检查调用函数时的参数数量与声明函数时指定的参数数量是否匹配。如果传入了多余参数，那么额外的参数不会分配给任何参数变量，而是被直接忽略掉。如果传入的参数不够，任何没有对应参数值的参数变量都被设置为 **undefined**。

5.1.3　可选参数

在 JavaScript 的早期版本中，当缺失参数时，JavaScript 允许函数使用可选参数。为了测试调用者是否提供了一个参数，函数可以检查相应的参数变量，看它是否是 **undefined**，如果是，则替换一个默认值。现代版本的 JavaScript 允许函数在参数列表中通过等号和值来指定默认值。例如，下面的函数显示了 **n** 个连续整数，如果提供了两个参数，则以传递进来的 **start** 值开始，如果没有传递第二个参数，则以 1 开始：

```
function count(n, start = 1) {
   for (let i = 0; i < n; i++) {
      console.log(start + i);
   }
}
```

下面的控制台日志演示了 **count** 函数的操作，包括 **count** 函数在没有第二个参数的情况：

```
                        JavaScript Console
> count(3);
1
2
3
> count(2, 10);
10
11
>
```

5.1.4 谓词函数

正如在前面几章看到的，函数可以返回不同数据类型的值。例如，3.3 节中的 **monthName** 函数返回一个字符串，3.5 节中的 **fact** 函数返回一个数字，4.5.4 节中的 **createFilledCircle** 函数返回一个 **GOval** 对象。尽管 JavaScript 中的函数可以返回任何类型的值，但返回布尔值的函数值得特别关注，因为它们在编程中扮演着非常重要的角色。返回布尔值的函数称为谓词函数（predicate function）。

如前面所述，只有两个布尔值：**true** 和 **false**。因此，谓词函数（不管它需要多少参数或者内部处理有多复杂）最终都必须返回这两个值中的一个。因此，调用谓词函数的过程类似于问一个"yes / no"的问题并得到答案。例如，下面的函数定义回答了"**n** 是偶数吗"，该函数需要调用者传进来一个特定整数 **n** 作为参数：

```
function isEven(n) {
    return n % 2 === 0;
}
```

可以被 2 整除的数就是偶数。如果 **n** 是偶数，则表达式 **n%2===0** 的值为 **true**，函数返回 **true**。相反，如果 **n** 是奇数，则函数返回 **false**。因为 **isEven** 返回布尔值，所以可以直接在条件判断上下文中使用它。例如，下面的 **for** 循环使用 **isEven** 函数显示 1 到 100 之间的所有偶数：

```
for (let i = 1; i <= 100; i++) {
    if (isEven(i)) console.log(i);
}
```

for 循环遍历每个数字，**if** 语句询问一个简单的问题："这个数字是偶数吗？"如果答案是"yes"，则程序调用 **console.log** 来显示数字；如果答案是"no"，则什么也不会发生。

如果你正在编写一个使用日期的程序，那么使用谓词函数 **isLeapYear** 来确定给定的年份是否符合闰年的条件将会非常有用。虽然人们倾向于认为闰年每四年发生一次，但是从天文学角度来说，实际上并不是这么有规律的。因为地球公转一周需要的时间大约比 365 天多出 1 / 4 天，所以每 4 年多出 1 天有助于保持日历与太阳同步，但还是有一点点偏差。为了确保精确计算每一年的开始，闰年的规则实际上更加复杂。闰年每四年一次，但是也有例外，以 00 结尾的年份要求其能被 400 整除才算闰年。因此，虽然

1900 能被 4 整除，但它不是闰年。另一方面，因为 2000 能被 400 整除，因此 2000 年是闰年。任何闰年都必须符合下列条件之一：

- ❑ 年份能被 4 整除但不能被 100 整除。
- ❑ 年份能被 400 整除。

在 JavaScript 中很容易将正确的规则编写为谓词函数，如下所示：

```
function isLeapYear(year) {
    return ((year % 4 === 0) && (year % 100 !== 0)) ||
            (year % 400 === 0);
}
```

在定义该函数之后，你可以像这样检测闰年：

```
if (isLeapYear(year)) ...
```

5.2 程序库

当编写一个程序来解决一个大的或者困难的问题时，你不可避免地需要管理复杂性。不仅需要设计算法、考虑特殊情况、满足用户需求，还有无数细节需要处理。为了使程序易于维护，必须尽可能地降低编程过程的复杂性。除了可以使用函数在一定程度上降低复杂性之外，还可以使用程序库（或库）在更高的细节层次上降低复杂性。两者不同之处在于，函数可以允许调用者访问封装多个步骤的单个操作，而程序库提供了可共享的公共模型工具集合。程序库模型及其概念基础构成一种**编程抽象**（programming abstraction）。

5.2.1 创建自己的程序库

你可以通过将相关的定义放进以 **.js** 扩展名结尾的文件中来定义 JavaScript 库。例如，如果在编程中大量使用日期，那么你可以将月份名称的常量定义、3.3 节中的 **monthName** 函数和 5.1.4 节的 **isLeapYear** 函数一起合并到一个名为 **DateLib.js** 的程序库中，如图 5-1 所示。

一旦创建了 **DateLib.js** 库，通过在 **index.html** 中添加以下代码，你就可以像使用其他程序库一样使用它：

```
<script src="DateLib.js"></script>
```

你就可以在 JavaScript 程序中访问这些日期常量名称、**monthName** 和 **isLeapYear** 函数。在计算机科学术语中，**DateLib.js** 库**导出**（export）这些常量和函数，而这些常量和函数统称为**条目**（entry）。

```
/*
 * File: DateLib.js
 * ----------------
 * This library exports the functions monthName and isLeapYear, along
 * with a set of constants giving names to the months of the year.
 */

/* Constants for the names of the months */

const JANUARY = 1;
const FEBRUARY = 2;
const MARCH = 3;
const APRIL = 4;
const MAY = 5;
const JUNE = 6;
const JULY = 7;
const AUGUST = 8;
const SEPTEMBER = 9;
const OCTOBER = 10;
const NOVEMBER = 11;
const DECEMBER = 12;

/*
 * Converts a numeric month in the range 1 to 12 into its name.
 */

function monthName(month) {
   switch (month) {
    case JANUARY: return "January";
    case FEBRUARY: return "February";
    case MARCH: return "March";
    case APRIL: return "April";
    case MAY: return "May";
    case JUNE: return "June";
    case JULY: return "July";
    case AUGUST: return "August";
    case SEPTEMBER: return "September";
    case OCTOBER: return "October";
    case NOVEMBER: return "November";
    case DECEMBER: return "December";
    default: return undefined;
   }
}

/*
 * Returns true if the specified year is a leap year, and false otherwise.
 */

function isLeapYear(year) {
   return year % 400 === 0 || (year % 4 === 0 && year % 100 !== 0);
}
```

图 5-1　日期相关的简单程序库

5.2.2　信息隐藏原则

任何程序库都有一个目标，即隐藏底层实现带来的复杂性。通过导出 **isLeapYear** 函数，**DateLib.js** 库隐藏了判断以 00 结尾的年份是否为闰年所涉及的复杂性。当调用 **isLeapYear** 函数时，你不需要知道该函数是如何实现的。事实上，你甚至不需要知道关于以 00 结尾年份的特殊规则。这些细节只需要负责实现 **DateLib.js** 库的程序员来关心。

掌握如何调用 **isLeapYear** 函数和掌握如何实现该函数都是重要的技能。但是，需要记住的是，掌握函数的调用方法和掌握函数的实现方法，这两个技能很大程度上是独立的。优秀的程序员经常使用一些他们自己都不清楚实现细节的函数。相反，实现程序库函数的程序员永远无法预料自己的函数被别人如何使用。

为了强调实现程序库的程序员和使用程序库的程序员在视角上的不同，计算机科学家给每个角色的程序员分配了名称。自然地，实现程序库的程序员被称为**实现者**（implementer）。与之对应，调用程序库提供的函数的程序员称为程序库的**客户**或**客户端**（client）。

函数和程序库都提供了隐藏底层实现细节的工具。在计算机科学中，这种技术称为**信息隐藏**（information hiding）。信息隐藏的基本思想是在 20 世纪 70 年代早期由大卫·帕纳斯提出的，其思想为管理编程系统的复杂性的最有效方式是，始终要确保程序细节只在与之相关的程序层次上可见。例如，只有 `isLeapYear` 函数的实现者才需要知道它的操作细节，而 `isLeapYear` 函数的客户端仍然可以省事地不必知道底层的细节。

5.2.3 接口概念

在计算机科学中，客户端和实现者之间共享的信息称为**接口**（interface）。从概念上讲，接口只包含客户端需要知道的关于程序库的信息，仅此而已。对于客户端来说，获取太多的信息与获取太少的信息一样糟糕，因为冗余的细节可能会使接口更加难以理解。通常，接口的真正价值不在于它所泄露的信息，而在于它所隐藏的信息。

在为程序库设计接口时，应该尽量保护客户端不受实现的复杂细节的影响。因此设计接口时，最好不要将接口看作客户端和实现之间的通信通道，而是将接口看作隔离开二者的一堵墙。

就像希腊神话中分隔皮拉缪斯和忒斯彼的墙一样，一堵代表接口的墙只开了一个缝隙，允许双方进行交流。在编程中，这个缝隙表示接口公开的函数定义，以便客户端和实现能够共享基本信息。然而，这堵墙的主要目的是把两边隔开。理想情况下，一个程序库涉及的所有实现复杂性都应该位于这堵墙的实现那边。如果一个接口符合信息隐藏的原则，即尽可能让客户端远离实现涉及的复杂性，那么可以说这个接口是成功的。

5.3 一个支持随机选择的程序库

为了让你更深入地了解库是如何工作的，下面几节将介绍一个名为 **RandomLib.**

js 的程序库。它导出了四个函数，允许你编写一些能做出随机选择的程序。能够模拟随机行为是必要的，例如，你想编写一个抛硬币或掷骰子的计算机游戏，同时，在更实际的环境中能支持随机选择也很有用。模拟随机过程的程序被认为是非确定性的（nondeterministic）。

RandomLib.js 库的基础是 **Math.random** 函数，该函数是图 2-3 中的 **Math** 类可用函数之一。调用 **Math.random** 函数随机返回一个介于 0 到 1 之间的数字，包括 0 但不包括 1。通常情况下，应用程序需要这个范围内的随机值。但有些情况下，你希望以更通用的方式生成随机值。例如，如果你在编写掷骰子的游戏程序时，那么你希望能够生成一个 1 到 6 之间的随机整数。而如果要模拟抛硬币，你希望最好有一个能产生布尔值的函数，使 **true** 和 **false** 出现的概率相等。

5.3.1　设计 RandomLib.js 库的接口

设计 **RandomLib.js** 库的第一步，也是最重要的一步是设计它的接口，这在很大程度上是一个决定程序库应该导出哪些函数的问题。这些函数应该简单易用，并且应该尽可能地隐藏底层的复杂性。这些函数还应该提供满足客户端的各种需求的功能，这意味着你必须了解客户端可能需要哪些操作。至于如何理解这些需求，部分取决于你自己的经验，但通常，你需要与潜在客户端进行交流以更好地了解其需求。

由于本书不可能进行用户调查，因此在本章中开发的 **RandomLib.js** 库提供了在斯坦福程序设计入门课程的多年教授中被证明有用的函数。学生们想要的操作包括：

- 选择指定范围内的随机整数。例如，如果你想要模拟投掷一个标准的六面骰子的过程，你需要在 1～6 随机选择一个整数。
- 在指定范围内随机选择一个实数。例如，你想把一个物体放置在空间中的一个随机位置上，你需要在应用程序允许的适当范围内随机选择 x 和 y 坐标。
- 模拟一个具有特定概率的随机事件。例如，你在模拟抛硬币，正面朝上的概率为 0.5，即 50% 的可能。
- 随机选择颜色。在某些图形应用程序中，随机选择一种颜色在屏幕上创建意想不到的图案是很有用的。

特别是，如果你从客户端的角度来看待问题，将这些概念操作实现为一组函数是一项相当简单的任务。**RandomLib.js** 库导出的四个函数分别是 **randomInteger**、**randomReal**、**randomChance** 和 **randomColor**，它们直接对应于上述客户端需要使用的四个操作。**RandomLib.js** 库的完整代码如图 5-2 所示，并且其中有帮助客户端使用这些函数的注释。

```
/*
 * File: RandomLib.js
 * ------------------
 * This file contains a simple library to support randomness.
 */

/*
 * Returns a random integer in the range low to high, inclusive.
 */

function randomInteger(low, high) {
   return low + Math.floor((high - low + 1) * Math.random());
}

/*
 * Returns a random real number in the half-open interval [low, high).
 */

function randomReal(low, high) {
   return low + (high - low) * Math.random();
}

/*
 * Returns true with probability p.  A missing argument defaults to 0.5.
 */

function randomChance(p = 0.5) {
   return Math.random() < p;
}

/*
 * Returns a random opaque color expressed as a string consisting of a "#"
 * followed by six random hexadecimal digits.
 */

function randomColor() {
   let str = "#";
   for (let i = 0; i < 6; i++) {
      let d = randomInteger(0, 15);
      switch (d) {
       case 0: case 1: case 2: case 3: case 4:
       case 5: case 6: case 7: case 8: case 9: str += d; break;
       case 10: str += "A"; break;
       case 11: str += "B"; break;
       case 12: str += "C"; break;
       case 13: str += "D"; break;
       case 14: str += "E"; break;
       case 15: str += "F"; break;
      }
   }
   return str;
}
```

图 5-2　简单的随机库

5.3.2　实现 RandomLib.js 库

尽管客户端对这些函数的看法相对容易理解，但这些函数的实现都涉及一些应该对客户端隐藏的复杂性。本节详细介绍每个函数的代码。

从图 5-2 的注释中可以看到，**randomInteger** 函数接受两个整数，并随机返回一个位于两个参数之间（包括两端）的整数。如果你想模拟一个骰子点数，你可以如下调用：

randomInteger(1, 6)

randomInteger 函数的函数体仅占一行，但要理解该行代码具体做了些什么，还需要仔细思考。对于参数 **low** 和 **high** 的任何值，**randomInteger** 函数返回以下表达式：

```
low + Math.floor((high - low + 1) * Math.random())
```

从内到外检查这个表达式可能相对容易。调用 **Math.random** 函数，返回一个大于等于 0 但总是严格小于 1 的随机数。在数学中，如果一个实数区间，包含其中一个端点，并且不包含另外一个端点，则称这个实数区间为半开区间（half-open interval）。在数轴上，半开区间不包含的端点用空心圆点标记，包含的端点用实心圆点标记，具体如下所示：

本书遵循数学的标准约定，使用方括号表示区间的包含端点的那一端，使用圆括号表示不包含端点的那一端。因此，符号 [0，1）表示与该图相对应的半开区间。

下一步是将 [0，1）区间中的随机值乘以如下表达式的结果：

```
(high - low + 1)
```

从 **high** 减去 **low** 后再加 1，乍一看可能让人困惑，但这种情况类似于第 1 章中介绍的篱笆桩问题。从 **high** 减去 **low** 表示端点间的距离，也就是相当于求篱笆的长度。而需要返回可能结果的个数需要能被半开区间覆盖的整数，请记住，定义一个能覆盖可能结果的半开区间意味着左端都有一个整数（对应于篱笆桩）。在掷骰的例子中，**high** 减去 **low** 是 5，但是所有可能结果的个数是 **6**，因此将 **Math.random** 的结果乘以 6，会产生位于 [0,6) 区间内的随机数，如下所示：

然后，**randomInteger** 的代码使用 **Math.floor** 函数向下取整得到最近整数，从而将实数转换为整数。

最后一步是再加上 **low** 值，以便 **randomInteger** 的返回值集能从正确的数字开始，如下面的数轴所示，其中只有实点表示可能的值：

randomReal 的实现遵循与 **randomInteger** 代码几乎相同的策略，但是前者更简单，因为它没有调用 **Math.floor** 函数并且没有对范围的调整，以避免篱笆桩问题（当涉及实数时不存在篱笆桩问题）。因此代码很简单：

```
function randomReal(low, high) {
   return low + (high - low) * Math.random();
}
```

  randomChance 函数是用来模拟以固定概率发生的随机事件。根据数学约定，概率表示为 0 和 1 之间的一个数，其中 0 表示事件不发生，1 表示事件必然发生。调用 **randomChance(p)** 以概率 **p** 返回 **true**，其中参数 **p** 的默认值为 0.5。因此，调用 **randomChance(0.75)**，则在 75% 的情况下返回 true，而直接调用 **randomChance()** 在 50% 的情况下返回 **true**。你可以使用 **randomChance** 函数来模拟抛硬币，如下面的函数所示，它以相等的概率返回 **"heads"** 或 **"tails"**：

```
function flipCoin() {
    return (randomChance()) ? "heads" : "tails";
}
```

  现在 **RandomLib.js** 库还有唯一一个函数没有分析，即 **randomColor** 函数，它从 JavaScript 中可用的 16 777 216 种不透明颜色中随机返回一个颜色。如 4.3.1 节所述，JavaScript 允许你使用标准的 Web 规范来指定这些颜色中的任何一种，即在 **#** 号后跟写 6 个十六进制数字。十六进制记数法将在第 7 章中详细讨论，但是，要理解 **randomColor** 函数的实现，你只需要十六进制记数法，其数字除了我们熟悉的 0 到 9 的数字外，还有 A 到 F 的字母。图 5-2 中的 **randomColor** 代码首先将 **str** 变量初始化为字符串 **"#"**，然后从 16 个可能的十六进制数字中随机选择 6 个字符连接到 **str** 变量末尾。

5.3.3 使用 RandomLib.js 库

  为了演示客户端如何使用 **RandomLib.js** 库，图 5-3 中的 **Craps** 函数实现了一个名为"掷骰子"的赌场游戏。程序开头前的注释给出了该掷骰子游戏的规则。代码实现遵循了游戏规则，特别是，先掷两个骰子并对点数求和，程序会根据掷出的结果选择如何继续。此外，由于掷两个骰子并对点数求和这一功能在程序中出现多次，因此将求两个骰子点数之和作为一个单独的函数是有意义的。

```
/*
 * File: Craps.js
 * --------------
 * This program plays the casino game of Craps.  At the beginning of
 * the game, the player rolls a pair of dice and computes the total.
 * If the total is 2, 3, or 12 (called "craps"), the player loses.
 * If the total is 7 or 11 (called a "natural"), the player wins.
 * If the total is any other number, that number becomes the "point."
 * From here, the player keeps rolling the dice until (a) the point
 * comes up again, in which case the player wins, or (b) a 7 appears,
 * in which case the player loses.  The numbers 2, 3, 11, and 12 no
 * longer have special significance after the first roll.
 */

"use strict";

function Craps() {
   let total = rollTwoDice();
```

图 5-3　掷骰子游戏程序

```
      if (total === 7 || total === 11) {
         console.log("That's a natural.  You win.");
      } else if (total === 2 || total === 3 || total === 12) {
         console.log("That's craps.  You lose.");
      } else {
         let point = total;
         console.log("Your point is " + point + ".");
         let running = true;
         while (running) {
            total = rollTwoDice();
            if (total === point) {
               console.log("You made your point.  You win.");
               running = false;
            } else if (total === 7) {
               console.log("That's a 7.  You lose.");
               running = false;
            }
         }
      }
   }

/*
 * Rolls two dice, displays their values, and returns their sum.
 */

function rollTwoDice() {
   let d1 = randomInteger(1, 6);
   let d2 = randomInteger(1, 6);
   let total = d1 + d2;
   console.log("Rolling dice: " + d1 + " + " + d2 + " = " + total);
   return total;
}
```

图 5-3 （续）

由于 **Craps** 函数是非确定性的，因此每次都会产生不同的结果。如下控制台日志显示了其中两种可能的结果。

```
                    JavaScript Console
> Craps();
Rolling dice: 5 + 6 = 11
That's a natural.  You win.
> Craps();
Rolling dice: 4 + 5 = 9
Your point is 9.
Rolling dice: 2 + 1 = 3
Rolling dice: 3 + 4 = 7
That's a 7.  You lose.
>
```

作为使用 **RandomLib.js** 库的第二个程序示例，图 5-4 中的 **RandomCircles.js** 程序显示了各种随机大小、随机颜色和随机位置的圆。虽然每次的显示都不同，但是代码确保每个圆总是在图形窗口之内。

```
/*
 * File: RandomCircles.js
 * ----------------------
 * This program draws a set of 10 circles with different sizes, positions,
 * and colors.  Each circle has a randomly chosen color, a randomly chosen
 * radius within a specified range, and a randomly chosen position subject
 * to the condition that the circle must fit inside the graphics window.
 */

"use strict";

/* Constants */
```

图 5-4　在屏幕上显示随机圆的程序

```
const GWINDOW_WIDTH = 500;
const GWINDOW_HEIGHT = 300;
const N_CIRCLES = 10;
const MIN_RADIUS = 15;
const MAX_RADIUS = 50;

/* Main program */

function RandomCircles() {
   let gw = GWindow(GWINDOW_WIDTH, GWINDOW_HEIGHT);
   for (let i = 0; i < N_CIRCLES; i++) {
      gw.add(createRandomCircle());
   }
}

/*
 * Creates a randomly generated circle.  The radius is chosen randomly
 * between MIN_RADIUS and MAX_RADIUS, the location is chosen so that the
 * circle fits in the window, and the circle is given a random color.
 */

function createRandomCircle() {
   let r = randomReal(MIN_RADIUS, MAX_RADIUS);
   let x = randomReal(r, GWINDOW_WIDTH - r);
   let y = randomReal(r, GWINDOW_HEIGHT - r);
   let circle = GOval(x - r, y - r, 2 * r, 2 * r);
   circle.setFilled(true);
   circle.setColor(randomColor());
   return circle;
}
```

图 5-4 （续）

5.4 函数调用的机制

尽管你可以通过直觉理解函数调用的处理过程，但是精确理解在 JavaScript 中一个函数调用另一个函数时具体发生了什么，仍会有帮助。下面的小节详细描述了这个过程，然后带你浏览一个简单的示例。

5.4.1 调用函数的步骤

当函数调用时，JavaScript 解释器执行以下操作：

1. 函数调用使用当前上下文绑定的局部变量为其每个实际参数求值。因为参数是表达式，求值计算可能涉及操作符和其他函数，函数调用在函数开始执行之前计算这些表达式。

2. 系统为函数所需的所有局部变量（包括任何参数）创建新空间。这些变量被分配在一个块中，这个块称为栈帧（stack frame）。

3. 每个实际参数的值都被复制到相应的参数变量中。对于具有多于一个参数的函数，这些复制按顺序进行，第一个参数被复制到第一个参数变量中，以此类推。如果函数调用参数多于函数参数变量，则额外的参数值在参数变量的初始化过程中不起作用。如果函数的参数变量多于调用参数，则将没有对应参数的参数变量设置为 **undefined** 值或者默认值（如果函数定义时指定了默认值的话）。

4. 函数体中的语句被执行，直到程序遇到一个 **return** 语句，或者没有更多的语句需要执行。

5.如果有 **return** 表达式，先对该表达式求值，并作为该函数的值返回。

6.丢弃该函数调用时创建的栈帧。在此过程中，所有的局部变量都不复存在。

7.调用程序继续执行，用返回的值代替调用本身。函数返回的位置称为**返回地址**（return address）。

虽然这个过程至少看起来有些道理，但你可能需要先阅读一两个示例之后，才能完全理解它。阅读下一节中的示例将使你对该过程有一些了解，拿出你自己的某个程序，并按上述流程仔细走一遍将更有帮助。你可以在纸上或白板上跟踪一个程序，但最好准备一些 3×5 的索引卡片，然后用一张卡片表示一个栈帧。索引卡模型的优点在于，你可以创建一组索引卡来紧密地模拟计算机的操作，每当调用函数时添加一个卡片，当函数返回时，再移除它。

5.4.2　组合函数

可以在特定示例的上下文中说明函数调用的过程。假设你有六枚不同硬币，例如，在美国这些硬币的面值可能是一美分、五美分、一角、二十五美分、五十美分和一美元。请问，从这六枚硬币选择两枚，有多少种方式？图 5-5 穷举了所有可能性，从中可以看出答案是 15。然而，作为一名计算机科学家，你马上需要考虑一个更通用的问题：给定一个包含 n 个不同元素的集合，从中选择一个包含 k 个元素的子集共有多少种方式？该问题的答案可以由组合函数 $C(n, k)$ 计算，其定义如下所示：

$$C(n, k) = \frac{n!}{k! \times (n - k)!}$$

这里的感叹号表示阶乘函数，这一点你在第 3 章看到过。在 JavaScript 中实现组合函数的代码如图 5-6 所示。

如果你有六枚硬币：

选出其中两个，共有 15 种方式：

图 5-5　组合函数的应用案例

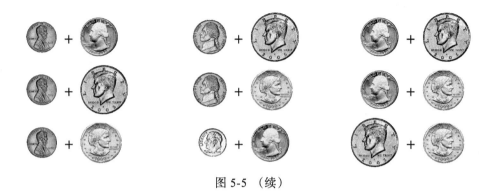

图 5-5 （续）

```
/*
 * File: Combinations.js
 * ----------------------
 * This file exports an implementation of the mathematical combinations
 * function C(n, k), which is the number of ways of selecting k objects
 * from a set of n distinct objects.
 */

"use strict";

/*
 * Returns the mathematical combinations function C(n, k), which is
 * the number of ways one can choose k elements from a set of size n.
 */

function combinations(n, k) {
   return fact(n) / (fact(k) * fact(n - k));
}

/*
 * Returns the factorial of n, which is the product of all the
 * integers between 1 and n, inclusive.
 */

function fact(n) {
   let result = 1;
   for (let i = 1; i <= n; i++) {
      result *= i;
   }
   return result;
}
```

图 5-6　数学组合函数 $C(n, k)$ 的 JavaScript 实现

从图 5-6 中可以看到，**Combinations.js** 文件包含两个函数。其中，**combinations** 函数用于计算 $C(n, k)$ 的值，而 **fact** 函数用于计算阶乘。调用 **combinations** 函数在控制台会话显示的结果如下所示。

```
JavaScript Console
> combinations(6, 2)
15
>
```

5.4.3　跟踪组合函数

尽管组合函数本身很有趣，但是当前示例的目的是说明调用函数所涉及的步骤。当

用户在控制台窗口中输入函数调用时，JavaScript 解释器将执行函数调用标准处理步骤。

与之前一样，第一步是计算当前上下文中的参数。在本例中，参数是数字 6 和 2，因此计算过程跟踪这两个值。

第二步是为 **combinations** 函数创建一个栈帧，其中包含用于该帧中存储变量的空间，这些变量是函数声明中出现的参数和任何变量。**combinations** 函数有两个参数，没有局部变量，所以栈帧只需要为参数变量 **n** 和 **k** 提供存储空间即可。JavaScript 解释器创建栈帧后，按顺序将参数值复制到这些变量中。因此，参数变量 **n** 初始化为 6，参数变量 **k** 初始化为 2。

本书中每一个表示栈帧的图，都显示为一个由双线包围的矩形。每个栈帧图都显示了该函数的代码以及一个手型图标，用于表示当前执行位置。栈帧图还包含所有局部变量的标记框。因此，**combinations** 函数的栈帧在参数初始化后，函数开始执行之前如下所示。

```
function combinations(n, k) {
☞ return fact(n) / ( fact(k) * fact(n - k) );
}
```
n	k
6	2

要计算 **combinations** 函数的值，程序必须调用三次 **fact** 函数。在 JavaScript 中，函数调用是从左到右进行求值的，因此第一个调用是 **fact(n)**，如下所示。

```
function combinations(n, k) {
    return  fact(n)  / ( fact(k) * fact(n - k) );
}
```
n	k
6	2

要计算这个函数，系统必须创建另一个栈帧，此次创建了为参数值为 6 的 **fact** 函数的栈帧。**fact** 栈帧有参数变量和局部变量。参数 **n** 初始化为调用参数的值，因此其值为 6。两个局部变量是 **i** 和 **result**，目前还没有被初始化，因此它们的值都是 **undefined**，这种值为 **undefined** 情形在栈图中可以显示为一个空框。新的 **fact** 栈帧在之前的栈帧之上，这使得 JavaScript 解释器能够记住之前栈帧中的值，即使它当前不可见。创建新的栈帧和初始化参数后的情形如下所示。

```
function combinations(n, k) {
function fact(n) {
☞ let result = 1;
    for (let i = 1; i <= n; i++) {
        result *= i;
    }
    return result;
}
```
n	result	i
6		

然后系统执行 **fact** 函数中的语句。在本例中，**for** 循环体执行了 6 次。在每

次循环中，**result** 变量的值乘以循环索引 **i**，这意味着它最终持有的值为 720（即 $1 \times 2 \times 3 \times 4 \times 5 \times 6$ 或者 6!），当程序执行到 **return** 语句的时候，栈帧如下所示。

```
function combinations(n, k) {
  function fact(n) {
     let result = 1;
     for (let i = 1; i <= n; i++) {
        result *= i;
     }
☞ return result;
  }
```

n	result	i
6	720	7

函数返回的时候将 **return** 表达式的值（在本例中是局部变量 **result**）复制到调用的地方，然后销毁 **fact** 栈帧，如下所示。

```
function combinations(n, k) {
  return fact(n) / ( fact(k) * fact(n - k) );
}
         └─720
```

n	k
6	2

过程的下一步是对 **fact** 进行第二次调用，这次使用的是参数 **k**，即 2。然后使用该值初始化新栈帧中的参数 **n**，如下所示。

```
function combinations(n, k) {
  function fact(n) {
☞  let result = 1;
     for (let i = 1; i <= n; i++) {
        result *= i;
     }
     return result;
  }
```

n	result	i
2		

对 **fact(2)** 的求值要比先前调用 **fact(6)** 时更容易在头脑中执行。这一次，**result** 的值为 2，然后返回给调用帧，如下所示。

```
function combinations(n, k) {
  return fact(n) / ( fact(k) * fact(n - k) );
}
         └─720      └─2
```

n	k
6	2

combinations 的代码再次调用 **fact** 函数，这次使用的参数为 **n-k**。因此，这次调用将创建一个新的栈帧，其中 **n**=4。

```
function combinations(n, k) {
  function fact(n) {
☞  let result = 1;
     for (let i = 1; i <= n; i++) {
        result *= i;
     }
     return result;
  }
```

n	result	i
4		

fact(4) 的值为 $1 \times 2 \times 3 \times 4$ 或 24。返回此调用结果后，系统可以得到了表达式求值过程中最后一个缺失值，如下所示。

```
function combinations(n, k) {
   return fact(n) / ( fact(k) * fact(n - k) );
}
            720        2        24

                            n        k
                            6        2
```

然后计算机用 720 除以 2 与 24 的乘积，从而得到 15，再将此值返回给运行在 JavaScript 控制台窗口中的 JavaScript 解释器。解释器在控制台打印该值，如下所示。

```
                    JavaScript Console
> combinations(6, 2)
15
>
```

5.5 递归函数

Combinations.js 程序包含一个计算阶乘函数的简单实现，如下所示：

```
function fact(n) {
   let result = 1;
   for (let i = 1; i <= n; i++) {
      result *= i;
   }
   return result;
}
```

该实现使用 **for** 循环遍历 1 到 **n** 之间的整数，这种基于循环的策略称为迭代（iterative）。然而，像 **fact** 这样的函数也可以使用完全不同的方法来实现，这种方法根本不需要循环，将复杂的问题转化为更简单的相似的子问题来解决，这种策略称为递归（recursion）。

5.5.1 **fact** 的递归公式

fact 的迭代实现没有利用阶乘的重要数学性质，即每个阶乘都与下一个较小整数的阶乘有如下关系：

$$n! = n \times (n-1)!$$

因此，4! 就是 $4 \times 3!$，3! 就是 $3 \times 2!$，等等。为了确保这个过程在某个点上停止，数学家定义了 0! 是 1。因此，阶乘函数的传统数学定义如下所示：

$$n! = \begin{cases} 1 & \text{如果} n = 0 \\ n \times (n-1)! & \text{否则} \end{cases}$$

此定义是递归的，因为它使用阶乘函数的一个简单实例来定义 n 的阶乘，即找到 $n-1$ 的阶乘。新问题的形式与原始形式相同，这是递归的基本特征。你可以使用相同的过程用 (n − 2)! 定义 (n − 1)!。然后，你可以一步一步地执行此过程，直到 0! 为止，而它根据定义等于 1。

从程序员的角度来看，这个数学定义的最大好处是，它为递归解决方案提供了一个模板。在 JavaScript 中，你可以实现如下 **fact** 函数：

```
function fact(n) {
   if (n === 0) {
      return 1;
   } else {
      return n * fact(n - 1);
   }
}
```

如果 **n** 是 0，则 **fact** 函数的结果是 1。如果不是，则 **fact** 函数通过调用 **fact(n-1)** 并将结果乘以 **n** 作为计算结果。该实现直接遵循阶乘函数的数学定义，并且具有完全相同的递归结构。

5.5.2 跟踪递归过程

如果你从数学定义入手，那么编写 **fact** 函数的递归实现是很简单的。另一方面，尽管定义很容易编写，但解决方案的简洁性可能会令人怀疑。当你第一次学习递归时，会感觉 **fact** 函数的递归实现似乎遗漏了一些内容。尽管递归公式清楚地反映了数学定义，但我们很难通过它确定实际的计算步骤发生在何处。例如，当你调用 **fact** 函数时，你希望计算机给你答案，而在递归实现中，你所看到的只是一个公式，将一个调用转换为另一个调用。由于计算的步骤不明确，所以当计算机得到正确答案时，这似乎有点不可思议。

但是，如果跟踪计算机对函数调用进行求值的逻辑时，就会发现并没有什么神奇之处。当计算机对递归 **fact** 函数调用求值时，它的执行与任何其他函数调用求值具有相同的过程。

为了可视化这个过程，假设你执行了以下语句：

```
console.log("fact(4) = " + fact(4));
```

为了对 **console.log** 方法的参数求值，JavaScript 会调用 **fact** 函数，这需要创建一个新的栈帧，并将参数 4 复制到参数 **n** 中。如下图所示。

计算机现在开始执行函数体，从 `if` 语句开始。因为 **n** 不等于 0，所以流程继续执行到 `else` 语句，接下来程序会对如下表达式求值，并返回其值：

```
n * fact(n - 1)
```

为了计算这个表达式的值，程序需要计算 `fact(n - 1)` 的值，这就产生了递归调用。当该调用返回时，程序所要做的就是将结果乘以 **n**。因此，可以将计算的当前状态图如下所示。

```
console.log("fact(4) = " + fact(4));
function fact(n) {
    if (n === 0) {
        return 1;
    } else {
        return n * fact(n - 1);
    }
}
                                 ?
                                        n
                                        4
```

计算过程的下一步是开始对 `fact(n - 1)` 调用进行求值。因为 **n** 的当前值是 4，所以表达式 **n - 1** 的值是 3。然后，为 `fact` 函数创建一个新的栈帧，其中的参数初始化为 3。因此，下一帧看起来如下所示。

```
console.log("fact(4) = " + fact(4));
function fact(n) {
function fact(n) {
☞ if (n === 0) {
        return 1;
    } else {
        return n * fact(n - 1);
    }
}
                                        n
                                        3
```

现在有两个标记为 `fact` 的栈帧。当前栈帧中，计算机刚刚开始计算 `fact(3)`。这个栈帧隐藏了之前 `fact(4)` 的那一栈帧，直到 `fact(3)` 计算完成后，前一栈帧才会重新出现。

计算 `fact(3)` 时再次从测试 **n** 的值开始。由于 **n** 仍然不是 0，`else` 子句会让计算机计算 `fact(n - 1)` 的值。与前面一样，这个过程需要创建一个新的栈帧来计算 `fact(2)`。按照相同的逻辑，程序之后必须调用 `fact(1)`，然后调用 `fact(0)`，总共又创建了三个新的栈帧，如下所示。

```
console.log("fact(4) = " + fact(4));
function fact(n) {
function fact(n) {
function fact(n) {
function fact(n) {
function fact(n) {
☞ if (n === 0) {
        return 1;
    } else {
        return n * fact(n - 1);
    }
}
                                        n
                                        0
```

然而，此时情况改变了。因为 **n** 的值是 0，所以函数可以通过如下执行语句立即返回结果：

```
return 1;
```

该语句将 1 返回给调用帧，该栈帧将其位置恢复到栈顶部，如下所示。

```
console.log("fact(4) = " + fact(4));
function fact(n) {
function fact(n) {
function fact(n) {
function fact(n) {
   if (n === 0) {
      return 1;
   } else {
      return n * fact(n - 1);
                       ↑
                       1
   }                        n
}                          [ 1 ]
```

从此时开始，计算过程通过每个递归调用继续进行，完成每一层返回值的计算。例如，在当前栈帧中，可以将 **fact(n - 1)** 调用替换为值 1，如栈帧图所示。在这个栈帧中，**n** 的值是 1，所以此调用的结果是 1。这个结果被传递给它的调用者，如下图所示。

```
console.log("fact(4) = " + fact(4));
function fact(n) {
function fact(n) {
function fact(n) {
   if (n === 0) {
      return 1;
   } else {
      return n * fact(n - 1);
                       ↑
                       1
   }                        n
}                          [ 2 ]
```

因为 **n** 现在是 2，所以对 **return** 语句求值后的结果 2 传递回上一层，如下所示。

```
console.log("fact(4) = " + fact(4));
function fact(n) {
function fact(n) {
   if (n === 0) {
      return 1;
   } else {
      return n * fact(n - 1);
                       ↑
                       2
   }                        n
}                          [ 3 ]
```

而接下来，程序返回前一层的 3×2，因此对应的 **fact** 栈帧如下所示。

```
console.log("fact(4) = " + fact(4));
function fact(n) {
   if (n === 0) {
      return 1;
   } else {
      return n * fact(n - 1);
   }
}
```

n

4

6

流程的最后一步是计算 4×6，并将值 24 返回给调用 **fact** 的最初栈帧。

5.5.3　递归的信仰之跃

对计算 **fact(4)** 的跟踪目的是让你相信 JavaScript 对待递归函数就像对待其他函数一样。当你面对一个递归函数时，你可以（至少在理论上）模拟计算机如何操作并弄清楚它会做什么。通过绘制所有的栈帧和跟踪所有的变量，你可以复现整个操作过程并得出答案。但是，你会发现，这样做的话有时过程会过于复杂，以至于难以跟踪计算过程。

当你试图理解递归程序时，最好将底层细节放在一边，而将重点放在操作的单个层次上。在此层次上，你可以假设任何递归调用都会自动得到正确的答案，只要参数比原来的参数简单。这种假设任何更简单的递归调用都能正确工作的心理策略称为*递归的信仰之跃*（recursive leap of faith）。学习应用这种策略对于在实际应用中使用递归是非常重要的。

举个例子，考虑一下，当 **n** = 4 时，调用 **fact(n)** 会发生什么。递归实现必须计算如下表达式的值：

n * fact(n - 1)

把 **n** 替换成它的值，然后计算 **n - 1**，结果就很清楚了：

4 * fact(3)

至此，请立即停止。计算 **face(3)** 比计算 **face(4)** 更简单。因为它更简单了，递归的信仰之跃允许你假设它是有效的。因此，你应该假设调用 **fact(3)** 能正确地计算 3!，即 3×2×1，也就是 6。因此，**fact(4)** 的值是 4×6，即 24。

5.5.4　斐波那契函数

在 1202 年出版的一本名为 *Liber Abbaci* 的数学专著中，意大利数学家列奥纳多·斐波那契（Leonardo Fibonacci）提出了一个在包括计算机科学的许多领域都有广泛影响的问题。此问题可以看作种群生物学领域的一项练习，近年来种群生物学变得越来越重要。斐波那契问题是指，如果兔子按照以下的规则代代繁殖，那么兔子的数量将如何：

❑　每一对可育的兔子每个月都会产生一对新的后代。

❑ 兔子在出生后的第二个月就能繁殖。

❑ 兔子不会死亡。

如果在一月份引进一对新生的兔子，那么在年底会有多少对兔子呢？

你可以简单地通过计算一年中每个月的兔子数量来解决斐波那契问题。在 1 月初，没有兔子，因为第一对兔子是在 1 月的某个时候引进的，所以在 2 月 1 日只有一对兔子。因为最初的一对兔子是新生的，所以在 2 月还不能生育，也就是说 3 月 1 日的兔子还是原来的那一对。然而在 3 月，原先的一对兔子已经到了繁殖的年龄，这意味着新的一对兔子出生了。在 4 月 1 日，这对新组合将兔子数量增加到 2 对。4 月，最开始的一对继续繁殖，但 3 月出生的兔子还太小。因此，5 月初有三对兔子。从现在开始，每个月都有更多的兔子能生育，兔子的数量开始激增。

5.5.5 计算斐波那契序列中的项

此时，我们可以种群数据记录为一个序列，其中每一项用带有下标的 t_i 来表示，指代自 1 月 1 日开始的第 i 个月开始时兔子对的数量。这个序列本身被称为**斐波那契序列**（Fibonacci sequence），到目前为止根据我们的计算结果，该序列的前几项如下所示：

t_0	t_1	t_2	t_3	t_4
0	1	1	2	3

通过观察，你可以简化这个序列中其他项的计算。在这个问题中，每对兔子永远不会死，上一个月活着的所有兔子在当前月还会活着。而且，每一对具有生育能力的兔子都会生出一对新兔子。能繁殖的兔子对的数量就是上上个月存活的兔子的数量。最终的结果是序列中的每个新项必须是前两个项的和。因此，斐波那契序列的接下来几项如下所示：

t_0	t_1	t_2	t_3	t_4	t_5	t_6	t_7	t_8	t_9	t_{10}	t_{11}	t_{12}
0	1	1	2	3	5	8	13	21	34	55	89	144

因此年底兔子的数量是 144 对。

从编程的角度来看，以下更数学的形式有助于表达序列新项的生成规则：

$$t_n = t_{n-1} + t_{n-2}$$

这种类型的表达式称为**递推关系**（recurrence relation），其中序列的每个元素都是根据前面的元素定义的。

仅使用递推关系不足以定义斐波那契序列。虽然这个公式使计算序列中的新项变得容易，但是这个过程必须从某个地方开始。为了应用该公式，你需要至少有两个可用的项，这意味着序列中的前两项（t_0 和 t_1）必须明确定义。因此，斐波那契序列的完整规则是：

$$t_n = \begin{cases} n & \text{如果 } n \text{ 是 0 或 1} \\ t_{n-1} + t_{n-2} & \text{否则} \end{cases}$$

该数学公式是理想模型，用于计算斐波那契序列第 *n* 项的 **fib(n)** 函数的递归实现。你需要做的就是在标准的递归模式中插入两个分支（简单情况和递归关系）即可。**fib(n)** 的递归实现如下所示：

```
function fib(n) {
   if (n === 0 || n === 1) {
      return n;
   } else {
      return fib(n - 1) + fib(n - 2);
   }
}
```

5.5.6 在递归实现中获得信心

现在你已经有了 **fib** 函数的递归实现，那么如何才能让自己相信它是有效的呢？你总是可以从跟踪其逻辑开始。例如，考虑一下如果调用 **fib(5)** 会发生什么。因为 5 不是 **if** 语句中的简单情况之一，所以实现通过以下表达式来计算结果：

```
return fib(n - 1) + fib(n - 2);
```

也就是：

```
return fib(4) + fib(3);
```

此时，计算机会计算 **fib(4)** 和 **fib(3)** 的结果，然后将二者求和并返回总和作为 **fib(5)** 的值。

但是计算机是如何计算 **fib(4)** 和 **fib(3)** 的呢？当然，答案是它使用与计算 **fib(5)** 完全相同的策略。递归的本质是将问题分解成更简单的问题，进而这些问题可以通过调用完全相同的函数来解决。函数调用被分解成更简单的调用，后者又被分解成比之前更简单的调用，直到最后变为最简单的情况。

另一方面，最好将整个机制视为无关的细节。相反，只要记住递归的信仰之跃。你只需要理解 fib(5) 的调用是怎么执行的，在这个层次上理解了即可。在函数的执行过程中，你已经成功地将问题转换为计算 **fib(4)** 和 **fib(3)** 的和。因为参数值更小，所以每次调用都代表一个更简单的情况。根据递归的信仰之跃，你可以假定程序能正确地计算出每个值，而不需要自己完成所有步骤。为了验证递归策略，你可以查表获取答案：**fib(4)** 是 3，**fib(3)** 是 2。因此，调用 **fib(5)** 的结果是 3 + 2，即 5，这确实是正确的答案。问题解决！你不需要看到所有的细节，这些最好留给计算机处理。

5.5.7 递归实现的效率

但是，如果你决定仔细检查对 **fib(5)** 调用的求值细节，你很快就会发现其计算效率非常低。递归分解会产生许多冗余调用，在这些调用中，计算机最后会多次计算斐波那契序列中相同的项。对于此情形，图 5-7 中给出了说明，其中显示了计算 **fib(5)** 所需的递归调用。从图中可以看出，程序最后调用了一次 **fib(4)**、两次 **fib(3)**、三次 **fib(2)**、五次 **fib(1)** 和三次 **fib(0)**。考虑到斐波那契函数可以使用迭代有效地实现，因此递归实现所需的大量步骤非常令人不安。

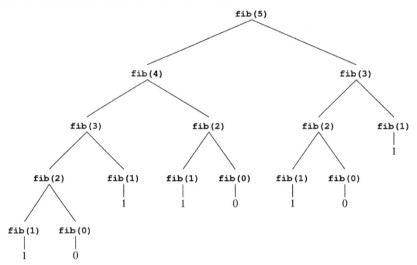

图 5-7 **fib(5)** 的计算步骤

当发现 **fib(n)** 的简单递归实现的效率非常低时，许多人倾向于认为递归是罪魁祸首。然而，斐波那契序列中的问题与递归本身无关，而是与递归的使用方式有关。通过采用不同的策略，可以编写 **fib** 函数新的递归实现，从而消除图 5-7 所示的那种低效性。

正如使用递归时经常出现的情况一样，找到更有效的解决方案的关键在于采用更通用的方法。斐波那契序列并不是唯一一个由如下递推关系定义的序列：

$$t_n = t_{n-1} + t_{n-2}$$

根据选择不同的前两项，可以生成许多不同的序列。当定义 $t_0=0$ 和 $t_1=1$ 时，你会得到传统的斐波那契序列：

$$0, 1, 1, 2, 3, 5, 8, 13, 21, 34, 55, 89, 144, \cdots$$

例如，如果你定义 $t_0=3$，$t_1=7$，你会得到以下序列：

$$3, 7, 10, 17, 27, 44, 71, 115, 186, 301, 487, 788, 1275, \cdots$$

这两个序列使用相同的递推关系，二者每个新项是前两项的和。序列唯一不同的地方是最前面两项的选择。更通用地，遵循这个模式的序列称为*加性序列*（additive sequences）。

有了加性序列的概念后，在斐波那契序列中寻找第 *n* 项的问题，可以转化为在初始项是 t_0 和 t_1 的加性序列中寻找第 *n* 项这个更通用的问题。这样的函数需要三个参数，可以用 JavaScript 表示为一个头部如下代码所示的函数。

```
function additiveSequence(n, t0, t1)
```

如果有这样一个函数，那么你使用它实现 **fib** 函数会很容易。你需要做的是提供前两项的正确值，如下所示：

```
function fib(n) {
    return additiveSequence(n, 0, 1);
}
```

fib 函数的函数体由一行代码组成，它只调用另一个函数，并传递一些额外的参数。这种简单地返回另一个函数结果的函数（通常在以某种方式转换参数之后）称为*包装器函数*（wrapper function）。包装器函数在递归编程中很常见。在大多数情况下，使用包装器函数（就像这里一样）为解决更通用问题的辅助函数提供额外的参数。

至此，剩下的一个任务是实现 **additiveSequence** 函数。如果你花几分钟时间来考虑这个更通用的问题，你将发现加性序列本身具有一个有趣的递归特性。递归的简单情况包括 t_0 和 t_1 项，它们的值是序列定义的一部分。在 JavaScript 实现中，这些项的值作为参数传递。如果需要计算 t_0，只需返回参数 t_0 即可。

但是如果有人让你找到序列中接下来的一项呢？你需要的递归的视角应该是：任何一个加性序列中的第 n 项可以是另外一个加性序列中的第 $n-1$ 项，这两个加性序列的区别是后者比前者少了第一项。通过这种视角，你可以实现 **additiveSequence** 函数，如下所示：

```
function additiveSequence(n, t0, t1) {
    if (n === 0) return t0;
    if (n === 1) return t1;
    return additiveSequence(n - 1, t1, t0 + t1);
}
```

如果你跟踪使用这种实现了 fib(5) 的计算步骤，你会发现该计算不涉及任何冗余计算，而正是因为存在冗余计算才使得前面的递归公式效率低下。它的步骤直接通向解决方案，如下图所示：

```
fib(5)
  = additiveSequence(5, 0, 1)
    = additiveSequence(4, 1, 1)
      = additiveSequence(3, 1, 2)
        = additiveSequence(2, 2, 3)
          = additiveSequence(1, 3, 5)
            = 5
```

尽管新实现完全是递归的，但它的效率与传统的迭代版斐波那契函数相当。事实上，可以使用更复杂的数学来编写 **fib(n)** 的递归实现，从而比迭代策略的效率高得多。你可以在第 10 章的练习中编写这个实现。

总结

在本章中，你了解了函数，通过函数你可以用单个名称从而引用整个操作集。更重要的是，程序员可以忽略函数的内部细节而只关注函数整体效果。函数是降低程序概念复杂性的关键工具。

本章的重点包括：

❑ 函数由一组程序语句组成，并对其命名。然后，程序的其他部分可以调用该函数，可以参数的形式向它传递信息，并接收其返回的结果。

❑ 需要返回结果的函数内部需要有一条 **return** 语句，并指定返回值。函数可以返回任何类型的值。

❑ 返回布尔值的函数称为谓词函数。因为可以使用这些函数的结果在 **if** 或 **while** 语句中指定判断条件，所以谓词函数在编程中扮演重要角色。

❑ 在函数中声明的变量是该函数的局部变量，不能在函数外部使用。在内部，函数中声明的所有变量一起存储在栈帧中。

❑ 形式参数变量是作为实际参数值占位符的局部变量。JavaScript 通过按实际参数出现的顺序复制参数值，从而初始化参数变量。如果调用函数的参数个数多于声明函数的实际参数值个数，则忽略多余的调用函数参数。如果是实际参数值数目多，那么任何额外的实际参数值都设置为 **undefined** 或者设置为参数列表中所指定的默认值。

❑ 当一个函数返回时，它从调用它的那个位置开始。计算机科学家将这一位置称为返回地址。

❑ 你可以将代码放入一个以标准 ".js" 文件类型结尾的文件中，从而创建自己的程序库。然后，你可以在 HTML 文件中，通过 **<script>** 标签进行引用。

❑ 在理解程序库概念时，能区分客户端（使用程序库）和实现者（编写必要代码）这两个角色是很有用的。客户端和实现者之间共享的信息称为接口。

❑ 图 5-2 显示了 **RandomLib.js** 库的代码，该程序库导出了一组函数，用于处理模拟随机行为的程序。

❑ JavaScript 的函数调用机制允许函数可以调用自身，因为每次调用的局部变量存储在不同的栈帧中。调用自身的函数称为递归函数。

❑ 在能够有效地使用递归之前，你必须学会将你的分析限制在递归分解的单个层次上，并相信所有更简单的递归调用是正确的，而无须跟踪整个计算过程。相信这些简单的调用能够正确工作，通常称为递归信仰之跃。

❑ 数学函数通常以递推关系的形式来表达它们的递归性质，在递推关系中，序列中的每个新元素都是根据之前的元素定义的。

❑ 尽管一些递归函数的效率可能低于迭代函数，但递归本身并不是问题所在。作为所有类型算法的代表，一些递归策略比其他的策略更有效。

❑ 为了确保递归分解产生的子问题在形式上与原始问题相同，有时让问题通用化是有用的。在这种情况下，给客户端导出的函数通常是包装器函数，其唯一目的是调用实现通用化的第二个函数。

复习题

1. 解释以下适用于函数的术语：函数调用、函数参数和函数返回。
2. 如何在 JavaScript 中指定函数的结果？
3. 函数体中可以有多个 **return** 语句吗？
4. 什么是谓词函数？
5. 描述客户端和实现者角色之间的区别。
6. 什么是接口？
7. **RandomLib.js** 库导出了哪四个函数？
8. 如何从其他程序文件访问 **RandomLib.js** 库提供的工具？
9. 什么是半开区间？这种区间通常是如何用数学表示的？
10. 如何使用 **randomInteger** 函数生成一个从 1 到 100 之间随机选择的整数？
11. 通过手动模拟代码执行，看看 **randomInteger** 函数是否支持负参数。调用 **random-Integer(-5, 5)** 的结果可能是什么？
12. 如果运行如图 5-4 所示的 **RandomCircle.js** 程序，你将在图形窗口中看到 10 个圆圈，因为 **N_CIRCLES** 的值为 10。事实上，你有时会看到圆圈个数小于 10，为什么会这样？
13. 描述 JavaScript 为参数赋值的规则。
14. 函数中声明的变量称为局部变量，"局部"这个词在上下文中的意义是什么？
15. 什么是栈帧？
16. 计算机科学家所说的"返回地址"是什么意思？
17. 描述迭代策略和递归策略的区别。
18. "递归的信仰之跃"是什么意思？作为一个程序员，为什么这个概念对你很重要？
19. 在 5.5.2 节中，本文详细分析了调用 **fact(4)** 时内部发生的情况。参考本节，请跟踪 **fib(3)** 的执行，画出过程中创建的每个栈帧。
20. 什么是递推关系？
21. 在 5.5 节中，如果使用递归计算 **fib(10)**，需要调用 **fib(1)** 多少次？
22. 什么是包装器函数？为什么包装器函数在编写递归函数时很有用？

练习题

1. 与大多数语言相比，JavaScript 几乎没有内置的功能来支持创建格式化的表格，比如列中数字能整齐排列的表格。如果你要创建这种格式化的表格，那么创建一个 **AlignLib.js** 库是很有用的，该库包含 **alignLeft**、**alignRight**（在第 3 章中出现过）和 **alignCenter** 函数，每个函数接受两个参数（一个表示值和一个表示宽度大小），并返回在宽度大小的字段内对齐的适当值。在每种情况下，都需要将值转换为字符串，然后在其后面、前面或两端交替添加空格，直到字符串的长度达到宽度大小。如果需要的额外空格数是奇数的话，则你必须指定 **alignCenter** 该如何操作，同时，你需要给函数添加相关注释，说明你的做法。

2. 请编写一个函数 **randomAverage(n)**，生成 n 个介于 0 和 1 之间的随机实数，然后返回这 n 个值的平均值。调用 **randomAverage(n)** 的结果会随着 n 值的增加而趋近于 0.5。请编写一个主程序，分别显示当调用 1、10、100、1000、10000、100000 和 1000000 次 **randomAverage** 函数时的结果。

3.

   正面朝上……

   正面朝上……

   正面朝上……

   软弱的人可能会重新审视他的信仰，至少从概率论的角度来看是这样。

   ——汤姆·斯托帕德（Tom Stoppard），

   Rosencrantz and Guildenstern Are Dead，1967 年

   请编写一个函数 **consecutiveHeads(numberNeeded)**，模拟连续抛掷硬币，直到连续出现指定数量的正面。此时，你的程序应该在控制台上显示一行输出，指出完成这个过程需要抛多少次硬币。以下控制台日志显示了一个可能的程序执行结果。

```
                        JavaScript Console
> consecutiveHeads(3);
Tails
Heads
Heads
Tails
Heads
Heads
Heads
It took 7 tosses to get 3 consecutive heads.
>
```

4.

   我永远也不会相信上帝在和这个世界玩骰子。

   ——阿尔伯特·爱因斯坦，1947 年

　　尽管爱因斯坦在形而上学上提出了反对意见，但目前的物理学模型，尤其是量子理论模型，有力地表明大自然确实涉及随机过程。例如，一个放射性原子不会因为我们人类所理解的任何特定原因而衰变。相反，它会在一段特定的时间内随机衰变。

　　因为物理学家认为放射性衰变是一个随机过程，所以用随机数来模拟它也就不足为奇了。假设你从一堆原子开始，每一个原子在任何时间单位都有一定的衰变概率。然后你可以通过依次取每个原子并随机决定它是否衰变来模拟衰变过程。

　　请编写一个模拟放射性衰变过程的 **simulateRadioactiveDecay** 函数。该函数的第一个参数是原子的初始总量，第二个参数是其中任何一个原子在一年内衰变的概率。例如，如下调用：

simulateRadioactiveDecay(10000, 0.5)

它模拟了一个含有 10 000 个原子的放射性物质样本，其中每个原子有 50% 的概率在一年内衰变。你的函数应该在控制台上生成一个跟踪记录，显示每年年底有多少个原子仍然存在，直到所有原子都衰变为止。例如，该函数的输出可能如下所示。

```
JavaScript Console
> simulateRadioactiveDecay(10000, 0.5);
There are 4916 atoms at the end of year 1.
There are 2430 atoms at the end of year 2.
There are 1228 atoms at the end of year 3.
There are 637 atoms at the end of year 4.
There are 335 atoms at the end of year 5.
There are 163 atoms at the end of year 6.
There are 93 atoms at the end of year 7.
There are 46 atoms at the end of year 8.
There are 18 atoms at the end of year 9.
There are 8 atoms at the end of year 10.
There are 2 atoms at the end of year 11.
There is 1 atom at the end of year 12.
There are 0 atoms at the end of year 13.
>
```

正如数字所示，样本中大约有一半的原子每年都会衰变。在物理学中，表达这一观察结果的传统说法是，样本的**半衰期**（half-life）为一年。

5. 关于随机数字，一个有趣的例子是近似计算 π 的值。想象一下，你家墙上挂着一个飞镖靶。飞镖靶由正方形背景上绘制的一个圆所组成，如下图所示。

　　如果你完全随机地连续掷出飞镖，同时忽略完全错过靶子的飞镖，看看会发生什么？有些飞镖会落在彩色圆内，但有些飞镖会落在圆外的白色角落里。如果投掷是随机的，落在圆内的飞镖总数与落在正方形上的飞镖总数的比值应该近似等于这两个区域的比值。面积的比值与被击中飞镖靶的实际大小无关，如以下公式所示。

$$\frac{\text{落入到圆内部飞镖的总数}}{\text{落入到正方形内部飞镖的总数}} \cong \frac{\text{圆的面积}}{\text{正方形的面积}} = \frac{\pi r^2}{4r^2} = \frac{\pi}{4}$$

为了在程序中模拟这个过程，假设在标准的笛卡尔坐标平面上画出了该飞镖靶，其中圆形的圆心位于原点，半径为 1 个单位。向正方形随机投掷飞镖的过程可以通过生成两个随机数 x 和 y 来模拟，每个随机数大小位于 –1 和 +1 之间。因此，(x, y) 点总是在正方形内的。如果满足以下条件，则 (x, y) 点是位于圆内的：

$$\sqrt{x^2 + y^2} < 1$$

然而，可以对不等式两边取平方，进一步简化，从而得到以下判断条件：

$$x^2 + y^2 < 1$$

如果你多次执行该模拟，并计算飞镖落在圆的比例，其结果将近似于 π/4。

编写一个程序，模拟投掷 10 000 次飞镖，然后使用其结果显示 π 的近似值。如果你的答案只在前几个数字正确，也不要担心。尽管它偶尔被证明是一种有用的近似技术，但是本问题中使用的策略并不是特别精确。在数学中，这种方法称为**蒙特卡罗积分法**（Monte Carlo integration），该名字来源于摩纳哥的首都，摩纳哥以其赌场而闻名。

6. 组合函数 $C(n, k)$ 用来计算从一组 n 个元素中选择 k 个元素的所有方式的数量，其中忽略了元素的选择顺序。比如在硬币的例子中，先选取一分再选择一角和先选取一角再选取一分，这两种情况是不一样的。如果需要考虑选择顺序的话，你需要使用一个不同的函数用来计算排列（permutation）的数量，排列是指，从大小为 n 的集合里从中选取 k 个元素并排序的所有方式。这个函数可表示为 $P(n, k)$，其数学公式如下所示：

$$P(n, k) = \frac{n!}{(n-k)!}$$

尽管这个定义在数学上是正确的，但它不太适合实际应用，因为其中阶乘很快就会变得太大。例如，如果你使用这个公式来计算从一个标准的 52 张牌中选择两张牌的所有方式的数量（假设其中需要考虑顺序），你最终需要计算以下分式：

$$\frac{80\ 658\ 175\ 170\ 943\ 878\ 571\ 660\ 636\ 856\ 403\ 766\ 975\ 289\ 505\ 440\ 883\ 277\ 824\ 000\ 000\ 000\ 000}{30\ 414\ 093\ 201\ 713\ 378\ 043\ 612\ 608\ 166\ 064\ 768\ 844\ 377\ 641\ 568\ 960\ 512\ 000\ 000\ 000\ 000}$$

事实上，上述式子的答案是 2652，通过 52 × 51 更容易计算。

请编写一个 **permutations(n,k)** 函数来计算 $P(n, k)$，并且不调用 **fact** 函数。在这个问题中，你的部分工作是找出如何有效地计算这个值。为了做到这一点，你可能会发现，通过计算一些相对较小的值，有助于理解公式中分子和分母的阶乘是如何起作用的。

7. 本章中描述的组合函数 $C(n, k)$ 的值通常可组成如下三角形：

$$C(0, 0)$$
$$C(1, 0) \quad C(1, 1)$$
$$C(2, 0) \quad C(2, 1) \quad C(2, 2)$$
$$C(3, 0) \quad C(3, 1) \quad C(3, 2) \quad C(3, 3)$$
$$C(4, 0) \quad C(4, 1) \quad C(4, 2) \quad C(4, 3) \quad C(4, 4)$$
$$C(5, 0) \quad C(5, 1) \quad C(5, 2) \quad C(5, 3) \quad C(5, 4) \quad C(5, 5)$$

三角形后面还可以继续追加，该三角形称为帕斯卡三角（Pascal's Triangle），以其发明者 17 世纪的法国数学家布莱斯·帕斯卡（Blaise Pascal）的名字命名。帕斯卡三角有一个有趣的性质，即内部每个元素都是上面两个元素的和。

请写一个函数 **displayPascalTriangle(n)**，显示帕斯卡三角的第 0 行到第 **n** 行，如下面的控制台日志所示。

```
                        JavaScript Console
> displayPascalTriangle(9);
                             1
                          1     1
                       1     2     1
                    1     3     3     1
                 1     4     6     4     1
              1     5    10    10     5     1
           1     6    15    20    15     6     1
        1     7    21    35    35    21     7     1
     1     8    28    56    70    56    28     8     1
  1     9    36    84   126   126    84    36     9     1
>
```

该任务中有趣的挑战是调整输出格式，你为练习题 1 编写的各种函数可以派上用场。

8. 帕斯卡三角中的每一项都是上面两项之和，利用这一事实，你可以使用递归来计算 $C(n, k)$。请编写 **combinations** 函数的递归实现，其中不使用任何循环或调用 **fact** 函数。

9. 球形物体（如炮弹），可以堆叠成一个金字塔，最顶层是一个炮弹，下一层是一个由四个炮弹组成的正方形，再下一层是一个由九个炮弹组成的正方形，以此类推。请编写一个递归函数 **cannonball**，该函数的参数是金字塔的高度，并返回它包含炮弹的数量。你的函数必须递归地操作，并且不能使用任何迭代结构，例如 **while** 或 **for**。

10. 请重写 **fib** 函数，使其以迭代方式而不是递归方式操作。

11. 请重写 3.5 节的 **digitSum** 函数，使其以递归方式操作，而不是迭代方式。为此，你需要能识别出简单的情况和必要的递归视角。

12. 请重写 3.6 节中使用欧几里得算法的 **gcd** 函数，使用以下规则递归地计算最大公约数：

❑ 如果 y 是零，则 x 是最大公约数。

❑ 否则，x 和 y 的最大公约数总是等于 y 和 x 除以 y 的余数的最大公约数。

第6章

编写交互式程序

不要担心失败，失败是轻松的。需要担心你是否成功，因为你不得不面对它。

——阿黛尔·戈德堡，与约翰·马什（John Mashey）的访谈，2010 年

阿黛尔·戈德堡（Adele Goldberg）于芝加哥大学获得信息科学博士学位，并曾担任施乐帕洛阿尔托研究中心（PARC）的研究员。该中心引入了图形用户界面的思想，这一思想现已成为现代计算科学的核心。戈德堡与 PARC 学习研究小组的其他人一起设计并实现了编程语言 Smalltalk，他们借鉴了于斯堪的纳维亚半岛开发的面向对象编程思想，并将其集成到编程环境中，从而支持建构式学习，让学生们从经验中积累知识。Smalltalk 利用了 PARC 发明的最先进的技术，是第一批用于图形显示的编程语言之一。1987 年，戈德堡和她的同事艾伦·凯（Alan Kay）和丹·英格尔斯（Dan Ingalls）一起获得了美国计算机协会颁发的软件系统奖，美国计算机协会是计算机科学领域的一个领先专业协会。

阿黛尔·戈德堡（1945—）

(Ann E. Yow-Dyson/Archive Photos/Getty Images)

到目前为止，你和 JavaScript 程序的唯一直接交互都是在 JavaScript 控制台的上下文中进行的。当你在控制台窗口中输入函数调用时，JavaScript 解释器立即调用该函数并显示结果。这种交互方式称为同步的（synchronous）操作，因为用户操作与程序操作是同步进行的。相比之下，图形用户界面方式（Graphical User Interface，GUI）却是异步的（asynchronous），因为它允许用户在任何时候使用鼠标或键盘进行交互。与程序操作异步发生的操作通常称为事件（event），如单击鼠标或者键盘键入。通过响应这些事件进

行操作的交互式程序称为**事件驱动程序**（event-driven program）。本章的主要目标是教你如何编写简单的事件驱动程序。

在过去，图形用户界面的发展一直与面向对象编程范式密切相关，而面向对象编程范式本身通常简称为 OOP（Object-Oriented Paradigm）。GUI 和 OOP 能够很好地协同工作至少有两个原因（除了它们都成为计算行业中流行的三个字母的流行词之外）。首先，图形显示的特点是有许多独立对象，它们形成了一种易适应面向对象范式的层次关系。其次，很容易将事件看作消息，而消息是面向对象模型的核心基础。例如，单击鼠标将向应用程序发送消息，然后应用程序以适当的方式进行响应。

6.1　一等函数

了解如何在 JavaScript 中实现事件驱动程序之前，值得花些时间思考下 JavaScript 是如何使用函数的。在本书中目前为止你看到的程序里，函数和数据仍然是分开的。函数提供了算法的表示手段，数据值作为计算的原材料，然后这些函数对数据值进行操作。函数一直是算法结构的一部分，而不是数据结构的一部分。然而，如果能使用函数作为数据值的话，那么通常更容易设计出高效的接口，因为这样允许客户端指定数据的同时，也指定了操作。

在 JavaScript 中，函数是值，既可以作为算法结构的一部分，又可以作为程序数据结构的一部分。给定一个函数值，你可以将其分配给变量（作为参数传递），或者将其作为结果返回。当一种编程语言允许函数像其他任何数据值一样运行时，就可以说该语言支持**一等函数**（first-class function）。

6.1.1　将函数声明为数据值

在 JavaScript 中，你看到的函数定义样式并不是定义函数的唯一方式。例如，除了按以下方式编写：

```
function f(x) {
   return x * x - 5;
}
```

JavaScript 也允许你使用以下声明实现类似的结果：

```
let f = function(x) { return x * x - 5; };
```

此声明引入一个名为 **f** 的新变量，并将该变量初始化为一个函数，该函数接受参数 x 并返回值 x^2–5。语法与任何其他 JavaScript 声明一样，因此在结尾处采用分号。

函数数据类型的域可能是你希望在 JavaScript 中定义的大量函数。特定于函数数据类型的操作称为**应用**（application），表示使用参数列表调用该函数的过程。无论以哪种

方式定义函数 **f**，都以同样的方式调用它，如 **f(3)** 的值为 4。

在 JavaScript 中，在另一个函数中定义的函数称为 **内部函数**（inner function）。内部函数的主要优点是它们可以访问在定义内部函数的块中声明的局部变量。因此，内部函数的价值不仅在于它实现的函数代码，还在于它可以跟踪其当前所在作用域中定义的变量。这种代码和变量的组合称为 **闭包**（closure）。

虽然这两种用于函数声明的语法形式相似，但有重要的区别。将函数声明为变量可将函数的名称与其值分开。虽然函数值存储在一个名为 **f** 的变量中，但函数本身是 **匿名** 的（anonymous）。如果使用第二种形式，JavaScript 调试器提供的信息较少。也许更重要的是，JavaScript 在执行外层语句块的任何语句之前，会先使用第一种方式声明每个内部函数。这个过程叫作 **提升**（hoisting）。因此，内部函数的定义可以在函数的任何一个位置，并不会中断执行过程。在本书中，内部函数通常定义在外层函数或语句块的末尾。

6.1.2 传递函数作为参数

如前所述，JavaScript 函数可以作为参数传递。示例如下所示：

```
function printFunctionTable(f, min, max) {
   for (let i = min; i <= max; i++) {
      console.log("f(" + i + ") = " + f(i));
   }
}
```

第一个参数是一个函数，它接受一个数字并返回一个结果。这个函数的作用是将位于 **min** 到 **max** 的值作为输入，逐行生成输出结果。例如，如果 **f** 定义为 $f(x)=x^2-5$，则调用：

```
printFunctionTable(f, -2, 4);
```

输出如下所示。

```
                 JavaScript Console
f(-2) = -1
f(-1) = -4
f(0) = -5
f(1) = -4
f(2) = -1
f(3) = 4
f(4) = 11
```

然而，函数参数可以是任何函数，甚至是来自库的函数。例如：

```
printFunctionTable(Math.sqrt, 2, 9);
```

输出如下所示。

```
                 JavaScript Console
f(2) = 1.4142135623730951
f(3) = 1.7320508075688772
f(4) = 2
f(5) = 2.23606797749979
f(6) = 2.449489742783178
f(7) = 2.6457513110645907
f(8) = 2.8284271247461903
f(9) = 3
```

直接在调用中指定函数定义也是合法的，如：

```
printfunctionTable(function(x) { return x * x; }, 1, 4);
```

输出如下所示。

```
                    JavaScript Console
f(1) = 1
f(2) = 4
f(3) = 9
f(4) = 16
```

6.2　一个简单的交互式示例

沉浸在细节之前，下面这个简单的示例有助于说明 JavaScript 与用户交互的模型。图 6-1 中的 **DrawDots.js** 程序在用户单击鼠标按钮时会在窗口上绘制一个小圆点。

```
/*
 * File: DrawDots.js
 * ------------------
 * This program draws a dot every time the user clicks the mouse.
 */

"use strict";

/* Constants */

const GWINDOW_WIDTH = 500;
const GWINDOW_HEIGHT = 300;
const DOT_SIZE = 6;

/* Main program */

function DrawDots() {
   let gw = GWindow(GWINDOW_WIDTH, GWINDOW_HEIGHT);
   gw.addEventListener("click", clickAction);

   function clickAction(e) {
      let dot = GOval(e.getX() - DOT_SIZE / 2, e.getY() - DOT_SIZE / 2,
                      DOT_SIZE, DOT_SIZE);
      dot.setFilled(true);
      gw.add(dot);
   }
}
```

图 6-1　用户单击鼠标时绘制圆点的程序

例如，如果在位于窗口左上角附近单击鼠标，程序将在该位置绘制一个圆点，如下图所示。

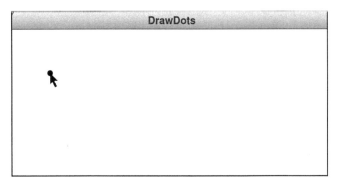

如果你继续在其他位置单击鼠标，圆点也会相应出现。例如，你可以画一幅大熊星座的图，它通常也称为北斗七星。你所要做的就是在每颗星的位置单击鼠标，如下所示。

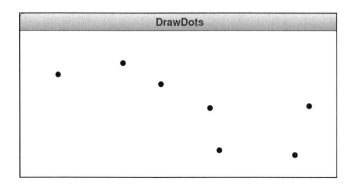

图 6-1 中的代码非常简短，只有一个顶级函数和几个常量定义。尽管如此，这个程序与你之前看到的程序可能有所不同，所以详细地讨论它是有意义的。

程序的第一条语句如之前一样，用于创建图形窗口。接下来的语句用于建立图形窗口和 **clickAction** 函数所指定行为之间的联系，**clickAction** 的定义在函数尾部。通过执行如下代码：

```
gw.addEventListener("click", clickAction);
```

让该程序告诉图形窗口，它希望响应鼠标单击。此外，对鼠标单击的响应由 **clickAction** 指定，每当单击发生时，该函数都会自动调用。

clickAction 函数定义在 **DrawDots** 函数体的结尾处，根据本章前面介绍的 JavaScript 函数提升的策略，其实它可以定义在 **DrawDots** 函数的任何位置。图 6-1 中的代码没有显式调用 **clickAction** 函数，其实是图形库的内部代码负责调用。程序不直接调用，而是在响应某个事件时执行的函数，称为回调函数（callback function）。这一名称反映了客户端程序与其使用的库之间的关系。作为客户端，你的程序调用 **addEventListener** 方法来注册感兴趣的特定事件。作为该过程的一部分，你将为程序库提供一个函数，以便在事件发生时调用该函数。在某种程度上，它类似于一个回呼号码。当程序库的实现需要回调时，你已经为它提供了方法。

现在你已经了解了回调函数大致是如何工作的，接下来就可以更好地理解 **clickAction** 函数，具体如下所示：

```
function clickAction(e) {
   let dot = GOval(e.getX() - DOT_SIZE / 2,
                   e.getY() - DOT_SIZE / 2,
                   DOT_SIZE, DOT_SIZE);
   dot.setFilled(true);
   gw.add(dot);
}
```

函数的参数 **e** 为函数提供有关事件细节的数据。本例中 **e** 是一个鼠标事件（mouse event），它与其他数据一起跟踪鼠标的位置。响应鼠标事件的回调函数可以通过调用 **e.getX()** 方法和 **e.getY()** 方法来确定鼠标的位置。二者返回的是相对于窗口左上角原点的像素坐标。

　　clickAction 函数体创建一个指定大小为 **DOT_SIZE** 的 **GOval** 对象，将它设置为内部填充，然后添加到窗口中，并使其中心显示为当前鼠标位置。变量 **gw** 是 **DrawDots** 内部的局部变量，因为 **clickAction** 函数的定义位于 **DrawDots** 的函数体中，因此 **clickAction** 的代码可以访问变量 **gw**。

6.3　控制对象的属性

　　在继续查看更复杂的交互式示例之前，必须更全面地了解如何操作已经放在屏幕上的图形对象。到目前为止，你添加到图形窗口中的对象保留了它们的初始位置和尺寸。当构建交互式程序时，你需要能够更改这些属性。

　　图形库中的类导出的方法比迄今为止你所使用的方法要丰富得多。图 6-2 列出了每个图形对象支持的完整方法集，以及仅适用于 **GRect**、**GOval** 和 **GLine** 的一些方法。每个方法描述都是一行文字，给出方法所做工作的概述。有关更多细节，你可以查阅有关图形库的 Web 文档。

控制对象位置的方法

obj.setLocation(*x*, *y*)	将对象绘制在坐标 (*x*, *y*) 上
obj.move(*dx*, *dy*)	将对象位移 *dx* 和 *dy*
obj.movePolar(*r*, *theta*)	将对象沿 *theta* 方向移动 *r* 像素

控制对象外观的方法

obj.setColor(*color*)	设置此对象的显示颜色
obj.setLineWidth(*w*)	设置对象的线条宽度
obj.setVisible(*flag*)	设置对象是否可见
obj.rotate(*theta*)	将对象绕原点旋转 *theta* 度
obj.scale(*sf*)	将对象水平和垂直缩放 *sf* 倍

控制堆叠顺序的方法

obj.sendBackward()	将此对象按堆叠顺序后移一层
obj.sendForward()	将此对象按堆叠顺序前移一层
obj.sendToBack()	将此对象移到堆叠顺序的最后面
obj.sendToFront()	将此对象移到堆叠顺序的最前面

图 6-2　图形库中可用方法的扩展列表

返回对象属性的方法

obj.getX()	返回对象的 *x* 坐标
obj.getY()	返回对象的 *y* 坐标
obj.getWidth()	返回此对象的宽度
obj.getHeight()	返回此对象的高度
obj.getColor()	返回此对象的颜色
obj.getLineWidth()	返回此对象的线条宽度
obj.isVisible()	检查此对象是否可见
obj.contains(**x, y**)	检查点 (*x*, *y*) 是否在对象内部

仅适用于 GRect 类和 GOval 类的方法

obj.setFilled(*flag*)	设置是否填充此对象
obj.setFillColor(*color*)	设置用于填充对象内部的颜色
obj.setBounds(*x*, *y*, *width*, *height*)	重置对象的边界矩形

仅适用于 GLine 类的方法

obj.setStartPoint(*x*, *y*)	更改线条的起点，而不更改其终点
obj.setEndPoint(*x*, *y*)	更改线条的终点，而不更改其起点

图 6-2 （续）

本章并没有详细介绍每种方法，而是提供了一些编程示例，这些示例仅在必要时引入新的方法。因此，你在使用新方法的应用程序上下文中就很容易理解到这个方法的作用。

6.4　响应鼠标事件

在 **DrawDots.js** 中使用的 **click** 事件只是 JavaScript 提供的几个鼠标事件之一。由 **GWindow** 类实现的鼠标事件如图 6-3 所示。

"click"	用户在窗口中单击鼠标
"dblclick"	用户在窗口中双击鼠标
"mousedown"	用户按下鼠标按钮
"mouseup"	用户释放鼠标按钮
"mousemove"	用户不按鼠标按钮的情况下移动鼠标
"drag"	用户拖动鼠标（通过按住鼠标按钮移动鼠标）

图 6-3　常见的鼠标事件类型

这些事件允许你响应特定类型的鼠标操作。例如 **"mousemove"** 事件是在不按鼠标按钮的情况下在窗口中移动鼠标时生成的。**"drag"** 事件在你按住鼠标按钮同时移动鼠标的情况下发生。顾名思义，**"drag"** 事件（即按住鼠标按钮移动的交互模型）经常被用来在窗口上拖动对象。在需要拖曳的对象按下鼠标按钮，然后把它拖到所需的位置。

下面提供几个示例，说明了使用鼠标在图形窗口中创建对象和改变对象位置的通常方式。

6.4.1 简单的画线程序

很有可能，你已经使用了一些允许通过拖动鼠标在屏幕上绘制线条的应用程序。要创建一条直线，你需要在期望直线开始的地方按下鼠标按钮，然后在按住按钮的同时拖动鼠标，直到期望直线结束的地方。当你拖动鼠标时，应用程序通常会实时更新该直线，这样你就可以看到到目前为止所绘制的内容。当你释放鼠标按钮时，直线将保持在那个位置，你可以重复此过程来创建任意多的新直线。

例如，假设你在屏幕上按下鼠标按钮，然后向右拖动鼠标一英寸，按住按钮。你想看的是如下所示的图片。

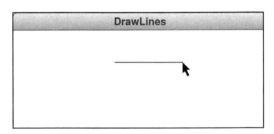

如果在不释放按钮的情况下将鼠标向下移动，则显示的直线将跟随鼠标，以便你可以看到如下所示的图片。

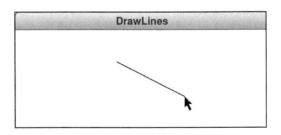

当你拖动鼠标时，应用程序会反复更新该直线，使其看起来随着鼠标的移动而拉伸。因为这种效果正是如同一条具有伸缩弹性的线连接起始点和鼠标指针，因此，这种技术称为**橡皮筋**（rubber-banding）。

当你释放鼠标时，该直线将停留在它所在的位置。如果你在同一点上再次按下鼠标按钮，你可以通过拖动鼠标到新直线的终点，继续画一个额外的直线，如下所示。

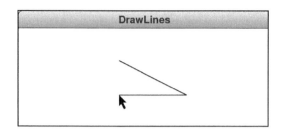

尽管这个程序执行的任务看起来很复杂，但是图 6-4 中此应用程序的代码非常短。与 **DrawDots** 程序一样，遵循标准惯例在程序开始时创建 **GWindow** 对象。然后程序声明一个名为 **line** 的变量，该变量记录这条线当前的位置。当程序启动时没有任何直线，因此将 **line** 的值初始化为特殊值 **null**。**null** 在 JavaScript 中用于表示尚不存在的对象引用。**line** 的值在 **"mousedown"** 事件的代码中设置，并在 **"drag"** 事件的代码中更新。一个函数设置此值，另一个函数更新，这意味着变量 **line** 必须在 **DrawLines** 函数中声明，以便两个事件处理函数都可以访问它。

```
/*
 * File: DrawLines.js
 * ------------------
 * This program lets the user draw lines on the screen by dragging the mouse.
 */

"use strict";

/* Constants */

const GWINDOW_WIDTH = 500;
const GWINDOW_HEIGHT = 300;

/* Main program */

function DrawLines() {
   let gw = GWindow(GWINDOW_WIDTH, GWINDOW_HEIGHT);
   let line = null;
   gw.addEventListener("mousedown", mousedownAction);
   gw.addEventListener("drag", dragAction);

   function mousedownAction(e) {
      line = GLine(e.getX(), e.getY(), e.getX(), e.getY());
      gw.add(line);
   }

   function dragAction(e) {
      line.setEndPoint(e.getX(), e.getY());
   }
}
```

图 6-4　**DrawLines.js** 程序的代码

函数 **mousedownAction** 创建一个新的 **GLine** 对象，分配给变量 **line**，然后将 **line** 添加到窗口中。最初，**line** 对象的起点和终点都在鼠标的当前位置，这意味着它看起来像一个点。函数 **dragAction** 调用 **GLine** 类中的 **setEndPoint** 方法，如图 6-2 所示，该方法在不改变起点的情况下改变了 **line** 的终点。这样做会产生所需的橡皮筋行为。

6.4.2 在画布上拖动对象

图 6-5 中的 **DragObjects.js** 程序提供了一个稍微复杂一点的事件驱动程序示例，该程序使用鼠标改变窗口对象的位置。该程序首先在窗口中添加一个蓝色矩形和一个红色椭圆形，就像在第 4 章的 **GRectPlusGOval.js** 程序中一样。主程序的其余部分是拖动对象的代码模式。

```
/*
 * File: DragObjects.js
 * ---------------------
 * This program lets the user drag objects on the window.
 */

"use strict";

const GWINDOW_WIDTH = 500;
const GWINDOW_HEIGHT = 200;
const GOBJECT_WIDTH = 200;
const GOBJECT_HEIGHT = 100;

function DragObjects() {
   let gw = GWindow(GWINDOW_WIDTH, GWINDOW_HEIGHT);
   let x0 = (gw.getWidth() - GOBJECT_WIDTH) / 2;
   let y0 = (gw.getHeight() - GOBJECT_HEIGHT) / 2;
   let rect = GRect(x0, y0, GOBJECT_WIDTH, GOBJECT_HEIGHT);
   rect.setFilled(true);
   rect.setColor("Blue");
   gw.add(rect);
   let oval = GOval(x0, y0, GOBJECT_WIDTH, GOBJECT_HEIGHT);
   oval.setFilled(true);
   oval.setColor("Red");
   gw.add(oval);
   let objectBeingDragged = null;
   let lastX = 0;
   let lastY = 0;
   gw.addEventListener("mousedown", mousedownAction);
   gw.addEventListener("drag", dragAction);
   gw.addEventListener("click", clickAction);

   function mousedownAction(e) {
      lastX = e.getX();
      lastY = e.getY();
      objectBeingDragged = gw.getElementAt(lastX, lastY);
   }

   function dragAction(e) {
      if (objectBeingDragged !== null) {
         objectBeingDragged.move(e.getX() - lastX, e.getY() - lastY);
         lastX = e.getX();
         lastY = e.getY();
      }
   }

   function clickAction(e) {
      if (objectBeingDragged !== null) {
         objectBeingDragged.sendToFront();
      }
   }
}
```

图 6-5 **DragObjects.js** 程序的代码

图 6-5 中定义的第一个回调函数是 **mousedownAction**，用户按下鼠标按钮触发这个回调函数。**mousedownAction** 有以下定义。

```
function mousedownAction(e) {
   lastX = e.getX();
   lastY = e.getY();
   objectBeingDragged = gw.getElementAt(lastX, lastY);
}
```

前两个语句用变量 **lastX** 和 **lastY** 记录了鼠标的 x 和 y 坐标。从程序中可以看到，这些变量被声明为 **DragObjects** 函数中的局部变量，当用户拖动鼠标时回调函数需要使用这些值。

在 **mousedownAction** 函数中的最后一个语句使用了 **GWindow** 类中一个重要的新方法。**getElementAt** 方法接收 x 和 y 坐标，然后检查窗口上显示的哪个对象包含该位置。你需要意识到这里有两种可能。第一种，你可以在一个对象上按下鼠标按钮，这意味着你希望开始拖动它。第二种，你可以在画布上的其他地方按下鼠标按钮，但在那里没有对象可拖动。如果在指定的位置只有一个对象，**getElementAt** 将返回该对象；如果有多个对象，**getElementAt** 将按照堆叠顺序选择其他对象前面的对象。如果该位置不存在对象，**getElementAt** 返回特殊值 **null**。在任何情况下，**mousedownAction** 函数都会将该值分配给变量 **objectBeingDragged**，该变量是 **DragObjects** 函数级别声明的，因此所有回调函数都可以共享该值。

dragAction 函数包含以下代码：

```
function dragAction(e) {
   if (objectBeingDragged !== null) {
      objectBeingDragged.move(e.getX() - lastX,
                             e.getY() - lastY);
      lastX = e.getX();
      lastY = e.getY();
   }
}
```

if 语句检查是否有要拖动的对象。如果 **objectBeingDragged** 的值为 **null**，则没有需要拖动的对象，所以函数的其余部分可以跳过。如果有一个对象，你需要在水平方向和垂直方向上移动一定的距离。该距离不取决于鼠标当前的坐标，而是取决于它的偏移量。因此，**move** 方法的参数（即 x 分量和 y 分量），是鼠标现在的位置减去鼠标在上次事件时的位置。这些坐标存储在变量 **lastX** 和 **lastY** 中。一旦你移动了对象，则必须更新这些变量的值，以确保它们在下一次调用 **dragAction** 时是正确的。

在 **DragObjects.js** 程序中也监听了 **"click"** 事件，这个事件触发以下函数的调用：

```
function clickAction(e) {
   if (objectBeingDragged !== null) {
      objectBeingDragged.sendToFront();
   }
}
```

添加此函数的目的是允许用户更改堆叠顺序。如第 2 章所述，堆叠顺序是对象在屏幕上分层堆积的顺序。定义此函数可以确保单击对象将其放在最前面。

　　在 **DragObjects.js** 程序中，单击对象具有将其移动到堆叠顺序上最前面的效果。然而，正确地实现这种行为需要理解 JavaScript 生成鼠标事件的规则。当一个鼠标 **"mousedown"** 事件发生后，在相对较短的时间内，**"mouseup"** 也发生时，就会发生 **"click"** 事件。即，当 JavaScript 处理 **"click"** 事件时，**"mousedown"** 事件和 **"mouseup"** 事件已经发生了。**DragObjects.js** 没有为 **"mouseup"** 指定任何操作，但是通过调用 **mousedownAction** 来响应 **"mousedown"** 事件。因此，当对 **clickAction** 的调用发生时，**mousedownAction** 函数将已经设置了 **objectBeingDragged** 的值。

6.5　基于计时器的动画

　　交互式程序不仅会根据用户事件改变它们的行为，而且会随着时间的推移而改变。例如，在计算机游戏中，屏幕上的物体通常会实时移动。不断更新图形窗口的内容，使其随时间变化，这称为*动画*（animation）。

6.5.1　**setTimeout** 和 **setInterval** 函数

　　在 JavaScript 中实现动画的传统方法是使用*定时器*（timer）。定时器是一种机制，它在指定的时间延迟之后调用函数。JavaScript 计时器有两种形式。其中一个库函数为：

　　setTimeout(*function*, *delay*)

它会创建一个**一次性定时器**（one-shot timer），在 *delay* 毫秒后调用 *function*。而另一个库函数：

　　setInterval(*function*, *delay*)

它会创建一个*间隔定时器*（interval timer），每 *delay* 毫秒重复调用 *function*。

　　两种情况下函数都返回一个数字值，允许后续代码标识计时器。如果将此数值存储在变量中，则可以调用 **clearTimeout** 或 **clearInterval** 来停止定时器进程。因此，执行如下代码时：

```
let timer = setInterval(step, 20);
```

它会创建一个间隔计时器并将其标识号存储在变量 **timer** 中。然后，间隔计时器开始每 20 毫秒（或者说 50 分之一秒）调用一次 **step** 函数。这里将函数命名为 **step** 是为了说明每次调用表示动画中的单个步骤，即*时间步*（time step）。**step** 函数不接收参数，因此它需要的任何信息都必须通过定义 **step** 函数的局部变量来传递。

　　每 20 毫秒启动一次事件的计时器允许你足够快地更改图形窗口的状态，以便使更改在人眼中看起来是平滑的。因此，你可以在屏幕上移动一个对象，方法是创建一个间隔计时器，每 20 毫秒执行一次回调函数，然后让回调函数增量修改对象的位置。当对象到达所需的最终位置时，程序可以通过如下调用来停止计时器：

```
clearInterval(timer);
```

6.5.2 动画的简单示例

图 6-6 显示了简单的基于定时器的动画示例，它将一个正方形沿着屏幕对角线从左上角的初始位置斜向移动到右下角的最终位置。该程序运行 **N_STEPS** 次时间步，并计算变量 **dx** 和 **dy** 的值，从而使正方形精确地在这段时间内移动到它的最终位置。

```
/*
 * File: AnimatedSquare.js
 * ------------------------
 * This program animates a square so that it moves from the upper left
 * corner of the window to the lower right corner.
 */

"use strict";

/* Constants */

const GWINDOW_WIDTH = 500;
const GWINDOW_HEIGHT = 300;
const N_STEPS = 100;
const TIME_STEP = 20;
const SQUARE_SIZE = 50;

function AnimatedSquare() {
   let gw = GWindow(GWINDOW_WIDTH, GWINDOW_HEIGHT);
   let dx = (gw.getWidth() - SQUARE_SIZE) / N_STEPS;
   let dy = (gw.getHeight() - SQUARE_SIZE) / N_STEPS;
   let square = GRect(0, 0, SQUARE_SIZE, SQUARE_SIZE);
   square.setFilled(true);
   gw.add(square);
   let stepCount = 0;
   let timer = setInterval(step, TIME_STEP);

   function step() {
      square.move(dx, dy);
      stepCount++;
      if (stepCount === N_STEPS) clearInterval(timer);
   }
}
```

图 6-6　正方形沿着屏幕对角线移动的程序

下面的屏幕图像显示了 **AnimatedSquare.js** 的操作，其中箭头表示正方形从初始位置移动的轨迹。

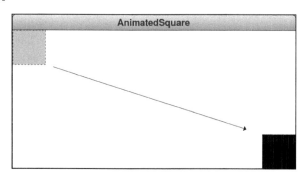

回调函数的代码看起来如下所示：

```
function step() {
    square.move(dx, dy);
    stepCount++;
    if (stepCount === N_STEPS) clearInterval(timer);
}
```

第一行通过 **dx** 和 **dy** 的值来调整正方形的位置。第二行增加 **stepCount** 的值。第三行检查 **stepCount** 是否达到 **N_STEPS** 的限制值，如果达到则停止计时器。**step** 函数可以访问变量 **square**、**dx**、**dy**、**stepCount** 和 **timer**，因为这些都是 **AnimatedSquare** 中的局部变量。

6.5.3　跟踪动画的状态

随着动画变得越来越复杂，跟踪屏幕上正在移动的对象以及跟踪下一个时间步应该何时发生变得有点棘手。例如，假设你想要将动画添加到图 5-4 的 **RandomCircles.js** 程序中。你想要的是这些圆慢慢地出现，一次一个，而不是一次出现所有的圆。每个圆从一个点开始，然后一步一步地增大，直到达到它想要的大小。一旦发生这种情况，程序应该创建下一个圆，并让它增长到完整大小，继续以这种方式，直到所有的 10 个圆都显示在屏幕上。

当然，按照上述示例的思路编写此程序的想法是很诱人的。其策略是在主程序中采用以下伪代码结构：

```
for (let i = 0; i < N_CIRCLES; i++) {
    创建一个圆。
    应用动画让圆逐步变大直到完整大小。
    等待动画完成。
}
```

遗憾的是，这种策略在 JavaScript 中不起作用。与大多数语言不同，JavaScript 不允许程序等待某个异步任务完成，然后继续执行它们正在执行的任务。这种限制使得"等待动画完成"这句伪代码无效。

JavaScript 中的交互性完全由事件驱动，也就是说，从某种意义上说，所有的操作都是为了响应与程序运行相关的异步事件而发生的。实际上，JavaScript 中的程序通常在任何事件发生之前完成运行。之后，事件完全决定应用程序如何进行。JavaScript 的事件模型需要一种不同的方法，在这种方法中，实现动画的 **step** 函数必须跟踪当前圆的大小，并确定何时达到完整大小。当达到完整大小时，**step** 函数（而不是主程序，此时主程序已经停止运行）必须创建下一个圆。因此，**step** 函数具有以下伪代码形式：

```
function step() {
    if (当前圆仍在增长) {
        增加圆的尺寸。
    } else if (还有圆待被创建) {
```

```
          创建另外一个圆。
    } else {
      clearInterval(timer);
    }
  }
```

图 6-7 中给出了使用此结构的 **GrowingCircles.js** 程序的代码。**createNew-Circle** 函数的代码与图 5-4 中 **createRandomCircle** 的代码基本相同。区别就是：

1. **createNewCircle** 函数创建初始大小为 0 的圆。

2. **createNewCircle** 函数使用变量 **desiredSize** 和 **currentSize** 记录圆的最终和当前大小。将这两个变量设置为 0 可以确保在第一时间步中调用 **createNewCircle**。

step 函数的代码遵循前面给出的伪代码大纲。唯一的新特性是调用 **setBounds** 方法，它重置当前圆的位置和大小，使其在每个时间步中增长一个像素。

```
/*
 * File: GrowingCircles.js
 * ------------------------
 * This program draws random circles that grow to their final size.
 */

"use strict";

/* Constants */

const GWINDOW_WIDTH = 500;
const GWINDOW_HEIGHT = 300;
const N_CIRCLES = 10;
const MIN_RADIUS = 15;
const MAX_RADIUS = 50;
const TIME_STEP = 20;
const DELTA_SIZE = 1;

function GrowingCircles() {
   let gw = GWindow(GWINDOW_WIDTH, GWINDOW_HEIGHT);
   let circlesCreated = 0;
   let desiredSize = 0;
   let currentSize = 0;
   let circle = null;
   let timer = setInterval(step, TIME_STEP);

   function createNewCircle() {
      let r = randomReal(MIN_RADIUS, MAX_RADIUS);
      let x = randomReal(r, GWINDOW_WIDTH - r);
      let y = randomReal(r, GWINDOW_HEIGHT - r);
      circle = GOval(x, y, 0, 0);
      circle.setFilled(true);
      circle.setColor(randomColor());
      desiredSize = 2 * r;
      currentSize = 0;
      return circle;
   }

   function step() {
      if (currentSize < desiredSize) {
         currentSize += DELTA_SIZE;
         let x = circle.getX() - DELTA_SIZE / 2;
         let y = circle.getY() - DELTA_SIZE / 2;
         circle.setBounds(x, y, currentSize, currentSize);
      } else if (circlesCreated < N_CIRCLES) {
         gw.add(createNewCircle());
         circlesCreated++;
      } else {
         clearInterval(timer);
      }
   }
}
```

图 6-7　创建从点开始逐步变成完整大小的 10 个圆的动画

6.6　扩展图形库

自第 4 章以来，你一直使用图形库中的类在屏幕上创建简单的绘图。但到目前为止你只是看到了图形库的一小部分。现在你知道如何编写涉及动画和交互性的程序了，了解更多图形库和知道如何使用它是有意义的。本节将介绍三个新类 **GArc**、**GPolygon** 和 **GCompound**，使用它们你能创建更有趣的图形效果。

6.6.1　**GArc** 类

GArc 类用于显示由椭圆上一部分的弧。**GArc** 函数本身具有以下参数：

GArc(*x*, *y*, *width*, *height*, *start*, *sweep*)

前四个参数指定弧的外接矩形的位置和大小，这些参数的含义与 **GRect** 函数调用或 **GOval** 函数调用的参数含义一样。接下来的两个参数分别用于指定起始角度（start angle），即弧开始的角度，和指定扫掠角度（sweep angle），即弧延展的角度。根据数学惯例，图形库中的角度以逆时针为正，从 +*x* 轴处开始，如下所示。

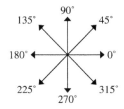

这些参数的几何解释如图 6-8 所示。我们可以通过示例说明这些参数的作用，图 6-9 中的四个示例分别显示了截图下方代码的对应效果。代码片段通过设置不同的起始角度和扫掠角度，创建并显示了相应的弧。每个弧的半径为 **r** 像素，并以点 **(cx,cy)** 为中心。最后两个示例表明，起始角度和扫掠角度的值可以是负数的，即角度是沿顺时针方向变化的。

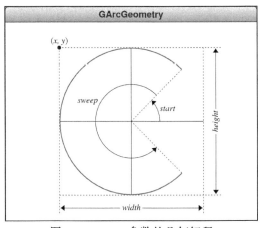

图 6-8　**GArc** 参数的几何解释

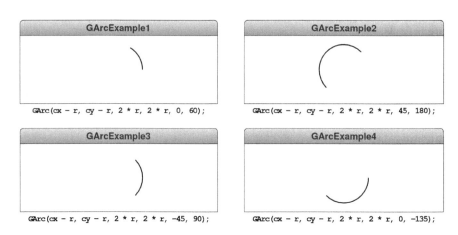

图 6-9　**GArc** 对象的相关示例

图 6-10 列出了 **GArc** 类实现的方法。如你所见，就像 **GRect** 和 **GOval** 一样，这些方法也包括了 **setFilled** 和 **setFillColor**。然而，填充一个弧的确切含义并不是那么显而易见的。图形库中对此的实现是，未填充版本的 **GArc** 对象不再仅仅是其填充版本对应的轮廓。如果显示未填充的 **GArc** 对象，则只显示弧本身。如果对弧调用 **setFilled(true)**，则图形库会将弧的两个端点连接到圆心，从而构成一个楔形[⊖]，然后填充该区域内部。

arc.**setFilled**(*flag*)	设置是否填充此弧对应的楔形区域
arc.**setFillColor**(*color*)	设置用于填充楔形区域的颜色
arc.**setStartAngle**(*start*)	设置起始角度为 *start*
arc.**getStartAngle**()	返回起始角度
arc.**setSweepAngle**(*sweep*)	设置扫掠角度为 *sweep*
arc.**getSweepAngle**()	返回扫掠角度

图 6-10　由 GArc 类实现的方法

下面的示例效果显示了都是 60 度弧的未填充版和填充版的对比效果。

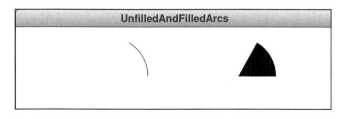

从这个例子知道，如果 **GArc** 对象设置为填充，则其几何边界将发生变化。一个填充弧是一个楔形的区域，它有明确的内部。未填充的弧只是从椭圆的边界取出来的一段。如果要

　　⊖　如果宽高相等，则构成一个扇形。——译者注

显示调用 **setFilled** 方法生成的楔形的轮廓，最简单的策略是调用 **setFilld(true)**，然后使用 **setFillColor("White")** 将区域内部设置为白色。

6.6.2 **GPolygon** 类

　　GPolygon 类使显示多边形（polygon）成为可能，多边形是一个数学名称，其边界由直线组成的封闭图形。构成多边形轮廓的线段叫作边（dege）。边相交的点叫作顶点（vertex）。许多多边形的形状在现实世界中很常见。蜂巢中的每个单元格子都是六边形。停车标志是一个八边形，有八个相同的边。例如，下图显示了四个符合一般定义的多边形。

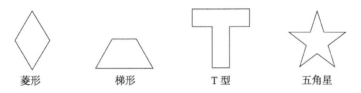

菱形　　　　　梯形　　　　　T 型　　　　　五角星

GPolygon 类很容易使用，只需记住以下几点：

❏ 与创建其他形状的函数不同，**GPolygon** 工厂方法不会创建整个图形。相反，调用 **GPolygon** 会创建一个空多边形。一旦你创建了一个空多边形，然后通过调用本节后面描述的各种其他方法向它添加顶点即可。

❏ **GPolygon** 没有把它的左上角定义为原点。毕竟，许多多边形没有左上角。相反，作为创建特定多边形的程序员，你将选择一个参考点（reference point）来定义整个多边形的位置。然后根据每个顶点相对于参考点的位置来指定它们的坐标。通过这种方法，整体移动多边形会更加容易。

　　可以通过例子说明如何创建 **GPolygon**。假设你希望创建一个 **GPolygon** 表示菱形。设计时，你首先要决定将参考点放在何处。对于大多数多边形，最方便的位置是图形的几何中心。如果你采用该模型，则需要创建一个空的 **GPolygon** 并向其添加四个顶点，同时指定每个顶点相对于中心位置的坐标。假设菱形的宽度和高度存储在常量 **DIAMOND_WIDTH** 和 **DIAMOND_HEIGHT** 中，则可以使用以下代码创建菱形 **GPolygon**：

```
let diamond = GPolygon();
diamond.addVertex(-DIAMOND_WIDTH / 2, 0);
diamond.addVertex(0, DIAMOND_HEIGHT / 2);
diamond.addVertex(DIAMOND_WIDTH / 2, 0);
diamond.addVertex(0, -DIAMOND_HEIGHT / 2);
```

然后，可以通过执行以下语句在图形窗口中心添加菱形：

```
gw.add(diamond, gw.getWidth() / 2, gw.getHeight() / 2);
```

然后图形窗口看起来如下所示。

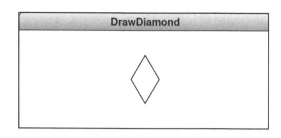

当你使用 **addVertex** 方法构造多边形时，每个顶点的坐标都是相对于参考点表示的。在某些情况下，根据前面的顶点指定每个顶点的坐标更容易。**GPolygon** 函数提供了一种 **addEdge** 方法，它类似于 **addVertex**，只是参数变成了从前一个顶点到当前顶点的位移。因此，你可以通过以下顺序调用来绘制相同的图形：

```
let diamond = GPolygon();
diamond.addVertex(-DIAMOND_WIDTH / 2, 0);
diamond.addEdge(DIAMOND_WIDTH / 2, DIAMOND_HEIGHT / 2);
diamond.addEdge(DIAMOND_WIDTH / 2, -DIAMOND_HEIGHT / 2);
diamond.addEdge(-DIAMOND_WIDTH / 2, -DIAMOND_HEIGHT / 2);
diamond.addEdge(-DIAMOND_WIDTH / 2, DIAMOND_HEIGHT / 2);
```

注意，第一个顶点仍然必须使用 **addVertex** 添加，但后续顶点可以通过 **addEdge** 定义。

当你使用 **GPolygon** 类时，你会发现一些多边形容易通过连续调用 **addVertex** 来定义，而另一些则更容易使用 **addEdge** 来定义。然而对于许多多边形图形，使用极坐标定义边会更加方便，**GPolygon** 类通过 **addPolarEdge** 方法支持这种风格。这个方法与 **addEdge** 是相同的，只是它的参数是边的长度和它的方向，其中方向是从 x 轴开始，逆时针为正。

addPolarEdge 方法使创建图形变得容易，在这些图形中，你知道边的角度，但需要使用三角几何学计算顶点。例如，下面的函数使用 **addPolarEdge** 创建一个规则的六边形，其中每个边的长度由参数 **side** 决定：

```
function createHexagon(side) {
   let hex = GPolygon();
   hex.addVertex(-side, 0);
   let angle = 60;
   for (let i = 0; i < 6; i++) {
      hex.addPolarEdge(side, angle);
      angle -= 60;
   }
   return hex;
}
```

一如既往，第一个顶点使用 **addVertex** 添加。在这里，初始顶点是位于六边形左侧边缘的顶点。然后第一个边从该点的 60 度方向画去。后面的每条边都有相同的长度，但方向是与其前一个边的方向向右偏 60 度。当添加了所有六个边后，最后那个边正好以起始位置结束，从而封闭了多边形。

定义此方法后，执行语句：

```
gw.add(createHexagon(50), gw.getWidth() / 2,
                          gw.getHeight() / 2);
```

生成的效果如下所示。

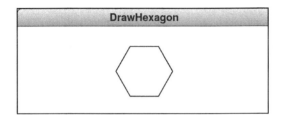

图 6-11 列出了 **GPolygon** 类的方法。和其他有界图形一样，**GPolygon** 类实现了 **setFilled** 和 **setFillColor** 方法。

poly.**addVertex**(*x*, *y*)	在点 (*x*, *y*) 处添加一个顶点
poly.**addEdge**(*dx*, *dy*)	添加在前一个顶点基础上平移 *dx* 和 *dy* 的顶点
poly.**addPolarEdge**(*r*, *theta*)	添加一个在 *theta* 方向上平移 *r* 单位的顶点
poly.**setFilled**(*flag*)	设置是否填充
poly.**setFillColor**(*color*)	设置填充的颜色

图 6-11 GPolygon 类实现的方法

作为使用 **GPolygon** 类的另一个例子，图 6-12 中的 **createStar** 函数创建了一个 **GPolygon**，其边形成一个五角星，如下所示。

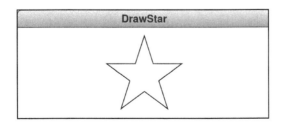

五角星比前面的例子复杂些，其复杂的地方在于确定五角星左侧边缘起点的坐标。计算 *x* 坐标是很容易的，因为起点距离中心的距离正好是宽度的一半。计算 *y* 方向的距离需要一点三角几何学，如下图所示。

```
/*
 * Creates a GPolygon representing a five-pointed star with the reference
 * point at the center.  The size refers to the width of the star at its
 * widest point.
 */
function createStar(size) {
   let poly = GPolygon();
   let dx = size / 2;
   let dy = dx * Math.tan(18 * Math.PI / 180);
   let edge = dx - dy * Math.tan(36 * Math.PI / 180);
   poly.addVertex(-dx, -dy);
   let angle = 0;
   for (let i = 0; i < 5; i++) {
      poly.addPolarEdge(edge, angle);
      poly.addPolarEdge(edge, angle + 72);
      angle -= 72;
   }
   return poly;
}
```

图 6-12   创建五角星的函数

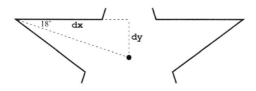

五角星的每个角正好是完整圆的十分之一的角，即 36 度。如果你画一条线，把这个角度平分，这条线就会穿过五角星的几何中心，形成如上图所示的直角三角形。因此 **dy** 的值等于 **dx** 乘以 18 度的正切值，如代码所示。

另一个难点就是计算边的长度，如下图所示。

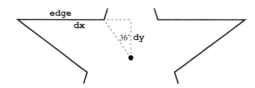

为了确定 **edge** 的值，你需要从 **dx** 的长度中减去水平虚线部分的长度。虚线部分的长度很容易用三角几何学计算，即 **dy** 乘以 36 度的正切值。一旦你计算出了这些值，**createStar** 函数的其余部分只要遵循与实现 **createHexagon** 的相同模式即可。

6.6.3   GCompound 类

使用 **GCompound** 类可以将图形对象集合组装成一个单元。与 **GPolygon** 一样，调用 **GCompound** 会创建一个空结构，然后必须通过调用 **add** 来添加图形对象，就像将这些对象添加到图形窗口一样。一旦你组装了这些对象，你就可以将整个 **GCompound** 添加到窗口中，此时它可以作为一个单一对象来处理（如图 6-13 所示）。

```
/*
 * File: RotateCrossedBox.js
 * --------------------------
 * This program draws a crossed box and then rotates it around its center.
 */

"use strict";

/* Constants */

const GWINDOW_WIDTH = 500;
const GWINDOW_HEIGHT = 200;
const BOX_WIDTH = 200;
const BOX_HEIGHT = 100;
const TIME_STEP = 20;
const N_STEPS = 360;

/*
 * Draws a crossed box and then rotates it around its center.
 */

function RotateCrossedBox() {
   let gw = GWindow(GWINDOW_WIDTH, GWINDOW_HEIGHT);
   let box = createCrossedBox(BOX_WIDTH, BOX_HEIGHT);
   let cx = gw.getWidth() / 2;
   let cy = gw.getHeight() / 2;
   gw.add(box, cx, cy);
   let stepCount = 0;
   let timer = setInterval(step, TIME_STEP);

   function step() {
      if (stepCount < N_STEPS) {
         box.rotate(1);
         stepCount++;
      } else {
         clearInterval(timer);
      }
   }
}

/*
 * Creates a crossed box, which is a compound consisting of a GRect and
 * its two diagonals.  The reference point is at the center of the figure.
 */

function createCrossedBox(width, height) {
   let compound = GCompound();
   compound.add(GRect(-width / 2, -height / 2, width, height));
   compound.add(GLine(-width / 2, -height / 2, width / 2, height / 2));
   compound.add(GLine(-width / 2, height / 2, width / 2, -height / 2));
   return compound;
}
```

图 6-13　围绕中心旋转一个交叉框的代码

举一个简单的例子，图 6-13 的函数 **CreateCrossedBox** 创建了一个 **GCompound** 对象，由一个矩形和两条交叉的对角线组成。例如如下声明：

```
let box = createCrossedBox(BOX_WIDTH, BOX_HEIGHT);
```

它声明了变量 **box**，并保存一个新的 **GCompound** 对象，形状如下所示。

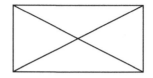

与 **GPolygon** 类一样，**GCompound** 类定义了自己的坐标系统，其中所有的坐标值都是相对于一个参考点来表示的。这样设计有两个优点。首先，分离定义形状和坐标意味着你可以定义一个 **GCompound** 而不必确切知道它将出现在哪里。如果根据大小决定对象在图形窗口中的位置的话，则该属性将特别有用。其次，往往有比左上角更合适作为参考点的选择。例如 **createCrossedBox** 函数返回一个 **GCompound**，其中参考点位于中心，这通常是一个更方便的选择。然后，图 6-13 中的代码可以使用以下代码将交叉框放置在窗口的中心：

```
let cx = gw.getWidth() / 2;
let cy = gw.getHeight() / 2;
gw.add(box, cx, cy);
```

执行这些语句将在图形窗口上生成如下效果。

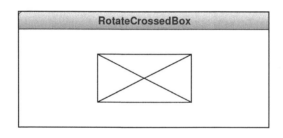

图 6-13 中的 **RotateCrossedBox** 程序的其余代码使用定时器以每次增加一度的方式旋转该对象。如下声明语句：

```
box.rotate(1);
```

在回调函数中，它会让 **GCompound** 对象围绕其参考点逆时针旋转一度，这里的参考点是交叉框的中心。经过 360 步后，回调函数调用 **clearInterval** 来停止计时器，使交叉框回到原来的方向。

总结

在本章中，你学习了如何创建交互式程序。本章介绍的要点包括：

❑ JavaScript 中的交互式程序使用事件驱动模型，在该模型中，用户的操作生成与程序操作相关的异步事件。每个事件都触发一个函数调用来响应该事件。

❏ JavaScript 中的函数是一等值，也就是说，可以像按照其他值的使用方式使用它们。函数可以分配给变量，作为参数传递给其他函数，也可以作为函数结果返回。

❏ 图形库导出了适用于每个图形对象的大量方法集合。图 6-2 给出了这些方法的列表。

❏ 程序可以通过在图形窗口上调用 **addEventListener** 方法来监听感兴趣的鼠标事件。

❏ 鼠标事件与由字符串表示的事件类型相对应。图 6-3 给出了不同事件类型的名称。

❏ **addEventListener** 的每次调用都指定了响应该类型事件的函数。这些函数通常称为回调函数。

❏ 回调函数通常是在一个函数内部声明的，这样回调函数就可以访问声明它的函数的局部变量。

❏ 响应鼠标事件的回调函数接受一个参数，该参数包含关于事件的信息。本书使用的唯一鼠标事件属性是 **getX** 和 **getY** 方法，它们返回鼠标事件发生时窗口中的位置。

❏ **GWindow** 类包含一个 **getElementAt(x, y)** 方法，该方法返回窗口中该位置的图形对象。如果该位置没有对象，则 **getElementAt** 返回特殊值 **null**。

❏ 在 JavaScript 程序中实现动画的通常策略是使用计时器，它在指定的延迟之后执行回调函数。如果延迟为 20 毫秒或更少，则屏幕上的运动对眼睛来说是连续的。

❏ JavaScript 提供了两种定时器。函数 **setTimeout** 创建一个一次性计时器，在延迟之后触发事件。函数 **setInterval** 创建一个间隔计时器，每当延迟时间过期时，它都会重复触发一个事件。

❏ **GArc** 类可以显示由一个边界矩形和两个角度（起始角度和扫掠角度）定义的椭圆弧。其中起始角度，它表示弧开始的位置，而扫掠角度表示弧延伸到多远。填充的弧显示为楔形区域，其中弧的端点与中心相连。

❏ 可以使用 **GPolygon** 类创建任意多边形。**GPolygon** 函数本身创建一个空的多边形，你可以通过调用 **addVertex**、**addEdge** 和 **addPolarEdge** 方法的组合来创建实际的多边形。

❏ **GCompound** 类表示一个包含其他图形对象的图形对象。创建 **GCompound** 允许将一组图形对象视为一个单元。

❏ **GPolygon** 和 **GCompound** 类都使用内部坐标系，其中顶点或内部对象的位置是相对于调用者选择的参考点指定的。使用这种策略可以在不知道它在窗口中出现的位置的情况下创建对象。

复习题

1. 在 JavaScript 的上下文中，什么是事件?

2. 在 JavaScript 中，事件是同步的，还是异步的?

3. 本章给出图形用户界面和面向对象编程的密切关联的原因是什么?

4. 为什么 JavaScript 中的函数被称为一等函数?

5. 判断题：在 JavaScript 中，你可以使用显式函数定义作为其他函数的参数。

6. **addEventListener** 方法的两个参数是什么?

7. 你使用什么事件类型来响应鼠标单击?

8. 本章中使用了哪两种方法来获得关于鼠标事件的更具体的信息?

9. 什么是回调函数?

10. 回调函数通常如何与定义它的函数共享信息?

11. 橡皮筋技术是什么意思?

12. 如果指定位置没有对象，**getElementAt** 方法返回什么值?

13. 如果多个对象覆盖指定的位置，**getElementAt** 方法如何决定返回哪个对象?

14. 用你自己的话来描述在 JavaScript 中实现动画的策略。

15. 什么是定时器?

16. 创建定时器的两个库函数是什么? 它们有何不同?

17. 怎么取消一个计时器?

18. 描述 **GArc** 函数调用中的参数 *start* 和 *sweep* 的意义。

19. 如果设置对 **GArc** 构造函数的 **sweep** 参数为负值，这意味着什么?

20. 描述以下 **GArc** 调用所产生的弧，其中 **cx** 和 **cy** 是窗口中心的坐标，**r** 的值为 100：

　　a）**GArc(cx, cy, 2*r, 2*r, 0, 270)**

　　b）**GArc(cx, cy, 2*r, 2*r, 135, -90)**

　　c）**GArc(cx, cy, 2*r, 2*r, 180, -45)**

　　d）**GArc(cx, cy, 3*r, r, -90, 180)**

21. **Garc** 类中，填充一个弧的概念是什么?

22. 描述 **GPolygon** 类中的方法 **addVertex**、**addEdge** 和 **addPolarEdge** 之间的区别。

23. 在前个问题列出的三种方法中，哪一个通常用于给 **GPolygon** 对象添加第一个顶点?

24. 用你自己的话来描述 **GCompound** 类的作用。

25. 对于 **GPolygon** 类和 **GCompound** 类定义它们自己的参考点，本书给出了那些优点?

练习题

1. 以 **printFunctionTable** 函数为灵感，请实现如下函数：

    function plot(gw, f, xMin, xMax, yMin, yMax)

    它在图形窗口上通过创建较小的 **GLine** 线段给出函数 **f** 的图像。参数 **xMin**、**xMax**、**yMin** 和 **yMax** 用于指定函数 **f** 的定义域和值域。其中，这四个参数与窗口坐标有一定的转换关系，比如，窗口的左边缘应该对应于函数定义域中的值 **xMin**。

    例如：

    plot(gw, Math.sin, -2 * Math.PI, 2 * Math.PI, -1, 1);

    该调用会生成一个三角正弦函数的图像。x 的值是从 -2π 到 $+2\pi$，垂直方向上，值域从表示底部的 -1 到表示顶部的 $+1$（注意，这里要求你翻转 JavaScript 的坐标系，以便符合传统的笛卡尔坐标系，其中 y 的值向上移动时增加）。调用函数后，图形窗口应如下所示。

    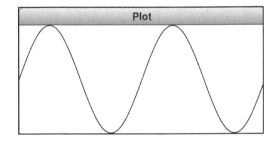

    同样：

    plot(gw, Math.sqrt, 0, 4, 0, 2);

    该调用绘制 **Math.sqrt** 的图像，其中定义域是从 0 到 4，值域从 0 到 2，如下所示。

    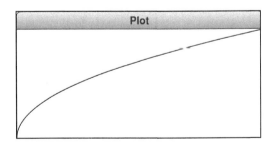

2. 修改 **DrawDots** 程序，以便每次单击鼠标时绘制一个小 ×。× 应该由两个 **GLine** 对象组成，同时要求 × 的两个线段交点位于在鼠标点击的位置上。

3. 除了由 **DrawLines** 程序生成的排序的线条图外，交互式绘图程序允许你向画布添加其他形状。在典型的绘图应用程序中，你通过在某个角落按下鼠标，然后将其拖动到相反的角落来创建一个矩形。例如，如果你在左图中的位置按下鼠标，然后将其拖动到你在右图中看到光标的位置，则程序将创建如下所示的矩形。

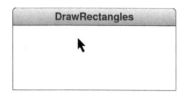 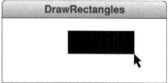

当你拖动鼠标时，矩形会变大。当你释放鼠标按钮时，矩形绘制完成，并停留在它所在的位置。然后，你可以继续以相同的方式添加更多的矩形。

虽然这个练习的实现代码很短，但有一个重要的因素需要考虑。在上面的例子中，最初的鼠标单击是在矩形的左上角。但是，如果你把鼠标拖动到不是右或下的某个方向，你的程序也必须工作得很好。例如，你可以能够通过向左拖动来绘制矩形，如下图所示。

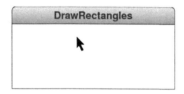 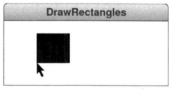

4. 使用 **GOval**、**GLine** 和 **GRect** 类创建一个如下所示的卡通人物。

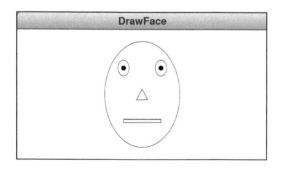

完成图片后，为 **"mousemove"** 事件添加一个回调函数，使眼睛中的瞳孔跟随光标的位置变化。例如，如果你将光标移动到屏幕的右下方，那么瞳孔应该移动，好像它们正在看向光标的位置，如下所示。

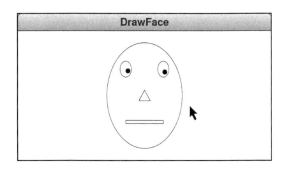

光标是否位于脸部以外并不重要,重要的是,要独立计算每只眼睛的瞳孔位置。例如,如果你移动鼠标到眼睛之间,瞳孔应该指向相反的方向,这样脸就会出现对眼效果。

5. 编写一个程序,在画布的中心画一个填充的黑色正方形。完成后,给你的程序添加动画,让正方形的颜色每秒改变一次,可以调用 **RandomLib.js** 库中的 **randomColor** 函数来随机选择新的颜色。程序在运行一分钟后停止。

6. 使用 **AnimatedSquare.js** 程序作为模型,编写一个程序,让小球在图形窗口边界内弹跳。你的程序应该从在窗口中心放置一个 GOval 对象开始,用于表示小球。在每个时间步中,你的程序应该将球的位置移动 **dx** 和 **dy** 像素,其中 **dx** 和 **dy** 初始值都为 1。当球的前缘触及窗口的某个边界时,程序要相应地修改 **dx** 或 **dy**,取其为原值的相反数,从而让球反弹。

7. 重写练习题 6,将小球实现为 **GCompound** 对象,它包含一个在 x 和 y 方向上移动小球半径距离的 **GOval** 对象。这样的好处是,现在 **GCompound** 对象的参考点是小球的中心,这使得用于判断小球是否弹跳的代码更对称,因此更容易理解。

8. 编写一个程序,绘制一张南瓜饼的图形,将其分成相等的楔形块,其中块数由常量 **N_PIECES** 表示。每个楔形块应该是一个单独的 **GArc** 对象,用橙色填充,用黑色描边。例如,下面的屏幕效果显示了 **N_PIECES** 为 6 时的图形。

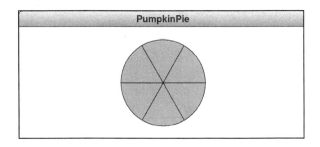

得到效果后,在你的应用程序添加事件处理,以便单击任何楔形块从图形中移除该楔形块。例如,如果你单击右上角的楔形块后,屏幕效果应该如下所示。

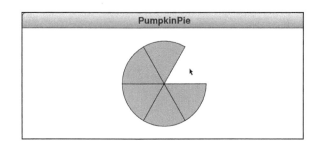

9. 使用填充的 GArc 对象很容易绘制《吃豆人》系列游戏中的主角。第一步，编写一个程序，在窗口的左边缘添加一个吃豆人图形，如下所示。

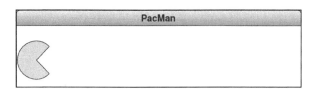

　　完成这部分工作之后，添加代码使吃豆人图形向右移动，直到它到达图形窗口的右侧边缘。吃豆人移动时，你的程序应该改变起始角度和扫掠角度，让嘴看起来张开和关闭，如下图所示：

10. 有一种称为**主观轮廓**（subjective contour）的视错觉，其相关例子中有也用到吃豆人的形状。1976 年 4 月，意大利心理学家盖塔诺·卡尼萨（Gaetano Kanizsa）在 *Scientific American* 杂志上发表的一篇文章中推广了这种视错觉。下面的屏幕图像显示了一个主观轮廓的例子，在这个例子中，由 4 个不完整圆构成的矩形看起来比背景更亮。

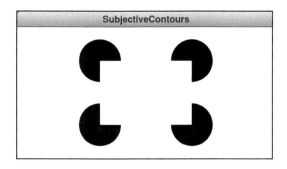

　　虽然绘制这幅画最简单的方法是在四个完整的圆上画一个白色矩形，但怀疑者可能会说矩形本身的颜色要比背景更亮。因此，可以只用四个填充弧来绘制，从而使得

怀疑者的说法得不到支持。

11. 另一种使用填充弧的视错觉是**冯特错觉**（Wundt illusion），最初由威廉·马克斯·冯特（Wilhelm Max Wundt）于 1898 年描述。

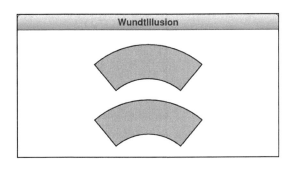

在这种视错觉中，下面的图形看起来比上面的长，尽管两者实际上是相同的大小。编写一个程序，使用图形库绘制。要做到这一点，你需要绘制一个填充弧，再用一个填充为白色的弧覆盖它，然后用未填充的弧完成边框。

12. 编写一个程序，在图形窗口上绘制以下视错觉。

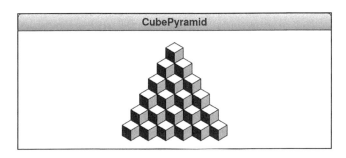

这种视错觉来自于这样一个事实：白色的表面可以看作是堆叠起来形成金字塔的立方体的顶部或底部。

每个立方体由三个菱形多边形组成，每面填充不同的颜色，旋转不同的角度，如下所示。

在编写此练习题时，你应该创建一个函数，该函数以 **GCompound** 的形式返回一个立方体，然后把这些立方体组装成金字塔。

13. 在 J. K. 罗琳（J. K. Rowling）的 *Harry Potter and the Deathly Hallows* 中，相信标题中传说的那些人通过一个符号来认识彼此，这个符号结合了三个元素——代表隐形斗篷的三角形、代表复活之石的圆、代表老魔杖的直线，如下所示。

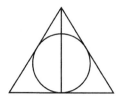

编写一个函数 **createDeathlyHallowsSymbol**，它接受两个参数（图形的宽度和高度），并返回一个包含所有这三个元素的 **GCompound** 对象。三角形应是 **GPolygon** 对象，圆应是 **GOval** 对象，直线应是 **GLine** 对象。对于直线和三角形来说，几何都是直截了当的，而对于圆来说则是相当复杂的，它必须精确地触及三角形的边缘。虽然你可以用勾股定理求出必要的关系，但你可以直接使用下面公式作为函数，其中 r 为半径、宽度为 w、高度为 h：

$$r = \frac{w\sqrt{4h^2 + w^2} - w^2}{4h}$$

使用 **createDeathlyHallowsSymbol** 函数来编写一个程序，在窗口的中心显示这个符号。完成之后，再添加代码来允许用户在窗口上拖动该符号。

14. 写一个程序来玩经典的街机游戏《打砖块》，该游戏是史蒂夫·沃兹尼亚克（Steve Wozniak）在 1976 年开发的，他后来成为苹果公司的创始人之一。玩《打砖块》时，你的目标是用一个弹跳的球击中每一个砖块，来清理这些砖块。

《打砖块》游戏的初始设置如图 6-14 中的左边示图所示。屏幕顶部的彩色矩形是砖块，红色、橙色、黄色、绿色和蓝色各两排。底部稍大的矩形是挡板。挡板在垂直方向不可移动，但可以随着鼠标在屏幕上左右移动（挡板不能移到两边墙壁之外）。

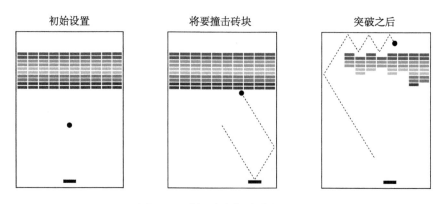

图 6-14 《打砖块》游戏的设置

一个完整的游戏由三个回合组成。在每个回合中，一个小球从窗口的中心以一个随机的角度向屏幕底部发射。小球撞到挡板和边界墙壁上后会弹起来。那么，在两次弹跳后（一次撞到挡板，一次撞到墙壁），小球可能的运动轨迹可能如图 6-14 的中间示图所示。

从中间示图可以看出，小球即将与底排的一块砖块相撞。当这种情况发生时，球就像在任何其他碰撞中一样反弹，但那个砖块消失了（你可以通过从图形窗口中移除它来完成）。

游戏一直继续下去，直到出现下列情况之一才会结束：

❑ 小球撞到了下面的墙，这意味着挡板没有接到小球。在这种情况下，该回合结束。假设你还没有用尽三个回合，则下一回合的小球发球。如果没有回合次数了，游戏就会以失败告终。

❑ 最后一块砖消失，游戏立即结束，你取得胜利。

在清除特定列中的所有砖块之后，将打开通向顶部墙壁的路径，如图 6-14 中右边示图所示。当这种令人愉快的情况发生时，球经常会在墙顶和砖顶之间来回弹跳几次，而用户不必担心用挡板击球。这种情况叫作"突破"（preaking out）[○]。需要注意的是，即使突破是玩家体验中非常令人兴奋的一部分，你也不需要在你的程序中做任何特殊的事情去实现它。这个游戏的运行方式和之前一样，小球从墙上弹回，与砖块碰撞，遵守物理定律。

实现中唯一需要解释的部分是检查小球是否与砖块或挡板相撞的问题。**getElementAt** 方法可以确定在特定位置是否有对象，但是它不能很好地检查小球的中心坐标，因为小球比单个点要大。在这个程序中，最简单的策略是检查小球所在正方形的四个角的点。如果这些点中的任何一个在砖块内，就会发生碰撞。

15. 在纽约时代广场，你可以通过观看大屏幕上的标题来获得当天的新闻。屏幕上会显示一行文字作为标题，标题最初开始出现在屏幕的右侧边缘，然后从右向左快速移动。在本练习中，你的任务是编写一个程序，通过在屏幕上滚动一个 **GLabel** 对象来模拟此类标题的显示。

例如，假设你想让程序展示一个著名标题，*Chicago Tribune* 将 1948 年总统选举的结果错误地称为：

DEWEY DEFEATS TRUMAN

你的程序应该创建一个包含标题的 **GLabel** 对象，然后给它指定位置，使整个文本被裁剪到屏幕的右侧边缘之外。然后，你的程序应该实现一个基于定时器的动画，在每个时间步长上，标题向左移动几个像素。经过几个时间步长，屏幕将显示标题的第一个字母，如下所示。

○ 游戏的英文名为 Breakout。——译者注

标题继续在屏幕上滚动，几秒钟后，标题的第一个单词就可以看到了。

当标签继续滚动时，随着右边出现新的字母，字母将从屏幕的左侧边缘消失。你的程序应该继续向左滚动字母，直到整个 **GLabel** 对象从视野中消失。

第 7 章

字　符　串

（进行人口普查的）工作应尽可能采用机械方法来完成。为了做到这一点，记录必须以机器可以读取的形式存储。这最容易通过在卡片上打孔来实现。

　　　　　　　　　　　　　　——赫尔曼·何乐礼，*An Electric Tabulating System*，1889 年

　　将文本以机器可读的形式编码的想法可以追溯到 19 世纪美国发明家赫尔曼·何乐礼（Herman Hollerith）所做的工作。何乐礼在纽约城市学院和哥伦比亚矿业学院学习工程学之后，在麻省理工学院任教之前，曾在美国人口普查局担任了几年的统计学家。在人口普查局的时候，何乐礼已经确信人口普查产生的数据可以用机器更快更准确地计算。在 19 世纪 80 年代末，他设计并制造了一台制表机，在短到前所未有的时间内完成了 1890 年的人口普查。他创立的公司将他的发明商业化，最初叫作制表机器公司，1924 年更名为国际商业机器公司（IBM）。何乐礼基于卡片的制表系统是本章所述的文本编码技术的先驱，这一

赫尔曼·何乐礼（1860—1929）

贡献反映在 FORTRAN 语言的早期版本中，即使用字母 **H**（代表 Hollerith）来表示文本数据。

　　尽管从第 2 章开始你就一直在使用字符串，但只触及了使用字符串数据所能做的事情的皮毛。本章会介绍 JavaScript 的 **String** 类中的特性，它为字符串处理提供了便利的抽象。理解这个程序库中可用的各种方法，可以更容易地编写有趣的应用程序。但是，在考虑 **String** 类的细节之前，最好先回顾一下计算机最初是如何存储数据的。

7.1 二进制表示法

现代计算机以一种简单但功能强大的形式表示信息（无论多么复杂），这种形式允许信息以基本值序列的形式存储，而基本值只能以两种可能的状态之一存在。每个基本值都称为位（bit）。

对于每个位的值的解释取决于你查看底层信息的方式。如果你认为位是构成机器内部电路的微小的电灯开关，可能会把这些状态标记为"开"或"关"。如果将每个位看作一个逻辑值，则可以使用布尔值标记为 false 和 true。然而，由于单词 bit 来源于 binary digit 的缩写，所以通常将这些状态标记为 **0** 和 **1**，它们是计算机运算所基于的二进制数系统的数字。

7.1.1 二进制记数法

（GL Archive/Alamy Stock Photo）

莱布尼茨

用二进制记数法书写数字的想法比电子计算机的发展早了 250 多年。德国数学家戈特弗里德·威廉·冯·莱布尼茨（Gottfried Wilhelm von Leibniz，1646-1716）于 1703 年在法国皇家科学院发表的一篇论文中对二进制系统做了详细的描述。在那篇论文中，莱布尼茨写道：

> 普通的算术计算都是十进制的。使用十个字符 0、1、2、3、4、5、6、7、8、9，表示零至九的整数。数到十的时候，重新开始，把十写成 10。十乘以十，即一百，写成 100。十乘以一百，即一千，写成 1000。十乘以一千，写成 10000，等等。
>
> 但是几年来，我用的不是十进制，而是所有进制中最简单的一种进制，也就是二进制，我发现它是数字科学的完美之处。因此，除了 0 和 1 之外，我不使用任何其他字符，数到二时，我又重新开始。这就是为什么二在这里写成 10，二乘以二，即四，写成 100，二乘以四，即八，写成 1000……

莱布尼茨在第二段中将二进制系统描述为"所有进制中最简单的一种进制"。二进制数中的每一个数位都是其右边相邻数位的两倍。通过这个规则可以很容易地将二进制数字转换为十进制数字：你需要做的就是分别将数字中每个数字与相应数位表示的数相乘后再加到一块。例如，如果莱布尼茨用二进制记数法来表示他的出生年份，他会写出如下的数字。

1 1 0 0 1 1 0 1 1 1 0

如下图所示，该值的确与 1646 的值一致。

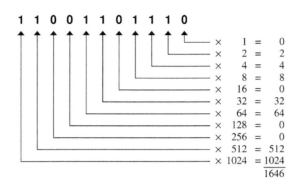

在大多数情况下，为了便于阅读，本书中的数字表示使用的是十进制记数法。如果进制基数在上下文中不清楚，则按照通常的策略使用下标来表示基数。例如，二进制值 11001101110 和十进制值 1646 的等式，可以表示如下：

$$11001101110_2 = 1646_{10}$$

7.1.2 将整数存储为位序列

莱布尼茨所描述的二进制表示法让将整数存储为单个位序列变得很容易。在现代计算机硬件中，将单个位收集起来形成更大的单元，然后作为整体存储单元来处理。这种组合单元的最小单位称为字节（byte），它由 8 位组成。然后字节可以组装成更大的结构，称为字（word），字通常被定义为最适合硬件的保存整数值的类型。如今，机器的内存通常按 4 或 8 字节长（32 或 64 位）的字组织。

要了解计算机如何在内部存储整数，请考虑包含以下二进制数字的字节。

$$\boxed{0 \mid 0 \mid 1 \mid 0 \mid 1 \mid 0 \mid 1 \mid 0}$$

这个位序列表示数字 42，你可以像莱布尼茨做的那样，通过对每个位所表示的数字求和来验证这一点，如下所示。

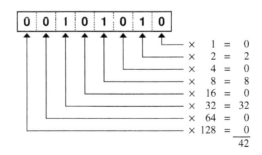

字节可以存储 0～255 之间的整数，255 也就是 2^8-1。超出这个范围的数字必须存储在使用更多位内存的更大的单元中。

7.1.3 十六进制记数法

尽管使用位图能清楚地说明计算机内部如何存储整数值，但这些图也说明了以二进制形式书写数字是非常不方便的。二进制数字不方便，主要是因为它们太长了。而十进制表示法是直观和熟悉的，但是不便于理解数字是如何转换成位序列的。

在一些应用程序中，理解一个数字如何被转换成二进制表示形式是很有用的。为了避免与经常长到占满一整页的二进制数字打交道，计算机科学家使用**十六进制记数法**（hexadecimal notation，以 16 为基数）代替二进制记数法。在十六进制记数法中，有十六个数字表示 0～15 之间的值。虽然从 0～9 的十个数字对于前 10 位来说已经足够了，但是传统的算术并没有定义表示其余 6 位所需要的额外符号。对此，计算机科学中习惯上使用字母 A～F 来表示，如下所示。

A = 10
B = 11
C = 12
D = 13
E = 14
F = 15

十六进制记数法之所以有用，是因为你可以轻松地在十六进制值和底层的二进制表示之间进行转换。你需要做的就是把这些位序列合并成四个一组。例如，数字 42 可以像这样从二进制转换为十六进制。

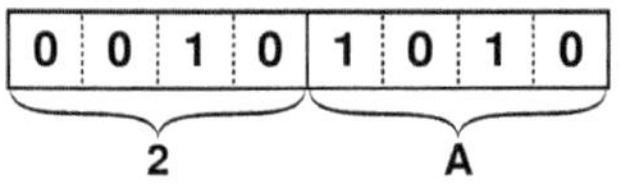

前四位代表数字 2，后四位代表数字 10。将这些数字转换成相应的十六进制数字就得到了十六进制形式的 2A 。然后，你可以通过将数字值相加来验证该数字仍然是 42，如下所示。

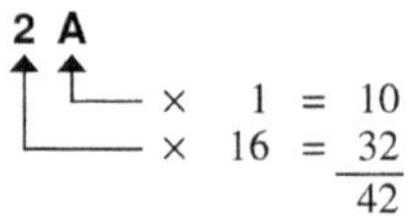

如前所述，在上下文无法推断基数时，遵循使用下标来表示基数的惯例。因此，42 最常见的三种表示法（十进制、二进制和十六进制）如下所示。

$$42_{10} = 00101010_2 = 2A_{16}$$

然而，要记住的最重要的事情是，数字本身总是相同的，数字基数只影响表示法。42 的内在含义独立于基数，可以从小学生也会使用的如下表示法中看出这点：

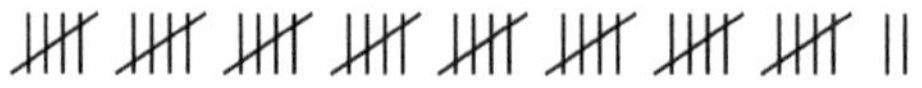

这个表示法中的记号标记的数是 42。事实上，一个数字写成二进制、十进制或任何其他基数进制，都只是表示法的一个性质，而不是这个数字本身的性质。数字没有基数，而表示法有。

7.1.4 表示非数值数据

虽然到目前为止讨论的重点是计算机如何存储数字，但本章是关于字符串的，字符串是非数值数据的一个重要示例。让计算机表示非数值数据的难点在于找到一种方法将这些信息存储在计算机中。

阿达·洛芙莱斯

（GL Archive/Alamy Stock Photo）

表示非数值数据最简单的策略是给需要表示的各个数据值指定数字。例如，即使没有计算机的时候，也有一种表示一年中所有月份的传统方法，即给每个月份分配一个数字：一月的值是 1，二月的值是 2，以此类推，直到十二月，它的值是 12。这种策略称为枚举（enumeration）。

一旦枚举了一组值，就可以在内存中使用适当的数字码表示这些值。例如，数值 12 对应于十二月。正如你在前面几节中看到的，在内部，值存储为整数，并表示为二进制数字序列。而在硬件中没有明确指示该值是表示整数 12 还是表示十二月。特定值的意义取决于如何使用它。如果程序在算术上使用该值，则它被解释为整数 12。如果是从月份列表中选择月份这种方式来使用它，则该值指示十二月。无论哪种情况，在计算机中存储的数字都是完全相同的。

查尔斯·巴贝奇

（Library of Congress Prints and Photograph Division [LC-USZ62-66023l]）

用数字表示非数值数据的策略是计算历史上最重要的思想之一。这一思想最早且最清晰的阐述之一来自阿达·洛芙莱斯（Ada Lovelace），她是诗人拜伦勋爵（Lord Byron）和安娜·伊莎贝拉·拜伦（Anna Isabella Byron）之女。19 世纪 40 年代，洛芙莱斯女士与英国数学家、发明家查尔斯·巴贝奇（Charles Babbage）合作设计了分析机，这是一种计算机器，具有现代计算机的几个基本特征，包括通过改变程序来解决不同任务的能力。遗憾的是，分析机没有完成。事实上，我们对分析机的了解大部分来自洛芙莱斯对意大利工程师路易吉·蒙博（Luigi Menabrea）对巴贝奇工作的详细描述的翻译。她的译作，题为 *Sketch of the Analytical Engine Invented by Charles Babbage*，出版于 1843 年，其注释几乎是原文的三倍长。洛芙莱斯认识到，用于设计分析机的代数模式可以扩展到简单数字以外的概念。她的笔记为分析引擎设想了一个充满可能性的世界，有一天这个世界"可能谱写出任何复杂程度的科学乐曲"。

多伦·斯沃德（Doron Swade）在伦敦科学博物馆领导了重建巴贝奇的早期差分机的工作，他在一个关于阿达·洛芙莱斯生活和工作的电影的采访中，对其贡献做了如下描述：

> "从某种意义上说，洛芙莱斯看到了一些巴贝奇没有看到的东西。在巴贝奇的世界里，他的机器被数字束缚着……洛芙莱斯所看到的是数字除了可以表示

数量之外，还可以表示实体。所以，一旦你有了一个可以操纵数字的机器，如果这些数字代表字母、音符等其他东西，那么这个机器就可以操纵这些符号，而数字只是其中一例。"

7.1.5　表示字符

字符串数据的基本元素是单个字符。与一年中的月份一样，通过为每个字符分配数字码这种方式，可以在计算机中表示字符。例如，你可以分配连续的整数来表示字母表中的每个字母，使用 0 表示字母 **A**，1 表示字母 **B**，依此类推。1605年，英国哲学家和科学家弗朗西斯·培根（Francis Bacon）正是这样做的，他发明了一种编码信息的技术，现在称为**培根密码**（Bacon's cipher）。然而，更令人惊讶的是，培根将他的密码建立在这些数字的二进制表示法上，几乎比莱布尼茨发表的二进制算术论文早了一个世纪。然而培根密码并没有在实践中使用，对后来的计算发展几乎没有影响。

弗朗西斯·培根

(Georgios Kollidas/Shutterstock)

第一个在实践中广泛使用的字符的二进制编码方案是**博多码**（Baudot code），它是法国工程师埃米尔·博多（Émile Baudot）在 1870 年发明的，博多是电报的先驱之一。在博多的方案中，26 个字母中的每一个都被分配了一个数字码。其编码还包括一些特殊字符，如表示空格的字符、表示电报打印机用于指定行尾的两个字符，以及用于转为数字和标点的备用字符集。字母表中的字母并不是按顺序排列的，而是经过选择的，

埃米尔·博多

(Historic Images/Alamy Stock Photo)

如 **E** 和 **T** 等最常见的字母，在博多设计的输入设备只需要按上五个键中的一个即可。

博多码中字母不是连续出现的这一情况，并不会降低编码方案的效率。编码系统的唯一本质特征是发送者和接收者就如何将字母转换成数字码达成一致。发送者和接收者需要共享的公共编码突出了标准化的重要性。只要所有的电报员使用相同的编码，他们就能互相通信。

在计算机行业的早期，由于存在不兼容的字符编码，标准化的工作变得非常复杂。美国标准协会（现在被称为美国国家标准协会或 ANSI）在 1960 年开始了字符编码标准化的工作，并在 1963 年正式形成美国信息交换标准代码（American Standard Code for Information Interchange，ASCII）。早期的 IBM 机器使用一种不同的字符集，该字符集源自用于打孔卡片的编码系统。这个早期的字符集演变成了一个与之竞争的标准，称为**扩展二进制编码的十进制交换码**（Extended Binary Coded Decimal Interchange Code，EBCDIC）。随着时间的推移，ASCII 及其后续版本已经成为业界的主导标准。

在最初的设计中，ASCII 包含 128 个字符，足以存储拉丁字母的大小写字母、标准

的十进制数字、各种标点符号和一组称为控制字符（control character）的非打印字符。初始 ASCII 字符集中的字符如图 7-1 所示。随着时间的推移，图中的灰色方框对应的控制字符已经不再重要。有一种方式使用反斜杠连接一个用于表示定义的字母这种方式表示 JavaScript 所识别的剩余控制字符。例如，字符 \n 表示标志着一行结束的换行符（newline character）。除此之外，本书中没有使用其他控制字符。

	0	1	2	3	4	5	6	7	8	9	A	B	C	D	E	F
0.x	\0								\b	\t	\n	\v	\f	\r		
1.x																
2.x	space	!	"	#	$	%	&	'	(	)	*	+	,	-	.	/
3.x	0	1	2	3	4	5	6	7	8	9	:	;	<	=	>	?
4.x	@	A	B	C	D	E	F	G	H	I	J	K	L	M	N	O
5.x	P	Q	R	S	T	U	V	W	X	Y	Z	[	\	]	^	_
6.x	`	a	b	c	d	e	f	g	h	i	j	k	l	m	n	o
7.x	p	q	r	s	t	u	v	w	x	y	z	{	|	}	~	

图 7-1　ASCII 前 128 个字符

图 7-1 中的字符是根据它们的内部值排列的，这些值用十六进制表示。例如，出现在行为 4x 和列为 1 这一位置上的字符是 **A**，其内部表示是 41_{16}，即十进制的 65。尽管某些模式很重要，但是没有必要记住这些值。例如，本书依赖于以下属性：

- ❏ 数字字符是连续的。
- ❏ 大写字母是连续的，小写字母也是连续的。

随着计算科学全球化，ASCII 编码系统很快被证明是不够的。随着 20 世纪 90 年代万维网的出现，有必要扩展编码系统以包含更广泛的语言集合。结果导致了名为 Unicode 的新标准的诞生，它支持更大的字符集。用 JavaScript 实现的 Unicode 版本允许 65 536（2^{16}）个字符。

遗憾的是，对于现代计算科学来说，即使这样扩展的标准还是太小了。目前的 Unicode 版本包括 1 114 112 个字符，其范围从古代的字母到表情符号（emoji），其中表情符号是一种用来在短信中表达情感或想法的小数字图像。因为这些符号是在 JavaScript 形成之后才添加到 Unicode 中的，所以在字符串包含它们时需要额外的工作。此外，使用这些字符需要了解码位（code point）的概念，该概念仅于 JavaScript 标准的第 6 版中被添加，这超出了本书的范围，可以在网络上找到关于码位的详细信息。

7.2　字符串操作

除了在第 2 章中看到的简单操作外，JavaScript 还支持对字符串进行广泛的操作。你已经知道 JavaScript 使用"**+**"操作符将字符串首尾相连，这称为连接。如果将"**+**"操作符应用于两个数字，JavaScript 会将它们以数字形式相加。如果 " + " 操作符两边的值都是字符串，JavaScript 会将这两个值转换为字符串并将它们连接起来。

除了 "+" 操作符之外，JavaScript 还允许使用关系操作符 "===" "!==" "<" "<=" ">" 和 ">=" 来比较两个字符串值。例如，下面的代码检查 **str** 的值是否等于 **"yes"**：

```
if (str === "yes") ...
```

关系操作符使用**字典顺序**（lexicographic order）比较字符串，字典顺序类似于传统的字母顺序，但它使用每个字符的 Unicode 值进行比较。字典顺序意味着区分大小写是重要的，所以 "a" 不等于 "A"。按照字典顺序，"a" 大于 "A"，因为小写 a 的 Unicode 值（61_{16} 或 97）大于大写 A 的 Unicode 值（41_{16} 或 65）。

字符串的其他操作都需要使用在第 4 章中学习过的处理图形对象的接收者语法来调用字符串值的方法：

receiver . *name* (*arguments*)

图 7-2 列出了 JavaScript 中定义的 **String** 类的一部分最常用的方法。这些方法将在下一节中详细讨论。

字符串操作符

$str_1 + str_2$	连接 str_1 和 str_2，首尾相连并返回一个包含二者组合的新字符串。如果一个操作数是字符串，JavaScript 将另一个操作数转换为其字符串形式
str += *suffix*	在 *str* 末尾追加 *suffix*
$str_1 === str_2$ $str_1 !== str_2$ $str_1 < str_2$ $str_1 <= str_2$ $str_1 > str_2$ $str_1 >= str_2$	这些操作符用于比较 str_1 和 str_2。按字典顺序比较，字典顺序是底层 Unicode 值定义的顺序

字符串字段

str.**length**	返回 *str* 中字符的数量

字符串类方法

String.**fromCharCode**(*code*)	返回一个指定 Unicode 值的单字符字符串

字符串方法

str.**charAt**(*k*)	返回一个由 *str* 中索引位置 *k* 处的字符构成的单字符字符串
str.**charCodeAt**(*k*)	返回 *str* 中索引位置 *k* 处的字符的 Unicode 值
str.**substring**(p_1, p_2) *str*.**substring**(p_1)	返回一个新的字符串，该字符串以 *str* 中索引 p_1 的字符开头，一直延伸到索引 p_2 的字符，但不包括 p_2 位置字符。如果没有提供 p_2 参数，则一直到 *str* 结尾
str.**indexOf**(*pattern*) *str*.**indexOf**(*pattern*, *k*)	在字符串 *str* 中搜索字符串 *pattern*。如果指定 *k* 的话，将会从索引 *k* 处开始搜索，否则从 *str* 的开头开始。该函数返回找到 *pattern* 的第一个索引，如果没有找到，则返回 –1
str.**lastIndexOf**(*pattern*) *str*.**lastIndexOf**(*pattern*, *k*)	操作类似于 **indexOf**，但从索引 *k* 向后搜索。如果没有指定 *k*，则 **lastIndexOf** 从字符串的末尾开始
str.**replace**(*pattern*, *replacement*)	返回一个 *str* 副本，其中第一个 *pattern* 被 *replacement* 替换

图 7-2　JavaScript 中字符串类的常见操作

str.**split**(*pattern*)	通过 *pattern* 将字符串划分为子字符串数组。在第 8 章中，将与数组一起讨论 **split** 方法
str.**toLowerCase**()	返回一个将所有字符转换为小写的字符串副本
str.**toUpperCase**()	返回一个将所有字符转换为大写的字符串副本
str.**startWith**(*prefix*)	如果字符串以 *prefix* 开头则返回 **true**
str.**endsWith**(*suffix*)	如果字符串以 *suffix* 结尾则返回 **true**
str.**trim**()	返回一个移除字符串两端空白符后的副本

图 7-2 （续）

7.2.1 确定字符串的长度

对一个字符串值执行的最简单的操作是确定它的长度（length）（已在第 2 章讨论），也就是确定它包含的字符数。给定一个 JavaScript 字符串变量 **str**，你可以通过计算 **str.length** 来确定长度。需要注意的是，与图 7-2 中列出的其他字符串操作不同，**length** 不是定义为方法，而是定义为 JavaScript 属性（property），它是与对象关联的数据值。将 **length** 定义为属性意味着在属性名之后不出现括号。

例如，如果 **ALPHABET** 被定义为：

```
const ALPHABET = "ABCDEFGHIJKLMNOPQRSTUVWXYZ";
```

表达式 **ALPHABET.length** 的值是 26。类似地，如果使用如下声明创建一个变量 **str**，则表达式 **str.length** 的值为 0。

```
let str = "";
```

在编程中经常出现的完全不包含任何字符的字符串称为*空字符串*（empty string）。

7.2.2 从字符串中选择字符

在 JavaScript 中，字符串中的位置从 0 开始编号。例如，**ALPHABET** 的编号如下图所示。

写在每个字符下面的位置号称为它的*索引*（index）。

在 JavaScript 中，通过调用 **charAt** 方法从字符串中选择一个字符。例如，如下表达式：

```
ALPHABET.charAt(0)
```

它选择开头的字符 **"A"** 作为一个单字符的字符串返回。由于 JavaScript 中的字符编号从 0 开始，所以字符串中的最后一个字符索引要比字符串长度小 1。因此，你可以使用如下方式选择 **ALPHABET** 末尾的 **"Z"**：

```
ALPHABET.charAt(ALPHABET.length - 1)
```

在 JavaScript 中，你可以通过调用 **charCodeAt** 在任何期望的索引位置上检索字符的 Unicode 值。例如：

```
ALPHABET.charCodeAt(0)
```

返回索引位置 0 处字符 **"A"** 的 Unicode 值，你可以从图 7-1 中确定该值为 41_{15} 或 65。如果要将字符编码转换为字符串，需要使用 **String.fromCharCode** 函数，它与 **Math** 函数的使用方式一样，调用者是类而不是对象。例如，调用 **String.fromCharCode(90)** 将返回一个字符串 **"Z"**。

7.2.3　提取字符串的一部分

字符连接操作将较短的字符串连接成更长的字符串，与此同时，你通常需要做相反的工作：将一个字符串分隔成较短的字符串。属于长字符串一部分的字符串称为*子字符串*（substring）。JavaScript 中 **String** 类导出了一个名为 **substring** 的方法，它接受两个参数：你想要的子字符串的首字符索引和紧接着该子字符串的下一个字符的索引。例如，调用方法：

```
ALPHABET.substring(1, 4)
```

它返回三个字符的子字符串 **"BCD"**。因为 JavaScript 中的索引始于 0，索引位置 1 的字符为字符 **"B"**。

substring 方法的实现考虑到以下特殊情况：

❑ 如果缺少第二个参数，则假定它是字符串的长度。

❑ 如果任意一个参数小于 0，则假定为 0。

❑ 如果任意一个参数大于字符串的长度，则假定它是字符串的长度。

❑ 如果第二个参数小于第一个，则交换两个参数。

JavaScript 中 **String** 类导出另外两个方法 **substr** 和 **slice**，它们也用于提取子字符串，但使用不同的约定来定义应该选取哪些字符。为了避免混淆，本书仅使用 **substring** 方法。

7.2.4　在字符串中搜索

有时，在一个字符串中搜索它是否包含特定的字符或子字符串是很有用的。为了支持这种搜索操作，JavaScript 的 **String** 类提供了一个名为 **indexOf** 的方法，该方法有两种形式。最简单的调用形式是：

```
str.indexOf(pattern);
```

pattern 是你要查找的内容。调用时，**indexOf** 方法在 **str** 中搜索 *pattern* 的第一次出现。如果找到了搜索值，**indexOf** 将返回开始匹配的索引位置。如果直到字符串的末尾

都没有匹配，则 **indexOf** 返回 –1。

indexOf 方法接受一个可选的第二个参数，该参数指示开始搜索时的索引位置。下面的示例演示了 **indexOf** 方法的两种风格的效果，这些示例假设变量 **str** 的值是字符串 "**hello,world**"：

```
str.indexOf("o")       →     4
str.indexOf("o", 5)    →     8
str.indexOf("o", 9)    →    –1
```

JavaScript 的 **String** 类还包括一个 **lastIndexOf** 方法，它的工作方式类似于 **indexOf**，只是它从后面开始搜索匹配项。

7.2.5 大小写转换

toLowerCase 和 **toUpperCase** 方法将其接收到的字符串中的任何字母字符转换为指定的小写或大写，同时并不改变其他任何字符。例如，如果 **str** 是 "**hello,world**"，那么调用 **str.toUpperCase()** 将返回 "**HELLO, WORLD**"。类似地，调用 **ALPHABET.toLowerCase()** 将返回 "**abcdefghijklmnopqrstuvwxyz**"。

重要的是要记住，JavaScript 的 **String** 类中的方法不会更改接收者的值，而是返回一个全新的字符串值。因此，调用 **str.toUpperCase()** 不会更改变量 **str** 的值。如果希望将 **str** 的值更改为相应的大写形式，则需要使用赋值语句将值存储回变量中，如下所示：

```
str = str.toUpperCase();
```

有了 **toUpperCase** 方法，编写一个名为 **equalsIgnoreCase** 的谓词函数将变得很容易，该函数将检查两个字符串在忽略大小写时是否相等，如下所示：

```
function equalsIgnoreCase(s1, s2) {
   return s1.toUpperCase() === s2.toUpperCase();
}
```

7.2.6 **startsWith**、**endsWith** 和 **trim** 方法

虽然图 7-2 中的最后三个方法不太适合归为其他类别，但是它们非常有用。如果接收者字符串以指定的前缀开始，则 **startsWith** 方法返回 **true**。例如，如下布尔表达式：

```
answer.startsWith("y") || answer.startsWith("Y")
```

如果 **answer** 以 "**y**" 或 "**Y**" 开头，该表达式则为 **true**。**endsWith** 方法是对称的，如果字符串以指定的后缀结尾，则 **endsWith** 返回 **true**。而 **trim** 方法会返回字符串的一个副本，副本移除了字符串两端的所有空白字符（whitespace character）（如空格或制表符等"不可见的"字符）。

一些 JavaScript 程序员避免使用这些方法，因为它们在早期的 JavaScript 版本中并

不存在。如果需要确保代码能在尽可能多的浏览器上运行，则可以将这些工具实现为谓词函数。例如，你可以实现函数 **startsWith** 如下所示：

```
function startsWith(str, prefix) {
    return prefix === str.substring(0, prefix.length);
}
```

7.2.7 数字和字符串之间的转换

从第 2 章开始，你就依赖于这样一个事实，即当操作数中至少有一个是字符串时，"**+**"操作符在执行连接操作之前会自动将数值转换为字符串。例如，如下表达式：

```
"When I'm " + 8 * 8
```

首先执行乘法得到 64，将该数字转换为字符串，然后将该字符串连接到字符 **"WhenI'm"** 的末尾，以生成字符串 **"WhenI'm 64"**。然而，有时对表示数字的字符串格式进行更多的控制是有用的。

toString 方法是格式化数字的一个工具，它适用于任何数值。在没有参数的情况下，**toString** 执行与字符串连接操作符相同的转换，并生成一个表示数字的字符串。当与数字一起使用时，**toString** 允许你将基数指定为参数。例如，如果 **n** 的值是 42，调用 **n.toString(16)** 将返回字符串 **"2a"**。如果你喜欢十六进制数字的大写形式，你可以对结果调用 **toUpperCase**。

为了对数字的格式提供一些控制，JavaScript 定义了 **toFixed** 方法，该方法指定转换后的字符串小数点后应该有多少位数字，**toPrecision** 方法指定有效数字的数量。例如，调用 **Math.PI.toFixed(4)** 会产生字符串 **"3.1416"**，它在小数点后有四位数字。调用 **Math.PI.toPrecision(4)** 将返回 **"3.142"**，它包含四位有效数字。

JavaScript 包含两个内置函数，可以将表示数字的字符串转换为相应的数值。**parseInt** 函数将表示数字的字符串转换为相应的数值。默认情况下，**parseInt** 将该数字解释为十进制值，但是该函数接受一个可选的第二个参数来指定基数。例如，调用 **parseInt("2A", 16)** 将返回值 42。**parseFloat** 函数对表示浮点数的字符串执行类似的转换，因此 **parseFloat("3.14159")** 返回数值 3.14159。

遗憾的是，你需要确保正在扫描的值是一个合法的数字，否则 **parseInt** 和 **parseFloat** 函数将很难使用。这两个函数通过扫描字符将其参数转换为数字，直到找到不是数字的字符，然后忽略后面的其他字符。例如，调用 **parseInt("123xyz")** 将返回整数 123，即使整个参数不是合法的数字。

将字符串转换为数字的更好策略是调用内置的 **Number** 函数，该函数将其参数转换为数字。**Number** 函数通过返回 **NaN** 来表示失败，**NaN** 是"not a Number"的缩写。在 JavaScript 中，通过调用内置函数 **isNaN** 来检查值是否为 **NaN**。不能使用"**===**"操作符，因为传统上定义了 **NaN** 不等于其本身。虽然这个定义一开始看起来很奇怪，但是生成 **NaN** 的两个计算实际上可能生成的是不同的值。

7.3 字符分类

当你处理字符串中的单个字符时，判断这些字符是否属于特定的类别（如字母或数字）通常很有用。为此，可以利用一个事实，即 Unicode 给数字和大小写字母分配连续的字符编码。例如，数字字符是连续的，这意味着你可以使用以下谓词函数来检查字符是否是数字：

```
function isDigit(ch) {
   return ch.length === 1 && ch >= "0" && ch <= "9";
}
```

return 语句中的布尔表达式首先检查参数 **ch** 是否是单字符的字符串，如果是，则检查它是否按照字典顺序位于在 **"0"** 和 **"9"** 之间这一范围内。类似地，你可以使用以下函数来检查一个字符是否是大写字母：

```
function isUpperCase(ch) {
   return ch.length === 1 && ch >= "A" && ch <= "Z";
}
```

像 **isDigit** 和 **isUpperCase** 这样的函数在应用程序中频繁出现，因此值得将它们放在一个程序库中。图 7-3 显示了 **CharacterType.js** 库的代码，它导出了几个对字符进行分类的方法。如果在运行应用程序的 **index.html** 中加载此库，则可以通过调用如下方法来检查变量 **ch** 是否包含字母：

```
isLetter(ch)
```

如果需要实现不是由 **CharacterType.js** 提供的字符分类时，可以使用 **indexOf** 查看相关字符是否存在于包含相应值的字符串常量中。例如，下面的谓词函数测试字符 **ch** 是否是英语元音字母：

```
function isEnglishVowel(ch) {
   return ch.length === 1 &&
          "AEIOUaeiou".indexOf(ch) !== -1;
}
```

```
/*
 * File: CharacterType.js
 * ----------------------
 * This library exports a set of functions to classify a character by type.
 */

/*
 * Returns true if the character ch is a digit.
```

图 7-3 一个按类型给字符分类的程序库

```
 */
function isDigit(ch) {
   return ch.length === 1 && ch >= "0" && ch <= "9";
}

/*
 * Returns true if the character ch is a letter in the Roman alphabet.
 */
function isLetter(ch) {
   return isLowerCase(ch) || isUpperCase(ch);
}

/*
 * Returns true if the character ch is a letter or a digit.
 */
function isLetterOrDigit(ch) {
   return isLetter(ch) || isDigit(ch);
}

/*
 * Returns true if the character ch is a lowercase letter.
 */
function isLowerCase(ch) {
   return ch.length === 1 && ch >= "a" && ch <= "z";
}

/*
 * Returns true if the character ch is an uppercase letter.
 */
function isUpperCase(ch) {
   return ch.length === 1 && ch >= "A" && ch <= "Z";
}

/*
 * Returns true if the character ch is a "whitespace" character.
 */
function isWhitespace(ch) {
   return ch === " " || ch === "\t" || ch === "\n" || ch === "\f" ||
          ch === "\r" || ch === "\v";
}
```

图 7-3 （续）

7.4 字符串常见的代码模式

尽管 JavaScript 的 **String** 类导出的方法提供了实现简单应用程序所需的工具，但是通过调整实现常见操作的代码模式通常更容易编写程序。两个最重要的字符串相关的代码模式是遍历字符串中的字符和拼接字符串。下面的小节将描述这两个代码模式。

7.4.1 遍历字符串中的字符

处理字符串时，最重要的代码模式之一是遍历字符串中的字符，这需要如下代码：

```
for (let i = 0; i < str.length; i++) {
   ……使用 str.charAt(i) 字符的循环体……
}
```

在每个循环周期中，表达式 **str.charAt(i)** 表示字符串中索引位置 **i** 处的字符。例如，可以使用以下函数计算字符串中的空格数：

```
function countSpaces(str) {
   let nSpaces = 0;
   for (let i = 0; i < str.length; i++) {
      if (str.charAt(i) === " ") nSpaces++;
   }
   return nSpaces;
}
```

对于某些应用程序，按相反的方向遍历字符串是很有用的。这种遍历使用如下 **for** 循环：

```
for (let i = str.length - 1; i >= 0; i--)
```

在这里，索引 **i** 从最后一个索引位置开始，然后在每个循环中递减 1，直到索引位置 0（包括索引 0）。

假设你已经理解了 **for** 语句的语法和语义，那么每当你在应用程序中需要这些遍历模式时，你就可以根据基本原理来设计它们。然而，那样做会大大降低你的速度。这些模式值得记住，这样你就不用浪费时间去想它们了。当你意识到你需要循环字符串中的字符时，你的大脑和手指之间的神经系统的某些部分应该能够毫不费力地把这个想法转换成下面的代码：

```
for (let i = 0; i < str.length; i++)
```

7.4.2 拼接字符串

另一个需要记住的重要字符串代码模式是一次一个字符地创建一个新字符串。尽管循环的细节取决于应用程序，但是拼接字符串的一般模式如下所示：

```
let str ="";
for (任何适合应用的循环条件) {
   str += 下一子字符串或字符;
}
```

例如，**nCopies** 函数返回一个包含 **n** 个 **str** 副本的字符串：

```
function nCopies(n, str) {
   let result = "";
   for (let i = 0; i < n; i++) {
      result += str;
   }
   return result;
}
```

例如，如果你需要在控制台输出中生成某种类型的小节分隔符，那么 **nCopies** 函数非常有用。实现这个目标的一个策略是使用如下语句打印一行 72 个连字符：

```
console.log(nCopies(72, "-"));
```

7.4.3 遍历和拼接的组合模式

许多字符串处理函数时同时使用遍历和拼接模式。例如，下面的函数将参数字符串反转，调用 **reverse("stressed")** 后返回 **"desserts"**：

```
function reverse(str) {
   let result = "";
   for (let i = str.length - 1; i >= 0; i--) {
      result += str.charAt(i);
   }
   return result;
}
```

你还可以使用正向循环并将每个新字符连接到 **result** 字符串的前面来实现 **reverse**，如下所示：

```
for (let i = 0; i < str.length; i++) {
   result = str.charAt(i) + result;
}
```

7.5 字符串应用程序

要提高对字符串的理解，最简单的方法是查看几个示例应用程序。接下来的小节将介绍以不同方式使用字符串的四个应用程序。

7.5.1 检查回文

回文（palindrome）是一个正读和反读完全一样的单词，比如 level 或 noon。本节的目标是编写一个谓词函数 **isPalindrome**，它检查一个字符串是否为回文。调用 **isPalindrome("level")** 应该返回 **true**，调用 **isPalindrome("xyz")** 应该返回 **false**。

与大多数编程问题一样，解决这个问题的策略不止一种。下面的代码演示了一种策略：

```
function isPalindrome(str) {
   let n = str.length;
   for (let i = 0; i < n / 2; i++) {
      if (str.charAt(i) !== str.charAt(n - i - 1)) {
         return false;
      }
   }
   return true;
}
```

这个实现使用一个 **for** 循环来遍历字符串前半部分的每个索引位置，检查该位置的字符是否与相对于字符串末尾对称位置的字符匹配。

但是，如果你利用了现有的函数，则可以将 **isPalindrome** 编码为更简单的形式，如下所示：

```
function isPalindrome(str) {
    return str === reverse(str);
}
```

尽管 **isPalindrome** 的两种实现都返回正确的结果，但是在多方权衡后你可能会选择其中一种。例如，第一个版本实现的效率要高得多，因为它不需要创建任何新的字符串。尽管在效率上有差异，但第二个版本有许多优点，特别适合作为新程序员的一个例子。一方面，它通过使用 **reverse** 函数利用了现有代码。另一方面，它隐藏了第一个版本中计算所需的索引位置涉及的复杂性。对于大多数学生来说，至少需要一到两分钟才能弄清楚为什么代码包含表达式 **str.charAt(n - i - 1)**，或者为什么在 **for** 循环测试中使用 "**<**" 操作符是合适的，而不是 "**<=**"。相比之下，下行代码读起来和英语一样流畅。

```
return str === reverse(str);
```

如果一个字符串等于你把它反过来时的那个字符串，那么它就是一个回文。毕竟，这正是回文的定义。

特别是当你正在学习编程时，最好朝着 **isPalindrome** 的第二个实现体现的清晰度方向努力，而不是尝试追逐第一个实现体现的效率。考虑到现代计算机的速度，为了使程序更容易理解，牺牲一些效率几乎总是值得的。

7.5.2 生成缩写词

缩写词（acronym）是由一系列单词的首字母按顺序组合而成的新词。例如，NATO是由 "North Atlantic Treaty Organization" 每个单词的首字母组成的缩写。本节的目标是编写一个名为 **acronym** 的函数，该函数接受一个字符串并返回其缩写词。例如，调用：

```
acronym("North Atlantic Treaty Organization")
```

它应该返回字符串 "**NATO**"。类似地，如果调用：

```
acronym("port out starboard home")
```

它应该返回缩写词 "**posh**"。

当你第一次看到这个问题时，似乎最明显的方法是从第一个字符开始，然后在 **while** 循环中搜索空格。每次函数找到空格时，它可以将下一个字符连接到用于保存结果的字符串变量的末尾。当字符串中不再出现空格时，缩写词就完成了。此策略可以用 JavaScript 以如下方式实现：

```
function acronym(str) {
    let result = str.charAt(0);
    let sp = str.indexOf(" ");
    while (sp !== -1) {
        result += str.charAt(sp + 1);
        sp = str.indexOf(" ", sp + 1);
```

```
   }
   return result;
}
```

虽然这个实现对某些字符串有效，但对其他字符串是无效的。例如，它只在每个单词由一个空格分隔的情况下才是正确的算法。如果某些单词用连字符分隔，比如 **"self-contained underwater breathing apparatus"** 的缩写词应该是 **"scuba"**，而这个实现将无法返回正确的结果。更糟糕的是，如果单词以空格结束，该函数将产生一个错误，因为对 **str.charAt(sp + 1)** 的调用将在字符串结束后尝试选择不存在的字符。

虽然下面的实现一开始看起来比较难，但是这一策略能正确处理上一个版本失败的特殊情况，生成正确的缩写词：

```
function acronym(str) {
   let result = "";
   let inWord = false;
   for (let i = 0; i < str.length; i++) {
      let ch = str.charAt(i);
      if (isLetter(ch)) {
         if (!inWord) result += ch;
         inWord = true;
      } else {
         inWord = false;
      }
   }
   return result;
}
```

这个实现使用标准的习惯用法逐个字符地检查字符串。它通过使用布尔变量 **inWord** 来确定单词边界，如果扫描到字母时，**inWord** 为 **true**，如果扫描到非字母时，**inWord** 为 **false**。只有当 **inWord** 之前为 **false** 时，代码才会把新字母添加到缩写词中。

7.5.3 将英语翻译成 Pig Latin

为了让你更加了解如何实现字符串处理应用程序，本节介绍一个 JavaScript 函数，它需要输入需要一行文本，然后会把输入文本的每个单词从英语转换为 Pig Latin（儿童黑话）单词。Pig Latin 是一种大多数英语国家的孩子都熟悉的虚构语言，在 Pig Latin 中，单词是通过应用以下规则，由相应英语单词形成的。

1. 如果该单词没有元音，就不进行转换，这意味着这个 Pig Latin 与原文是一样的。

2. 如果该单词以元音字母开头，那么 Pig Latin 的对应单词是原单词追加后缀 way。

3. 如果该单词以辅音开头，那么 Pig Latin 的对应单词以如下方式形成：通过提取第一个元音之前的辅音字符串，将其移动到单词的末尾，并添加后缀 ay。

例如，假设英语单词是 scram。因为这个单词是以辅音开头的，所以你可以把它分成两部分：一部分由第一个元音前的字母组成，另一部分由这个元音和其余的字母组成。

$$\boxed{\texttt{scr}}\ \boxed{\texttt{am}}$$

然后将这两部分互换，最后加上 ay，如下所示。

$$\boxed{\texttt{am}}\ \boxed{\texttt{scr}}\ \boxed{\texttt{ay}}$$

因此，scram 对应的 Pig Latin 单词是 amscray。对于一个以元音开头的单词，比如 apple，你只需要在结尾加上 way，就可以得到 appleway 了。

PigLatin.js 的代码如图 7-4 所示。该文件导出两个供客户端使用的函数。**wordToPigLatin** 函数的作用是将一个单词转换为它的等价 Pig Latin 单词。**toPig-Latin** 函数输入一行文本，通过将文本分成单词，然后转换每个单词，进而把整个文本转换为 Pig Latin。不属于单词一部分的字符直接被复制到输出行，因此标点和间距不受影响。下面的控制台日志给出了函数 **toPigLatin** 和 **wordToPigLatin** 的一些示例。

```
JavaScript Console
> toPigLatin("this is pig latin.")
isthay isway igpay atinlay.
> wordToPigLatin("scram")
amscray
> wordToPigLatin("apple")
appleway
> wordToPigLatin("trash")
ashtray
>
```

值得仔细研究一下图 7-4 中 **toPigLatin** 函数和 **wordToPigLatin** 函数的实现。**toPigLatin** 函数查找输入中的单词边界，这是一个将字符串分隔为单个单词的有用模式。**wordToPigLatin** 函数使用 **substring** 提取英语单词的片段，然后使用连接操作将它们重新组合成 Pig Latin 形式。

```
/*
 * File: PigLatin.js
 * ------------------
 * This file defines the functions wordToPigLatin and toPigLatin.
 */

"use strict";

/*
 * Converts a multi-word string from English to Pig Latin.
 */

function toPigLatin(str) {
   let result = "";
   let start = -1;
   for (let i = 0; i < str.length; i++) {
      let ch = str.charAt(i);
      if (isLetter(ch)) {
         if (start === -1) start = i;
      } else {
         if (start >= 0) {
            result += wordToPigLatin(str.substring(start, i));
         }
```

图 7-4　将英语翻译成 Pig Latin 的函数

```
            start = -1;
            result += ch;
        }
    }
    if (start >= 0) {
        result += wordToPigLatin(str.substring(start));
    }
    return result;
}
/*
 * Translates a word to Pig Latin using the following rules:
 * 1. If the word begins with a vowel, add "way" to the end of the word.
 * 2. If the word begins with a consonant, extract the leading consonants
 *    up to the first vowel, move them to the end, and then add "ay".
 * 3. If the word contains no vowels, return the word unchanged.
 */

function wordToPigLatin(word) {
    let vp = findFirstVowel(word);
    if (vp === -1) {
        return word;
    } else if (vp === 0) {
        return word + "way";
    } else {
        let head = word.substring(0, vp);
        let tail = word.substring(vp);
        return tail + head + "ay";
    }
}
/*
 * Returns the index of the first vowel in the word, or -1 if none.
 */
function findFirstVowel(word) {
    for (let i = 0; i < word.length; i++) {
        if (isEnglishVowel(word.charAt(i))) return i;
    }
    return -1;
}
/*
 * Returns true if the character ch is an English vowel (A, E, I, O, or U).
 */
function isEnglishVowel(ch) {
    return ch.length === 1 && "AEIOUaeiou".indexOf(ch) !== -1;
}
```

图 7-4 （续）

7.5.4 实现简单的密码

在有记录的历史中，密码或多或少都以某种形式存在。有证据表明，尽管很少有密码系统的细节保存下来，但是可能早在公元前 3000 年，古埃及、中国古代和古印度就使用过编码信息。在 *Iliad* 的第六卷中，荷马（Homer）暗示了一种编码信息的存在，当普罗托斯国王想要杀死年轻的贝列罗托斯（Bellerophontes）时：

把他送到利吉亚，交给他杀人符号，他把这些符号刻在一个可折叠的石板上，足以毁灭生命……

当然，在莎士比亚的 *Hamlet* 中，罗森克兰茨（Rosencrantz）和吉尔登斯吞（Guildenstern）也有类似的危险信件，但《哈姆雷特》的信件是盖有皇家印章的。在 *Iliad* 中，没有暗示信息是密封的，这意味着"杀人符号"的意义必须以某种方式加以掩饰。

最早有详细资料保存下来的加密系统之一是波利比奥斯方阵（Polybius square），由希腊历史学家波力比奥斯（Polybius）在公元前 2 世纪发明。该系统将字母表中的字母排列成 5×5 的网格，每个字母由其行号和列号表示。例如，假设你想要翻译由费迪皮迪兹（Pheidippides）带给斯巴达（Sparta）的以下英文版信息。

	1	2	3	4	5
1	A	B	C	D	E
2	F	G	H	IJ	K
3	L	M	N	O	P
4	Q	R	S	T	U
5	V	W	X	Y	Z

波利比奥斯方阵

THE ATHENIANS BESEECH YOU TO HASTEN TO THEIR AID

此消息可以转换成一系列数字对，如下所示。

```
44 23 15 11 44 23 15 33 24 11 33 43 12 15 43 15 15 13 23 54
34 45 44 34 23 11 43 44 15 33 44 34 44 23 15 24 42 11 24 14
```

波利比奥斯方阵的优势不在于它能加密信息，而在于它简化了传输问题。信息中的每一个字母都可以用一只手拿着一到五个火炬来表示，这使得信息可以在很远的地方以视觉的方式传达。通过将字母表简化为易于传输的编码，波利比奥斯方阵预见了莫尔斯电码和信号灯等后来的发展，更不用说 ASCII 或 Unicode 等现代数字编码了。

公元 110 年左右，罗马历史学家苏维托尼乌斯（Suetonius）在 *De Vita Caesarum* 一书中描述了尤利乌斯·凯撒（Julius Caesar）使用的加密系统，内容如下所示：

> 如果他有什么机密的话语，他就用密码写，也就是说，通过改变字母的顺序，一个字也看不出来。如果有人想要破译这些字母并理解它们的意思，他必须把字母表中的第四个字母 D 替换 A，其他字母也是如此。

即使在今天，通过将字母在字母表中移动一定距离来编码信息的技术仍被称为凯撒密码（Caesar cipher）。根据苏维托尼乌斯的叙述，每一个字母在字母表中都要向前移动三个位置。例如，如果凯撒有时间按照他的编码系统翻译他的最后一句话，那么 ET TU BRUTE 就会以 HW WX EUXWH 的形式出现，因为 E 向前移动了三个字母到 H，T 向前移动了三个字母到 W，等等。超过字母表末尾的字母绕回到开头，所以 X 变成了 A，Y 变成了 B，Z 变成了 C。

图 7-5 中的 **caesarCipher** 函数根据构造凯撒密码的规则翻译字符串中的字母。代码中使用 **charCodeAt** 将字符转换为 Unicode 值，然后使用取余操作符实现循环转换，即绕回到字母表的开头。**caesarCipher** 函数计算完新的字符编码后，使用 **String.fromCharCode** 将 Unicode 值转换回字符串。代码确保 "**%**" 的操作数为正，以确保计算正确。

下面的控制台日志演示了 **caesarCipher** 的操作。

```
                     JavaScript Console
> caesarCipher("Et tu, Brute?", 2)
Gv vw, Dtwvg?
> caesarCipher("Gv vw, Dtwvg?", -2)
Et tu, Brute?
> caesarCipher("This is a secret message.", 13)
Guvf vf n frperg zrffntr.
> caesarCipher("Guvf vf n frperg zrffntr.", -13)
This is a secret message.
> caesarCipher("IBM 9000", -1)
HAL 9000
>
```

```
/*
 * Encrypts a string using a Caesar cipher, in which the value of key
 * is added to each character, wrapping around to the beginning of the
 * alphabet if necessary.  The first line of the function makes sure
 * that the key value is always positive by converting negative keys
 * to the equivalent positive shift.
 */

function caesarCipher(str, key) {
   if (key < 0) key = 26 - (-key % 26);
   let result = "";
   for (let i = 0; i < str.length; i++) {
      let ch = str.charAt(i);
      if (ch >= "A" && ch <= "Z") {
         let code = ch.charCodeAt(0);
         let base = "A".charCodeAt(0);
         ch = String.fromCharCode(base + (code - base + key) % 26);
      } else if (ch >= "a" && ch <= "z") {
         let code = ch.charCodeAt(0);
         let base = "a".charCodeAt(0);
         ch = String.fromCharCode(base + (code - base + key) % 26);
      }
      result += ch;
   }
   return result;
}
```

图 7-5　使用凯撒密码加密消息的函数

密码学在计算科学的早期历史中扮演了重要的角色。第二次世界大战期间，英国布莱切利公园的由数学家和工程师组成的小组使用机电设备破解了德国的恩尼格玛密码（Enigma code）。计算机科学先驱艾伦·图灵（Alan Turing）在其中发挥了重要作用，这一成就对盟军的战争努力至关重要。尽管这项工作在战后被保密了许多年，但它最近在一系列电影中得以普及，包括 *Breaking the Code*、*Enigma* 和 *The Imitation Game*。

(Private Collection/Prismatic Pictures/Bridgeman Images)

艾伦·图灵

7.6　从控制台读取数据

你在本章中看到的图形化程序使用了现代计算机通常使用的交互方式。这些程序创建图形界面，然后让用户通过移动鼠标与其进行交互。然而，这种交互方式在计算历史上相对较新。在施乐帕克研究中心（Xerox PARC）开发 GUI 技术之前，大多数与计算机的交互都是通过键盘完成的。1999 年，科幻作家尼尔·斯蒂芬森（Neal Stephenson）写了一篇题为 "In the beginning was the command line" 的文章，他在文中深情地回忆了自己早年的记忆。

尽管看起来历史悠久，但在某些情况下，从控制台读取数据或命令是一种有用的人机交互方式。如果没有其他方法，那么通过编写简单的基于控制台的程序来测试函数通常是最简单的方法，这些程序允许你查看特定调用的结果。实际上，这正是你在使用 JavaScript 控制台时一直在做的事情——输入表达式并查看结果。

基于控制台的程序对于说明编程原则也很有用。在我前几本介绍编程艺术和科学的书籍中，我使用过的一个示例程序，它从用户那里读取整数列表并打印出它们的和，如下面的控制台脚本所示。

```
                    JavaScript Console
> AddIntegerList();
Enter a list of integers up to a blank line.
 ? 1
 ? 2
 ? 3
 ? 4
 ?
The sum is 10.
>
```

AddIntegerList 函数首先向用户提供指令，然后要求用户在控制台中输入整数，每行一个。当用户在最后一个问号后面输入空行时，程序将显示所有数的和。

用 JavaScript 编写这类程序有点棘手。JavaScript 依赖于事件驱动的模型，哪怕是与控制台的交互。因此，程序不可能直接打印一个问号，等待用户输入整数，然后继续运行程序。JavaScript 程序必须通过提供一个回调函数，来表明当有一行输入时，它希望得到通知。然后，该回调函数负责处理输入，并为了生成期望的结果，采取必要的操作。

AddIntegerList.js 的代码如图 7-6 所示。程序中使用的第一个新特性是 **console** 对象中的 **requestInput** 方法。第一个参数是一个提示符（prompt），用于通知用户需要一些输入。第二个参数是当有输入时要调用的函数。回调函数接受一个参数，即输入行。如果该字符串为空，则 **processLine** 显示输入值的和，否则，**processLine** 将字符串转换为整数并将其添加到动态的总和中。

当你在 **index.html** 文件中包含 **JSConsole.js** 库时，浏览器通常会在 **<body>** 部分的末尾创建一个新区域来保存控制台输出，然后在程序运行时展开该区域。对于接受输入数据的程序，如果 Web 页面为控制台创建了一个显式区域以便保持大小不变，则可以改进用户体验。你可以在 **<body>** 里使用 HTML 标签来设置控制台的固定高度：

```
<div id="JSConsole" style="width:100%;height=hpx;"></div>
```

其中，h 表示控制台的高度（以像素为单位）。

```
/*
 * File: AddIntegerList.js
 * -------------------------
 * This program adds a list of integers entered on the console.
 */

"use strict";

function AddIntegerList() {
   let sum = 0;
   console.log("Enter a list of integers up to a blank line.");
   console.requestInput(" ? ", processLine);

   function processLine(line) {
      if (line === "") {
         console.log("The sum is " + sum + ".");
      } else {
         let value = Number(line);
         if (isNaN(value) || value !== Math.floor(value)) {
            console.log("Illegal integer");
         } else {
            sum += value;
         }
         console.requestInput(" ? ", processLine);
      }
   }
}
```

图 7-6　对控制台输入的整数求和程序

总结

在本章中，你学习了如何使用 **String** 类，这使得编写字符串处理函数成为可能，而不必担心底层表示的细节。本章的重点包括：

❏ 现代计算机的基本信息单位是位，它有两种状态。位的状态在内存中通常由二进制数字 0 和 1 表示，但是根据应用程序的不同，同样可以将这些值看作是"开"和"关"或 false 和 true。

❏ 在硬件内部，位序列可以组合形成更大的结构，包括字节（8 位长）和字（足够大到包含一个标准整数）。

❏ 计算机科学家倾向于用十六进制（以 16 为基数）记录位序列的值，这让二进制值可以以更紧凑的形式表示。

❏ 数字没有底数，而表示法有。

❏ 非数值数据值通过对域中的元素进行编号，然后使用这些数字作为原始值的编码。

❏ 字符在内部使用一种名为 Unicode 的编码方案表示，该编码方案给来自各种语言的字符分配数字。

❏ **String** 类表示一种类型，概念上它是字符序列。给字符串中的每个字符位置分配了索引号，索引号从 0 开始，一直到比字符串长度小 1 的数字。

图 7-2 给出了 **String** 类导出的最常见的方法。因为 **String** 是一个类，所以这些方法使用接收者语法，而不是更通常的函数形式。

❏ 遍历字符串中的字符的标准模式是：

```
for (let i = 0; i < str.length; i++) {
    ……操作 str.charAt(i) 的循环体……
}
```

❏ 拼接字符串的标准模式是：

```
let str = "";
for (任何适合应用的循环条件){
    str += 下一个子字符串或字符
}
```

复习题

1. 定义以下术语：位、字节和字。

2. 位（bit）这个词的词源是什么？

3. 将下列十进制数转换为十六进制数：

   a. 17   b. 256   c. 1729   d. 2766

4. 将下列十六进制数转换为十进制数：

   a. 17   b. 64   c. CC   d. FAD

5. 可以使用哪些 JavaScript 函数，对数字和其对应的字符串表示法之间进行转换？

6. 用你自己的话，说明枚举的原理。

7. ASCII 是什么的缩写？

8. ASCII 和 Unicode 之间的关系是什么？

9. 通过参考图 7-1，确定字符 "**$**" "**@**" "**0**" 和 "**x**" 的 Unicode 值。

10. 判断题：在 JavaScript 中，可以通过调用 **length(str)** 来确定存储在变量 **str** 中的字符串长度。

11. 判断题：字符串中的索引位置从 0 开始，一直到字符串长度减 1。

12. 如何提取字符串中 k 位置的字符？如何确定该字符的 Unicode 值？

13. **substring** 方法的参数是什么？如果忽略第二个参数会发生什么？

14. 什么是字典顺序？

15. 如果没有传入第一个参数，**indexOf** 返回的值是多少？

16. 第二个可选参数对 **indexOf** 的意义是什么？

17. 假设你按如下方式声明并初始化变量 s：

```
let s = "hello, world";
```

    有了这个声明，下面的每个调用会产生什么值呢？

a. **s + "!"**　　　　　　f. **s.replace("h", "j")**

b. **s.length**　　　　　　g. **s.substring(0, 3)**

c. **s.charAt(5)**　　　　h. **s.substring(7)**

d. **s.indexOf("l")**　　i. **s.substring(3, 5)**

e. **s.indexOf("l", 5)**　j. **s.substring(3, 3)**

18. 遍历字符串中每个字符的代码模式是什么？

19. 如果你想从后遍历字符串（从最后一个字符开始，以第一个字符结束），复习题 18 中的代码模式将如何更改？

20. 拼接字符串的代码模式是什么？

练习题

1. 在第 3 章的练习题 16 中，你编写了一个程序来寻找完全数。将程序改写一下，使它也显示这些数字的二进制形式。正如你在运行这个程序时所看到的，前几个完全数在用二进制表示时遵循一个有趣的模式。欧几里得在 2000 多年前就发现了这种模式，18 世纪的瑞士数学家莱昂哈德·欧拉（Leonhard Euler）证明了所有的完美数字都遵循这种模式。

2. 正如在讨论 **String** 类中的内置方法时所指出的那样，**startsWith** 和 **endsWith** 方法在旧的浏览器中没有实现。参考 7.2.6 节的函数 **startsWith**，实现函数 **endsWith(str, suffix)**，该函数检查 **str** 是否以指定的后缀结尾。

3. 实现一个函数 **isEnglishConsonant(ch)**，如果 **ch** 是英语中的辅音，即除了五个元音（a、e、i、o 和 u）之外的任何一个字母字符，那么它将返回 **true**。与本书中的 **isEnglishVowel** 函数一样，该函数应该同时识别大写和小写辅音。

4. 编写一个函数 **randomWord**，返回一个随机构造的"单词"，该"单词"由随机选择的小写字母组成。单词的字母数量也应该是一个介于 **MIN_LETTERS** 常量和 **MAX_LETTERS** 常量的值之间的随机数字。

5. 实现一个函数 **capitalize(str)**，该函数返回一个字符串，其中将首字母大写（如果是字母的话），所有其他字母都小写，并且不改变字母以外的字符。例如，**capitalize("BOOLEAN")** 和 **capitalize("boolean")** 都应该返回字符串 **"BOOLEAN"**。

6. 在许多单词游戏中，是按照字母的点数来计算得分的，字母的点数与它们在英语单词中的出现频率成反比。在 Scrabble 游戏中，点数分配如下所示。

点数	字母
1	A、E、I、L、N、O、R、S、T、U
2	D、G
3	B、C、M、P
4	F、H、V、W、Y
5	K
8	J、X
10	Q、Z

例如，**"FARM"** 这个单词在 Scrabble 游戏得 9 分，其中 F 得 4 分，A 和 R 各得一分，M 得三分。编写一个函数 **scrabbleScore** 接受一个单词，并返回它在 Scrabble 游戏的得分，不包括游戏中的其他任何奖励。在计算分数时，应忽略除大写字母以外的任何字符。

7. 重写 **isPalindrome** 函数，使其能够进行递归操作。可以利用以下事实，（a）如果字符串的长度小于 2 的话，或者（b）如果字符串首尾字符匹配，并且首尾字符之间的子字符串是回文的话，那么该字符串就是一个回文。

8. 回文的概念通常通过忽略标点符号、空格和字母大小写区别，从而扩展到完整的句子。例如，句子：

Madam, I'm Adam.

因为如果你只看字母而忽略大小写的区别，它从前后读起来是一样的，因此它是一个句子回文。

编写一个谓词函数 **isSentencePalindrome(str)**，如果 **str** 符合句子回文的定义，则该函数返回 **true**。例如，你应该可以按如下控制台所示的方式使用该函数。

```
JavaScript Console
> isSentencePalindrome("Madam, I'm Adam.")
true
> isSentencePalindrome("Able was I ere I saw Elba.")
true
> isSentencePalindrome("Not a palindrome.")
false
>
```

9. 编写一个函数 **createRegularPlural(word)**，返回参数 **word** 的复数形式，遵循如下标准英语规则：

a. 如果单词以 s、x、z、ch 或 sh 结尾，则将 es 加到单词结尾。

b. 如果这个单词以 y 结尾，前面有一个辅音，把 y 改成 ies。

c. 在所有其他情况下，只添加一个 s。

设计一组测试用例来验证你的函数是否运行。

10. 在英语中，使用现在进行时表示动作正在进行中这一个概念，通过给动词添加 ing 后缀来表示该时态。例如，"I think" 某种程度上传达出一个人有思考能力，相比之下，"I am thinking" 给人的印象是，一个人正在思考。动词的 ing 形式叫作现在分词（present participle）。

不幸的是，创造现在分词并不总是像添加 ing 结尾那么简单。一个常见的例外是像 cogitate 这样的单词以一个不发音的 e 结尾。在这种情况下，e 通常被省略，这样分词的形式就变成了 cogitating。另一个常见的例外是以单辅音结尾的单词，其现在分词通常要将辅音双写。例如，动词 run 变成了 running。

尽管有许多例外，你可以通过应用以下规则来构建英语中大量的合法分词形式：

a. 如果单词以 e 结尾，并且 e 前面是辅音时，去掉 e，再加 ing。因此，move 应该成为 moving。如果 e 的前面没有辅音，则它应该保持不变，所以 see 就变成了 seeing。

b. 如果这个单词以辅音结尾，前面有一个元音，那么在添加 ing 之前再插入一个该辅音的副本。因此，jam 变成了 jamming。但是，如果在单词的末尾有多于一个的辅音，就不用双写，所以 walk 变成了 walking。

c. 在所有其他情况下，只需添加 ing 后缀即可。

　　使用上述规则，编写一个函数 **createPresentParticiple(verb)**，它接受一个英语动词，返回其现在分词。你可以假设该动词完全是小写的，并且至少有两个字符长。

11. 和大多数语言一样，英语包含两种类型的数字。基数（cardinal numbe，如 one、two、three 和 four）用于计数，序数（ordinal number 如 first、second、third 和 fourth）用于表示序列中的位置。在文本中，序数通常写成数字后紧跟两个字母来表示，其中字母来自相应序数的末尾两位字母。因此，序数 first、second、third 和 fourth 分别写成 1st、2nd、3rd 和 4th。然而，11、12 和 13 的序数是 11th、12th 和 13th。请设计一个规则来确定应该为每个数字添加什么后缀，然后使用这个规则来编写一个函数 **createOrdinalForm(n)**，该函数以字符串的形式返回数字 n 的序数形式。

12.

　　　　英语中，在拼写虚构的声音和在它们的历史（或者词源学）上浪费时间是荒谬的……

　　　　　　　　　　　　　　　　　——萧伯纳（George Bernard Shaw），1941

　　在 20 世纪早期，英美两国都对简化英语单词拼写的规则有相当大的兴趣，这一直是一个困难的命题。作为这一运动的一部分提出的一项建议是取消所有的双字母，这样 bookkeeper 就会写成 bokeper，committee 就会变成 comite。

　　编写一个函数 **removeDoubledLetters(str)**，返回一个新字符串，其中 **str** 中的任何重复字符都被替换成单个。

13. 当在纸上书写大数字时，通常使用逗号将数字分成三个一组（至少在美国是这样）。例如，数字一百万通常写成 1,000,000。实现一个函数：

```
function addCommas(digits)
```

它接受一个表示十进制数字的字符串，并返回一个从右开始数每三个位置插入一个逗号的字符串。**addCommas** 函数的实现应该能够再现以下控制台日志。

```
                    JavaScript Console
> addCommas("17")
17
> addCommas("2001")
2,001
> addCommas("12345678")
12,345,678
> addCommas("999999999")
999,999,999
>
```

14. 如前所述，如果你输入一个包含以大写字母开头的单词的字符串，图 7-4 中的 **PigLatin** 程序将表现得很奇怪。例如，如果要对句子中的第一个单词和句子中包含的 Pig Latin 名称进行首字母大写时，你将看到以下输出。

```
                    JavaScript Console
> toPigLatin("This is Pig Latin.")
isThay isway igPay atinLay.
>
```

　　重写 **wordToPigLatin** 函数，使英语行中任何以大写字母开头的单词在 Pig-Latin 中仍然以大写字母开头。因此，当你在程序中做了必要的修改后，输出应该如下所示。

```
                    JavaScript Console
> toPigLatin("This is Pig Latin.")
Isthay isway Igpay Atinlay.
>
```

15. 说英语的国家的大多数人在他们人生的某个阶段都玩过 Pig Latin 游戏。还有其他的发明"语言"，它们的单词由一些简单英语单词转换而来。其中有一种语言称为 Obenglobish，在这种语言中，单词通过在英语单词的元音（a、e、i、o 和 u）前添加字母 ob 来创建。例如，此规则下，在单词 english 的 e 和 i 前面添加了字母 ob，形成了 obenglobish，这也是该语言的名称的由来。

　　在官方的 Obenglobish 中，ob 字符只在能发音的元音前添加，这意味着像 game 这样的单词会变成 gobame 而不是 gobamobe，因为最后的 e 是不发音的。虽然不可能完美地实现这个规则，但是通过在英语单词的每个元音字母前面添加 ob，你可以做得很好，除了如下情形的元音：

　　❑ 跟随在其他元音后的元音。

　　❑ 出现在单词末尾的 e。

　　使用上述转换规则，编写一个 **obenglobish** 函数，该函数接受一个英语单词并返回其等效的 Obenglobish 单词。你的函数可以按如下方式运行。

```
                    JavaScript Console
> toObenglobish("english")
obenglobish
> toObenglobish("hobnob")
hobobnobob
> toObenglobish("gooiest")
gobooiest
> toObenglobish("amaze")
obamobaze
> toObenglobish("rot")
robot
>
```

16.

> 人类精神没有基因。
>
> ——1997 年电影 *GATTACA* 的宣传语

所有生物的遗传密码都携带在 DNA 中，DNA 分子具有复制自身结构的非凡能力。DNA 分子本身由一条化学碱基长链以双螺旋形式相互缠绕组成。DNA 的复制能力来自它的四种基本成分：腺苷（adenosine）、胞嘧啶（cytosine）、鸟嘌呤（guanine）和胸腺嘧啶（thymine）。它们相互结合的方式如下所示：

❑ 一条链上的胞嘧啶只与另一条链上的鸟嘌呤匹配，反之亦然。

❑ 腺苷只与胸腺嘧啶匹配，反之亦然。

生物学家将这些碱基的名称分别缩写为 A、C、G 和 T。

在细胞内，一条 DNA 链充当模板，其他 DNA 链可以附着在上面。例如，假设你有如下的 DNA 链，其中每个碱基的位置都可以编号，就像在 JavaScript 字符串中一样。

你在这个练习中的任务是确定较短的 DNA 链可以附着到较长的 DNA 链上的位置。例如，如果你想找到如下 DNA 链的匹配。

根据 DNA 的规则，这条链只能在编号为 1 的位置上与较长的 DNA 结合。

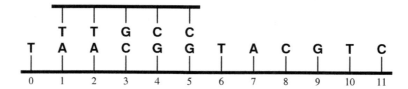

相比之下，如下 DNA 链可以在长链的编号为 2 或 7 的位置处匹配。

请编写如下函数：

```
function findDNAMatch(s1, s2, start)
```

使其返回 DNA 链 **s1** 可以附着到 DNA 链 **s2** 上的第一个位置。如同在 **indexOf** 方法中，可选 **start** 参数表示开始搜索时的索引位置。如果没有匹配，**findD-NAMatch** 函数应该返回 -1。

17. 尽管凯撒密码很简便，但也非常容易破解。有另外一种方案可能稍微安全些，让消息中的每个字母由其他特定字母表示，而不是通过将字符在字母表中移动固定的距离来选择一个字母。这种编码方案称为**字母替换密码**（letter-substitution cipher）。

　　字母替换密码中的密钥是一个长为 26 的字符串，它对字母表中 26 个字母的每一个进行加密。例如，如果通信双方选择 **"QWERTYUIOPASDFGHJKLZXCVBNM"** 作为密钥（该密钥是按顺序在键盘上输入字母键来生成的），则该键对应于如下映射。

```
A B C D E F G H I J K L M N O P Q R S T U V W X Y Z
↓ ↓ ↓ ↓ ↓ ↓ ↓ ↓ ↓ ↓ ↓ ↓ ↓ ↓ ↓ ↓ ↓ ↓ ↓ ↓ ↓ ↓ ↓ ↓ ↓ ↓
Q W E R T Y U I O P A S D F G H J K L Z X C V B N M
```

　　编写一个函数 **encrypt**，该函数接受一个字符串和一个 26 个字符的密钥，并使用该密钥加密后的字符串。例如，你的函数应该能按如下示例运行。

```
                    JavaScript Console
> const KEY = "QWERTYUIOPASDFGHJKLZXCVBNM";
> encrypt("Squeamish Ossifrage", KEY)
Ljxtqdoli Glloykqut
>
```

　　单词" squeamish ossifrage "是发表在 *Scientific American* 上的一个密码难题的答案。这个难题是由罗纳德·李维斯特（Ron Rivest）、阿迪·萨莫尔（Adi Shamir）和伦纳德·阿德曼（Leonard Adleman）提出的，他们发明了广泛使用的 RSA 加密算法。RSA 就是他们三人姓氏开头字母拼在一起组成的。

18. 编写一个谓词函数 **isKeyLegal**，它接受一个字符串，如果该字符串是字母替换密码中的合法密钥，则返回 **true**。密钥只有在满足以下两个条件时才是合法的：

　　1）这个密钥的长度正好是 26。

　　2）每个大写字母都在密钥中。

　　这些条件自动排除了密钥包含无效字符或重复字母的可能性。毕竟，如果所有 26 个大写字母都出现了，而字符串正好是 26 个字符长，那么就没有空间存储其他字符。

19. 字母替换密码要求发送者和接收者使用不同的密钥：一个用于加密消息，另一个用于在消息到达目的地时解密。在本练习题中，你的任务是编写一个接受加密密钥并返回相应解密密钥的 **invertKey** 函数。在密码学中，这个操作称为**反转**（invert）加密密钥。

　　反转加密密钥的思想最容易用例子来说明。例如，假设密钥是练习题 17 中的 **"QWERTYUIOPASDFGHJKLZXCVBNM"**。该密钥表示以下转换规则：

```
A B C D E F G H I J K L M N O P Q R S T U V W X Y Z
↓ ↓ ↓ ↓ ↓ ↓ ↓ ↓ ↓ ↓ ↓ ↓ ↓ ↓ ↓ ↓ ↓ ↓ ↓ ↓ ↓ ↓ ↓ ↓ ↓ ↓
Q W E R T Y U I O P A S D F G H J K L Z X C V B N M
```

从转换表可知，**A** 映射为 **Q**、**B** 映射为 **W**、**C** 映射为 **E** 等。要反转加密过程，你必须从头到尾阅读转换表，查看原始文本中的哪个字母会生成加密版本中的每个字母。例如，如果你在转换表的底行中查找字母 **A**，你会发现原来对应的字母一定是 **K**。同样，**B** 对应的是 **X**。因此，反转后的转换表的前两项看起来如下所示。

如果你继续这个过程，在原转换表的底部找到字母表中的每个字母，然后查看原转换表顶部哪个字母对应它，最终会完成反转后的转换表，如下所示。

因此，解密密钥就是底部行的 26 个字符的字符串，在本例中是 **"KXVMCNOPH-QRSZYIJADLEGWBUFT"**。

20. 编写一个程序，读取控制台的整数列表，直到用户输入空行为止。输入结束时，你的程序应该显示列表中最大的值。

21. 一个更有趣的挑战是，编写一个程序，在结束输入的空行之前找到列表中的最大整数和第二大整数。这个程序的一个示例运行可能如下所示。

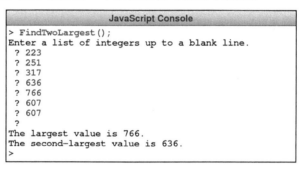

本例中的输入值是 J. K. 罗琳的 *Harry Potter* 系列的英国精装版的页数。因此，输出告诉我们页数最多的书 *Harry Potter and the Order of the Phoenix* 有 766 页，页数第二多的书 *Harry Potter and the Goblet of Fire* 有 636 页。

第 8 章

数　　组

发明 VisiCalc 没有使我变得富有，然而我却感觉到我用它改变了世界。这是金钱买不到的满足。

——丹·布里克林，1985 年 11 月，引用罗伯特·斯莱特（Robert Slater）的话，
Portraits in Silicon

鲍勃·弗兰克斯顿和丹·布里克林

在现代计算机科学中，数组结构最典型的应用之一就是本章要描述的电子表格，它使用二维数组存储表格数据。历史上第一个电子表格是由 Software Arts 公司在 1979 年发布的 VisiCalc，Software Arts 是一家由麻省理工学院毕业生丹·布里克林（Dan Bricklin）和鲍勃·弗兰克斯顿（Bob Frankston）创办的小型创业公司。VisiCalc 是一个广受欢迎的应用程序，并导致许多大型公司开发竞品，包括 Lotus 1、Lotus 2、Lotus 3 和最近的 Microsoft Excel。

到目前为止，本书中的程序只能处理单个数据项。然而，计算机的真正力量来自处

理数据集合的能力。本章将介绍**数组**（array）的概念，数组是数据值的有序集合，它在编程中很重要，因为这种类型的集合在现实世界中也经常出现。无论何时，如果你想表示一组有意义的值组成的序列，那么在相应解决方案中很可能就需要使用数组。

8.1 数组介绍

数组是单个值的集合，其中的元素由序列位置索引标识。你可以按顺序列出一个数组的各个值：这里是第一个，这里是第二个，依此类推。从概念上讲，最简单的方法是将数组看作一系列的盒子，每个盒子表示数组中的每个数据值。数组中的每个值都称为一个**元素**（element）。

与 JavaScript 中的其他数据类型一样，数组可以存储在变量中，作为参数传递给函数，也可作为结果从函数返回。同时，JavaScript 中的数组也支持一组适合于该类型的操作。对于数组，你可以使用这些操作修改元素的内容和顺序。下面的小节将简要介绍它们。

8.1.1 JavaScript 数组表示法

在 JavaScript 中创建数组要比在其他大多数编程语言中容易得多。你需要做的就是列出数组中的元素，并以方括号括起来并用逗号分隔。例如，下面的声明包含了与美国硬币币值相对应的数字：

```
const COINS = [ 1, 5, 10, 25, 50, 100 ];
```

在你给出这个定义之后，常量 **COINS** 的值就是一个数组，它对应的盒子图解如下所示。

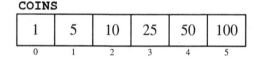

图中方框下方的小数字表示该值在数组中的位置，称其为**索引**（index）。当你使用 JavaScript 的数组表示法时，索引总是以 0 开始，以元素数量减 1 结束。因此，在一个有 6 个元素的数组中，索引号分别是 0、1、2、3、4 和 5，如上图所示。

每个 JavaScript 数组都有一个名为 **length** 的字段，该字段表示元素的数量。其表达式为：

```
COINS.length
```

这里它的值是 6。

数组的元素不必是数字，也可以是任何 JavaScript 值。例如，下面的变量声明将 **hogwarts** 定义为一个数组，其中包含 J. K · 罗琳的 *Harry Potter* 系列小说中霍格沃茨魔法学校的四所学院的名字。

```
let hogwarts = [
    "Gryffindor", "Hufflepuff", "Ravenclaw", "Slytherin"
];
```

这个数组的盒子图解如下所示。

hogwarts

"Gryffindor"	"Hufflepuff"	"Ravenclaw"	"Slytherin"
0	1	2	3

表达式 **hogwarts.length** 的值为 4。

8.1.2 数组的元素选择

要引用数组中的特定元素，需要同时指定数组名称和表示该元素在数组中位置的索引。标识数组中特定元素的过程称为元素选择（selection），在 JavaScript 中可以通过先写上数组的名称并在其后跟括有索引的方括号来表示。例如，给定 8.1.1 节中的数组定义，表达式 **COINS[2]** 的值是 10，因为这对应 **COINS** 数组中索引 2 的值。同样，**hogwarts[0]** 的值是 **"Gryffindor"**。如果选择的索引位置超出了数组的长度，JavaScript 将返回 **undefined**。

元素选择表达式的结果是可赋值的，可以在赋值语句的左侧使用元素选择表达式。例如，如果霍格沃茨未来的某些领袖们决定他们可能需要尊敬一位更有价值的巫师，他们会使用这个表达式：

```
hogwarts[3] = "Dumbledore";
```

这会将 **hogwarts** 数组的值更改为如下所示。

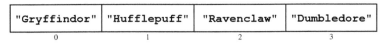

"Gryffindor"	"Hufflepuff"	"Ravenclaw"	"Dumbledore"
0	1	2	3

数组通常与 **for** 循环结合使用，用来遍历数组中的每个索引位置。这个常见的代码模式类似于在第 7 章中给出的字符串遍历字符的代码模式：

```
for (let i = 0; i < array.length; i++) {
    ……使用元素 array[i] 的循环体 }……
}
```

下面的 **listArray** 函数定义是一个使用 **for** 循环和数组的简单例子：

```
function listArray(array) {
    for (let i = 0; i < array.length; i++) {
        console.log(array[i]);
    }
}
```

该函数在控制台中每行列出一个数组里的元素，定义该函数后，可以生成以下控制台会话。

```
JavaScript Console
> let hogwarts = [
      "Gryffindor",
      "Hufflepuff",
      "Ravenclaw",
      "Slytherin"
  ];
> listArray(hogwarts);
Gryffindor
Hufflepuff
Ravenclaw
Slytherin
>
```

第二个例子如下所示：

```
function sumArray(array) {
   let sum = 0;
   for (let i = 0; i < array.length; i++) {
      sum += array[i];
   }
   return sum;
}
```

该函数返回数组中元素的和。举个例子，调用 **sumArray([1, 2, 3, 4])** 将返回 10
（1 + 2 + 3 + 4）。类似地，如果按之前所示地定义 COINS，则调用 **sumArray(COINS)**
将返回 191（1 + 5 + 10 + 25 + 50 + 100）。

图 8-1 中的 **reverseArray** 函数是使用数组作为参数的另一个示例。此函数的作
用是反转数组中元素的顺序，如下面的控制台日志所示。

```
/*
 * File: ReverseArray.js
 * ----------------------
 * This file exports the function reverseArray, which reverses the
 * elements of an array.
 */

"use strict";

/*
 * Reverses the elements in the array.  The change is reflected in
 * the array provided by the caller because the array is passed as a
 * reference.  The parameter variable therefore refers to the same array.
 */
function reverseArray(array) {
   for (let lh = 0; lh < Math.floor(array.length / 2); lh++) {
      let rh = array.length - lh - 1;
      let tmp = array[lh];
      array[lh] = array[rh];
      array[rh] = tmp;
   }
}
```

图 8-1　原地反转数组的函数

我们可以花几分钟概览一下 **reverseArray** 的代码，它的总体策略是使用一个
for 循环遍历数组左半部分，使用 **lh** 变量标记索引，使用这个变量名称的原因是暗示
数组的"左手边"（left hand）。循环体中的第一个语句计算数组右侧相应元素的索引位置，
并将该索引存储在变量 **rh** 中。循环体的最后三行代码使用临时变量交换这两个数组元

素，以确保在第一次赋值之后没有丢失任何值。

```
JavaScript Console
> let hogwarts = [
      "Gryffindor",
      "Hufflepuff",
      "Ravenclaw",
      "Slytherin"
  ];
> reverseArray(hogwarts);
> listArray(hogwarts)
Slytherin
Ravenclaw
Hufflepuff
Gryffindor
>
```

8.1.3　数组作为引用传递

如果你根据第 5 章提供的参数传递规则仔细考虑代码的话，则会发现图 8-1 中的 **reverseArray** 函数中有一个令人困惑的问题。在 5.4.1 节中列出的规则列表中，规则 3 的开头是这样的：

3.每个实际参数的值都被复制到相应的参数变量中。

有趣的是，当控制台脚本调用 **reverseArray** 时，是否应用了这个规则。是否将 **hogwarts** 数组复制到参数变量 **array** 中？如果是这样的话，为什么 **reverseArray** 函数不反转副本的元素，以保持 **hogwarts** 的原始值不变？

回答这些问题的关键在于理解 JavaScript 数组的值不是元素序列本身，而是对元素序列的引用（reference），引用表示元素在计算机内存中的存储位置。当将数组作为参数传递给函数时，JavaScript 实际上复制的是引用，而不是实际的元素值。通过这种方式可以让函数及其调用者访问相同的元素。

正如你将在第 9 章中了解到的，实际上，所有 JavaScript 对象，包括数组在内，参数传递的是引用。这一思想非常重要，值得通过一个示例进行更详细的说明。假设你定义了以下函数：

```
function testReverseArray() {
   let numbers = [ 1, 2, 3, 4, 5 ];
   reverseArray(numbers);
   console.log(numbers);
}
```

调用此函数将创建一个新的栈帧并声明变量 **numbers**。当你初始化 **numbers** 为一个数组的值以后，栈帧如下所示。

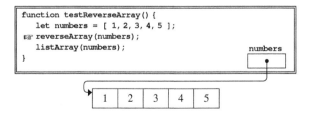

需要着重注意的是，数组的元素存储在栈帧之外。**numbers** 实际上存储的是引用，它代表着数组的存储位置。

当程序调用 **reverseArray** 时，新的栈帧如下所示。

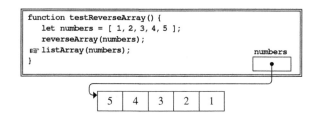

数组中的元素在计算机内存中的位置与在 **testReverseArray** 栈帧中的位置相同。当 **reverseArray** 返回后，**numbers** 数组中的值将被反转，如下所示。

```
function testReverseArray() {
   let numbers = [ 1, 2, 3, 4, 5 ];
   reverseArray(numbers);
☞ listArray(numbers);                          numbers
}
                                             [ ]
```

```
5   4   3   2   1
```

8.1.4 访问数组边界之外的元素

JavaScript 中的数组与大多数其他编程语言中的数组的实现方式不同。在内部，JavaScript 数组的实现与任何其他复合对象一样，不同之处在于程序员使用它们的方式。使用数组时，程序员通常使用你在本章中已经看到的那种数字索引。在处理对象时，程序员使用符号名来引用各个部分，第 9 章还会提到这一点。因为 JavaScript 对数组和对象使用相同的内部表示，所以你可以不用遵守那种命名约定，而不会让 JavaScript 解释器产生任何错误。

数组和对象的共同底层表示的含义之一是，JavaScript 允许引用数组中不在范围之内的元素。如果请求这样一个元素的值，JavaScript 将返回 **undefined**。如果将新值赋给其索引范围之外的元素，JavaScript 将创建该元素，即使这样做会使已定义的元素之间夹杂着一些未定义的元素。

举个例子，假设你已经编写了如下声明：

```
let array = [ 1, 2, 3 ];
```

这创建了一个包含三个元素的数组。考虑到 **array** 只在索引位置 0、1 和 2 有值，**array[7]** 返回 **undefined** 似乎是合理的。但是如果你给那个元素赋值，会发生什么呢？

```
array[7] = 8;
```

当 JavaScript 执行这个语句时，它会在索引 7 处创建一个元素，在索引位置 3、4、5 和 6 处留下空白，如下所示。

尽管使数组中间产生空白的程序代码会让程序变得难以理解，但事实上，在为每个数组索引赋值时，JavaScript 会创建新元素，这一机制的存在也方便我们使用 **for** 循环创建数组。举个例子，如下函数：

```
function createArray(n, value) {
    let array = [ ];
    for (let i = 0; i < n; i++) {
        array[i] = value;
    }
    return array;
}
```

这个函数创建一个包含 **n** 个元素的数组，每个元素都有初始值 **value**。

根据此定义，调用 **createArray(10,0)** 会创建如下数组。

0	0	0	0	0	0	0	0	0	0
0	1	2	3	4	5	6	7	8	9

类似地，调用 **createArray(8, false)** 会创建一个包含 8 个布尔值的数组，如下所示。

false	false	false	false	false	false	false	false
0	1	2	3	4	5	6	7

8.2 数组操作

JavaScript 提供了一系列操作数组的方法，如图 8-2 所示。

数组字段

array.**length**	返回数组中元素的个数

类方法

Array.isArray(*value*)	如果 *value* 是一个数组，则返回 **true**

不改变原始数组的方法

array.**concat**(*a₁, …*)	连接任意多个数组，返回连接之后的结果数组
array.**indexOf**(*value*) *array*.**indexOf**(*value, k*)	返回查找 *value* 出现的第一个索引，如果没有找到，返回 –1。如果传入了 *k*，则表示从索引 *k* 处开始查找

图 8-2　JavaScript 数组类中的常见操作

array.**lastIndexOf**(*value*) array.**lastIndexOf**(*value*, *k*)	类似于 *indexOf* 方法，只是从 *k* 处反向查找，如果没有传入 *k*，则从最后一个元素开始查找
array.**slice**(*start*, *finish*)	返回一个新数组，包含从原数组的 *start* 到 *finish* 之间的元素，其中包含 *start* 索引处的元素，但是不包括 *finish* 处的元素
增加或移除数组元素的方法	
array.**push**(*value*, ⋯)	在数组末尾添加一个或多个元素
array.**pop**()	移除并返回最后一个元素，如果数组为空，则返回 **undefined**
array.**unshift**(*value*, ⋯)	在数组开头添加一个或多个元素
array.**shift**()	移除并返回第一个元素，如果数组为空，则返回 **undefined**
array.**splice**(*index*, *count*, ⋯)	从数组中 *index* 位置处移除 *count* 个元素，如果有额外参数，则在当前位置按顺序添加这些参数作为元素
改变数组元素顺序的方法	
array.**reverse**()	反转数组中元素的顺序
array.**sort**() array.**sort**(*cmp*)	给数组排序，**sort** 方法可以输入如文中描述的比较函数
涉及字符串和数组的方法	
str.**split**(*pattern*)	按照 *pattern* 把 *str* 分割成子字符串数组。如果 *pattern* 为空，则返回每个字符做一个元素的数组
array.**join**() array.**join**(*sep*)	把数组元素连接成一个字符串，使用逗号或者字符串 *sep*（如果指定的话）作为分割符连接

图 8-2 （续）

这些方法中有几个看起来很熟悉，因为它们类似于 JavaScript 的 **String** 类的方法。例如，数组和字符串都有一个表示值数量的 **length** 字段，而且这两个类的 **indexOf** 和 **lastIndexOf** 方法也是相同的。还有一些方法作用类似的函数，但名称略有不同。数组的 **concat** 方法对应于字符串的 "**+**" 操作符，而 **slice** 方法和 **substring** 一致。

数组可用的方法与字符串的方法相比，主要区别在于数组的方法可能会修改数组的值。**String** 类中的任何方法都不会更改原始字符串的内容，而是创建并返回一个全新的字符串。举个例子，如果 **str** 是一个字符串变量，那么调用 **str.toUpperCase()** 不会改变 **str** 的值。相比之下，图 8-2 中列举的大多数数组方法都具有更改数组内容的效果。下面几节将详细介绍这些方法。

8.2.1 添加和移除数组元素

数组类中有五个方法可以用于给数组添加或移除元素。**push** 和 **pop** 方法用于在数组末尾添加和移除元素，**unshift** 和 **shift** 方法用于在开头添加和移除元素，而 **splice** 方法用于在数组的任意位置添加和移除元素。这些方法的效果如图所示。

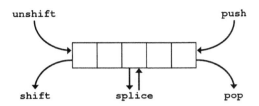

push 方法接受任意数量的参数，并依次将每个参数添加到末尾。例如，使用以下声明来创建一个包含四个字符串的数组：

```
let numbers = [ "one", "two", "three", "four" ];
```

然后，numbers 现在的内容如下所示。

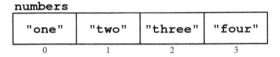

这时，调用 numbers.push("five") 会将字符串 "five" 添加到数组的末尾，如下所示。

numbers

"one"	"two"	"three"	"four"	"five"
0	1	2	3	4

pop 方法移除数组中的最后一个元素并将其返回给调用者。因此，如果在这里调用 numbers.pop()，pop 方法将移除并返回值 "five"，并将数组恢复到之前的状态。

numbers

"one"	"two"	"three"	"four"
0	1	2	3

unshift 和 shift 方法与 push 和 pop 具有相同的效果，只是更改位置发生在数组的开头。举个例子，如果你调用 numbers.unshift("zero")，则数组将变成如下所示。

numbers

"zero"	"one"	"two"	"three"	"four"
0	1	2	3	4

在这里调用 shift() 将返回字符串 "zero" 并恢复数组的先前状态。再一次调用 numbers.shift() 将返回字符串 "one"，并使数组处于以下状态。

numbers

"two"	"three"	"four"
0	1	2

注意，当添加和移除初始元素时，unshift 和 shift 方法会更改其余数组元素的索引。

splice 方法用于在数组中任意索引位置上添加和移除元素。调用的一般形式是：

array.`splice`(*index*, *count*, ...)

index 是执行移除和插入操作时所在的数组索引，*count* 是要移除的元素数量，其余的参数会插入到 *index* 指示的位置。例如，使用最新的 **numbers** 数组调用 **numbers.splice(1, 1,"by")** 将对数组进行如下更改。

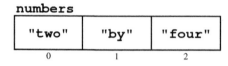

虽然 **splice** 是一个非常灵活的添加和移除数组元素方法，但它绝不是必须记住的方法。根据我的经验，最常用的方法是 **push**，这个方法允许以类似于拼接字符串的方式一次扩展一个元素。例如，可以使用 **push** 方法重写 8.1.4 节的 **createArray** 函数，如下所示：

```
function createArray(n, value) {
   let array = [ ];
   for (let i = 0; i < n; i++) {
      array.push(value);
   }
   return array;
}
```

由于存在 **push** 和 **pop** 方法，因此可以使用 JavaScript 数组类实现一个非常有用的数据结构——栈（stack）。栈是一个列表，其中只能在最后添加和移除值。这限制意味着，添加到栈中的最后一项总是被优先移除的。栈在计算机科学中很重要，部分原因是函数调用的嵌套是基于栈的方式运行的。因此，最后调用的函数是最先返回的。

对于 stack、push 和 pop 这三个词，一种常见的解释（但可能是杜撰的）是，栈模型源于自助餐厅中盘子的放置方式。例如，假设你在一个自助餐厅，顾客从一个弹簧柱上取他们自己的盘子，这样就只可以取最上面的盘子，如下图所示。

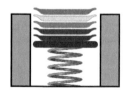

当洗碗机增加一个新盘子时，它会放在这些盘子的最上面，当弹簧被压缩时，其他盘子的位置会往下移动，如下所示。

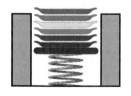

顾客只能拿最上面的盘子。当顾客拿走了最上面的盘子后时，剩下的盘子又会弹起来。顾客拿到的第一个盘子就是栈上的被最后放下的盘子。

类似地，**push** 和 **shift** 方法也可以共同实现一个有用的数据结构，计算机科学家称之为队列（queue），它的工作机制类似于排队。**push** 方法在队尾添加新元素，**shift** 方法将它们从队首移除。如果你继续学习其他计算机科学课程，会学到更多关于栈和队列的知识。

8.2.2　重新给数组元素排序的方法

数组类中有两个方法：**reverse** 和 **sort**。它们能对现有数组的元素进行重新排序。这两个函数都会更改数组的原来内容，并将更新后的数组作为返回值返回，从而可以将二者的调用嵌入更大的表达式中。

数组的 **reverse** 方法与 8.1.2 节介绍的 **reverseArray** 函数类似。因为 **reverse** 是方法，而 **reverseArray** 是函数，所以这二者的使用方式并不一致。要使用 **reverseArray** 函数反转数组，你需要调用：

```
reverseArray(array);
```

为了使用 **reverse** 方法实现相同的结果。客户端可以如下编写：

```
array.reverse();
```

sort 方法能重新排序数组的元素，让元素按升序排序。如果不带参数地调用 **sort** 方法，JavaScript 将根据字典顺序对数组进行排序。这种默认对于字符串数组是有意义的，但是如果数组包含数值，则会产生与直觉相反的结果。例如，如果你将 **array** 定义为：

```
let array = [ 222, 33, 4, 1111 ];
```

你可能希望如下调用能将数组按数字大小排序：

```
array.sort();
```

但结果却让人大跌眼镜，JavaScript 所做的是按照数字的字符串表示形式对数组以字典顺序排序，如下所示：

array

1111	222	33	4

幸运的是，JavaScript 允许你传递一个比较函数（comparison function），以控制 **sort** 方法如何对元素排序。比较函数接受两个参数并返回一个数字，该数字的符号表示这些值之间的顺序关系。如果第一个值在第二个值之前，则返回值必须为负；如果第一个值在第二个值之后，则返回值必须为正；如果值的排序位置相同，则返回值必须为

零。举个例子，你可以通过调用 **array.sort(sortNumerically)** 将数组按数字大小排序，其中的 **sortNumerically** 是：

```
function sortNumerically(n1, n2) {
    return n1 - n2;
}
```

类似地，如果是字符串数组，则可以忽略大小写按字母顺序对数组排序，你可以提供以下比较函数：

```
function sortIgnoringCase(s1, s2) {
    s1 = s1.toUpperCase();
    s2 = s2.toUpperCase();
    if (s1 < s2) return -1;
    if (s1 > s2) return 1;
    return 0;
}
```

尽管使用 **sort** 方法时，一般都是按升序方式重新排序数组元素，但是通过使用不同的比较函数，很容易按降序对数组排序。最通用的解决方案是定义下面的函数，它接受一个比较函数并返回一个新的函数，该函数调用了之前传入的函数并将参数调换位置：

```
function reverseComparison(cmp) {
    return function(v1, v2) { return cmp(v2, v1); };
}
```

你可以使用 **reverseComparison** 来反转任何比较函数。例如，你可以忽略大小写逆向排序列表：

```
lines.sort(reverseComparison(sortIgnoringCase));
```

8.2.3 字符串和数组互相转换

图 8-2 中的数组操作列表包含两个方法，可以方便地让字符串和数组互相转换。**String** 类中的 **split** 方法通过指定的分隔符将一个字符串分割成子字符串数组。例如，如果 **str** 值为字符串 **"16-Jul-1969"**（阿波罗 11 号发射的日期），调用 **str.split("-")** 将返回以下数组。

"16"	"Jul"	"1969"

数组类中的 **join** 方法将逆转该过程。例如，如果要在元素是此三者数组上调用 **join("-")**，将得到字符串 **"16- July -1969"**。

如果分隔符模式出现在字符串的开头或结尾，那么在使用 **split** 时必须格外小心。在这种情况下，**split** 返回的数组将包含空字符串，因为分隔符总是位于两个子字符串之间。例如，如果变量 **dir** 包含 **"/usr/bin/"**（几个流行的操作系统用来存储命令行应用程序的目录），那么调用 **str.split("/")** 将返回以下四个元素数组。

""	"usr"	"bin"	""

这种情况类似于第 1 章中介绍的篱笆桩问题。如果字符串中有三个分隔符实例，则这些分隔符将字符串分成四个部分。

当字符串由以换行符（在 JavaScript 中由 **\n** 表示）结尾的行序列组成时，在字符串末尾会出现额外的分隔符。例如，苏斯博士（Dr. Seuss）的 *One Fish, Two Fish, Red Fish, Blue Fish* 一书的第一页就包含了标题中被分成几行的单词，这些单词的内部存储形式如下所示。

```
title
One  fish\nTwo  fish\nRed  fish\nBlue  fish\n
```

调用 **title.split("\n")** 将返回一个包含五个元素的数组，其最后一个元素是最后一个换行符对应的空字符串。你肯定想要把标题分为四个部分，那就可以使用以下函数：

```
function splitLines(text) {
   let lines = text.split("\n");
   if (lines.length > 0 &&
       lines[lines.length - 1] === "") {
      lines.pop();
   }
   return lines;
}
```

8.2.4　ArrayLib.js 库

本章中的一些函数非常有用，因此有必要将它们放在一个程序库中。图 8-3 中 **ArrayLib.js** 库包括了之前见过的函数 **createArray**、**listArray**、**reverseComparison** 和 **splitLines**，以及另外三个函数 **readLineArray**、**readIntArray** 和 **readNumberArray**，它们简化了涉及数组的测试程序编写过程。这些函数读取输入并组成数组，然后传递给指定的回调函数。例如，下面的函数是 8.1.2 节的 **sumArray** 函数的测试：

```
function TestSumArray() {
   console.log("Enter a list of numbers.");
   readNumberArray(" ? ", processArray);
   function processArray(array) {
      console.log("The sum is " + sumArray(array));
   }
}
```

createArray(*n, value*)	创建 *n* 个元素是 *value* 的数组
listArray(*array*)	把 *array* 数组的元素一行一个地打印到控制台上
reverseComparison(*cmp*)	输入一个比较函数，返回一个比较函数，与输入的比较顺序相反
splitLines(*text*)	把包含换行符的字符串分割成每一行作为元素的数组，其中去掉了换行符
readLineArray(prompt, fn) **readIntArray**(*prompt, fn*) **readNumberArray**(prompt, fn)	三者都从控制台读取输入，并在每次读取之前打印 *prompt*。如果用户输入空行，会执行回调函数，并传入一个相应类型的数组。对于 **readIntArray** 和 **readNumberArray** 方法，如果输入的数据类型不对，仍会让用户再次输入

图 8-3　ArrayLib.js 库导出的方法

8.3　使用数组制表

应用程序的数据结构常用来反映实际领域的数据如何在程序中组织。通常，当应用程序涉及可以使用列表形式表示的数据时（如 a_0、a_1、a_2 等），在思考如何选择程序的底层表示时，数组自然容易被想到。对程序员来说，将数组元素的索引称为下标（subscript）是很常见的。这反映了一个事实，那种以数学下标形式书写的数据通常可以使用数组来保存。

但是，对于数组的使用，应用程序领域中的数据与程序中的数据可能有所不同。对于某些应用程序来说，与在数组中存储数据值相比，更好的做法是，使用这些数据值生成相应的数组索引，然后，你可以使用这些索引来选择数组中的元素，而数组的元素记录了数据一些统计特性。要理解这种方法是如何工作的，并了解它与数组的传统用法有何不同，需要查看一个具体的示例。

第 7 章的练习题要求你编写一个使用字母替换来进行加密的程序，该程序通过使用密钥将输入文本中的每个字母替换为该字母的编码版本，从而对消息进行加密。尽管实现字母替换密码本身是一个很有趣的问题，但一个更有趣的研究问题是如何在没有访问密钥的情况下破解字母替换密码。

（Universal History Archive/Shutterstock）

埃德加·爱伦·坡

破解一个字母替换密码的问题非常简单，常常出现在一种叫作"密码"（cryptogram）的益智问题中。埃德加·爱伦·坡（Edgar Allan Poe）是"密码"的狂热爱好者，他在 1843 年的小说 *The Gold Bug* 中介绍了一种破解密码的方法：

> 我的第一步是确定高频字母和低频字母。把所有的字母计数，我这样构造了一个表：
>
> ……

现在在英语中最常出现的字母是 e。然后依次是：a o i d h n r s t u y c f g
l m w b k p q x z。然而，"e"的主导地位是如此显著，以至于很少见到句子中
没有 e 的。

事实上，埃德加·爱伦·坡列出的最常见字母的顺序并非准确无误。计算机分析显
示，英语中最常见的 12 个字母是：

E　T　A　O　I　N　S　H　R　D　L　U

考虑到使用计算机来分析英语文本在他的时代是不可行的，埃德加·爱伦·坡的判断出
现一些问题是情有可原的，但是他的思路是完全正确的，他认为发现密码背后意义的第
一步是构建一个表，来分析每个字母出现的频率。图 8-4 中显示了一个这样的程序。

```
/*
 * File: CountLetterFrequencies.js
 * ------------------------------------
 * This function displays a table of letter frequencies.
 */

"use strict";

/*
 * Displays a letter-frequency table for input, which is either a string
 * or an array of strings.  Letters that never appear are not included
 * in the table.
 */
function countLetterFrequencies(input) {
   const LETTER_BASE = "A".charCodeAt(0);
   displayFrequencyTable(createFrequencyTable(input));

   function createFrequencyTable(input) {
      if (!Array.isArray(input)) input = [ input ];
      let letterCounts = createArray(26, 0);
      for (let i = 0; i < input.length; i++) {
         let line = input[i];
         for (let j = 0; j < line.length; j++) {
            let ch = line.charAt(j).toUpperCase();
            if (isLetter(ch)) {
               letterCounts[ch.charCodeAt(0) - LETTER_BASE]++;
            }
         }
      }
      return letterCounts;
   }

   function displayFrequencyTable(letterCounts) {
      for (let i = 0; i < 26; i++) {
         let count = letterCounts[i];
         if (count > 0) {
            let ch = String.fromCharCode(LETTER_BASE + i);
            console.log(ch + ": " + count);
         }
      }
   }
}

/* Test program */
function TestCountLetterFrequencies() {
   console.log("Enter lines of text, ending with a blank line.");
   readLineArray("", countLetterFrequencies);
}
```

图 8-4　统计字母频率的程序

CountLetterFrequencies.js 文件中的测试程序使用 ArrayLib.js 库中 readLineArray 函数获取用户输入的数组。回调函数是 countLetterFrequencies，它将工作分配给辅助函数 createFrequencyTable 和 displayFrequencyTable。createFrequencyTable 函数返回一个包含 26 个整数的数组，每个整数表示对应字母出现的次数。然后 displayFrequencyTable 利用最后生成的数组在控制台显示字母出现的频率。

正如描述 countLetterFrequencies 函数的注释中所指出的，input 参数可以是单个字符串，也可以是字符串数组。让函数支持这种灵活的参数类型的最简单方法是让代码将一种情况转换为另一种情况。在本例中，createFrequencyTable 函数首先检查传入的参数是否为数组。如果不是，则说明传入的参数是单个字符串，然后再创建一个元素只是该字符串的数组。

下面的示例运行演示了使用苏斯博士的 *One Fish, Two Fish, Red Fish, Blue Fish* 作为输入得到的结果。

```
                    CountLetterFrequencies
Enter lines of text, ending with a blank line.
One fish
Two fish
Red fish
Blue fish

B: 1
D: 1
E: 3
F: 4
H: 4
I: 4
L: 1
N: 1
O: 2
R: 1
S: 4
T: 1
U: 1
W: 1
```

输出显示，该文件包含四个 F、I、S 和 H 字母（fish 出现四次）、三个 E、两个 O，以及其他只出现一次的少量字母。注意，从未在输入中出现过的字母不会显示在输出中。

countLetterFrequencies 中使用的策略是创建一个 26 个整数的数组，然后使用输入字符的字符编码在数组中选择适当的元素。数组中的每个元素都是一个整数，表示与该索引对应字母的当前计数。因此，数组开头的元素对应于 A 的个数，数组末尾的元素对应于 Z 的个数。如果使用数组 letterCounts，则可以如下所示初始化它：

```
let letterCounts = createArray(26, 0)
```

该声明使用了 8.1.4 节定义的 createArray 函数，为一个包含 26 个元素的数组分配空间，如下图所示。

letterCounts

0	0	0	0	0	0	0	0	0	0	0	0	0	0	0	0	0	0	0	0	0	0	0	0	0	0
0	1	2	3	4	5	6	7	8	9	10	11	12	13	14	15	16	17	18	19	20	21	22	23	24	25

每当一个字母出现在输入中，你都需要在 **letterCounts** 中增加对应的元素计数。要找到需要增加的元素索引只需将字符转换成整数（从 0 到 25），方法是将字符转换为大写，然后减去存储在 **LETTER_BASE** 中的 **"A"** 的 Unicode 值。如果输入字符存储在变量 **ch** 中，增加相应的元素计数所需的代码如下：

```
letterCounts[ch.charCodeAt(0) - LETTER_BASE]++;
```

displayFrequencyTable 的代码必须执行相反的转换。**for** 循环中的 **i** 的值从 0 执行到 25。要将该整数转换为字符需要以下代码：

```
let ch = String.fromCharCode(LETTER_BASE + i);
```

8.4　从文件中读取文本

在计算字母频率的实际应用程序中，你肯定不希望用户只能一行一行输入文本，而是希望从包含输入文本的文件中直接读取数据。遗憾的是，JavaScript 并不能很好地胜任处理文件的工作。JavaScript 的主要用途是提供能在浏览器中运行的交互式内容。出于安全原因，在浏览器中运行的 JavaScript 程序不被允许随意读取用户计算机上的文件。因为如果可以读取的话，恶意网站就可以从用户的文件系统收集敏感数据。当然该规则也有一个例外，如果用户通过从页面交互启动对话框中选择一个文件，那么在浏览器中运行的 JavaScript 代码就可以读取该文件。

JavaScript 中文件的使用更加复杂，事实上，根据文件的大小，读取文件的内容可能需要一些时间。因此，大多数语言都含有一些库函数，通过这些库函数可以从文本中读取数据，并等待读取过程完成后再继续其他操作。但是，这种情况不适用于 JavaScript，因为 JavaScript 不支持在一项操作完成之前暂停执行的操作。如果需要用 JavaScript 读取文件，可以在调用库函数来读取文件时传入一个回调函数，以便在文件读取操作完成时调用。

为了能够处理文件，本书提供的代码包括一个名为 **JSFileChooser.js** 的程序库，该程序库支持 JavaScript 在安全规范允许的范围内读取文本文件。要使用这个程序库，只需调用 **JSFileChooser.chooseTextFile** 并传入一个函数，该函数在读取操作完成时调用。举个例子，你可以使用以下函数来计算用户选择的文件中的字母出现频率：

```
function CountLetterFrequenciesInFile() {
    JSFileChooser.chooseTextFile(countLetterFrequencies);
}
```

该函数显示一个按钮，以便用户单击选择文件。该按钮按下时，页面将出现一个对话框，允许用户浏览目录层次结构以找到所需的文件。当用户选择一个文件时，浏览器将该文件的内容作为字符串读取，然后将该字符串传递给 **countLetterFrequencies**。如

8.3 节所述，**countLetterFrequencies** 的参数可以是字符串，也可以是字符串数组，因此将文件的全部内容传递给 **countLetterFrequencies** 是没有问题的。

CountLetterFrequenciesInFile 程序可以处理任意体积的文件。例如，如果用户选择一个包含乔治·艾略特（George Eliot）的 *Middlemarch* 全文的文件，程序将产生以下输出。

CountLetterFrequenciesInFile
A: 114157
B: 23269
C: 34031
D: 61046
E: 166989
F: 30826
G: 30055
H: 89636
I: 99651
J: 1695
K: 11010
L: 56865
M: 37816
N: 96887
O: 108561
P: 21922
Q: 1441
R: 79808
S: 88555
T: 123433
U: 40647
V: 12792
W: 34508
X: 2069
Y: 28700
Z: 249

如果你按字母出现频率降序排序，你会发现 *Middlemarch* 中最常见的 12 个字母是：

E T A O I N H S R D L U

这个结果与 8.3 节给出的现代英语统计结果之间的唯一区别是 H 和 S 的顺序颠倒了。通常，你分析的文字越多，频率就越接近现代英语中统计的频率。

8.5 多维数组

在 JavaScript 中，数组的元素可以是任何类型的，特别是数组的元素本身也可以是数组。数组中包含数组被称为**多维数组**（multidimensional array）。多维数组最常见的形式是二维数组，二维数组最常用于表示数据，其中由每个项目成一个可由行列表示的矩形结构。这种二维结构称为**矩阵**（matrix）。三维或更多维度的数组在 JavaScript 中也是合法的，但出现的频率较低。

举一个二维数组的例子，假设你想要在程序中玩井字游戏，其中井字游戏是在一个三行三列的棋盘上进行的，如下所示。

玩家轮流将字母 X 和 O 填在空的方格里，尝试水平、垂直或对角方向上连续排列三个相同的符号。

为了表示井字游戏的棋盘，最常见的方式是使用一个三行三列的二维数组。每个元素都是一个字符串，它必须是 ""（空字符串表示一个空格子）、**"X"** 和 **"O"** 这些元素之一。因为棋盘最初是空的，声明看起来如下所示：

```
let board = [ [ "", "", "" ],
              [ "", "", "" ],
              [ "", "", "" ] ];
```

有了这个声明，你可以通过提供两个索引来获取各个方格中的字符，一个指定行号，另一个指定列号。在这种表示法中，每个下标在 0 到 2 的范围内变化，棋盘上的各个位置表示如下所示。

board[0][0]	board[0][1]	board[0][2]
board[1][0]	board[1][1]	board[1][2]
board[2][0]	board[2][1]	board[2][2]

8.6　图像处理

在现代计算科学中，二维数组非常重要的应用之一是在计算机图形学领域。正如你在第 4 章中所学习的，图像的图形是由单个像素组成的。图 4-4 给出了屏幕的放大视图，显示了像素是如何构成整个图像的。这些图像使用二维数组很容易表示出来。

8.6.1　**GImage** 类

便携式图形库将 **GImage** 类定义为一个图形对象，其中包含一种使用标准格式编码的图像数据。最常见的三种图像格式是 PNG、JPEG 和 GIF 格式。虽然大多数浏览器也能够显示其他格式编码的图像，但你可以一直使用最常见的格式来最大限度地提高程序的兼容性。本书中使用的图像文件都是 PNG 格式。

显示图像需要两个步骤。第一步是创建或下载一个标准格式的图像文件。图像文件的名称应该以一个扩展名结尾，该扩展名标识编码格式，通常是 **.png**。并且该文件必须与 **index.html** 文件存储在同一个目录中。与其他图像对象类似，第二步是创建一个 **GImage** 对象并将其添加到图形窗口中。举个例子，如果你有一个名为 **MyImage.png** 的图像文件，你可以使用如下代码在图形窗口的左上角显示该图像：

```
gw.add(GImage("MyImage.png"));
```

8.6.2 确定图像的属性

但是，如果你需要使用图像的属性来确定应该将图像放置在何处，那么情况就不那么简单了。例如，你想要图像在图形窗口中居中显示。与其他表示图形对象的类一样，**GImage** 实现了 **getWidth** 和 **getHeight** 方法，这意味着可以使用以下代码居中图像：

```
let image = GImage("MyImage.png");
let x = (gw.getWidth() - image.getWidth()) / 2;
let y = (gw.getHeight() - image.getHeight()) / 2;
gw.add(image, x, y);
```

这段代码的问题在于，在 JavaScript 中读取图像是一个异步操作。调用 **GImage** 函数会启动读取图像的过程，但程序不会等待该过程完成。**GImage** 类的实现知道如何在图像完全加载时更新图形窗口中的图像，但是在这个过程完成之前无法获取关于图像的任何信息。尤其是你不能通过调用 **getWidth** 和 **getHeight** 来确定图像的大小。由于你需要图像大小信息来才能将图像居中，因此在确定将其放置在窗口的何处之前，必须确保图像已完全加载。

与 **GWindow** 类一样，**GImage** 类实现了 **addEventListener** 方法，该方法接收两个参数：事件的名称和事件发生时调用的回调函数。对于 **GImage** 来说相关的是 **"load"** 事件，它在图像加载完成时触发。下列代码使用了 **addEventListener** 方法，实现了图像居中：

```
let image = GImage("MyImage.png");
image.addEventListener("load", displayImage);

function displayImage() {
   let x = (gw.getWidth() - image.getWidth()) / 2;
   let y = (gw.getHeight() - image.getHeight()) / 2;
   gw.add(image, x, y);
}
```

如果有需要，你也可以在回调函数中缩放图像使其调整为想要的大小。图 8-5 中 **EarthImage.js** 程序的代码演示了如何将图像进行缩放，从而填充窗口中的可用空间。该图像显示了 1972 年 12 月阿波罗 17 号宇航员在前往月球途中看到的地球，该图像存储在名为 **EarthImage.png** 的图像文件中。**EarthImage.js** 程序将该图像文件读入 **GImage** 对象，然后回调函数再将该对象添加到窗口。

EarthImage.js 程序从图形库中引入了一种对操作图像特别有用的新方法。**scale** 方法通过指定的缩放参数改变图像大小。如果变量 **image** 包含一个 **GImage** 对象，则如下调用：

```
image.scale(0.5);
```

将重新调整图像的大小，使其在每个维度上变为一半。同样的，如下调用使它的大小加倍。

```
image.scale(2);
```

在图 8-5 中的 **EarthImage.js** 程序中，调用下面这行代码：

```
image.scale(gw.getWidth() / image.getWidth());
```

```
/*
 * File: EarthImage.js
 * --------------------
 * This program draws a picture of the earth taken by Apollo 17 along with
 * a photo credit.
 */

"use strict";

/* Constants */

const GWINDOW_WIDTH = 400;
const GWINDOW_HEIGHT = 415;
const CITATION_FONT = "12px 'Helvetica Neue'";
const CITATION_Y = 3;

function EarthImage() {
   let gw = GWindow(GWINDOW_WIDTH, GWINDOW_HEIGHT);
   let image = GImage("EarthImage.png");
   image.addEventListener("load", displayImage);
   let citation = GLabel("Courtesy NASA/JPL-Caltech ");
   citation.setFont(CITATION_FONT);
   let x = gw.getWidth() - citation.getWidth();
   let y = gw.getHeight() - CITATION_Y;
   gw.add(citation, x, y);

   function displayImage() {
      image.scale(gw.getWidth() / image.getWidth());
      gw.add(image, 0, 0);
   }
}
```

图 8-5　画一张地球照片（阿波罗 17 号拍摄）的程序

将会使图像缩放，使其填充窗口的整个宽度。但如果此时程序不知道图像的宽度，则无法如此计算，而图像的宽度只能在回调函数中提供。加载 **EarthImage.js** 程序的 **index.html** 文件将产生以下效果。

EarthImage.js 程序还包含了图像的引用来源。当你使用现有的图像时，需要注意知识产权使用的相关限制。你在网上找到的大多数图像都受版权保护。根据版权法，除非你对图像的使用符合"合理使用"原则，否则你必须获得版权所有者的许可才能使用该图像。遗憾的是，这一原则在数字时代已经变得模糊得多。在"合理使用"的指导方针下，你可以在论文中使用受版权保护的图像。另一方面，如果没有先确保获得了使用许可（并且可能要为之付费），就不能将这样的图像投入商业出版的作品中。

即使你使用的图像符合"合理使用"原则，对来源也要给予适当的重视。一般来说，当你在网上找到你想要使用的图像时，你应该首先检查这个网站是否有相应的使用政策。许多优秀图像资料都有明确的使用指南。有些图像是完全免费的，有些是可以免费引用的，有些可以在特定的上下文中使用，有些则是完全受限的。例如，美国国家航空航天局的网站（http://www.nasa.gov）上有一个图像库，里面包含关于太空探索的大量图像。根据这个网站提供的信息，你可以自由使用这些图像，只要你在图像中附上"Courtesy NASA / JPL-Caltech"的说明即可。**EarthImage.js** 程序遵循了使用指南，在带有图像的页面上附加了说明。

8.6.3　图像的表示

在 JavaScript 中，图像是一个矩形数组，图像整体上是一个行的序列，而每一行又是像素值构成的序列。数组中每个元素的值表示应该出现在屏幕上相应像素位置的颜色。在第 4 章中，你已经知道在 JavaScript 中可以通过设置每个原色的强度来指定颜色。强度的范围从 0 到 255 之间，因此可以由一个 8 位字节表示。整个颜色以 32 位整数存储，该整数包含红色、绿色和蓝色分量的强度值以及颜色透明度的度量值，后者以希腊字母阿尔法（α）表示。对于大多数图像中使用的不透明颜色，其 α 的值在十进制中始终为255，二进制的值始终为 11111111，十六进制的值始终为 FF。

例如，下图显示了构成粉色的四个字节，JavaScript 使用十六进制值 FF、C0 和 CB来定义红、绿和蓝分量。将这些值转换成二进制形式可以得到以下结果。

α	红色	绿色	蓝色
1 1 1 1 1 1 1 1	1 1 1 1 1 1 1 1	1 1 0 0 0 0 0 0	1 1 0 0 1 0 1 1

JavaScript 将有关颜色的所有信息打包成 32 位整数，这意味着可以将图像存储为二维整数数组。数组的每个元素包含图像的一行。为了与 JavaScript 的坐标系统保持一致，图像中的每一行至上而下是从 0 开始编号的。每一行是一个整数数组，表示从左到右每个像素的值。

8.6.4　使用 **GImage** 类操作图像

图形库中的 **GImage** 类导出了几种方法，可以执行基本的图像处理。只要满足有关图像源的某些条件，就可以通过调用 **getPixelArray** 获得二维像素值数组。因此，如

果变量 **image** 为 **GImage** 实例，则可以使用如下调用：

```
let pixelArray = image.getPixelArray();
```

图像的高度等于像素数组中的行数。宽度是每一个行中元素的个数，在一个矩形图像中，每一行都有相同的长度。因此，你可以如下所示初始化变量来保存像素数组的高度和宽度：

```
let height = pixelArray.length;
let width = pixelArray[0].length;
```

遗憾的是，许多浏览器不允许 JavaScript 程序从任意图像中获取像素数组。就像读取文本文件一样，除非用户明确选择该图像，否则作为浏览器的安全策略禁止 JavaScript 代码读取图像的内容。为了使编写操作图像的程序成为可能，**GImage** 类包含了 **GImage.chooseImage** 类方法，该方法允许用户从文件中选择图像，从而加载图像数据。**GImage.chooseImage** 方法需要一个回调函数，当 JavaScript 完成读取数据时，已完全加载的 **GImage** 数据将传递给回调函数。

图 8-6 中的 **ChooseImage.js** 程序演示了如何使用 **GImage.chooseImage** 方法来选择图像文件。在这个程序中，**displayImage** 回调函数将加载完成的图像数据作为参数，然后使用 **getWidth** 和 **getHeight** 方法将图像居中。

```
/*
 * File: ChooseImage.js
 * --------------------
 * This program illustrates the process of choosing an image file.
 */

"use strict";

/* Constants */

const GWINDOW_WIDTH = 500;
const GWINDOW_HEIGHT = 400;

/* Main program */

function ChooseImage() {
   let gw = GWindow(GWINDOW_WIDTH, GWINDOW_HEIGHT);
   GImage.chooseImage(displayImage);

   function displayImage(image) {
      let x = (gw.getWidth() - image.getWidth()) / 2;
      let y = (gw.getHeight() - image.getHeight()) / 2;
      gw.add(image, x, y);
   }
}
```

图 8-6　允许用户选择图像的程序

GImage 类包含几个用以简化图像数据操作的方法。这些方法如图 8-7 所示。从图的第一部分可以看到 **GImage** 类支持两个工厂方法，一个用于从文件中读取数据，另一个用于从二维数组中构造 **GImage** 对象。对于一个初始化后的图像，你可以使用 **getPixelArray** 方法返回存储在图像中的像素数组。**GImage** 类还导出了几个类方法，包括用于从整数中检索像素的红色、绿色和蓝色分量的方法，还包括将红色、绿色和蓝色的值组成相应的整数形式的方法。

创建 GImage 对象的工厂方法

GImage (*filename*)	通过从指定文件中读取图像数据创建一个 **GImage** 对象
GImage (*array*)	从像素数组中创建一个 **GImage** 对象

指定回调函数的方法

image.addEventListener ("load", *fn*)	添加一个在当前图像完全加载时触发的回调函数

从图像中读取像素的方法

Image.getPixelArray ()	返回当前图像的像素数组

类方法

GImage.chooseImage (*fn*)	允许用户从文件资源选择器中选取一个图像文件。当选择好图像文件后，JavaScript 会等待图像加载完毕，届时调用回调函数 *fn*，并把图像数据传递给 *fn*
GImage.getRed (*pixel*)	获取像素值的红色分量值，该值是介于 0 到 255 之间的一个整数
GImage.getGreen (*pixel*)	获取像素值的绿色分量值，该值是介于 0 到 255 之间的一个整数
GImage.getBlue (*pixel*)	获取像素值的蓝色分量值，该值是介于 0 到 255 之间的一个整数
GImage.createRGBPixel (*r*, *g*, *b*)	以 *r*、*g* 和 *b* 为相应分量值，创建一个像素值，其中每个分量介于 0 到 255 之间
GImage.createPixelArray (*width*, *height*)	创建一个指定尺寸的像素数组

图 8-7　GImage 类中的有用方法

你可以使用 **GImage** 类中的这些方法来操作图像，这与 Adobe Photoshop 等商业软件所做的工作非常相似。一般的策略包括以下三个步骤，所有步骤都必须在图像完全加载后执行：

1. 使用 **getPixelArray** 获取像素值的数组。

2. 通过操纵数组中的值执行所需的转换。

3. 调用 **GImage** 函数从修改后的数组中创建一个新对象。

下面的函数定义使用这种策略来垂直翻转图像：

```
function flipVertical(image) {
    let array = image.getPixelArray();
    array.reverse();
    return new GImage(array);
}
```

一个更实质性的例子是将彩色图像转换为灰度（grayscale）图像，这种格式中所有像素都是黑色、白色或某种中间灰度。为此，你需要遍历像素数组中的每个元素，并使用近似于该颜色的明亮程度的灰色阴影替换每个像素。在计算机图形学中，这种明亮程度称为**亮度**（luminance）。

灰度转换的目标是把每个像素的颜色变成亮度相似的灰色。事实证明，亮度不是均等地依赖于颜色分量，并且受像素中绿色分量的影响要多于受红色分量或蓝色分量的影

响。红色和蓝色往往使图像看起来更暗，而绿色往往使它变亮。美国电视信号标准委员
会通过的亮度公式如下：

$$luminance = 0.299 \times red + 0.587 \times green + 0.114 \times blue$$

生成灰度图像的完整程序如图 8-8 所示。程序首先允许用户选择一个图像，紧接着
等待直到加载完图像。然后，**displayImages** 回调函数将原始图像和灰度图像并排显
示，如下所示[○]。

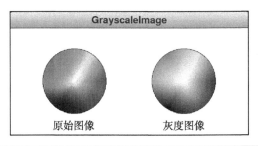

```
/*
 * File: GrayscaleImage.js
 * -----------------------
 * This program displays an image together with its grayscale equivalent.
 */

"use strict";

/* Constants */

const GWINDOW_WIDTH = 500;
const GWINDOW_HEIGHT = 400;
const IMAGE_SEP = 50;

/* Main program */

function GrayscaleImage() {
   let gw = GWindow(GWINDOW_WIDTH, GWINDOW_HEIGHT);
   GImage.chooseImage(displayImages);

   function displayImages(image) {
      gw.add(image, (gw.getWidth() - IMAGE_SEP) / 2 - image.getWidth(),
                    (gw.getHeight() - image.getHeight()) / 2);
      let grayscale = createGrayscaleImage(image);
      gw.add(grayscale, (gw.getWidth() + IMAGE_SEP) / 2,
                        (gw.getHeight() - image.getHeight()) / 2);
   }
}

/* Creates a grayscale image based on the luminance of each pixel */

function createGrayscaleImage(image) {
   let array = image.getPixelArray();
   let height = array.length;
   let width = array[0].length;
   for (let i = 0; i < height; i++) {
      for (let j = 0; j < width; j++) {
         let gray = luminance(array[i][j]);
         array[i][j] = GImage.createRGBPixel(gray, gray, gray);
      }
   }
   return GImage(array);
}
```

图 8-8　将一张图像转换为灰度图像的程序

　可以运行相应源代码查看效果。——编辑注

```
/* Returns the luminance of a pixel using the NTSC formula */

function luminance(pixel) {
   let r = GImage.getRed(pixel);
   let g = GImage.getGreen(pixel);
   let b = GImage.getBlue(pixel);
   return Math.round(0.299 * r + 0.587 * g + 0.114 * b);
}
```

图 8-8 （续）

总结

在本章中，你学习了如何使用数组，数组是 JavaScript 用来表示有序数据列表的主要数据结构。本章的重点包括：

❑ 与大多数语言一样，JavaScript 包含一个用于存储有序元素集合的内置数组类型。数组中的每个元素都有一个整数索引，表示其在数组中的位置。在 JavaScript 中，数组的索引号以 0 开始，就像字符串的第一个字符位置一样。

❑ JavaScript 数组最常见的创建方法是将元素列表括在方括号中，用逗号分隔。

❑ JavaScript 数组中的元素个数存储在一个名为 **length** 的字段中。

❑ 你可以通过在数组变量后面的方括号中使用索引来选择数组中的特定元素。这个操作称为**数组元素选择**。

❑ 数组通常与 **for** 循环一起使用，允许你循环遍历数组中的元素。

❑ JavaScript 中的数组存储了对包含数组值的内存的引用。这种设计的一个重要含义是将数组作为参数传递而不是复制元素。相反，JavaScript 传递的是引用值，这个值表示的是数组数据的内部位置。因此，如果函数更改作为参数传递的数组中任何元素的值，则原数组也会相应修改。

❑ 数组支持各种操作方法。在图 8-2 中列出了重要的数组方法。

❑ 尽管 JavaScript 几乎不支持操作数据文件，但本书提供的代码包括一个 **JSFileChooser.js** 库，该程序库导出了允许用户选择文件的方法。

❑ JavaScript 支持任意维数的数组，即数组的元素是数组。

❑ 图像由二维整数数组表示，每个整数数组将像素的颜色指定为其红色、绿色和蓝色分量的组合。

❑ 图形库包含一个名为 **GImage** 的类，该类以允许客户端访问基础像素数组的方式来支持图像操作。

复习题

1. 给出以下数组相关的术语定义：元素、索引、长度和元素选择。

2. 如何创建一个名为 **dwarves** 的数组，其中包含 J.R.R. 托尔金（J. R. R. Tolkien）的

奇幻小说 *Hobbit* 中到达比尔博（Bilbo）家门口的 13 个矮人的名字？按照出现的顺序，他们的名字依次是：Dwalin、Balin、Kili、Fili、Dori、Nori、Ori、Oin、Gloin、Bifur、Bofur、Bombur 和 Thorin。

3. 如何确定一个数组的长度？

4. 判断题：数组违反了以下传参的规则，如第 5 章中的句子所述：每个实际参数的值都复制到相应的参数变量中。

5. 下图之前在本章中出现过，用以说明给数组添加和移除元素的五种数组方法的效果，下图缺少方法名称，请填上对应的方法名称，最好不要回看原文。

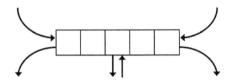

6. 跟踪以下程序的执行，并写出每个调用的输出：

```
function ArrayMethodsReview() {
   let array = [ 0, 1 ];
   array.push(2);
   console.log("array = [" + array + "]");
   array.unshift(array.pop());
   console.log("array = [" + array + "]");
   array.splice(1, 0, 0);
   console.log("array = [" + array + "]");
}
```

7. 与 **sort** 方法一起使用的比较函数如何指定排序后的结果？

8. 为什么 JavaScript 会对文件的使用做很多的限制？

9. 用你自己的话讲解如何使用 **JSFileChooser.chooseTextFile** 读取文本文件。

10. 什么是多维数组？

11. 使用以下声明来初始化一个空的井字游戏棋盘：

```
let board = [ [ "", "", "" ],
              [ "", "", "" ],
              [ "", "", "" ] ];
```

如下声明会完成同样的任务吗？

```
let board = createArray(3, createArray(3, ""));
```

在提供答案之前，请仔细考虑如何表示数组。

12. 图形库中的哪个类可以在图形窗口上显示图像？

13. 描述如何在计算机内部表示图像。

14. 如何从图像中提取像素数组？

15. 给定一个像素数组，如何确定图像的宽度和高度？

练习题

1. 在统计中，数据值的集合通常称为**分布**（distribution）。统计分析的一个主要目的是找到一种方法来将完整的数据集压缩成表示整个分布特性的汇总统计信息。最常用的统计量是**平均值**（mean，习惯上用希腊字母 μ 表示），它只是传统的平均值。另一个常用的统计量是**标准差**（standard deviation，习惯上用 σ 表示），它可以指示分布中 x_1，x_2，$\cdots$，x_n 的值与平均值相差多少。如果你计算的是一个完整分布的标准差，而不是一个样本的，标准差可以表示为：

$$\sigma = \sqrt{\dfrac{\sum\limits_{i=1}^{n}(\mu - x_i)^2}{n}}$$

大写的西格玛（Σ）表示随后数量的总和，此时，也就是平均值与每个数据值之间的差的平方。

请创建一个名为 **StatsLib.js** 的库，导出 **mean** 和 **stdev** 函数，每个函数都以代表分布的数字数组为参数，并返回相应的统计量。添加注释以便于别人理解如何使用这些函数。

2. 实现一个函数 **createIndexArray(n)**，该函数返回 **n** 个整数的数组，每个整数为其在数组中的索引。例如，调用 **createIndexArray(10)** 应该返回如下数组。

0	1	2	3	4	5	6	7	8	9
0	1	2	3	4	5	6	7	8	9

3. 本章定义的 **reverseArray** 函数和所有数组对象都支持的 **reverse** 方法将更改调用数组中的值。在第 7 章中对字符串的 **reverse** 函数采用了另一种方式，即返回一个新数组，并使原始数组保持不变。使用这种策略实现函数 **createReversedArray(array)**，该函数返回一个数组，其元素与原始值顺序相反，且不更改 **array** 的内容。你的函数应允许你生成以下控制台日志。

```
                    JavaScript Console
> let hogwarts = [
    "Gryffindor",
    "Hufflepuff",
    "Ravenclaw",
    "Slytherin"
  ];
> hogwarts
Gryffindor,Hufflepuff,Ravenclaw,Slytherin
> createReversedArray(hogwarts)
Slytherin,Ravenclaw,Hufflepuff,Gryffindor
> hogwarts
Gryffindor,Hufflepuff,Ravenclaw,Slytherin
>
```

4. 编写一个程序，检查字符串中的小括号、方括号和花括号是否正确匹配。例如，如果你查看如下字符串：

```
{ s = 2 * (a[2] + 3); x = (1 + (2)); }
```

你会发现所有括号操作符均正确嵌套，每个左小括号都与一个右小括号匹配，每个左方括号都与一个右方括号匹配，等等。另一方面，由于语法的原因，以下字符串就不完全匹配：

```
((])    该行缺少右括号
)(      右括号在左括号之前
{(})    花括号嵌套错误
```

解决此问题的最简单方法是逐个字符遍历字符串，忽略除括号操作符之外的所有字符。如果看到开操作符之一（左小括号、左方括号或左花括号），则将该操作符压入栈中，用以跟踪不匹配的操作符。当你看到闭操作符（右小括号、右方括号或右花括号）时，弹出栈顶并确保操作符匹配。

5. 编写比较函数 **sortAsTitles**，该函数接受两个字符串并进行比较，并遵循以下规则：

   1. 比较时应不区分大小写。

   2. 除空格外，所有标点符号都应该忽略。

   3. 标题开头的单词 a、an 和 the 都应该被忽略。

6. 使用 **split**、**join** 和 **sort** 方法编写一个 **sortLetters** 函数，该函数重新排序字符串中的字符，并使它们按字典顺序显示。例如，调用 **sortLetters("cabbage")** 应该返回字符串 **"aabbceg"**。

7. 直方图（histogram）是通过将数据划分为相互独立的区间，然后显示每个区间内有多少数据值来显示一组值的图。例如，给定一组考试分数：

   100、95、47、88、86、92、75、89、81、70、55、80

   传统的直方图将具有以下形式。

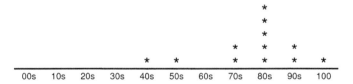

直方图中的星号表示 40s（表示 40~50，下同）范围内有 1 个，50s 内有一个，80s 内有 5 个，依此类推。但是，当你在控制台上生成直方图时，使用横向显示更方便，如下所示。

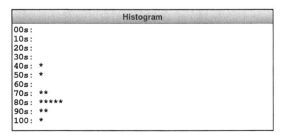

编写一个名为 **Histogram** 的程序，该程序允许用户选择一个文件，其中包含从 0 到 100 的考试分数，然后显示这些分数的直方图，分为 0~9、10~19、20~29 等范围，直到仅包含值 100 的范围。你的函数应尽可能接近示例运行中显示的格式。

8. 幻方（magic square）是由整数组成的二维数组，其中行、列和对角线的总和等于相同的值。最著名的幻方之一出现在 1514 年由阿尔布雷希特·杜勒（Albrecht Dürer）雕刻的 *Melencolia I* 雕像上，如图 8-9 所示，其中一个 4×4 幻方出现在铃铛的下方。在杜勒的正方形中，可以很容易地从图右侧显示的放大插图中读取它。它的所有四行、所有四列和两个对角线加起来都为 34。一个更熟悉的是下面的 3×3 的幻方，其中每行、每列和每条对角线方向数值的总和都为 15，如下所示。

图 8-9　阿尔布雷希特·杜勒的 *Melencolia I* 上面的幻方

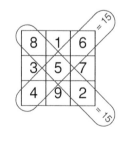

请实现一个函数：

```
function isMagicSquare(square)
```

用来测试 **square** 是否为幻方。你的函数应该适用于任何大小的矩阵。如果对具有不同行数和列数的数组调用 **isMagicSquare**，则函数应返回 **false**。

9. 在扫雷游戏中，玩家在一个矩形网格中寻找隐藏的地雷，这个矩形网格可能是一个非常小的棋盘，看起来如下所示。

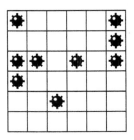

在 JavaScript 中表示网格的一种方法是使用一个布尔值数组来标记地雷的位置，其中 **true** 表示地雷的位置。例如，你可以通过编写以下声明将变量 **mineLocations** 初始化为该数组：

```
let mineLocations = [
    [  true, false, false, false, false,  true ],
    [ false, false, false, false, false,  true ],
    [  true,  true, false,  true, false,  true ],
    [  true, false, false, false, false, false ],
    [ false, false,  true, false, false, false ],
    [ false, false, false, false, false, false ]
];
```

请编写一个函数：

function countMines(mines)

遍历地雷数组并返回一个具有相同维度的新数组，该维度表示每个位置周围有多少个地雷。如果某个位置包含一个地雷，则 **countMines** 返回的数组中的对应条目应为 -1。在扫雷游戏中，每个位置的周围最多由八个相邻位置组成，要求每个相邻位置位于数组内。例如，如下声明：

let mineCounts = countMines(mineLocations)

它应该如下初始化 **mineCounts**。

-1	1	0	0	2	-1
3	3	2	1	4	-1
-1	-1	2	-1	3	-1
-1	4	3	2	2	1
1	2	-1	1	0	0
0	1	1	1	0	0

10. 在过去的几十年中，一个叫作**数独**的逻辑谜题在全世界都很流行。在数独中，从 9×9 的整数数组开始，其中一些单元格已填充 1 到 9 之间的数字，如图 8-10 左侧所示。你的任务是用 1 到 9 之间的数字填充每个空白位置，使每个数字在每一行、每一列以及每个较小的 3×3 正方形中仅出现一次。解决方案如图 8-10 的右侧所示。每个数独题目都经过精心构造，因此只有一个解决方案。

		2	4		5	8		
	4	1	8				2	
6				7			3	9
2			3			9	6	
	9	6		7	1			
1	7		5					3
9	6		8					1
	2			9	5	6		
		8	3		6	9		

3	9	2	4	6	5	8	1	7
7	4	1	8	9	3	6	2	5
6	8	5	2	7	1	4	3	9
2	5	4	1	3	8	7	9	6
8	3	9	6	2	7	1	5	4
1	7	6	9	5	4	2	8	3
9	6	7	5	8	2	3	4	1
4	2	3	7	1	9	5	6	8
5	1	8	3	4	6	9	7	2

图 8-10　经典数独游戏实例和它的解

尽管解决数独难题所需的算法策略超出了本书的范围，但是你可以轻松编写一个函数来检查给出的解决方案是否遵循数独规则，以防止在行、列或 3×3 的正方形中出现重复的值。请编写一个函数：

```
function checkSudokuSolution(puzzle)
```

执行此函数，如果 **puzzle** 是有效的解决方案，则返回 **true**。

11. 编写一个 **flipHorizontal** 方法，其功能与本章介绍的 **flipVertical** 方法类似，不同之处在于它在水平方向上反转图像。因此，如果你的 **GImage** 对象包含一张如下左图所示的图像（约翰内斯·维米尔（Jan Vermeer）的 *The Milkmaid*，1659 年左右），则对此图像调用 **flipHorizontal** 后返回一个新的 **GImage** 对象，效果应该如右图所示。

(World History Archive/Alamy Stock Photo)

12. 编写一个 **rotateLeft** 方法，该方法接受一个 **GImage** 对象并生成一个新的 **GImage** 对象，并将原始图像向左旋转 90 度。

第 9 章

对　象

我总是试图找到并关注那些必要且能带来确定好处的事物。比如，我认为在编程语言中，一致连贯的数据类型声明方式就是非常必要的。

——尼古拉斯·沃斯，图灵奖演讲，1984 年

瑞士计算机科学家尼古拉斯·沃斯（Niklaus Wirth）设计并开发了几种早期的编程语言，包括 Euler、PL360、Algol-W 和 Pascal 语言，其中 Pascal 在 20 世纪 70 年代和 80 年代成为计算机科学入门的标准语言。虽然在第 3 章开篇描述过格蕾丝·赫柏的 COBOL 语言包含对数据记录的支持，但 Pascal 是第一个系统地将记录概念集成到类型系统中的编程语言。1975 年，沃斯出版了一本很有影响力的书 *Algorithms + Data Structures = Programs*，这本书为数据结构与算法一样是编程的基础这一观点提供了有力的证据。1984 年，尼古拉斯·沃斯获得图灵奖。

尼古拉斯·沃斯（1934—）

(Courtesy of Niklaus Wirth)

当你在第 8 章学习数组时，你已经开始理解计算机编程中一个极其重要的概念：使用复合数据结构来表示复杂的信息集合。在程序的上下文中声明数组时，你可以将任意大量的数据值组合成一个完整的结构。如果需要的话，你还可以选择该数组的特定元素，并对它们进行单独操作。你也可以将数组视为一个整体对其进行操作。

现代编程语言的基本特征之一是能够将零散的数据值组织成完整的数据集合。函数允许你将许多独立的操作赋予一个名称（函数名称）。对于数据来说，复合数据结构也和函数具有同样的功能，数组只是其中的一个例子。多数情况下，如果能够将一个程序的小片段组合成一个单一的、更高级的结构，不仅可以简化概念，而且可以大大地提高你在编程中表达想法的能力。

虽然当你需要为可表示为有序元素列表的实际数据建模时，数组是一个强大的工具，但是将无序数据值组合成一个单元也同样重要。本章将介绍 JavaScript 是如何支持这种数据值的集合，以及如何在程序中有效地使用它们。

9.1 JavaScript 里的对象

解释 JavaScript 处理结构化数据的方法的挑战之一是，JavaScript 使用**对象**（object）这个词来指代两个不同的概念。在 Java 和 C++ 等支持面向对象范式的语言中，术语"对象"指的是组合数据和行为两者的结构。正如稍后你会在本章所看到的一样，JavaScript 里的对象也同样可以扮演这个角色。但 JavaScript 还使用对象这个词来指代传统上称为**记录**（record）的更古老的数据模型，这里的对象只是指代一个值的集合。本章首先探索"记录"这个更原始的模型，然后在此基础上构建更现代的对象概念，就像 JavaScript 所做的那样。然后，本章会介绍**封装**（encapsulation）的概念，即对象应该充当客户端和实现之间的屏障。

封装对客户端和实现者都有好处。一方面，封装隐藏与实现相关的细节，从而有利于客户端的使用。另一方面，封装通过限制客户端的可能操作，来保护实现不会受到来自客户端意外或恶意操作的影响。封装是面向对象编程的两个基本属性之一，另一个是继承，后者将会在第 11 章中得到详细讲解。

9.1.1 对象用作记录

JavaScript 中的对象类似于数组，因为它们允许将多个数据值视为一个整体单元。根本区别在于如何标识各个数据值。在数组中，每个元素由数组索引标识。在对象中，每个内部组件都由一个名称标识，这个名称在 JavaScript 中通常称为**属性**（property）。

当你需要把一组单独的组件整合到一起成为一个整体的时候，对象是很有用的。比如，你正为一家公司设计一个工资管理系统，那么每个员工都有各种各样的属性，如姓名、职称和工资，但是将所有这些组件看作描述特定员工的单一实体仍然是有意义的。就像在查尔斯·狄更斯（Charles Dickens）的电影 *A Christmas Carol* 中出现的那家名为 Scrooge and Marley 的小公司，这家公司的两名员工的数据可能如下所示。

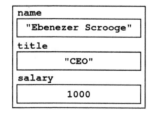
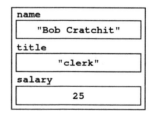

这里两个对象中的每一个都是三个不同部分的组合：表示员工姓名的 **name** 属性、

表示职位头衔的 **title** 属性和表示工资的 **salary** 属性。程序可以在两个层面上处理这些员工对象。在整体层面上，员工为单个数据值，你可以将其分配给一个变量、将其作为参数传递或作为结果返回。当然你也可以站在对象属性角度上，选择和操作单个属性。

9.1.2　创建对象

相比于其他大多数现代语言，JavaScript 使创建复合对象变得更加容易。要创建复合对象，只需将一组属性键值对包含在花括号中。每个属性键值对由属性名及其值组成，两者之间用冒号分隔，属性键值对之间用逗号分隔。例如，下面的代码声明了包含 Bob Cratchit 信息的变量 **clerk**：

```
let clerk =
    { name: "Bob Cratchit", title: "clerk", salary: 25 };
```

如果属性的名称是合法的 JavaScript 标识符，那么它通常在 JavaScript 代码中不带引号。但是，实际上你可以使用任何字符序列作为属性名，只要将名称括在引号中即可。

与数组一样，JavaScript 中的对象被视为对实际值的引用。因此，下图准确地描述了 **clerk** 这个值的指向。

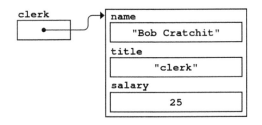

9.1.3　选择属性

给定一个 JavaScript 对象，你可以使用点操作符来选择单独的属性，点操作符的使用方式如下：

object.name

其中 *object* 指定对象作为一个整体，*name* 指定所需的属性。因此，根据 9.1.2 节的 **clerk** 声明，你可以使用 **clerk.name** 表达式选择 **name** 属性，在本例中，该表达式代表的字符串值为 **"Bob Cratchit"**。

字段是可以被赋值的。例如，当改过自新的 Scrooge 先生对 Bob Cratchit 说："我要给你加薪了"，他会这样做：

```
clerk.salary += 5;
```

这就给了工资过低的职员每年额外的五英镑。而且，由于对象是作为引用存储的，所以对作为参数传递给函数的对象的属性所做的任何更改，都将在函数返回后得以保留。例如，如果 Ebenezer Scrooge 决定更慷慨一些，他可以定义以下函数，然后用它将任何员工的工资提高一倍：

```
function doubleSalary(employee) {
    employee.salary *= 2;
}
```

9.1.4　JavaScript 对象表示法

JavaScript 用于声明对象的简洁语法非常方便，由此催生了一种表示复合对象的新标准，使应用程序之间共享数据更加便捷，即使它们是用不同的语言编写的。这个模型称为 JavaScript 对象表示法（JavaScript Object Notation），通常简称为 JSON。JSON 是 JavaScript 的对象标准表示法的子集，其中应用了两个附加条件。首先，每个属性的名称必须用双引号括起来。其次，与每个属性名相关联的值必须采用下列形式之一：

❑ 合法的 JavaScript 数值型数据。

❑ 一个布尔型数据，它必须是 **true** 或 **false**。

❑ 用双引号括起来的字符串值。

❑ 常量 **null**。

❑ 用方括号括起来的数组，如第 8 章所述。

❑ 嵌入的其他 JSON 对象。

本书的其他地方也有好几个使用 JSON 的示例。

9.2　把对象当作映射来使用

在本章前面所介绍的示例中，使用点操作符来选择对象的属性是最常见的方法。但是，点操作符要求你在编写程序时知道属性的名称。对于某些应用程序来说，选择一个属性，其名称由用户输入或在程序运行时从其他数据计算，这是很有用的。JavaScript 也允许这种形式的选择，它的形式是：

object[*name*]

其中 *object* 是进行选择的对象，*name* 是表示属性名的字符串表达式。例如，如果变量 **clerk** 的定义如前所示，则可以通过 **clerk.salary** 或 **clerk["salary"]** 来选择包含员工工资的值。这两种形式都可以从存储在 **clerk** 中的对象中获取名为 **"salary"** 的属性。

括起来的对象选择形式通常被计算机科学家称为映射（map），它在概念上类似于字典。字典可以让你查一个词，来找到它的意思。映射是字典概念的泛化，它提供了一个被称为键（key）的标识标记和一个相关联的值（value），值通常是一个更大更复杂的结构。如果类比于字典，键是要查找的单词，而值就是它的定义。

映射在编程中有很多应用。例如，编程语言的解释器需要能够为变量赋值，然后可以通过名称查找变量。映射使得维护变量名称与其对应值之间的对应关系变得容易。

9.2.1 机场编码映射为城市名称

如果经常乘坐飞机，你会知道世界上每个机场都有一个由国际航空运输协会（IATA）指定的三个字母的编码。例如，纽约的约翰·肯尼迪国际机场被指定为由三个字母组成的编码 JFK。它相对好认，然而，很多其他的机场编码却很难识别。所以大多数基于 Web 的旅游系统都会给客户提供查找这些编码的对应关系的服务。

实现此功能的一个简单方法是创建一个映射，键为机场代码，对应的值是城市名称。如果你将映射存储在一个名为 **AIRPORT_CODES** 的常量中，那么要查找与三个字母的机场编码对应的城市，只需计算表达式 **AIRPORT_CODES[code]**。如果 **AIRPORT_CODES** 包含与三个字母的机场编码匹配的属性，则表达式将从映射返回相应的城市名称。如果没有与编码匹配的属性，则表达式的值是 **undefined**。

9.2.2 初始化一个映射

现在的问题是，如何初始化前面的 **AIRPORT_CODES**。在大多数语言中，传统的做法是从一个文件中读取数据，这个文件包含每个机场的三个字母的编码，以及该机场对应的城市名称。但是，如第 8 章所述，浏览器的安全限制使得 JavaScript 处理数据文件困难重重。考虑到这些限制，初始化像 **AIRPORT_CODES** 这样的映射，最直接的方法是将其存放在 JavaScript 文件中的 JSON 里，然后像加载 JavaScript 库一样，使用 **<script>** 标签加载这个文件。对于将三个字母的机场编码转换为城市名称的这种应用，可以将数据存储在图 9-1 所示的 **AirportCodes.js** 文件中。完整的三个字母的编码列表很长，但是仍然可以轻松地放到 JavaScript 文件中。

```
/*
 * File: AirportCodes.js
 * ----------------------
 * This file exports the complete list of three-letter airport codes as
 * a constant map in JSON format.
 */

const AIRPORT_CODES = {
   "ATL": "Atlanta, GA, USA",
   "ORD": "Chicago, IL, USA",
   "LHR": "London, England, United Kingdom",
   "HND": "Tokyo, Japan",
   "LAX": "Los Angeles, CA, USA",
   "CDG": "Paris, France",
   "DFW": "Dallas/Ft Worth, TX, USA",
   "FRA": "Frankfurt, Germany",
   "PEK": "Beijing, China",
   ... over 2500 more airport codes ...
};
```

图 9-1 将机场编码映射为城市名称的 JavaScript 数据文件

AirportCodes.js 文件不需要放在运行应用程序的服务器上，因为 Web 页面经常使用网络上一些通用的库，并且浏览器允许 **index.html** 文件从任何 URL 加载脚本。例如，这个文件可能存储在国际航空运输协会网站上，这样，每当有新的机场编码被分配的时候，国际航空运输协会的网站就可以及时进行更新。需要此信息的 Web 应用程序可以直接从该网站加载 **AirportCodes.js** 文件。

图 9-2 中的 **FindAirportCodes.js** 程序演示了如何在应用程序中使用 **AIRPORT_CODES** 这个映射。程序从用户处获取三个字母的编码，并显示出相应的城市名称，如下面的示例运行所示。

```
                    FindAirportCodes
Airport code: LHR
London, England, United Kingdom
Airport code: LAX
Los Angeles, CA, USA
Airport code: XXX
There is no airport code XXX
Airport code:
```

```
/*
 * File: FindAirportCodes.js
 * -------------------------
 * This program looks up three-letter airport codes in a constant map
 * called AIRPORT_CODES, which is loaded independently.
 */

"use strict";

function FindAirportCodes() {
   console.requestInput("Airport code: ", processLine);

   function processLine(line) {
      if (line !== "") {
         let city = AIRPORT_CODES[line];
         if (city === undefined) {
            console.log("There is no airport code " + line);
         } else {
            console.log(city);
         }
         console.requestInput("Airport code: ", processLine);
      }
   }
}
```

图 9-2　将机场编码转化为城市名称的代码实现

9.2.3　遍历映射中的键

在某些应用中，遍历映射中的所有键是非常有必要的。例如，如果希望列出位于某国家或某城市的所有机场，一种方法是遍历映射中的所有键，并列出包含所需国家或城市名称位置值的键。为了达到这个目的，JavaScript 语法提供了以下形式的 **for** 语句，它对映射中的每个键执行一次循环体：

```
for (let key in map) {
   ……循环体……
}
```

在上面的代码中，*key* 是保存键值的变量名称，*map* 是包含映射的变量。

图 9-3 中的 **FindAirportsByLocation.js** 使用 **for** 循环语句来查找位于特定位置的机场，并打印到控制台里。这个应用程序的运行示例可能如下所示。

```
FindAirportsByLocation
Location: San Francisco
SFO: San Francisco, CA, USA
Location: London
LHR: London, England, United Kingdom
ELS: East London, South Africa
GON: Groton / New London, CT, USA
LCY: London, England, United Kingdom
LDY: Londonderry, Northern Ireland, United Kingdom
LGW: London, England, United Kingdom
LTN: London, England, United Kingdom
STN: London, England, United Kingdom
YXU: London, Ontario, Canada
Location:
```

```
/*
 * File: FindAirportsByLocation.js
 * --------------------------------
 * This program lists all the airports in a specified location.
 */

"use strict";

function FindAirportsByLocation() {
   console.requestInput("Location: ", processLine);

   function processLine(line) {
      if (line !== "") {
         for (let code in AIRPORT_CODES) {
            let location = AIRPORT_CODES[code];
            if (location.indexOf(line) !== -1) {
               console.log(code + ": " + location);
            }
         }
         console.requestInput("Location: ", processLine);
      }
   }
}
```

图 9-3　根据特定位置列举机场编码的代码实现

当你使用 **for** 循环遍历映射元素时，键的出现顺序是不确定的。例如，你不能想当然地认为键是按字母顺序遍历的。如果确实需要确保键按字母顺序显示，则需要将键存储在数组中，然后使用 **sort** 方法将元素进行排序（如图 9-3）。

9.3　点的表示

如 9.1 节所述，使用对象的一个优点是，可以将几个相关的信息组合成一个整体的元素进行操作。当你需要表示二维空间中的一个点时，就会发现这一原则的实际应用，例如图形窗口界面的绘图。到目前为止，本书中的图形程序保留了独立的 *x* 和 *y* 坐标，对于许多应用程序来说这已经足够了。但是，当你继续学习更复杂的图形程序时，将 *x* 和 *y* 值集中存储在一个称为点（point）的整体单元中是很有必要的。

将 *x* 和 *y* 坐标组合成一个对象使得将点作为复合值使用成为可能，这意味着你可以像操作任何其他数据值一样操作它们。你可以将这个点分配给一个变量，创建一个全是点的数组，将点作为参数传递给一个函数，然后返回一个点作为结果。最后一个例子（作为函数调用的结果返回一个点）增加了之前难以实现的新能力。一个 JavaScript 函数只允许返回一个单一值，因此函数无法单独返回 *x* 和 *y* 坐标。但是，函数可以返回一个点作为单一值。然后，调用者可以提取它的 *x* 和 *y* 坐标。

9.3.1　创建点的策略

在不定义新的对象类型的情况下，JavaScript 用来创建对象的语法也可以顺利创建点。例如，下面的声明定义了两个点变量：

```
let origin = { x: 0, y: 0 };
let lowerRight = { x: GWINDOW_WIDTH, y: GWINDOW_HEIGHT };
```

第一个声明将变量 **origin** 定义为窗口左上角的点 (0, 0)，第二个定义变量 **lowerRight** 作为右下角的点，假设常量 **GWINDOW_WIDTH** 和 **GWINDOW_HEIGHT** 的设置与前面的图形示例相同。一旦有了这些变量，你就可以使用下面的语句在窗口上画一条斜线：

```
GLine(origin.x, origin.y, lowerRight.x, lowerRight.y)
```

尽管许多 JavaScript 应用程序使用 JavaScript 的花括号来快速创建新对象，但也有很多程序使用创建新对象的函数。这样做有几个好处，其中最重要的是，创建新对象的函数的名称也用作函数所创建的对象的名称。例如，如下所示的工厂方法：

```
function Point(x, y) {
   return { x: x, y: y };
}
```

这个方法创建并返回类型为 **Point** 的对象，即使使用 **Point** 函数创建的对象与使用 JavaScript 的标准格式创建的对象（或大括号形式创建的对象）在内部没有区别。按照工厂方法的惯例，**Point** 也以大写字母开头，就像 **GRect** 和 **GOval** 一样。

许多学生一开始看到 **return** 语句中的属性定义（如 **x: x**）时会感到困惑。冒号前的 **x** 表示属性的名称，冒号后面的 **x** 是值的表达式，在本例中是参数 **x**。工厂方法经常包含属性名称和属性值一样的情况。实际上，这种变量名称与变量值一致的创建对象的模式使用非常普遍，以至于 ECMA 5.0 标准允许你在这种情况下忽略属性名称。因此，现在在 JavaScript 中如下编写 **point** 方法是合法的：

```
function Point(x, y) {
   return { x, y };
}
```

根据 **Point** 方法的定义，变量 **origin** 和 **lowerRight** 的声明可以如下重写：

```
let origin = Point(0, 0);
let lowerRight = Point(GWINDOW_WIDTH, GWINDOW_HEIGHT);
```

9.3.2　给 Point 对象添加方法

尽管 9.3.1 节中的 **Point** 方法在创建图形化应用程序时很有用，但它并不遵循现代面向对象设计的原则。正如 9.1 节开头所述，面向对象编程的核心原则之一是封装，即对象应该充当客户端和实现之间的屏障。这种隔离通过向不需要了解实现细节的客户端隐藏代码的内部结构来降低复杂性。同时，封装通过防止客户端更改对象的内部状态来提高实现的安全性，因为这样做可能会破坏对象的完整性。

要了解封装的概念如何应用于 **Point** 类型的设计，可以考虑 **Point** 的当前实现与图形库中的类的实现有何不同。在某些方面，表示 **Point** 的策略类似于表示 **GRect** 的策略。与工厂方法 **Point** 创建概念类型为 **Point** 的新对象一样，**GRect** 工厂创建概念类型为 **GRect** 的新对象。最明显的区别在于客户端引用对象中的属性值的方式。给定当前定义的 **Point** 对象，客户端使用点操作符选择 **x** 和 **y** 属性。给定一个 **GRect** 对象，客户端通过调用 **getX** 和 **getY** 方法获得它的坐标。虽然 **GRect** 在逻辑上具有 **x** 和 **y** 属性，但是客户端不可以直接引用这些内部属性。

现代编程实践强烈建议基于方法获取属性的方式，而不是使用点操作符来选择内部属性。具体使用哪种方式可以在客户端和实现之间权衡利弊，然后采用合理的封装级别。

要将这种封装策略应用到 **Point** 类型，你需要学习如何将方法添加到 JavaScript 对象中。至少 **Point** 类型需要定义 **getX** 和 **getY** 方法，以便客户端可以在不直接引用 **x** 和 **y** 属性的情况下获得该点的坐标。因此，不是让客户端编写：

pt.x

而是应该编写：

pt.getX()

返回属性值的方法称为 getter。改变属性值的方法（不那么常用）称为 setter。

向 **Point** 类型添加方法并不像你最初想象得那样困难。在对象中调用方法的语法与从对象中选择属性的操作非常相似。名称 **getX** 只是 **Point** 对象中的一个属性，就像 **x** 一样。区别在于 **getX** 属性的值是一个返回内部 **x** 的值的函数。毕竟，JavaScript 函数是一等对象，将函数值存储在对象的属性中也是可行的。编写 **getX** 函数的唯一复杂之处在于，这个函数的实现必须能够访问本对象的 **x** 属性的值。

在 JavaScript 中很常见的一个方法是将 *x* 和 *y* 坐标作为属性存储在对象中，但这并不是最好的方法。**getX** 和 **getY** 方法可以使用关键字 **this** 来引用当前对象。在 JavaScript 中，使用 *receiver.name(arguments)* 语法的方法调用都会在关键字 **this** 中存储对接收者（*receiver*）的引用，以便该对象在方法实现中可以被访问到。例如，如果如下调用：

```
pt.getX()
```

getX 的实现可以通过 **this.x** 的方式来访问接收者的 **x** 属性。这种策略可以让你编写如下所示的一个工厂方法 **Point**，这个方法创建一个包含名为 **x** 和 **y** 的属性的对象，以及使用上述接收者语法获取相应属性值的方法：

```
function Point(x, y) {
    return {
        x: x,
        y: y,
        getX: function() { return this.x; },
        getY: function() { return this.y; }
    };
}
```

尽管上面这个实现在技术上是没有问题的，但它违背了面向对象设计的原则。问题是，这个版本的 **Point** 将属性 **x** 和 **y** 导出给客户端。给定一个点 **pt**，客户端不需要调用 **pt.getX()** 来获得 *x* 坐标，而是可以简单地使用 **pt.x** 就可以绕过 **getX** 方法。更糟糕的是，客户端可以直接访问并更改 **x** 和 **y** 属性的值，而不需要通过类中的方法。由于可以直接访问属性值，这违背了封装的原则。

但是你要知道，工厂方法 **Point** 中定义的任何函数都可以访问 **x** 和 **y** 的值，因为它们是包含工厂方法的局部变量的闭包的一部分。因此，**getX** 和 **getY** 可以简单地返回这些值，而不使用关键字 **this**，如下面的工厂方法所示：

```
function Point(x, y) {
    function getX() { return x; }
    function getY() { return y; }
    return { getX, getY };
}
```

工厂方法末尾的 **return** 语句返回一个对象，该对象只有两个公共属性，分别是 **getX** 和 **getY** 方法。这个返回的对象并不包括对闭包私有的 **x** 和 **y** 变量的定义。

本书中所有的类都使用了这种基于闭包的方法，它改编自道格拉斯·克罗克福德推荐的模型，该模型在本书第 2 章介绍过。闭包有两个主要优势。首先，它对客户端隐藏了底层实现。其次，闭包消除了对关键字 **this** 的需要，**this** 也是 JavaScript 中常见的容易混淆的概念。

9.3.3 **toString** 方法

在 Point 类的定义中还剩下一个有用的特性，即定义如何将对象转换为字符串的方法。当 JavaScript 需要确定一个对象应该如何表示为一个字符串时，它会检查该对象是否包含一个名为 **toString** 的方法。如果存在，那么 JavaScript 会调用该方法，然后使用这个方法返回的结果作为对象的字符串表示。例如，如果你调用：

```
console.log(Point(2, 3))
```

JavaScript 将自动调用 **Point** 对象的 **toString** 方法来生成字符串 **"(2，3)"**，然后打印在控制台上。

向 **Point** 类添加 **toString** 将生成 **Point** 类的最终版本，图 9-4 中实现了这个方法，并且附上了一个简单的测试程序。**Point** 工厂方法中除了函数定义之外的唯一语句是：

```
return { getX, getY, toString };
```

这条语句返回一个对象，该对象唯一可访问的属性是三个导出的方法，而变量具体的值仍然安全地被封装在闭包中。

```
/*
 * File: Point.js
 * --------------
 * This file defines a simple class for representing encapsulated points.
 * In this implementation, the values of the variables x and y are stored
 * in the closure of the factory method and are therefore private to the
 * implementation.  The client can obtain these values using the getter
 * methods getX and getY but cannot change these values.
 */

/*
 * Creates a new Point object using the specified x and y coordinates.
 */
function Point(x, y) {
   return { getX, getY, toString };
/*
 * Returns the x component of the point.
 */
   function getX() {
      return x;
   }
/*
 * Returns the y component of the point.
 */
   function getY() {
      return y;
   }
/*
 * Converts the point to a string in the form (x, y).
 */
   function toString() {
      return "(" + x + ", " + y + ")";
   }
}
```

图 9-4 **Point** 类的实现

在图 9-4 所示的代码中，**getX**、**getY** 和 **toString** 方法的定义出现在 **return** 语句之后。这种排序是可行的，因为 JavaScript 应用了一个称为函数提升的机制（在第 5 章中已经讲解过）。因此，这些方法的定义在工厂方法中的每个位置都是可用的。归功于函数提升，这样做可以确保工厂方法实现代码不会被函数的函数体隔得老远，毕竟一个函数经常有一页那么长。然而，常量和使用 **let** 关键字声明的变量在 JavaScript 中并不具有提升的机制，因此必须在使用它们之前就定义好。

9.3.4　在程序里面使用点

点对象在图形程序中通常很有用。例如，图 9-5 中的 **YarnPattern.js** 程序仅使用 **GLine** 对象就可以创建漂亮的图案。每个 **GLine** 对象连接保存在一个数组中的两个点，你可以在现实世界中找到与这个过程类似的例子。想象一下，在窗口周边排列了一圈钉子，并且这些钉子沿着窗口的四个边均匀分布。为了了解这个程序是如何运行的，假设从一个更小的图形窗口开始，图形窗口中的钉子按顺时针方向从左上角开始编号。

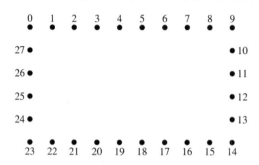

```
/*
 * File: YarnPattern.js
 * --------------------
 * This program uses the GLine class to simulate winding a piece of
 * yarn around an array of pegs along the edges of the graphics window.
 */

"use strict";

const PEG_SEP = 12;        /* The separation between pegs in pixels  */
const N_ACROSS = 80;       /* Number of PEG_SEP units horizontally   */
const N_DOWN = 50;         /* Number of PEG_SEP units vertically     */
const DELTA = 113;         /* Number of pegs to skip on each cycle   */

/* Main program */

function YarnPattern() {
   let gw = GWindow(N_ACROSS * PEG_SEP, N_DOWN * PEG_SEP);
   let pegs = createPegArray();
   let thisPeg = 0;
   let nextPeg = -1;
   while (thisPeg !== 0 || nextPeg === -1) {
      nextPeg = (thisPeg + DELTA) % pegs.length;
      let p0 = pegs[thisPeg];
      let p1 = pegs[nextPeg];
      let line = GLine(p0.getX(), p0.getY(), p1.getX(), p1.getY());
      line.setColor("Green");
      gw.add(line);
      thisPeg = nextPeg;
   }
}

/*
 * Creates an array of pegs around the perimeter of the graphics window.
 */

function createPegArray() {
   let pegs = [ ];
   for (let i = 0; i < N_ACROSS; i++) {
      pegs.push(Point(i * PEG_SEP, 0));
```

图 9-5　模拟用纱线绕过多个钉子的代码实现

```
    }
    for (let i = 0; i < N_DOWN; i++) {
        pegs.push(Point(N_ACROSS * PEG_SEP, i * PEG_SEP));
    }
    for (let i = N_ACROSS; i > 0; i--) {
        pegs.push(Point(i * PEG_SEP, N_DOWN * PEG_SEP));
    }
    for (let i = N_DOWN; i > 0; i--) {
        pegs.push(Point(0, i * PEG_SEP));
    }
    return pegs;
}
```

图 9-5　（续）

然后，你可以通过将一根纱线绕过钉子来创建一个图形，从 0 号钉子开始，然后在每个周期向前移动 **DELTA** 个间距。举例来说，如果 **DELTA** 是 11，纱线从 0 号钉子到 11 号钉子，然后从 11 号钉子到 22 号钉子，之后（从头循环计算）从 22 号钉子到 5 号钉子，如下所示。

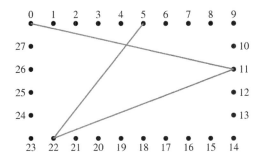

这个过程继续进行，直到纱线最终回到 0 号钉子，并形成以下图案。

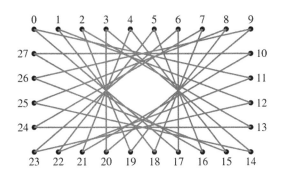

图 9-5 中的程序首先调用 **createPegArray** 来创建四个边周围的点的数组。代码创建了顶部的从左到右的钉子，然后是右部分的从上到下、下部分的从右到左、左部分的从下到上的钉子。当 **createPegArray** 返回时，**YarnPattern** 程序从 0 号钉子开始，然后在每个循环中前进 **DELTA** 步幅，直到索引循环回到 0。在每个循环中，**YarnPattern** 都会创建一个 **GLine** 对象来连接数组中的当前点和前一个点。

图 9-6 显示了使用 **YarnPattern.js** 生成一个更复杂的输出的例子，这个例子使用了程序清单中提供的 **N_ACROSS** 和 **N_DOWN** 的值。

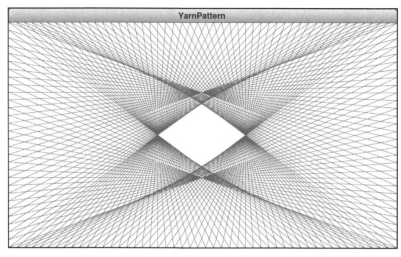

图 9-6 **YarnPattern** 程序的执行结果

9.4 有理数的表示

虽然 9.2 节中介绍的 **Point** 类演示了用于定义新类的基本机制，但是要对这个主题有深入的理解，还需要考虑更复杂的情况。本节将介绍如何设计一个类来表示**有理数**（rational number），有理数可以表示为两个整数的商。在小学，你可能把这些数字叫作**分数**（fraction）。

在某些方面，有理数在概念上类似于带有小数点的 JavaScript 数字，正如在第 2 章中提到的包含小数点的浮点数。有理数和浮点数都可以表示分数，如 1.5，即有理数 3/2。区别在于，有理数是精确的，而浮点数的值由于硬件精度限制所以有时只是近似值。

为了理解为什么这种区别很重要，考虑一下将下列分数相加的算术问题：

$$\frac{1}{2} + \frac{1}{3} + \frac{1}{6}$$

基本的算术运算清楚地表明，数学上精确的答案是 1，但如果使用 JavaScript 的浮点运算，则不会得到这个答案。

如果你编写以下 JavaScript 程序，问题就变得明显了：

```javascript
function FractionSum() {
   let sum = 1/2 + 1/3 + 1/6;
   console.log("1/2 + 1/3 + 1/6 = " + sum);
}
```

如果运行这个程序，将得到以下结果。

FractionSum
1/2 + 1/3 + 1/6 = 0.9999999999999999

这里存在的问题是，用来存储数字的存储单元的存储容量有限，这限制了它们能提供的数值的精度。在 JavaScript 标准算法的限制下，1/2 + 1/3 + 1/6 的和更接近于0.9999999999999999，而不是 1.0。相反，有理数不受这种舍入误差的影响，因为它不涉及近似，更重要的是有理数遵循定义良好的算术规则，如图 9-7 所示。因为 JavaScript 在其预定义类型中不包含有理数，所以你需要重新实现一个 **Rational** 类。

图 9-7　有理数的算术规则

9.4.1　定义新类的一般策略

当你使用面向对象的语言时，设计新类是你需要掌握的最重要的技能。与大部分程序设计一样，设计一个新类既是一门科学，也是一门艺术。设计一个类需要很强的审美意识和对使用该类的客户端可能会提出的需求的敏感性。经验和实践是最好的老师，但是遵循一些通用的设计原则可以让你少走一些弯路。

依据我自己的经验，我觉得以下技巧可能对你有所帮助：

1. **大致考虑一下客户端如何使用这个类。** 从过程的一开始，就必须记住，库类的设计是为了满足客户端的需求，而不是为了方便实现者。在较为专业的场景里，确保新类满足这些需求的最有效方法是让客户参与设计过程。但是，至少在你勾勒类设计的大纲时，你需要把自己放到客户端的角度去思考。

2. **确定哪些信息属于对象的私有状态。** 虽然工厂方法闭包中包含的私有数据在概念上是实现的一部分，但是如果你对这个对象中包含什么有一个直观的认识，那么将便于后面设计阶段的工作。

3. **确定工厂方法所需的参数。** 每当客户端创建类的新实例时，流程中的第一步是调用工厂方法。作为设计阶段的一部分，你需要确定在创建对象时用户需要提供什么信息，这又决定了工厂方法需要什么参数。对于 **Point** 类，客户端必须提供 x 和 y 坐标。

4. **罗列会成为类的公有方法的操作。** 在此阶段，目标是为类导出的方法定义名称和参数，从而进一步完善你在流程开始时开发的大纲。

5. **编写代码并测试实现。** 一旦你完成了整体设计，下面的工作就是如何实现它。编写实际的代码不仅是必不可少的，而且还可以为前面的整体设计进行验证。在编写实现时，有时需要反复斟酌接口设计，例如，你发现有时很难在可接受的效率水平上实现特定的特性。作为这个类的实现者，你还有责任测试你的实现，以确保这个类的确可以实现其在接口中声明的功能。

接下来的小节，将采用这些步骤实现 **Rational** 类。

9.4.2 站在客户端视角

作为设计 **Rational** 类的第一步，你需要考虑客户端可能需要哪些特性。在大型公司中，可能有很多需要使用有理数的团队，这些团队的反馈可以让你很好地了解哪些操作应该是该类的一部分。在这种情况下，最好与这些客户就设计目标达成一致。

但是，由于这个示例是理想化的场景，大多数情况下你是无法与潜在客户取得沟通的。这个示例的主要目的是说明 JavaScript 中类定义的结构。考虑到这些限制和管理复杂性的需要，最好避免设计目标存在冗余的功能，即 **Rational** 类只需要实现图 9-7 中定义的算术操作即可。

9.4.3 指定 Rational 类的私有状态

对于 **Rational** 类，私有状态很容易指定。有理数被定义为两个整数的商。因此，每个 **Rational** 对象必须记录这两个值。这些变量将被声明为工厂方法的局部变量，因此闭包中定义的任何方法都可访问这些局部变量，但是对客户端隐藏访问。在实现中，这些变量称为 **num** 和 **den**，它们是数学中分子（numerator）和分母（denominator）的缩写，用于表示分数的上部和下部。

9.4.4 为 Rational 类定义工厂方法

假设一个有理数表示为两个整数的商，那么工厂方法需要两个整数来表示分数的两个组件。以这种方式来实现工厂方法使得定义有理数成为可能，例如，通过调用 **Rational(1,3)** 来定义 1/3。按照这个思考，我们可以如下编写工厂方法的第一行代码：

```
function Rational(num, den)
```

虽然这种类似于 **Point** 类的定义方式不需要对参数进行任何进一步的操作，但是有必要考虑你是否想要向客户端提供任何额外的选项，或者是否需要对参数施加任何约束。例如，允许客户端通过向工厂方法传递单个参数，从而由一个整数创建 **Rational** 对象，如此一来 **Rational(2)** 调用就会被自动处理，就像 **Rational(2,1)** 的调用一样，它表示整数 2。通过为第二个参数指定默认值 1，该特性很容易实现，如下所示：

```
function Rational(num, den = 1)
```

类似地，也要确保传递给 **den** 的值不为 0，因为除数为 0 在有理数中是不合法的。尽管第 11 章将会讲到报告错误的其他策略，但是返回常量 **NaN**（表示结果不是数字）是 JavaScript 中的惯例。因此，**Rational** 工厂方法一开始可能如下所示：

```
function Rational(num, den = 1) {
    if (den === 0) return NaN;
```

另外，对存储在闭包中的 **num** 和 **den** 值也可能需要进行额外的判断。如果客户端可以随意设置分子和分母，就会有许多不同的方式来表示相同的有理数。例如，有理数 1/3 可以写成下列任何一种分数方式：

$$\frac{1}{3} \qquad \frac{2}{6} \qquad \frac{100}{300} \qquad \frac{-1}{-3}$$

因为这些分数都表示相同的有理数，因此在 Rational 对象中允许任意设置分子和分母的值是不优雅的。如果每个有理数都具有一致的、唯一的表示形式，那么就简化了实现。

数学家们提供了以下策略来达到这一目的：

❑ 分母总是正的，这意味着这个有理数的符号是与分子一起存储的。因此，如果客户端提供的分母是负，则有必要对分子和分母都取其相反数。

❑ 有理数 0 总是用分数 0/1 表示。如果没有这个规则，有理数 0 就会有许多不同的表示。

❑ 分数总是用化简后的形式表示，这意味着分子和分母中没有公约数。在实践中，将分数化为最简项的最简单方法是将分子和分母同时除以它们的最大公约数。小学毕业的你自然已经知道如何使用欧几里得算法计算最大公约数，该算法在 3.6 节以函数 **gcd** 的形式出现。

实现这些规则需要工厂方法中的以下代码，除此之外还需要导出方法的定义和 **return** 语句：

```
function Rational(num, den = 1) {
    if (den === 0) return NaN;
    if (num === 0) {
        den = 1;
    } else {
        if (den < 0) {
            den = -den;
            num = -num;
        }
        let g = gcd(Math.abs(num), den);
        num = num / g;
        den = den / g;
    }
```

9.4.5 为 Rational 类定义方法

由于前面决定将 **Rational** 类的功能限制为算数操作符，确定要导出什么方法是一个相对容易的任务。如果没有更多需求的话，则需要导出四个算术操作符方法，这些方法缩写为以下三个字母的形式：**add**、**sub**、**mul** 和 **div**。因为这些是方法，JavaScript 要求你使用接收者语法来调用它们，这意味着你需要使用下行代码把存储在变量 **a**、**b**、**c** 中的有理数加起来：

```
let sum = a.add(b).add(c);
```

尽管在 **Rational** 类的专业设计版本中还有其他有意义的方法，但是在这个实现中定义的唯一的附加功能是 **toString** 方法、**getNum** 和 **getDen** 方法，它们返回 **Rational** 对象的分子和分母的值。后面实现的讨论里会更详细地讲解将这些 getter 方法作为对象的一部分的原因。

9.4.6 实现 Rational 类

这个过程的最后一步是为 **Rational** 类编写代码，如图 9-8 所示。特别是考虑到实现中最复杂的部分是工厂方法，图 9-8 是必要的代码，可以看到 **Rational.js** 的内容相当简单。

```
/*
 * File: Rational.js
 * -----------------
 * This file defines a simple class for representing rational numbers,
 * which are the quotients of two integers.
 */

"use strict";

/*
 * Creates a new Rational object with num as its numerator and den as its
 * denominator.  If den is not supplied, the Rational number creates an
 * integer by assigning a default value of 1.  The implementation ensures
 * that the following conditions hold for each rational number:
 *    1. The denominator must be greater than 0.
 *    2. The number 0 is always represented as 0/1.
 *    3. The fraction is always reduced to lowest terms.
 */
function Rational(num, den = 1) {
   if (den === 0) return NaN;
   if (num === 0) {
      den = 1;
   } else {
      if (den < 0) {
         den = -den;
         num = -num;
      }
      let g = Rational.gcd(Math.abs(num), den);
      num = num / g;
      den = den / g;
   }
   return { add, sub, mul, div, getNum, getDen, toString };
/*
 * Creates a new Rational by adding r to this Rational object.
 */
   function add(r) {
      return Rational(num * r.getDen() + r.getNum() * den,
                      den * r.getDen());
   }
/*
 * Creates a new Rational by subtracting r from this Rational object.
 */
   function sub(r) {
      return Rational(num * r.getDen() - r.getNum() * den,
                      den * r.getDen());
   }
```

图 9-8 **Rational** 类的实现

```
/*
 * Creates a new Rational by multiplying this Rational object by r.
 */
    function mul(r) {
        return Rational(num * r.getNum(), den * r.getDen());
    }
/*
 * Creates a new Rational by dividing this Rational object by r.
 */
    function div(r) {
        return Rational(num * r.getDen(), den * r.getNum());
    }
/*
 * Returns the numerator of this Rational object.
 */
    function getNum() {
        return num;
    }
/*
 * Returns the denominator of this Rational object.
 */
    function getDen() {
        return den;
    }
/*
 * Converts this Rational object to a string.
 */
    function toString() {
        if (den === 1) return "" + num;
        return num + "/" + den;
    }
}
/*
 * Calculates the greatest common divisor using Euclid's algorithm.
 */
Rational.gcd = function(x, y) {
    let r = x % y;
    while (r !== 0) {
        x = y;
        y = r;
        r = x % y;
    }
    return y;
}
```

图 9-8 （续）

与将本地状态维护为闭包一部分的任何 JavaScript 类一样，图 9-8 中的所有代码都出现在工厂方法中。因为导出方法的定义出现在 **Rational** 类的工厂方法的主体中，它们可以访问参数变量 **num** 和 **den** 以及其他函数。工厂方法在伪代码中如下所示：

```
function Rational(num, den = 1) {
    确保形参变量符合必要规则的代码。
    创建并返回封装对象的语句。
    暴露出方法的函数定义。
}
```

算术操作符的代码实现遵循它们的数学定义。例如，**add** 方法的实现如下所示：

```
function add(r) {
   return Rational(num * r.getDen() + r.getNum() * den,
                   den * r.getDen());
}
```

Rational 的参数是加法公式所要求的值：

$$\frac{a}{b} + \frac{c}{d} = \frac{ad + bc}{bd}$$

在 **add** 方法中，值 a 和 b 指的是当前 **Rational** 对象的分子和分母，它们存储在变量 **num** 和 **den** 中。值 c 和 d 是传进来的变量 **r** 这一 **Rational** 对象对应的分子和分母。因为这些值不是当前闭包的一部分，代码需要调用 **getNum** 和 **getDen** 方法来检索这些值。所以，这些公有方法必须作为类的一部分导出。

add 方法中的 **return** 语句使用结果的分子和分母的计算值来调用 **Rational** 工厂方法。工厂方法中的代码确保将结果适当地简化为化简后的形式，并满足对每个 **Rational** 对象中维护的变量的其他要求。

定义 **Rational** 类可以证明有理数运算的准确性。运行下面的程序：

```
function RationalSum() {
   let a = Rational(1, 2);
   let b = Rational(1, 3);
   let c = Rational(1, 6);
   let sum = a.add(b).add(c);
   console.log("1/2 + 1/3 + 1/6 = " + sum);
}
```

在控制台里面打印如下。

RationalSum
1/2 + 1/3 + 1/6 = 1

9.4.7 定义类方法

图 9-8 中 **Rational.js** 实现的最后一个值得注意的特性是 **gcd** 函数的定义。尽管 **gcd** 函数在概念上并不是 **Rational** 类的一部分，但是将它导出给客户端是非常有用的。同时，将 **gcd** 导出为像 **add** 或 **sub** 这样的方法是没有意义的，因为它并不适用于 **Rational** 对象，而是一个类方法，非常类似于 **Math** 库中的函数。图 9-8 结尾的代码说明了如何将 **gcd** 定义为属于 **Rational** 类而不是属于对象的方法。

9.5 把对象连接起来

在 JavaScript 中，所有对象都以引用形式存储。这使得在更大的数据结构中记录不同值之间的连接成为可能。当一个对象包含对另一个对象的引用时，称这些对象被链接（link）起来了。如果你继续学习更高级的计算机科学课程，你会看到很多链接对象的例子。本节的其余部分将介绍一种称为链表（linked list）的基本数据结构，其中引用将单个数据值连接到单个线性链中。

我最喜欢的链表例子来自 J. R. R. 托尔金（J. R. R. Tolkien）的 *The Return of the King*：

> 作为回答，甘道夫对他的马大声喊道："对，影疾！我们要加快步伐，时间不多了。看！Gondor 的烽火点燃了，呼唤着我们的援助。战争已经爆发，看呐，Amon Dîn 点起了烽火，紧接着，Eilenach 也点起了烽火。烽火向西急速传播：Nardol、Erelas、Min-Rimmon、Calenhad 和 Rohan 边境的 Halifirien。"

彼得·杰克逊（Peter Jackson）在他的 *Lord of the Rings* 三部曲的最后一集中改编了这一场景，并对这一场景进行了富有感染力的演绎。当 Minas Tirith 塔的第一个烽火台被点燃后，我们看到烽火信号从一个山顶传递到另一个山顶，因为每个烽火台守卫都时刻保持警惕，当他们看到前一个烽火台点燃烽火时，就会点燃自己的烽火台。因此，Gondor 的危险信息很快经过与 Rohan 之间间隔的许多联盟被传递到 Rohan，如图 9-9 所示。

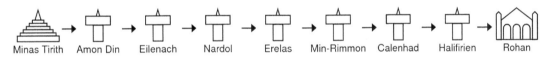

图 9-9　位于 Gondor 的烽火信号传递示意图

要在 JavaScript 中模拟 Gondor 的烽火信号，需要使用一个对象来表示链中的每个烽火台。这些对象是 **SignalTower** 类的实例，该类包含烽火台的名称以及对链中的下一个烽火台的引用。因此，表示 Minas Tirith 的结构包含一个指向 Amon Din 的结构的引用，而 Amon Din 又包含对 Eilenach 结构的引用，以此类推，直到标志链结束的 **null** 值为止。如果采用这种方法，则链表的内部结构将如图 9-10 所示。每个单独的 **Signal-Tower** 结构表示链表中的一个单元（cell），内部指针称为链接（link）。

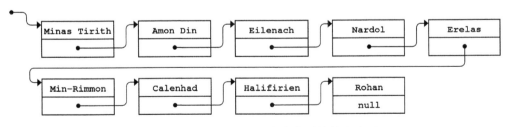

图 9-10　位于 Gondor 的烽火信号的链表表示

图 9-11 中的代码实现了 **SignalTower** 类，它导出了两个方法 **getName** 和 **signal**，

每个方法前面的注释都对该方法进行了描述。**SignalTower** 实现还导出了一个名为 **createChain** 的类方法，该方法从名称的数组创建一个 **SignalTower** 对象列表。图 9-12 中的程序创建烽火台的链表，调用了第一个烽火台的 **signal** 方法，借此模拟点燃 Gondor 烽火台传播的过程。

```
/*
 * File: SignalTower.js
 * --------------------
 * This file implements the SignalTower class, which models a
 * communications outpost of the sort used to convey the call for
 * assistance from Minas Tirith to Rohan in J. R. R. Tolkien's
 * Return of the King.  Clients can call the  SignalTower factory
 * method directly, although it is usually more convenient to call the
 * class method SignalTower.createChain with an array of tower names.
 */

"use strict";

/*
 * Creates a new SignalTower object from the tower's name and an
 * optional link to the next SignalTower in the chain.
 */
function SignalTower(name, link = null) {
   return { getName, signal };

/*
 * Returns the name of the tower.
 */

   function getName() {
      return name;
   }
/*
 * Simulates the lighting of this signal tower and then propagates that
 * signal forward to the tower to which this tower is linked, if any.
 */

   function signal() {
      console.log("Lighting " + name);
      if (link !== null) link.signal();
   }

}
/*
 * Creates a chain of SignalTower objects from an array of tower names.
 * This function processes the array in reverse order to ensure that the
 * elements in the list appear in the same order as the names in the array.
 */
SignalTower.createChain = function(names) {
   let towers = null;
   for (let i = names.length - 1; i >= 0; i--) {
      towers = SignalTower(names[i], towers);
   }
   return towers;
};
```

图 9-11　烽火信号台的类实现

SignalTower 类实现中最有趣的方法是 **signal**，它看起来如下所示：

```
function signal() {
   console.log("Lighting " + name);
   if (link !== null) link.signal();
}
```

```
/*
 * File: BeaconsOfGondor.js
 * --------------------------
 * This program illustrates the concept of a linked list by simulating the
 * Beacons of Gondor story from J. R. R. Tolkien's Return of the King.
 */

"use strict";

/* Constants */

const TOWER_NAMES = [
    "Minas Tirith",
    "Amon Din",
    "Eilenach",
    "Nardol",
    "Erelas",
    "Min-Rimmon",
    "Calenhad",
    "Halifirien",
    "Rohan"
];

/* Main program */

function BeaconsOfGondor() {
    let beacons = SignalTower.createChain(TOWER_NAMES);
    beacons.signal();
}
```

图 9-12　模拟位于 Gondor 的烽火信号

实现里使用 **console.log** 报告当前烽火台的点燃情况。如果此烽火台链接到另一个烽火台，则调用该烽火台上的 **signal** 方法。尽管此模式是 **signal** 在递归调用，但是从面向对象发送消息这一术语的角度来考虑这个操作的话，要容易很多。当一个烽火台接收到信号，它就会点燃信号焰火，向链条上的下一个烽火台发送信号。

总结

本章介绍对象的概念，对象是一种用来表示值集合的数据结构。像数组一样，对象将多个值组合成一个单元。在数组中，使用数字索引选择单个元素；在对象中，通过名称选择各个属性。JavaScript 还使用对象来实现封装，这在数据和行为之间提供了一个屏障。

本章的重点包括：

❑ 你可以通过在花括号内封装一系列键值对以此在 JavaScript 中创建对象。例如，表达式 **{name: "two", value: 2}** 定义了一个对象，它的 **name** 属性值是字符串 **"two"**，**value** 属性值是数字 2。

❑ 给定一个 JavaScript 对象，你可以使用点操作符选择单个属性，点操作符后面是不带引号的属性名称。还可以使用方括号选择单个属性，将指定属性名称的字符串值表达式括起来。

❑ 与数组一样，对象被视为引用，这意味着当对象被赋值或作为参数传递时，它们只会复制引用。

❑ JavaScript 中的对象实现了一个重要的数据抽象，称为映射，这是一个提供键和值之间关联的结构。

❑ 现代编程风格不鼓励客户端直接操作单个属性的值。使用面向对象风格的程序仅通过使用方法来提供对数据的访问。内部数据的值只出现在工厂方法闭包中，这意味着客户端不能直接访问这些值。这种实现类的策略支持封装原则，即对象应该充当隔离客户端和底层实现的屏障。

❑ 你可以通过存储一个指针来指示一个序列中元素的顺序，每个指针的值都链接到它后面的值。在编程中，以这种方式设计的结构称为链表。将一个值连接到下一个值的指针称为链接。

❑ 标记链表结束的传统方法是将指针常量 **null** 存储在最后一个对象的链接属性中。

复习题

1. JavaScript 描述一个对象的组成部分使用什么专用术语？

2. JSON 表示什么？

3. 什么是点操作符，如何使用它？

4. 判断题：如果将 JavaScript 对象作为参数传递给函数，函数将接收该对象的副本，因此不能更改原始对象的属性。

5. 什么是映射？如何在 JavaScript 中实现映射概念？

6. 如何遍历映射中的键？

7. 判断题：遍历映射中的键总是按字母顺序来访问。

8. 判断题：现代编程实践不鼓励直接访问对象中的属性。

9. 用你自己的话来描述封装的概念。

10. 如果你在 **YarnPattern.js** 中把 **DELTA** 的值从 113 改为 104 会发生什么？这幅画会变成什么样？为什么？

11. 如何向对象添加方法？

12. Javascript 如何使类的内部表示不被外部直接访问到？

13. 什么是 getter 和 setter？

14. **toString** 方法在对象中的特殊作用是什么？

15. 什么是有理数？

16. **Rational** 类的工厂方法对 **num** 和 **den** 变量的值有什么限制？

17. 如何在 JavaScript 中定义类方法？

18. 什么是链表？

19. 指示链表结束的常规策略是什么？

练习题

1. 编写一个函数 **printPayroll**，该函数接受一个员工数组，其中每个员工都定义为一个简单的 JavaScript 对象，并在控制台中为每个员工打印一个显示姓名（name）、职称（title）和工资（salary）的列表。例如，如果 **SCROOGE_AND_MARLEY** 被初始化为一个包含本章提到的 Ebenezer Scrooge 和 Bob Cratchit 两个元素的数组，那么你编写的函数运行结果应该如下所示。

```
                      JavaScript Console
> printPayroll(SCROOGE_AND_MARLEY);
Ebenezer Scrooge (CEO)        1000
Bob Cratchit (clerk)            25
>
```

　　printPayroll 的这个实现使用了第 5 章练习题 1 中的 **alignLeft** 和 **alignRight** 函数来空出 25 个字符的位置左对齐地显示姓名和职称，以及 6 个字符的位置右对齐地显示工资。

2. 多米诺骨牌游戏（又称西洋骨牌）的棋子通常是两边各有一些白点的黑色矩形。例如下图这个骨牌：

被称为 4-1 多米诺骨牌，左边四个点右边一个点。

　　定义一个 **Domino** 类来表示多米诺骨牌，这个类应该包括以下内容：
- 一个给每一边都取一定数量的点的工厂方法。
- 一个创建多米诺骨牌的字符串表示的 **toString** 方法。
- 两个名为 **getLeftDots** 和 **getRightDots** 的 getter 方法。

　　与文本中的实例类似，维护点的数量的数据结构应该在类中是私有的。

通过编写一个创建从 0-0 到 6-6 范围多米诺骨牌实例并显示在控制台上的程序，来测试你刚刚实现的 **Domino** 类。一个完整的多米诺骨牌集合应该包括范围内所有可能的组合，但不允许两边翻转过来是同样点数的情况。比如，4-1 的多米诺骨牌和 1-4 的多米诺骨牌就属于重复的情况，一个多米诺骨牌集合是不会同时含有这两个点数的骨牌。

3. 定义一个 **Card** 类来表示标准卡片类，包含两个属性分别是点数（rank）、花色（suit）。点数属性保存从 1 到 13 之间的整数，A 对应 1，J 对应 11，Q 对应 12，K 对应 13。花色属性也保存整数，其整数为下面四个常量中的一个：

```
const CLUBS = 0;
const DIAMONDS = 1;
const HEARTS = 2;
const SPADES = 3;
```

Card 类应该导出以下方法：

❑ 采用下面两种形式之一的工厂方法。如果给 **Card** 构造函数传递两个参数，类似于 **Card(10, DIAMONDS)**，此时应该从这两个参数创建一个 **Card** 实例。如果只传递了一个参数，这个参数应该是由点数（数字或符号名称的第一个字母）和花色的第一个字母组成的字符串，比如 **"10D"** 和 **"QS"**。

❑ 一个 **toString** 方法，它将 **Card** 对象转化为字符串，就像上面第二种工厂方法传入的参数那样。比如，**Card(QUEEN, SPADES)**，执行 **toString** 方法之后应该得到 **"QS"**。

❑ 两个 getter 方法 **getRank** 和 **getSuit**。

除了 **Card** 类本身之外，**Card.js** 文件还应导出定义花色的常量，即四个经常不叫作数字而叫作符号名称的 **ACE**、**JACK**、**QUEEN**、**KING**。你的代码实现应该可以运行如下程序：

```
function TestCardClass() {
   for (let suit = CLUBS; suit <= SPADES; suit++) {
      let str = "";
      for (let rank = ACE; rank <= KING; rank++) {
         if (rank > ACE) str += ", ";
         str += Card(rank, suit);
      }
      console.log(str);
   }
}
```

TestCardClass 程序运行的结果应该如下所示。

TestCardClass
AC, 2C, 3C, 4C, 5C, 6C, 7C, 8C, 9C, 10C, JC, QC, KC
AD, 2D, 3D, 4D, 5D, 6D, 7D, 8D, 9D, 10D, JD, QD, KD
AH, 2H, 3H, 4H, 5H, 6H, 7H, 8H, 9H, 10H, JH, QH, KH
AS, 2S, 3S, 4S, 5S, 6S, 7S, 8S, 9S, 10S, JS, QS, KS

4. 在罗马数字中，字母是用来表示整数的，如下表所示。

符号	值
I	1
V	5
X	10
L	50
C	100
D	500
M	1000

罗马数字中的每个字母代表对应的值。通常，罗马数字的整体的数值等于每个字符值的和。因此字符串 **"LXXVI"** 表示 50+10+10+5+1，或者 76。唯一的例外是，当一个小一点的罗马数字在大一点的罗马数字之前时，第一个字符的值要从总数中减去，因此字符串 **"IX"** 等于 10-1，也就是 9。

编写一个函数 **romanToDecimal**，这个函数接受一个表示罗马数字的字符串并返回相应的十进制数字。要查找每个罗马数字字母的值，应该在罗马数字转换为数字的映射表中查找罗马数字对应的数值。如果字符串包含了表中没有的字符，那么函数 **romanToDecimal** 应该返回 –1。

5. 1844 年 5 月，塞缪尔·F. B. 莫尔斯（Samuel F. B. Morse）从华盛顿发送了一封内容为"上帝创造了什么"的电报到巴尔的摩，这预示着电子通信时代的开始。英国记者汤姆·斯丹迪奇（Tom Standage）在 1998 年出版的 *The Victorian Internet* 一书中表达的观点甚至认为，电报对 19 世纪世界的影响，很多方面都比因特网对 20 世纪的影响更为深远。

塞缪尔·F. B. 莫尔斯

(Everett Historical/Shutterstock)

为了让仅使用单音的存在或不存在来传递信息，莫尔斯设计了一个编码系统，在这个系统中，字母和其他符号被标示为长短音调的编码序列，传统上称为点和破折号。在莫尔斯电码中，26 个字母由图 9-13 中的电码表示。

编写一个程序，从用户处读取每一行的输入，并根据这一行的第一个字符决定是翻译成莫尔斯电码，还是从莫尔斯电码翻译成字母：

- ❏ 如果一行以字母开头，你需要把它翻译成莫尔斯电码。遇到 26 个字母之外其他的字符，则忽略。

- ❏ 如果一行以莫尔斯电码的点或破折号开头，那么这一行应该被当作是莫尔斯电码，你需要把它们翻译成字母。你可以假定每个点和破折号的序列之间都由空格分隔，并且可以忽略出现的其他任何字符，因为单词之间的空格没有编码，所以你的程序按照这个方式翻译完之后，字母都会挨在一起，中间没有空格分开。

```
A ·—        H ····      O ———       V ···—
B —···      I ··        P ·——·      W ·——
C —·—·      J ·———      Q ——·—      X —··—
D —··       K —·—       R ·—·       Y —·——
E ·         L ·—··      S ···       Z ——··
F ··—·      M ——        T —
G ——·       N —·        U ··—
```

图 9-13　莫尔斯电码

当用户输入空行时，程序就可以终止了。下面是一个运行示例（节选自 Titanic 和 Carpathia 中的台词）：

```
                    MorseCode
Morse code translator
> SOS TITANIC
... ——— ... — .. — —. .. —.—.
> WE ARE SINKING FAST
.—— . .—. . ... .. —. —. .. —. ..—. .— ... —
> .... . .— —.. .. —. ——. ..—. ——— .—. —.—— ——— ..—
HEADINGFORYOU
>
```

6. 尽管 **CountLetterFrequencies** 程序作为如何使用数组制表的例子出现在第 8 章中，但它的操作在概念上更接近于映射，其中每个单独的字母作为一个键，其对应的值是字母计数。重写 **CountLetterFrequencies.js** 程序，使其在实现中使用映射而不是数组。和以前一样，字母频率表应该按字母顺序显示。

7. 对象可以绕过 JavaScript 的限制，即函数只能返回一个值。重写 2.5 节的 **centimetersToFeetAndInches** 函数，原来返回的是字符串，改写之后使其返回一个对象，其属性名为 **feet** 和 **inches**。

8. 编写一个 **midpoint** 函数，该函数接受两个 **Point** 类型的值，并返回一个新的 **Point** 对象，该对象的坐标定义了由这两个参数指定的线段的中点。例如，如果将 **upperLeft** 和 **lowerRight** 变量定义为：

```
let upperLeft = Point(0, 0);
let lowerRight = Point(GWINDOW_WIDTH, GWINDOW_HEIGHT);
```

再调用 **midpoint(upperLeft, lowerRight)**，此时应返回窗口的中心点。

9. 前文中提供的 **Rational** 类定义了 **add**、**sub**、**mul** 和 **div** 方法，但是除了从另一个有理数值中减去一个有理数值并查看分子的符号外，没有提供任何方法来比较两个有理数值。将 **equalTo**、**lessThan** 和 **greaterThan** 方法添加到 **Rational.js** 文件中。这些方法中的每一个都应该将当前的 **Rational** 对象与作为参数传递的另一个 **Rational** 对象进行比较，并返回一个布尔值，该值指示在两个值之间是否存在指定的关系。

10. 图 9-11 中的 **SignalTower.js** 限制向单链烽火台传递可视信号，但实际情况可能是向多个烽火台传递。毕竟，可能会有几个烽火台在监视来自 Minas Tirith 的信号，每个烽火台都会点燃自己的烽火，然后将信号传播到它的链接上。将信号转发给后续的烽火台的过程可能在每个烽火台上分裂成多条路径，从而形成计算机科学家称之为树（tree）的分支结构。

　　重写 **SignalTower** 类，它的实例存储一个链接它的烽火台的数组，而不是单个烽火台。然后 **signal** 方法必须对链接烽火台数组中的每个烽火台发出信号。还有一点要注意的是，为了方便客户端使用，设计一个创建烽火台树结构的接口。

　　通过编写一个测试程序来验证程序的设计和实现，这个测试程序创建一个树结构的烽火台集合，并验证信号在烽火台的树结构中是否正确地传播。

第 10 章

设 计 数 据 结 构

基于抽象的模块化是做事的方式。

——芭芭拉·利斯科夫，图灵奖演讲，2009 年

1961 年，芭芭拉·利斯科夫（Barbara Liskov）在加州大学伯克利分校获得数学学士学位。利斯科夫在 MITRE 公司和哈佛大学的工作中接触了计算机和编程，之后她回到了加利福尼亚，并于 1968 年在斯坦福大学获得了计算机科学博士学位。她职业生涯的大部分时间都在麻省理工学院担任计算机科学和电气工程学教授，在那里，她在编程语言的数据抽象方面取得了突破性的进展，她所倡导的关于封装的重要性的想法如今已被普遍接受。由于其贡献，利斯科夫在 2009 年获得了图灵奖。当时，麻省理工学院教务长 L. 拉斐尔·里夫（L. Rafael

芭芭拉·利斯科夫（1939—）

(Courtesy of Barbara Liskov)

Rife）说：“每次当你与朋友互发电子邮件时，每次在线查看银行账单时，每次进行谷歌搜索时，你都该感谢她的研究。”

第 8 章和第 9 章向你介绍了数组和对象的概念，二者都可以表示数据值的集合。然而，这两章主要集中讨论了 JavaScript 中数组和对象的实现的底层细节。本章转而关注如何使用数组和对象来实现在应用程序中有用的数据结构，这需要以更全面的方式考虑数据结构。

10.1　抽象数据类型

在第 9 章中，你了解了封装以及如何使用封装来定义类，其中维护内部数据的变量存储在工厂方法的闭包中，因此，客户端无法直接访问它们。这些类是计算机科学中一

个更为普遍的概念的应用实例，该概念名为*抽象数据类型*（abstract data type），或者简称 ADT，它对应于 JavaScript 中使用封装将其行为与其具体表示的细节分离开来的类。作为抽象数据类型的客户端，应该知道类的方法是做什么的，但不必知道这些方法是如何实现的。

作为一种编程模型，抽象数据类型具有以下优点：

- 简洁。向客户端隐藏内部表示，意味着客户端需要了解的细节信息较少。
- 灵活。因为类是根据其公有行为定义的，所以实现类的程序员可以自由地更改类的内部表示。与其他抽象一样，只要接口保持不变，变换实现方式是允许的。
- 安全。接口边界可视为一堵墙，保护实现方式和客户端不受彼此的影响。假设客户端程序能够获取类的内部表示，则其可能会以想不到的方式更改数据结构中的值。将内部表示私有化，可以防止客户端修改类。

第 9 章给出了两个抽象数据类型示例，即 9.3 节的 **Point** 类和 9.4 节的 **Rational** 类，二者相当简单，因为内部状态仅由工厂方法的参数构成。此外，一旦创建了 **Point** 或 **Rational** 对象，内部状态将不会改变，称这样的类是*不可变的*（immutable）。不可变的类具有许多优点，特别是在使用多个处理程序的应用中。

实际上，许多类需要维护随时间变化的内部状态信息。这些记录状态信息的变量必须在工厂方法中声明为局部变量，从而成为工厂方法闭包的一部分。本章介绍的几个抽象数据类型示例都使用了这种策略。

10.2 实现 token 扫描器

在第 7 章中，最复杂的字符串处理示例是 Pig Latin 转换器。如图 7-4 所示，**PigLatin** 程序将问题分解为两个阶段：**toPigLatin** 函数先将输入划分为单词，然后调用 **wordToPigLatin** 将每个单词转换为 Pig Latin 形式。该策略的第一阶段其实不局限于 Pig Latin 领域。许多应用程序需要将字符串划分为单词，或者更普遍地说，需要将字符串划分为通常比单个字符长的逻辑单元。在计算机科学中，这种单元通常被称为 token[⊖]。

由于在应用程序中经常会出现将字符串划分为单个 token 的问题，因此构建一个处理该任务的程序库是很有用的。接下来的几节将对 **TokenScanner** 这一抽象数据类型进行设计，它既容易使用，又足够灵活，能够满足客户端的大部分需求。

10.2.1 客户端想从 token 扫描器中得到什么

和之前一样，开始设计 **TokenScanner** 类的最佳方式是从客户端的角度来分析问题。希望使用扫描器的每个客户端都从一个 token 源开始。token 源可能是一个字符串，也

⊖ 在词法分析上下文中，token 可以称为"标记"。——译者注

可能是从数据文件的内容中读取的。客户端需要的是如何从该输入源检索出单个 token。

通常有几种策略来设计一个提供必要功能的 **TokenScanner** 类。例如，你可以让 token 扫描器返回一个包含整个 token 列表的数组。但是，这种策略不适用于处理非常长的字符串的应用程序，因为扫描器程序必须创建一个包含整个 token 列表的单个数组。一种更节省空间的方法是让扫描器一次只交付一个 token。使用这种设计方式时，从扫描器读取 token 的过程具有以下伪码形式：

```
创建 token 扫描器，初始化并读取一些字符串。
while (还有待处理的 token) {
    读取下一个 token。
}
```

这个伪代码结构直接给出了 **TokenScanner** 类需要为其客户端提供的方法。从该示例中看出，希望 **TokenScanner** 类导出以下方法：

❑ 一个 **TokenScanner** 工厂方法，允许客户端指定输入字符串。

❑ 一个 **hasMoreTokens** 方法，用于测试是否还有待处理的 token。

❑ 一个 **nextToken** 方法，扫描并返回下一个 token。

这些方法定义了 token 扫描器的操作结构，并且不依赖于客户端应用程序的特性。然而，不同的应用程序会以不同的方式定义 token。这意味着 **TokenScanner** 类必须要给客户端提供一些支持，允许客户端自定义其识别的 token 类型。

下面通过提供几个示例，说明支持识别不同类型 token 的必要性。作为开始，重新审视如何将英语转换成 Pig Latin 的问题是有帮助的。如果你使用 token 扫描器重写 **PigLatin** 程序的话，就不能忽略空格和标点符号，因为这些字符也是输出的一部分。在 Pig Latin 问题中，token 可分为两类：

1. 表示一个单词的一串连续的字母和数字。

2. 由空格或标点符号组成的单字符字符串。

如果你给 token 扫描器输入以下内容：

This is Pig Latin.

然后重复调用 **nextToken**，则返回以下八个 token 的序列。

与之相比，其他应用程序可能以不同的方式定义 token。例如，Web 浏览器中的 JavaScript 解释器会使用 token 扫描器将程序代码划分为在编程上下文中有意义的 token，包括标识符、常量、操作符和用于定义语言语法结构的其他符号。如果你给 token 扫描器输入以下内容：

let area = 3.14159265 * r * r;

那么，你希望它交付以下 token 序列。

$$\boxed{\text{let}}\ \boxed{\text{area}}\ \boxed{=}\ \boxed{3.14159265}\ \boxed{*}\ \boxed{\text{r}}\ \boxed{*}\ \boxed{\text{r}}\ \boxed{;}$$

这两个应用程序在 token 的定义上有所不同。在 Pig Latin 转换器中，任何不是字母和数字序列的内容都会作为单字符 token 返回，包括空格。相比之下，用于编程语言的 token 扫描器通常忽略空格字符，并将浮点数视为一个 token。

如果你继续学习一门关于编译器的课程，那么你会学到，构建一个允许客户端指定什么是合法 token 的扫描器是可以做到的，通常是通过提供一组精确的规则。这种设计提供了最大可能的通用性。然而，通用性有时是以牺牲简洁性为代价的。如果你强制客户端为 token 构成指定规则，那么客户端就需要学习如何编写这些规则。在许多方面，这跟学习一种新语言相似。更糟糕的是，对于客户端来说，token 构成规则往往很难正确理解，特别是需要识别一些复杂的模式时，例如编译器用来识别数字的模式。

如果你希望接口能最大限度地简洁，那么设计 **TokenScanner** 类最好的方式可能就是允许客户端启用特定的选项，以便 token 扫描器能在特定的应用程序上下文中识别特定的 token 类型。如果你只需将连续字母和数字等字符收集为单词的话，则可以使用 **TokenScanner** 类最简单的配置。如果你希望 **TokenScanner** 类标识 JavaScript 程序中的单元，则可以启用一个选项告诉扫描器忽略空白符，这意味着 **TokenScanner** 类必须导出一个方法以控制该选项。最简单的策略是让 **TokenScanner** 类创建一个默认不忽略空白符的 token 扫描程序，并导出一个改变此行为的 **ignoreWhitespace** 方法。图 10-1 给出了这种扫描器实现导出的一系列方法。**TokenScanner** 类的实现并不是特别难，如图 10-2 所示。

与往常一样，在编写代码时，你必须首先确定哪些信息需要在类的私有状态中维护。此实现中，私有状态由以下部分组成：

❑ 参数 **str**，它是 token 扫描器的输入字符串。

❑ 变量 **cp**，它记录着字符串中的当前位置。

❑ 变量 **ignoreWhitespaceFlag**，它表示该选项是否被启用。

工厂方法中的代码将这些变量设置为它们的初始值，然后返回一个由该类导出的公有方法组成的对象，如下所示：

```
return { nextToken, hasMoreTokens, ignoreWhitespace };
```

TokenScanner (*str*)	初始化一个从指定的字符串读取 token 的扫码器对象
nextToken()	返回出自此扫描器的下一个 token。如果在没有可用 token 的情况下调用了 **nextToken**，则它将返回空字符串
hasMoreTokens()	如果有更多 token 要读取，则返回 **true**
ignoreWhitespace()	告诉扫描器忽略空白符

图 10-1　简单版 TokenScanner 类导出的方法

```
/*
 * File: TokenScanner.js
 * ----------------------
 * This file implements a simple version of a token scanner class.  A token
 * scanner is an abstract data type that divides a string into individual
 * tokens, which are strings of consecutive characters that form logical
 * units.  This simplified version recognizes two token types:
 *
 *   1. A string of consecutive letters and digits
 *   2. A single character string
 *
 * To use this class, you must first create a TokenScanner instance using
 * the declaration
 *
 *     let scanner = TokenScanner(str);
 *
 * Once you have initialized the scanner, you can retrieve the next token
 * from the token stream by calling
 *
 *     let token = scanner.nextToken();
 *
 * To determine whether any tokens remain to be read, you can either
 * call the predicate method scanner.hasMoreTokens() or check to see
 * whether nextToken returns the empty string.
 *
 * The following code fragment serves as a pattern for processing each
 * token in the string str:
 *
 *     let scanner = TokenScanner(str);
 *     while (scanner.hasMoreTokens()) {
 *        let token = scanner.nextToken();
 *        . . . code to process the token . . .
 *     }
 *
 * By default, TokenScanner treats whitespace characters as operators
 * and returns them as single-character tokens.  You can ignore these
 * characters by making the following call:
 *
 *     scanner.ignoreWhitespace();
 */

"use strict";

/*
 * Creates a new TokenScanner object that scans the specified string.
 */

function TokenScanner(str) {
   let cp = 0;
   let ignoreWhitespaceFlag = false;
   return { nextToken, hasMoreTokens, ignoreWhitespace };

  /*
   * Returns the next token from this scanner.  If nextToken is called
   * when no tokens are available, it returns the empty string.
   */

     function nextToken() {
        if (ignoreWhitespaceFlag) skipWhitespace();
        if (cp === str.length) return "";
        let token = str.charAt(cp++);
        if (isLetterOrDigit(token)) {
           while (cp < str.length && isLetterOrDigit(str.charAt(cp))) {
              token += str.charAt(cp++);
           }
        }
        return token;
     }

  /*
   * Returns true if there are more tokens for this scanner to read.
   */

     function hasMoreTokens() {
```

图 10-2 简单版 **TokenScanner** 类的实现

```
      if (ignoreWhitespaceFlag) skipWhitespace();
      return cp < str.length;
   }

/*
 * Tells the scanner to ignore whitespace characters.
 */

   function ignoreWhitespace() {
      ignoreWhitespaceFlag = true;
   }

/*
 * Skips over any whitespace characters before the next token.
 */

   function skipWhitespace() {
      while (cp < str.length && isWhitespace(str.charAt(cp))) {
         cp++;
      }
   }

}
```

图 10-2 （续）

值得花点时间看下图 10-2 中的代码，以确保理解它们。尤其是值得花一到两分钟看下 **nextToken** 的实现。此方法有两个语句使用表达式 **str.charAt(cp++)** 检索下一个字符。这是第一次在有外层表达式的上下文中看到使用自增操作符的结果。如第 2 章所述，表达式 **cp++** 给 **cp** 的值加 1，然后将其前一个值返回给外层表达式。因此，从 **str** 中选择的字符是变量 **cp** 在自增之前保存的索引值对应的字符。

使用 **TokenScanner** 类可以方便地编写许多应用程序。例如，你可以通过像下面这样重写 **lineToPigLatin** 方法来简化 **PigLatin.js** 程序：

```
function toPigLatin(str) {
   let result = "";
   let scanner = TokenScanner(str);
   while (scanner.hasMoreTokens()) {
      let token = scanner.nextToken();
      if (isLetter(token.charAt(0))) {
         token = wordToPigLatin(token);
      }
      result += token;
   }
   return result;
}
```

尽管 **toPigLatin** 的新实现并不比原来的要短得多，但代码在概念上更简单了。原来的代码必须在单个字符的级别上操作，而新版本可以处理完整的单词，这是因为有 **TokenScanner** 类负责处理底层细节。

10.2.2 JSTokenScanner 类

本书随带的程序库包括一个名为 **JSTokenScanner.js** 的库，该库导出的 **JSTokenScanner** 类与 10.2.1 节实现的简化版 **TokenScanner** 类相比，前者具有相当大的灵活性。图 10-3 给出了 **JSTokenScanner** 可导出的方法。**JSTokenScanner** 类中提供的其他特性包括以下内容：

- **setInput** 方法可以在不更改扫描器参数的情况下设置新的输入字符串。
- **saveToken** 方法是将 token 重新放入 token 流中，然后可以调用 **nextToken** 方法再次读取 token 流。
- token 扫描器支持读取数字、引号字符串、多字符操作符和忽略 JavaScript 注释等选项。
- **getTokenType** 方法可以识别不同类型的 token，例如数字、字符串、操作符和标识符。

工厂方法

JSTokenScanner (*str*)	初始化扫描器对象。token 源从指定的字符串初始化。如果未提供任何字符串，则客户端必须先调用 **setInput** 方法，然后才能从扫描器读取 token

读取 token 的方法

hasMoreTokens()	如果还有更多 token 需要从输入源读取，则返回 **true**
nextToken()	返回此扫描器的下一个 token。如果在没有可用 token 的情况下调用了 **next-Token** 方法，则它将返回空字符串
saveToken(token)	保存指定的 token，以便下次调用 **nextToken** 时将其返回

控制扫描器选项的方法

ignoreWhitespace()	告诉扫描器忽略空白符
ignoreComments()	告诉扫描器忽略注释，注释可以采用斜杠星号或斜杠斜杠形式
scanNumbers()	告诉扫描器将任何合法数字识别为单个 token，数字的语法与 JavaScript 中使用的语法相同
scanStrings()	告诉扫描器将用引号括起来的字符串作为单个 token 返回。扫描的 token 中包括引号（可以是单引号或双引号）
addWordCharacters(*str*)	将 **str** 中的字符添加到单词中合法的字符集中
addOperator(*op*)	定义一个新的多字符操作符。扫描器将返回定义最长的操作符，但始终会返回至少一个字符

杂项方法

setInput(*str*)	将此扫描器的输入源设置为指定的字符串。先前来源中剩余的所有 token 都会丢失
getTokenType (*token*)	返回 token 的类型，该类型必须是以下常量之一：**EOF**、**SEPARATOR**、**WORD**、**NUMBER**、**STRING** 和 **OPERATOR**
getPosition()	返回扫描器在输入流中的当前位置
getStringValue(*token*)	从字符串 token 中删除引号，并解释所有转义字符
getNumberValue(*token*)	返回 token 的数字值
verifyToken (*expected*)	读取下一个 token，并确保它与 *expected* 字符串匹配
isWordCharacter(*ch*)	如果字符 *ch* 是单词字符，则返回 **true**
isValidIdentifier (*token*)	如果 token 是有效标识符，则返回 **true**

图 10-3　由 **JSTokenScanner** 类的程序库实现导出的方法

10.3 效率和表示

将抽象数据类型的行为与其内部表示分离的一大优点是，这样做可以在不强制客户端更改其程序的情况下更改内部表示。只要导出的方法保持相同的参数结构并且具有相同的效果，那么客户端就没有理由关心接口如何实现端和如何存储信息。例如，如果维护抽象数据类型的程序员想到了更高效的内部表示或更好的算法，那么实施这种改进将不会对客户端产生负面影响。

接下来的几个小节将通过查看一个程序库的几种不同实现策略来说明这一思想，这些程序库维护一个合法的英语单词列表。尽管这样的程序包在概念上与词典相似，但计算机科学家通常将缺少相关定义的单词列表称为**词汇表**（lexicon）。英语单词词汇表有许多有用的应用，从检查文档中的拼写到玩单词拼写游戏。实现英语词汇表的抽象数据类型必须至少支持以下操作：

❑ 测试字符串是否在词汇表中。

❑ 按字母顺序处理词汇表中的每个单词。

实现操作只是实现者面临的挑战之一。客户端也希望操作是高效的，所以客户端编写的程序不会以不合理的时间运行。你很快就会发现，你为词汇表所做的设计选择会对这些操作的运行速度产生巨大的影响。

10.3.1 在不使用封装的情况下实现词汇表

在研究不同的实现方式如何影响英语词汇表的性能时，最好考虑一下如何在不定义抽象数据类型的情况下实现必要的操作。尽管英语单词的数量很大，但在 JavaScript 中定义一个包含整个列表的常量数组是非常有效的，如下所示：

```
const ENGLISH_WORDS = [
   "a", "aa", "aah", "aahed", "aahing", "aahs",
      ……大约 25 000 行……
   "zymurgies", "zymurgy", "zyzzyva", "zyzzyvas"
];
```

包含此数组的文件的加载速度快得惊人，即使通过 Web 连接也是如此。而且，实现每个所需操作都很容易（尽管效率不一定高）。客户端可以对每个英语单词进行如下遍历：

```
let nWords = ENGLISH_WORDS.length;
for (let i = 0; i < nWords; i++) {
   let word = ENGLISH_WORDS[i];
      ……使用单词执行所需的操作……
}
```

类似地，你可以使用内置的 **indexOf** 方法来检查变量 str 是否是合法的英语单词，代码如下。

```
if (ENGLISH_WORDS.indexOf(str.toLowerCase()) !== -1) ...
```

　　然而，以这种形式实现词汇表有两个严重的缺点。首先，使用 **indexOf** 检查一个单词是否在词汇表中是非常低效的，你将在之后看到这一点。也许更重要的是，让客户端直接访问 **ENGLISH_WORDS** 数组并告知要使用什么数组操作，这样就不可能消除效率低下的问题。公开底层表示限制了可能的更改范围，因为客户端依赖于特定的设计。

　　抽象数据类型通过分离行为和内部表示来消除这个问题。只要抽象类型支持的方法保持不变，实现者就可以随意更改内部数据结构。

　　为了将 **EnglishLexicon** 实现为抽象类型，你必须定义一个工厂方法来导出支持所需操作的方法。客户端通过调用工厂方法并将结果赋值给一个变量来声明一个词汇表对象，如下所示：

```
let english = EnglishLexicon();
```

　　然后，**EnglishLexicon** 类将必要的操作导出为方法。检查单词是否包含在词汇表中是很容易实现的，可以将其实现为一个名为 **contains** 的谓词方法，如果参数是词汇表中的单词，那么该方法将返回 **true**。因此，对于给定的变量 **english**，你可以通过如下调用来检查变量 **str** 是否包含合法单词：

```
english.contains(str)
```

　　如果你要设计支持按字母顺序处理每个单词的方法则需要考虑更多。前面的循环遍历每个单词的代码模式对 **EnglishLexicon** 类必须支持的操作要求做出了不合理的假设。所需操作包括"按字母顺序处理词汇表中的每个单词"，但是没有要求客户端可以在特定索引处选择单词。一些实现策略可以按顺序处理每个单词，但是没有提供有效的方法来选择元素，例如，选择索引 **k** 处的单词。

　　允许客户端按顺序处理单词的一个有用策略是导出一个方法，该方法对每个单词调用客户端提供的回调函数。在计算机科学中，把一种操作应用到数据结构的每个元素上的方法称为映射函数（mapping function）。**EnglishLexicon** 类通过导出一个名为 map 的方法来做到这一点，该方法的参数是一个函数，然后按字母顺序对每个单词调用该函数。例如，你可以通过如下调用来显示词汇表中的每个单词：

```
english.map(displayWord);
```

其中 **displayWord** 函数如下定义：

```
function displayWord(word) {
    console.log(word);
}
```

10.3.2　基于数组的封装实现

　　要创建满足词汇表需求的抽象数据类型，最简单的方法是从基于数组的实现开始，尽管它效率低下。图 10-4 中的代码就是使用基于数组模型的实现，导出 **contains** 和 **map** 方法。

虽然图 10-4 中的实现可以工作，但是在词汇表中查找单词的方式效率太低，以至于在大多数应用程序中都无法使用。然而，这就引出了一个重要的问题。实现效率低下意味着什么？如何衡量一种实现及其底层算法的效率？

```
/*
 * File: ArrayBasedLexicon.js
 * ----------------------------
 * This file implements the EnglishLexicon class using a sorted array to
 * store the words.  This strategy makes it easy to cycle through the
 * words in alphabetical order.  Testing whether a word is in the lexicon,
 * however, runs very slowly because the implementation uses indexOf.
 */

"use strict";

/*
 * This class implements a lexicon containing all English words.
 */

function EnglishLexicon() {
   const ENGLISH_WORDS = [
      "a", "aa", "aah", "aahed", "aahing", "aahs", "aal", "aalii",
      ...entries for the other English words...
      "zymosis", "zymotic", "zymurgies", "zymurgy", "zyzzyva", "zyzzyvas"
   ];
   return { contains, map };

/*
 * Returns true if the word appears in the lexicon.
 */

   function contains(word) {
      return ENGLISH_WORDS.indexOf(word.toLowerCase()) !== -1;
   }

/*
 * Goes through the lexicon in alphabetical order, calling fn on each word.
 */

   function map(fn) {
      for (let i = 0; i < ENGLISH_WORDS.length; i++) {
         fn(ENGLISH_WORDS[i]);
      }
   }
}
```

图 10-4　英语词汇表基于数组的实现

10.3.3　效率的实证测量

测量效率的一种方法是进行实证测量。在 JavaScript 中，类方法 **Date.now** 返回自 1970 年 1 月 1 日午夜以来经过的毫秒数，这是在英国格林尼治的本初子午线上测量得到的。虽然这个时区通常被称为格林尼治标准时间（Greenwich Mean Time）或 GMT，但它的官方名称现在是 UTC，它是协调世界时（coordinated universal time）的英法两种写法的折中缩写。UTC 标准起源于 1970 年的 UNIX 操作系统，现在广泛应用于各种操作系统和编程语言。由于时间标准的存在，可以使用以下代码模式在运行程序时计算运行时间：

```
let start = Date.now();
……编写你希望测量运行时间的操作代码……
let elapsed = Date.now() - start;
```

此技术不能用于测量运行时间不到一毫秒内运行的操作，因为 **Date.now** 函数不够精确，导致精确测量如此小的时间间隔不太现实。例如，对 **contains** 方法的单次调用几乎肯定会在不到一毫秒的时间内完成，这意味着 **elapsed** 变量的值很可能为 0。要获得准确的测量，有必要查看完成多次调用需要多长时间。例如，下面的函数遍历词汇表中的每个单词，并确定查看全部单词需要多长时间：

```
function TestLexiconTiming() {
   let english = EnglishLexicon();
   let start = Date.now();
   english.map(checkWord);
   let elapsed = Date.now() - start;
   console.log("Time: " + elapsed + " milliseconds");

   function checkWord(word) {
      if (!english.contains(word)) {
         console.log("contains failed for " + word);
      }
   }
}
```

运行 **TestLexiconTiming** 会产生如下输出。

TestLexiconTiming
Time: 35772 milliseconds

仔细研究这个数字是很重要的，查看词汇表中的所有单词几乎需要 36 秒——超过半分钟！计算机应该是很快的。为什么查看几十万个字要花这么长时间？

这个问题的一个可能答案是，在词汇表中查找单词本来就是一个缓慢的操作。然而，问题也可能在于 **EnglishLexicon** 类是基于数组实现的，因此需要探索其他实现方式。

10.3.4　使用映射实现词汇表

实现词汇表的另一种策略是将单词作为键存储在映射中。**EnglishLexicon** 类基于映射实现的代码如图 10-5 所示。

ENGLISH_WORD_MAP 中的键是英语单词，相应的值被设置为 **true**，这里其实定义为任何值都可以。**contains** 方法要做的就是将参数转换为小写形式，在映射中查找该键，并检查该值是否为 **undefined**。

```
/*
 * File: MapBasedLexicon.js
 * ------------------------
 * This file implements the EnglishLexicon class using a map to store
 * the words.  This strategy offers fast lookup times but requires time
 * to prepare the sorted word list on the first call to map.
 */

"use strict";

/*
 * This class implements a lexicon containing all English words.
 */

function EnglishLexicon() {
   const ENGLISH_WORD_MAP = {
      a:true, aa:true, aah:true, aahed:true, aahing:true, aahs:true,
      ... entries for the other English words ...
      zymurgies:true, zymurgy:true, zyzzyva:true, zyzzyvas:true
   };
   let sortedWordList = undefined;
   return { contains, map };

/*
 * Returns true if the word appears in the lexicon.
 */

   function contains(word) {
      return ENGLISH_WORD_MAP[word.toLowerCase()] !== undefined;
   }

/*
 * Goes through the lexicon in alphabetical order, calling fn on each word.
 * For efficiency, this method creates the sorted word only when the client
 * calls map for the first time.  After that call, the sorted list is
 * cached in the sortedWordList array.
 */

   function map(fn) {
      if (sortedWordList === undefined) {
         sortedWordList = [ ];
         for (let key in ENGLISH_WORD_MAP) {
            sortedWordList.push(key);
         }
         sortedWordList.sort();
      }
      for (let i = 0; i < sortedWordList.length; i++) {
         fn(sortedWordList[i]);
      }
   }
}
```

图 10-5　英语词汇表基于映射的实现

基于映射的 **EnglishLexicon** 类实现的效率如何？运行 **TestLexiconTiming**
函数测试图 10-5 中实现的 **EnglishLexicon** 类后显示如下运行时间。

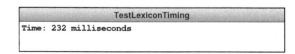

基于映射的 **EnglishLexicon** 类的运行速度比图 10-4 中基于数组的版本快 100 多倍。

同时，这种比较并非完全公平。尽管在底层实现使用映射时运行 **contains** 方法非常快，但在基于映射的实现中，按字母顺序遍历单词的操作要比基于数组的实现花费更多时间。在 ECMA JavaScript 的第 5 版（也是本书使用的版本）中，使用 **for-in** 语句时，客户端不能对其中键的顺序做出任何假设。尽管最新版本的 JavaScript 提供了对顺序的一些控制，但是依赖于这种行为是不明智的，因为这样做的程序将无法在旧的浏览器上工作。你需要做的是将无序的键存储在一个数组中，然后使用 **sort** 方法按字母顺序排列它们。

在 **map** 函数的实现里，代码会检查局部变量 **sortedWordList** 是否已经定义。如果没有，则代码通过遍历 **ENGLISH_WORD_MAP** 中的所有键，将每个键添加到 **sorted-WordList** 数组中，然后对该数组进行排序，从而创建一个已排序的单词列表。后续在调用 **map** 方法时不会再次执行这一步。如果你使用相同的词汇表再次运行 **TestLexiconTiming**，那么查找每个单词所需的时间将大幅减少，如下面的控制台日志所示。

```
TestLexiconTiming
Time: 21 milliseconds
```

现在，使用基于映射的实现查找词汇表中的每个单词的速度比之前使用基于数组的实现速度快 1000 多倍。当然，在第一次调用时为了准备排序后的列表仍然需要四分之一秒的时间，尽管这种代价只发生一次。虽然四分之一秒与查询基于数组的词汇表所需的 36 秒相差甚远，但如果可能的话最好避免此时间消耗。

10.3.5 线性查找和二分查找算法

基于数组的 **EnglishLexicon** 实现的最初版本运行缓慢，主要是因为 **indexOf** 方法使用了一种称为线性搜索（linear search）的策略，该策略依次查看每个数组元素，以检查是否匹配。幸运的是，数组是按字母顺序存储的，因此可以做得更好。提高 **contains** 效率的关键是将要查找的单词与位于数组中心的元素进行比较。如果你的单词以字母顺序排在你在中心位置找到的值的前面，则只需搜索数组的前半部分。相反，如果你的单词在中心位置的值后面，你只需要搜索后半部分。重复这个过程意味着你可以在每次循环中丢弃数组中一半的值。图 10-6 给出了此算法的实现，称为二分查找（binary search）。

在将参数 **word** 转换为小写以确保它与词汇表中的单词匹配之后，**contains** 的二分查找算法实现首先将变量 **min** 和 **max** 设置为数组中的第一个和最后一个索引位置。当然，第一个索引是 0，最后一个索引比 **ENGLISH_WORDS** 数组的长度少 1。如果单词在词汇表中，那么它一定位于在这个索引范围内的某个地方。该方法的其余部分由一个循环组成，该循环将 **word** 与索引范围中心位置的元素进行比较，并使用比较的结果来决定如何调整索引范围，从而依次缩小范围。一直循环下去，直到找到该词，或者直到索引范围内不再有元素，这意味着该单词不在词汇表中。

contains 方法的二分查找实现非常重要，有必要举一个例子进行说明。假设你想要检查"lexicon"是否是一个真正的英语单词，还是计算机专家使用的技术词汇的一部分。为此，你可以执行以下代码，其中假设变量 **english** 被定义为英语词汇表对象：

```
if (english.contains("lexicon")) ...
```

ENGLISH_WORDS 数组包含 127145 个单词，这意味着 **min** 和 **max** 的初始值分别是 0 和 127144。在循环的第一个周期中，代码通过对 **min** 和 **max** 求平均值来计算剩余范围的中心位置。然后，代码在调用 **Math.floor** 以确保值为整数后，将该位置存储在变量 **mid** 中。索引号为 63572 的单词是不熟悉的，但仍是合法的单词。因为 lexicon 是按照字典顺序出现的，所以 **contains** 方法可以将搜索范围缩小到 **min** 和 **mid**-1 之间，即将搜索范围缩小到 0 和 63571 之间的索引。然后继续进行该过程，直到找到指定的单词，或者直到索引范围内没有元素了。

```
/*
 * File: BinarySearchLexicon.js
 * -----------------------------
 * This file implements the EnglishLexicon class using a sorted array to
 * store the words and the binary search algorithm to implement contains.
 */

"use strict";

/*
 * This class implements a lexicon containing all English words.
 */
function EnglishLexicon() {
   const ENGLISH_WORDS = [
      "a", "aa", "aah", "aahed", "aahing", "aahs", "aal", "aalii",
      ... entries for the other English words ...
      "zymosis", "zymotic", "zymurgies", "zymurgy", "zyzzyva", "zyzzyvas"
   ];
   return { contains, map };

/*
 * Returns true if the word appears in the lexicon.
 */

   function contains(word) {
      word = word.toLowerCase();
      let lh = 0;
      let rh = ENGLISH_WORDS.length - 1;
      while (lh <= rh) {
         let mid = Math.floor((lh + rh) / 2);
         if (word === ENGLISH_WORDS[mid]) return true;
         if (word < ENGLISH_WORDS[mid]) {
            rh = mid - 1;
         } else {
            lh = mid + 1;
         }
      }
      return false;
   }

/*
 * Goes through the lexicon in alphabetical order, calling fn on each word.
 */

   function map(fn) {
      for (let i = 0; i < ENGLISH_WORDS.length; i++) {
         fn(ENGLISH_WORDS[i]);
      }
   }
}
```

图 10-6　英语词汇表基于数组并使用二分查找的实现

调用 **english.contains("lexicon")** 将比较序列显示在以下控制台日志中。

```
TraceBinarySearch
Enter word: lexicon
Searching between min = 0 and max = 127144
Consider word at halfway index 63572 ("lightered")
"lexicon" < "lightered", so set max = mid - 1
Searching between min = 0 and max = 63571
Consider word at halfway index 31785 ("distaining")
"lexicon" > "distaining", so set min = mid + 1
Searching between min = 31786 and max = 63571
Consider word at halfway index 47678 ("gorp")
"lexicon" > "gorp", so set min = mid + 1
Searching between min = 47679 and max = 63571
Consider word at halfway index 55625 ("inconsumably")
"lexicon" > "inconsumably", so set min = mid + 1
Searching between min = 55626 and max = 63571
Consider word at halfway index 59598 ("jin")
"lexicon" > "jin", so set min = mid + 1
Searching between min = 59599 and max = 63571
Consider word at halfway index 61585 ("lability")
"lexicon" > "lability", so set min = mid + 1
Searching between min = 61586 and max = 63571
Consider word at halfway index 62578 ("lax")
"lexicon" > "lax", so set min = mid + 1
Searching between min = 62579 and max = 63571
Consider word at halfway index 63075 ("lensed")
"lexicon" > "lensed", so set min = mid + 1
Searching between min = 63076 and max = 63571
Consider word at halfway index 63323 ("libationary")
"lexicon" < "libationary", so set max = mid - 1
Searching between min = 63076 and max = 63322
Consider word at halfway index 63199 ("leva")
"lexicon" > "leva", so set min = mid + 1
Searching between min = 63200 and max = 63322
Consider word at halfway index 63261 ("levogyre")
"lexicon" > "levogyre", so set min = mid + 1
Searching between min = 63262 and max = 63322
Consider word at halfway index 63292 ("lexicon")
"lexicon" found at index 63292, so return true
```

从输出中可以看出，尽管词汇表包含 127145 个单词，但是 **contains** 方法只需进行 12 次比较，就可以找到"lexicon"。减少需要比较的数量大幅加快了英语词汇表实现的操作速度，如下所示，**TestLexiconTiming** 程序的控制台日志如下所示。

```
TestLexiconTiming
Time: 46 milliseconds
```

从英语词汇表的三种实现方式的运行时间可以看出，选择合适的算法是非常重要的。使用 **indexOf** 的版本必须查看数组中的每个元素，这意味着它的运行时间与词汇表中的单词数成正比。由于词汇表大小与运行时间形成比例关系，所以计算机科学家称这种实现在线性时间（linear time）内运行。在使用二分查找的实现中，运行时间与可以将词汇表折半的次数成正比，它与词汇表大小的对数成正比。因此，该算法在对数时间（logarithmic time）内运行，它比线性时间增长慢得多。JavaScript 中映射的内部实现使用了一种名为散列（hashing）的技术，它本质上是一种算法，它告诉计算机在哪里查找每个条目。如果你继续学习更高级的数据结构和算法课程，你会发现，可以使散列在常数时间（constant time）内运行，这意味着它的性能与词汇表大小无关。

10.3.6 分治算法

图 10-6 中的 **binarySearch** 函数解决了排序数组中搜索键的问题，方法是在每个循环中将问题分成两半。依赖于将一个问题分解成该问题的更小实例的策略通常被称为**分治算法**（divide-and-conquer algorithm）。因为分治算法涉及以与原问题相同的形式求解较小的实例，所以这些算法通常是递归实现的。例如，你可以轻松地使用递归函数来实现二分查找算法，在本章练习题 12 中有机会这样做。

分而治之的策略非常重要，这里可以再看另一个例子，例如，很容易编写一个函数 **raiseToPower(x, n)**，计算 x^n，其中 n 是一个非负整数，使用如下递归公式：

$$x^n = \begin{cases} 1 & \text{如果 } n \text{ 是 } 0 \\ x \times x^{n-1} & \text{否则} \end{cases}$$

JavaScript 的代码如下：

```
function raiseToPower(x, n) {
   if (n === 0) {
      return 1;
   } else {
      return x * raiseToPower(x, n - 1);
   }
}
```

此函数需要 n 次递归调用才能计算 **raiseToPower(x, n)** 的结果，因此该函数以线性时间运行。

但是，你可以采用如下办法类似于二分查找中使用的递归策略，如果 n 是偶数，则有：

$$x^n = \left(x^{n/2}\right)^2$$

如果 n 是奇数，则有：

$$x^n = \left(x^{(n-1)/2}\right)^2 \times x$$

通过这些公式，可以编写在对数时间内运行的 **raiseToPower** 函数的以下递归实现：

```
function raiseToPower(x, n) {
   if (n === 0) {
      return 1;
   } else if (n % 2 === 0) {
      return square(raiseToPower(x, n / 2));
   } else {
      return square(raiseToPower(x, (n - 1) / 2)) * x;
   }
}

function square(x) {
   return x * x;
}
```

为了更好地理解这个实现是如何工作的，我们可以跟踪计算 **raiseToPower(2, 11)**

所需的递归是如何调用的。在第一次调用时，**n** 是奇数，因此计算选择 **if** 语句的最后一个分支，并且对 **raiseToPower(2, 5)** 求值。因为 **n** 还是奇数，所以计算再次选择最后一个分支，为其计算 **raiseToPower(2, 2)**。在此次调用中，**n** 是偶数，因此 **raiseToPower** 选择中间分支来计算 **raiseToPower(2, 1)** 的值，而这又需要调用 **raiseToPower(2, 0)**。然后，计算通过递归逐层展开，之后对每次的结果进行平方（当 **n** 为奇数时，乘以一个附加因子 2），如下图所示。

$$\text{raiseToPower(2, 11)} = 32^2 \times 2 = \boxed{2048}$$
$$\text{raiseToPower(2, 5)} = 4^2 \times 2 = \boxed{32}$$
$$\text{raiseToPower(2, 2)} = 2^2 = \boxed{4}$$
$$\text{raiseToPower(2, 1)} = 1^2 \times 2 = \boxed{2}$$
$$\text{raiseToPower(2, 0)} = \boxed{1}$$

10.4　表示真实世界的数据

软件开发人员需要学习的最重要的技能之一是如何以计算机可方便操作的形式表示真实世界的信息。举一个具体的例子，假设你被一个政党雇佣来存储过去总统选举的投票数据，理由是了解历史数据可能会发现影响未来选举的重要见解。作为起点，一个有用的练习是，设计一个数据结构来表示如图 10-7 所示的信息，图 10-7 列出了 2016 年美国总统大选中四大政党的普选结果。

根据图 10-7 中的数据，一个重要问题是如何以一种保持各个数据值之间关系的方式表示选举信息。思考此问题的过程中，你可以仔细考虑这些关系，并避免根据信息原先呈现给读者的方式而过早下结论。例如，打印出表格的二维结构并不一定意味着最佳表示是二维数组，可能只是表明这种表示方式最容易在打印页面上显示而已。

当你为州间选举数据或任何数据设计数据结构时，请记住数组和对象是工具，这一点很重要。设计有效的数据结构要求你以一种全局的方式思考，将重点放在那些可由数组和对象所表示的抽象数据结构上。全局思维使我们更容易识别定义整体结构的关系。

你已经看到了以下抽象数据结构的示例：

❑ 列表。列表是一种抽象的数据结构，在该结构中，各个元素形成一个逻辑序列，在这个逻辑序列中你可以根据每个元素的位置来识别它。

❑ 记录。记录是一种抽象的数据结构，其中元素是逻辑整体的一部分，而不是有序关系中的元素。通常，记录的元素由名称标识。

❑ 映射。映射是一种抽象的数据结构，其中键与相应的值相关联。

选择要哪一种结构取决于要建模的数据值的特性。如果数据以"第一个元素、第二个元素等"方式组成，那么列表可能是最合适的选择。如果数据由独立的部分组成，那么你可能需要使用记录。最后，如果数据包含一组值，每个值都被标记为唯一标识符，则可能需要选择映射。

	选举人票数	民主党	共和党	自由党	绿党	其他党派
阿拉巴马州	9	729 547	1 318 255	44 467	9 391	21 712
阿拉斯加州	3	116 454	163 387	18 725	5 735	14 307
亚利桑那州	11	1 161 167	1 252 401	106 327	34 345	18 925
阿肯色州	6	380 494	684 872	29 829	9 473	25 967
加利福尼亚州	55	8 753 788	4 483 810	478 500	278 657	186 840
科罗拉多州	9	1 338 870	1 202 484	144 121	38 437	56 335
康涅狄格州	7	897 572	673 215	48 676	22 841	2 616
特拉华州	3	235 603	185 127	14 757	6 103	2 224
哥伦比亚特区	3	282 830	12 723	4 906	4 258	6 551
佛罗里达州	29	4 504 975	4 617 886	207 043	64 399	25 736
佐治亚州	16	1 877 963	2 089 104	125 306	7 674	14 685
夏威夷州	4	266 891	128 847	15 954	12 737	4 508
爱达荷州	4	189 765	409 055	28 331	8 496	54 608
伊利诺伊州	20	3 090 729	2 146 015	209 596	76 802	13 282
印第安纳州	11	1 033 126	1 557 286	133 993	7 841	2 712
艾奥瓦州	6	653 669	800 983	59 186	11 479	40 714
堪萨斯州	6	427 005	671 018	55 406	23 506	7 467
肯塔基州	8	628 854	1 202 971	53 752	13 913	24 659
路易斯安那州	8	780 154	1 178 638	37 978	14 031	18 231
缅因州	4	357 735	335 593	38 105	14 251	2 243
马里兰州	10	1 677 928	943 169	79 605	35 945	44 799
麻萨诸塞州	11	1 995 196	1 090 893	138 018	47 661	53 278
密歇根州	16	2 268 839	2 279 543	172 136	51 463	27 303
明尼苏达州	10	1 367 716	1 322 951	112 972	36 985	104 189
密西西比州	6	485 131	700 714	14 435	3 731	5 346
密苏里州	10	1 071 068	1 594 511	97 359	25 419	20 248
蒙大拿州	3	177 709	279 240	28 037	7 970	4 191
内布拉斯加州	5	284 494	495 961	38 946	8 775	16 051
内华达州	6	539 260	512 058	37 384		36 683
新罕布什尔州	4	348 526	345 790	30 777	6 496	12 707
新泽西州	14	2 148 278	1 601 933	72 477	37 772	13 586
新墨西哥州	5	385 234	319 667	74 541	9 879	8 998
纽约州	29	4 556 124	2 819 534	176 598	107 934	61 263
北卡罗来纳州	15	2 189 316	2 362 631	130 126	12 105	47 386
北达科他州	3	93 758	216 794	21 434	3 780	8 594
俄亥俄州	18	2 394 164	2 841 005	174 498	46 271	40 549
俄克拉何马州	7	420 375	949 136	83 481		
俄勒冈州	7	1 002 106	782 403	94 231	50 002	72 594
宾夕法尼亚州	20	2 926 441	2 970 733	146 715	49 941	71 648
罗得岛州	4	252 525	180 543	14 746	6 220	10 110
南卡罗来纳州	9	855 373	1 155 389	49 204	13 034	30 027
南达科他州	3	117 458	227 721	20 850		4 064
田纳西州	11	870 695	1 522 925	70 397	15 993	28 017
得克萨斯州	38	3 877 868	4 685 047	283 492	71 558	51 261
犹他州	6	310 676	515 231	39 608	9 438	256 477
佛蒙特州	3	178 573	95 369	10 078	6 758	24 289
弗吉尼亚州	13	1 981 473	1 769 443	118 274	27 638	87 803
华盛顿州	12	1 742 718	1 221 747	160 879	58 417	133 258
西弗吉尼亚州	5	188 794	489 371	23 004	8 075	5 179
威斯康星州	10	1 382 536	1 405 284	106 674	31 072	50 584
怀俄明州	3	55 973	174 419	13 287	2 515	9 655

图 10-7　2016 年美国总统大选各州的投票

二维数组不是存储投票数据的最佳选择，其理由至少有两个。首先，数组的元素通常是相同类型的，即使 JavaScript 对此没有强制限制。在选举结果表中，行具有相同的结构，但列没有。每行的第一列是分配给该州（或特区）的选举人票数，而其他列则是分配各个党派的总票数。这种区别表明，每一行最好表示为一个对象，其中一个属性是选举人票数，另一个属性是一个映射，从政党名称映射到对应总票数。

如果采用这种策略，你可以表示 2016 年总统选举的数据，如图 10-8 所示。整个结构是一个数组，包括每个州和哥伦比亚特区都有一个元素。数组中的每个元素都是一个对象，其中包含该州的选举数据：选举人票数和从政党名称到总票数的映射。JSON 结构足够灵活，可以容纳图 10-7 中空白单元格表示的缺失的数据值，其中用 **undefined** 表示缺少的数据。**index.html** 文件可以通过在 **\<script\>** 标签包含 JSON 文件加载整个数据结构，仿佛它就是一个程序库一样。

```
/*
 * File: PresidentialElection2016.js
 * ---------------------------------
 * This file exports a constant array named PRESIDENTIAL_ELECTION_2016.
 * Each array element is an object containing the following properties:
 *   name          -- The name of the state
 *   electoralVotes -- The number of electoral votes for the state
 *   popularVote    -- A map from party names to popular vote totals
 */

const PRESIDENTIAL_ELECTION_2016 = [
   {
      "name": "Alabama",
      "electoralVotes": 9,
      "popularVote": {
         "Democratic": 729547,
         "Republican": 1318255,
         "Libertarian": 44467,
         "Green": 9391,
         "Other": 21712
      }
   },
   . . . Entries for the other states . . .
   {
      "name": "Wyoming",
      "electoralVotes": 3,
      "popularVote": {
         "Democratic": 55973,
         "Republican": 174419,
         "Libertarian": 13287,
         "Green": 2515,
         "Other": 9655
      }
   }
];
```

图 10-8　2016 年美国总统大选结果的 JSON 形式

定义了数据结构之后，你就可以编写应用程序，使用该结构生成所需的任何摘要报告。例如，图 10-9 中的 **CountVotes.js** 程序计算了选举人票数和普选票数的总赢家。选举的数据作为一个参数提供给 **index.html** 文件中的 **countVotes** 调用。图 10-9 使用 **PresidentialElection2016.js** 数据文件在控制台上生成以下输出。

CountVotes 应用程序的结构非常灵活，你只需修改传给 **index.html** 文件中的 **CountVotes** 函数的参数就可以很容易地替换为其他年份的选举数据。例如，假设你创建了一个包含 2012 年总统选举数据的新文件，只需要在 **index.html** 文件中用 **<script>** 标签加载这个文件，然后把 **<body>** 标签改成：

```
<body onload="CountVotes(PRESIDENTIAL_ELECTION_2012)">
```

你将看到以下结果。

```
/*
 * File: CountVotes.js
 * --------------------
 * This program generates a report showing the popular and electoral vote
 * totals for a presidential election in the United States.
 */

"use strict";

/*
 * This program counts the popular and electoral votes from the structure
 * stored in the data parameter, which is supplied by the index.html file.
 */

function CountVotes(data) {
   console.log("Popular vote:");
   reportVoteTotals(countPopularVotes(data));
   console.log("Electoral vote:");
   reportVoteTotals(countElectoralVotes(data));
}
/*
 * Returns a map in which the keys are the parties and the values
 * are the corresponding popular vote totals.
 */

function countPopularVotes(electionData) {
   let popularVotes = { };
   for (let i = 0; i < electionData.length; i++) {
      let stateData = electionData[i];
      for (let party in stateData.popularVote) {
         if (popularVotes[party] === undefined) popularVotes[party] = 0;
         popularVotes[party] += stateData.popularVote[party];
      }
```

图 10-9　按州统计普选票数和选举人票数的程序

```
      }
      return popularVotes;
   }

   /*
    * Returns a map in which the keys are the parties and the values
    * are the corresponding electoral vote totals.
    */

   function countElectoralVotes(electionData) {
      let electoralVotes = { };
      for (let i = 0; i < electionData.length; i++) {
         let stateData = electionData[i];
         let party = determineWinner(stateData.popularVote);
         if (electoralVotes[party] === undefined) electoralVotes[party] = 0;
         electoralVotes[party] += stateData.electoralVotes
      }
      return electoralVotes;
   }

/*
 * Generates a report showing the vote totals for each party contained
 * in votes, which is a record in which the keys are parties and the
 * values are the vote counts. The report is sorted in decreasing order
 * by vote count.
 */
function reportVoteTotals(votes) {
   let array = [ ];
   for (let party in votes) {
      array.push({ party: party, votes: votes[party] });
   }
   array.sort(sortByDecreasingVoteCount);
   for (let i = 0; i < array.length; i++) {
      let entry = array[i];
      console.log("   " + entry.party + ": " + entry.votes);
   }
/*
 * Implementation notes:
 * ----------------------
 * This function implements the desired sort order for the displayed data.
 * The parameters are objects with two properties: "party" and "votes".
 * As with any comparison function, the return value is negative if e1 comes
 * before e2, positive if e1 comes after e2, and zero if the two entries are
 * the same.  This function ordinarily compares the vote counts but includes
 * a special check to ensure that a party named "Other" comes at the end.
 */

   function sortByDecreasingVoteCount(e1, e2) {
      if (e1.party === "Other" && e2.party !== "Other") return 1;
      if (e1.party !== "Other" && e2.party === "Other") return -1;
      return e2.votes - e1.votes;
   }

}

/*
 * Determines which party has the largest total in votes.  The argument is
 * a record in which the keys are parties and the values are vote counts.
 */
function determineWinner(votes) {
   let winner = undefined;
   let maxVotes = 0;
   for (let party in votes) {
      if (winner === undefined || votes[party] > maxVotes) {
         winner = party;
         maxVotes = votes[party];
      }
   }
   return winner;
}
```

图 10-9　(续)

总结

本章继续讨论 JavaScript 对象，并重点讨论在各种应用程序中有用的抽象数据类型。本章的要点包括：

- ❑ 实现一组操作而不显示内部数据结构的类称为抽象数据类型。与细节可见的结构相比，抽象数据类型有几个优点，包括简洁性、灵活性和安全性。
- ❑ 将抽象数据类型中的行为和表示分离，使实现者能够在不影响客户端的情况下更改内部表示。
- ❑ 具有完整性的字符序列称为 token（标记）。本章介绍 **TokenScanner** 类的一个简单实现版本，该类将字符串划分为由连续字母组成的 token。本书中配套程序库包括一个 **JSTokenScanner** 类，它为客户端提供了更大的灵活性。**JSTokenScanner** 类可导出的方法如图 10-3 所示。
- ❑ 词汇表是一个没有相关定义的单词列表。
- ❑ 抽象类型的底层表示及其实现算法可以对效率产生深远的影响。例如，基于数组的英语词汇表实现的运行速度比基于映射的运行速度版本慢 1000 倍。
- ❑ 线性查找算法通过查看数组中的每个元素来操作，直到找到所需的元素为止。
- ❑ 二分查找算法比线性查找算法效率更高，但要求数组中的元素按顺序排列。二分查找的效率优势在于，你可以在查找的每个循环中，舍弃掉剩余元素的一半。
- ❑ 类方法 **Date.now** 返回自 1970 年 1 月 1 日以来经过的毫秒数。通过检查操作前后的时间，你可以确定该操作需要多长时间，假设该操作花费了足够长的时间以达到毫秒时钟的精度。
- ❑ 在设计应用程序的数据结构时，通常最好考虑抽象的概念模型——列表、记录和映射，而不是用于表示这些模型的具体结构——数组和对象。
- ❑ 重要的是要仔细考虑结构关系，避免因信息的呈现方式而过早下结论。

复习题

1. 什么是抽象数据类型？
2. 判断题：分离抽象数据类型的行为和底层表示，这样做的优点是即使不强制客户端改变程序也可以更改它的表示。
3. 用自己的语言描述 token 扫描器的功能。
4. 考虑到本章中提供的 **TokenScanner** 类，你将使用什么语句来列出存储在变量 **str** 的字符串中的每个 token？
5. 什么是词汇表？和传统的词典相比，有什么区别？

6. **EnglishLexicon** 类导出的两个公有方法分别是什么？

7. 什么是映射函数？

8. 通过调用 **Date.now** 方法返回了什么值？你能否通过这个返回值来计算执行代码所需的时间？

9. 判断题：确定一个字符串是否是合法单词，使用基于映射的 **EnglishLexicon** 类实现比使用之前的基于数组来实现快一千多倍。

10. 图 10-10 展示了一个名为 **STATE_CODES** 的数组，包含了美国五十个州的两个字母的缩写，按照字母顺序排序。如果要用二分查找算法找到 **"OK"** 这个编码，请展示涉及的步骤，并算出通过几次对比才能找到这个值。

STATE_CODES

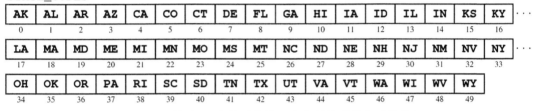

AK	AL	AR	AZ	CA	CO	CT	DE	FL	GA	HI	IA	ID	IL	IN	KS	KY	···
0	1	2	3	4	5	6	7	8	9	10	11	12	13	14	15	16	

LA	MA	MD	ME	MI	MN	MO	MS	MT	NC	ND	NE	NH	NJ	NM	NV	NY	···
17	18	19	20	21	22	23	24	25	26	27	28	29	30	31	32	33	

OH	OK	OR	PA	RI	SC	SD	TN	TX	UT	VA	VT	WA	WI	WV	WY
34	35	36	37	38	39	40	41	42	43	44	45	46	47	48	49

图 10-10　美国 50 个州对应的两个字母编码排序后的数组

11. 如何对不熟悉计算机和编程的人描述二分查找算法？

12. 使用 10.3 节最后的图解作为模型，绘制一个图解来展示计算 **raiseToPower(3, 9)** 时进行的递归调用。

练习题

1. 编写一个程序，它使用 **TokenScanner** 类来展示由用户选定的文件中出现的最长单词。这个单词定义为由字母或者数字组成的连续字符串，就像在 **TokenScanner** 类一样。

2. 编写一个名为 **CountWordFrequencies** 的程序，它读取多行输入，并生成一个显示每个单词出现次数的表。你的程序应该能复现如下运行示例的结果。

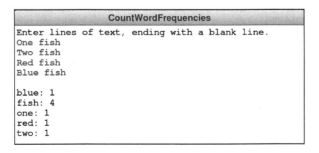

```
CountWordFrequencies
Enter lines of text, ending with a blank line.
One fish
Two fish
Red fish
Blue fish

blue: 1
fish: 4
one: 1
red: 1
two: 1
```

3. 编写一个名为 **elapsedTime** 的函数，它返回执行一个操作所需的时间（单位是毫秒）。elapsedTime 函数接收两个参数。第一个参数是一个回调函数，即需要测量时间的操作。第二个参数是可选的，表示在时间测量中，需要重复调用操作的次数，默认值为 1。显然，使用 **Date.now** 不能测量特别短的运行时间。为了测量较短的运行时间，可以测量一个函数调用 100 000 次的时间，然后再计算每次运行的平均值。因此，你可以通过如下函数调用来测量 **Math** 库计算根号 2 需要多少时间：

```
elapsedTime(function() { Math.sqrt(2); }, 100000)
```

4. 在玩 Scrabble 游戏时，最有效的方法之一是记住所有两个字母的合法单词。虽然，我们可以很容易通过使用英语词汇表给出所有两个字母的单词列表，但是至少存在两种策略可以实现它。最自然的一种是，遍历词汇表中的所有单词，然后打印长度为 2 的单词。另一个不太明显的策略是生成 26 个字母的所有两两组合，并查看哪些是合理的单词。分别实现这两种策略，并通过练习题 3 中的 **elapsedTime** 函数来查看哪一种策略更具效率。

5. 作为一种策略，玩 Scrabble 游戏的一个重要准则是保存好"S"这个字母牌。由于英语的语法规则，很多单词的复数形式都是以"S"结尾的。当然，有些单词也允许以"S"开头，但实际上有 680 个单词（包括"cold"和"hot"），它们都能以"S"字母作为开头或者结尾。请使用 **EnglishLexicon** 类编写一个程序，显示所有这类单词的列表。

6. 如果你在一个回合内打出全部 7 个字母牌，你会获得 50 分奖励，这被 Scrabble 玩家们称为"bingo"。为了帮助你获得"bingo"，我们可以使用一个 **listAnagrams** 函数，它接受 Scrabble 游戏中可能出现的一串字母，并返回以任何顺序重新排列的所有合法单词。虽然生成字符串的所有重新排列的技术超过了本书的知识范围，但你能通过遍历英语单词，打印包含每个相同字母集的单词来得到相同的结果。下面的控制台日志显示了这样的例子。

```
JavaScript Console
> listAnagrams("aeinrst");
anestri
nastier
ratines
retains
retinas
retsina
stainer
stearin
> listAnagrams("adehrst");
dearths
hardest
hardset
hatreds
threads
trashed
> listAnagrams("aelqtuz");
quetzal
>
```

如果你不知道如何实现 **listAnagrams**，可以参考第 8 章的练习题 6。

7. 7.5 节给出了 **isPalindrome** 函数的定义，该函数用于检查一个单词的前后读法是否相同。使用该函数和 **EnglishLexicon** 类一起显示所有英语回文单词。

8. 当你把英语翻译成 Pig Latin 语言时，大多数单词听起来有点像拉丁语，但与传统英语不同。然而，也有一些单词的 Pig Latin 版本恰好也是英语单词。例如，"trash"对应的 Pig Latin 翻译版本是"ashtray"，"express"的翻译版本是"expressway"。请使用第 7 章中的 **PigLatin.js** 程序和 **EnglishLexicon** 类编写一个程序，用来展示所有这类单词的列表。

9. 编写一个程序，其结果显示一个表格，该表格按单词长度排序，展示出现在 **EnglishLexicon** 类中的单词数量，程序的输出结果如下图所示。

```
              EnglishWordCounts
 1       3
 2      94
 3     962
 4    3862
 5    8548
 6   14383
 7   21729
 8   26448
 9   18844
10   12308
11    7850
12    5194
13    3275
14    1775
15     954
16     495
17     251
18      89
19      48
20      21
21       6
22       3
24       1
28       1
29       1
```

10. 编写一个程序，用来展示 10.3 节中二分查找算法的搜寻过程。为了让客户端也生成这样的搜寻过程，需要给 **EnglishLexicon** 类新增一个 **setTraceMode** 方法。该方法接收一个布尔值，表示是否展示搜寻过程。如果客户端在 EnglishLexicon 对象上调用 **setTraceMode(true)**，那么调用 **contains** 会在控制台中生成完整的搜寻过程。

11. 二分查找算法非常有用，我们可以把它导出给客户端。定义如下方法：

```
EnglishLexicon.binarySearch(key, array, min, max)
```

该方法搜索 **array** 中的 **key**，当然，**array** 是已经完成排序的。可选的 **min** 和 **max** 参数指定搜索时包含的索引范围。如果缺少这些参数，**binarySearch** 方法应该寻找整个数组中的每个元素。**binarySearch** 方法应该返回 **key** 在 **array** 中出现的索引。如果 **key** 在 **array** 中出现多次，则返回值可以是它的任何索引位置。确

保更新了 **contains** 方法的代码以调用 **binarySearch** 方法。

12. 重写练习题 11 中的 **binarySearch** 方法，它使用递归操作，而不是迭代操作。

13. 事实上，在对数时间内计算 x^n 的结果是可能的。因此，我们可以在对数时间内计算斐波那契函数 **fib(n)**，正如第 5 章里承诺过的一样。要做到这一点，需要依赖一个事实，即斐波那契函数与一个称为黄金比例（golden ratio）的值有关，黄金比例在古希腊数学中首次出现。黄金比例通常写成希腊字母 φ，它是如下方程的根：

$$\varphi^2 - \varphi - 1 = 0$$

因为这是一元二次方程，它实际上有两个根。如果你应用公式解方程，其根是：

$$\varphi = \frac{1+\sqrt{5}}{2}$$

$$\hat{\varphi} = \frac{1-\sqrt{5}}{2}$$

1718 年，法国数学家亚伯拉罕·棣·莫弗（Abraham de Moivre）发现第 n 个斐波那契数列可以用如下形式表示：

$$\frac{\varphi^n - \hat{\varphi}^n}{\sqrt{5}}$$

而且，由于 $\hat{\varphi}^n$ 总是很小，所以公式可以简化为如下值的最近整数：

$$\frac{\varphi^n}{\sqrt{5}}$$

实现一个新的 **fib** 函数，利用亚伯拉罕·棣·莫弗的公式在对数时间内计算 **fib(n)**。

14. 使用 **PresidentialElection2016.js** 中 2016 年总统大选的数据，找出所有获胜候选人的获选票数不足 50% 的州。2016 年，民主党和共和党分别拿下了其中的 7 个州。

15. 练习题 2 要求你编写一个程序来计算多行输入的每个单词的出现次数。扩展该程序功能，做如下变更：
   - 从数据文件而不是从控制台读取输入。
   - 使用 **CountVotes.js** 程序中的策略，按单词出现的次数降序排序。
   - 允许客户端指定统计单词出现时需要满足的最小计数。例如，对包含莎士比亚的 *Hamlet* 的完整文本调用 **sortWord-Frequencies(text, 200)**，程序应该显示 *Hamlet* 中至少出现 200 次的单词列表，如右图所示。

16. 假设你受雇于一家银行，银行给你一项任务，让你按照现行汇率在不同的外币之间进行自动转换。每天，银行都会收到一个名为 **ExchangeRates.js** 的文件，其中包含以 JSON 格式存储的当前汇率，如图 10-11 所示。

```
const EXCHANGE_RATES = {
   "date": "13-Sep-2017",
   "currencies": {
      "USD": { "name": "US dollar", "rate": 1.00000 },
      "EUR": { "name": "European Euro", "rate": 1.07397 },
      "JPY": { "name": "Japanese yen", "rate": 0.00889 },
      "GBP": { "name": "Pound sterling", "rate": 1.23586 },
      "AUD": { "name": "Australian dollar", "rate": 0.77300 },
      ... Entries for the other currencies ...

      "THB": { "name": "Thai baht", "rate": 0.02885 },
      "MYR": { "name": "Malaysian ringgit", "rate": 0.22590 }
   }
};
```

图 10-11　包含以 JSON 结构表达的汇率的 JavaScript 文件

  currencies 映射的每个值都是一个对象，该对象指定货币名称及其当前相对于美元的汇率。如下面的例子：

  "GBP": { "name": "Pound sterling", "rate": 1.23586 }

表示 **"GBP"** 这个三个字母编码有名称，其名称为 **"Pound sterling"**，目前的交易价格是 1 英镑兑换 1.23586 美元。

  你的任务是编写一个程序，解决读取表单中用户的如下形式的转换请求：

  amount XXX -> YYY

其中 *amount* 为要转换的货币值，*XXX* 和 *YYY* 分别为两种货币的三个字母编码。或者，输入行可以由三个字母的货币编码组成，在这种情况下，程序应该输出货币的全名。如下示例演示了这两种输入形式。

```
                    JavaScript Console
Conversion: 1.00USD -> JPY
1 USD = 110.11441294928758 JPY
Conversion: 200 GBP -> EUR
200 GBP = 221.82879596017673 EUR
Conversion: MYR
MYR = Malaysian ringgit
Conversion:
```

17. 在 J·K·罗琳的 *Harry Potter* 系列中，霍格沃茨的学生需要学习多种魔法。魔药课是最难学的课程之一，由哈利最不喜欢的斯内普教授任教。学生为了掌握魔药课，他们需要记忆需要神奇混合物的复杂制作配方。大概是为了保护麻瓜世界里的我们，对于大多数魔药，罗琳没有给我们一个完整的药剂成分清单，但我们确实了解了一些，例如图 10-12 所示的。

  设计一个数据结构，对图 10-12 所示的信息进行编码，然后创建一个 JavaScript 文件，以 JSON 格式存储该信息。请编写一个基于控制台的程序来测试数据结构，该程序获取用户请求的魔药名称，然后显示一个包含药剂成分的清单。

复方汤剂	缩身药剂
非洲树蛇的皮（切碎）	雏菊的根（切碎）
草蛉虫	缩皱无花果（去皮）
蚂蟥	毛毛虫（切成薄片）
两耳草	耗子胆汁
双角兽的角（磨成粉末）	水蛭汁液
流液草	
想变的那个人身上的一点儿东西	
增智剂	生死水
圣甲虫	水仙草根中加入艾草粉末
姜根	缬草根
犰狳胆汁	瞌睡豆

图 10-12　J·K·罗琳的 *Harry Potter* 系列中的魔药配方

18. 对于某些应用程序能够生成一系列体现连续模式的名称是很有用的。例如，你正在编写一个程序给一篇论文中的图片进行编号，那么使用某种机制来返回字符串序列 **"Figure 1"**、**"Figure 2"**、**"Figure 3"** 等将会非常方便。然而，你可能还需要给几何示图中的点进行标记，此时，你可能希望为点创建一组类似但独立的标记，如 **"P0"**、**"P1"**、**"P2"** 等。

　　如果更全面的思考这个问题，你需要的抽象数据类型是一个标记生成器，允许客户端定义任意序列标记，每个都包含一个前缀字符串（如上一段例子中的 **"Figure"** 或 **"P"**）加上一个整数作为一个序列号。因为客户端可能希望同时使用不同的序列，所以将标记生成器定义为一个 **LabelGenerator** 类是有意义的。为了初始化一个新的生成器，客户端需要提供前缀字符串和初始序号作为 **LabelGenerator** 工厂方法的参数。在创建生成器后，客户端可以通过调用 **LabelGenerator** 对象上的 **nextLabel** 来返回序列中的新标记。

　　设计并实现 **LabelGenerator** 类，然后编写一个适当的程序测试它。

19. 当在打印页面或计算机屏幕上显示文本时，通常必须将其调整，以适合固定的行宽。太宽的输出必须分开显示在几行中。如果文本是由单词组成的，则行与行之间通常在单词边界的空格处分隔。只要整个单词适合当前行，不超出右边框，它就被放在该行上。如果一个单词超出了右边框，则显示当前行，并将导致溢出的单词放在下一行的开头。随后的单词将被添加到新创建的行中，直到这一行也被填满为止。这个过程称为**填充**（filling），只要有文本需要显示或者客户端指定了换行符，这个过程就可以重复进行。

　　实现一个 **FilledConsole** 类，它允许客户端将数据以填充的方式写入控制台。**FilledConsole** 工厂方法的参数是行宽，即控制台每个行上允许的字符数。

例如，如下声明：

```
let fc = FilledConsole(55);
```

它将创建一个行宽为 55 个字符的 **FilledConsole** 对象。然后，客户端通过调用
print 方法或者 **println** 方法，将输出发送到 **FilledConsole** 对象。**print** 方
法应该可以接受任何值并将其添加到当前行的末尾，但是仅当该行超出行宽时才显示
输出。**println** 方法的操作与其类似，但在结尾强制换行。

　　为了测试你的实现是否有效，请编写一个程序来显示 1 到 100 之间的整数，并
使用尽可能少的行作为输出。下面的示例给出了程序运行显示了使用行宽为 55 个字
符时的输出。

```
                    TestFilledConsole
1, 2, 3, 4, 5, 6, 7, 8, 9, 10, 11, 12, 13, 14, 15, 16,
17, 18, 19, 20, 21, 22, 23, 24, 25, 26, 27, 28, 29, 30,
31, 32, 33, 34, 35, 36, 37, 38, 39, 40, 41, 42, 43, 44,
45, 46, 47, 48, 49, 50, 51, 52, 53, 54, 55, 56, 57, 58,
59, 60, 61, 62, 63, 64, 65, 66, 67, 68, 69, 70, 71, 72,
73, 74, 75, 76, 77, 78, 79, 80, 81, 82, 83, 84, 85, 86,
87, 88, 89, 90, 91, 92, 93, 94, 95, 96, 97, 98, 99, 100
```

20. 对于某些应用程序，JavaScript 对一个整数有效数字的位数有所限制。对于这些应用
程序，访问能够存储任意大位数的整数的 **BigInteger** 类是很有用的。Web 上有几
个这样的程序包，它们所使用的技术的复杂性超出了本书的范围。尽管如此，通过编
写一个只支持加法和乘法的简化版 **BigInteger** 类，你可以大概了解这样的程序包
是如何运行的。

　　BigInteger 对象的最简单的内部表示是使用一个数字的字符串，当然，该数
字字符串可以是任意长的。**BigInteger** 工厂方法可以采取一个整数或字符串作为
其参数，如下所示：

```
function BigInteger(n) {
   let digits = "" + n;
   return { add, mul, toString };
   ……你需要完成这些方法的定义……
}
```

　　本问题的难点在于编写执行所需算术操作的方法。这需要用到你在小学时学到的
手动进行算术的规则。

　　加法需要从数字的右端一位一位地进行，就像你第一次学习多位数加法一样。要
使两个 **BigInteger** 值相加，你需要从 **digits** 字符串中选择字符并将其转换为数
字形式。在得到相应的数字之后，你就可以把二者相加，记录二者之和及其进位。然
后你可以继续对十位上的数字求和，从右向左如此继续下去。

　　乘法运算比较复杂，但它也遵循你在学校学到的规则。对于乘数中的每一位数
字，你可以通过循环相加得到该数字与被乘数的乘积，循环最多运行九次。然后

你可以转到下一位数字并执行类似的计算，之后将该结果乘以 10，此时，只需将一个 **"0"** 连接到字符串的末尾即可。然后可以使用 **add** 方法对这部分的乘积进行求和。

你可以使用你编写的程序生成一个从 0 到 25 的阶乘表来测试它，结果如下面的控制台日志所示。

```
BigFactorial
0!  = 1
1!  = 1
2!  = 2
3!  = 6
4!  = 24
5!  = 120
6!  = 720
7!  = 5040
8!  = 40320
9!  = 362880
10!  = 3628800
11!  = 39916800
12!  = 479001600
13!  = 6227020800
14!  = 87178291200
15!  = 1307674368000
16!  = 20922789888000
17!  = 355687428096000
18!  = 6402373705728000
19!  = 121645100408832000
20!  = 2432902008176640000
21!  = 51090942171709440000
22!  = 1124000727777607680000
23!  = 25852016738884976640000
24!  = 620448401733239439360000
25!  = 15511210043330985984000000
```

第11章

继　　承

我清楚地记得当"继承"这个概念（或类与子类）被创造出来的那一刻，我立刻就意识到，这就是我和奥利－约翰·达尔为之日夜奋斗的"那个问题"的解决方案。毫无疑问，"继承"在面向对象编程的范式中已经是一个非常重要的概念，在其他编程范式中，也同样如此。

——克利斯登·奈加特，IRIS 第 19 次会议致辞，1996 年

克利斯登·奈加特（1926—2002）

50 多年前，克利斯登·奈加特（Kristen Nygaard）与他的老乡兼同事奥利 - 约翰·达尔（Ole-Johan Dahl）在挪威计算科学中心（主要关注软件工程）开发的一种名为 SIMULA 的编程语言环境中，阐述了面向对象编程的核心思想。奈加特和达尔后来成为奥斯陆大学的教师。近年来，由于 C++ 和 Java 等面向对象语言的大获成功，人们对面向对象技术的兴趣大增。因为他们的卓越贡献，奈加特和达尔分别获得了计算机协会颁发的 2001 年图灵奖和电气与电子工程师协会颁发的 2001 年冯·诺依曼奖章。克利斯登·奈加特是唯一同时获得图灵奖和诺伯特·维纳社会与职业责任奖的人。

像 JavaScript 这样的面向对象语言有两个特征：封装和继承（inheritance）。第 9 章和第 10 章详细讨论了封装，但是到目前为止还没有介绍 JavaScript 的继承模型。在这个模型中，编程时，一个类从更高层次的其他类那里获取特征，这有点类似于家谱。本章首先介绍生物界中的继承概念，然后介绍如何将生物学类比于编程领域。

11.1　类层次结构

面向对象语言的一个概念属性是允许你指定类之间的层次关系。这些层次结构不由让人联想到 18 世纪瑞典植物学家卡尔·林奈（Carl Linnaeus）提出的生物分类系统，该系统是表示生物界结构的一种方法。林奈认为，生物首先被归类于不同的生物界。每个生物界被进一步细分为门、纲、目、科、属和种等层次类别。每个物种不仅属于位于层次结构底层的自身类别，而且也属于每个更高层次的类别。

卡尔·林奈

这一生物分类体系如图 11-1 所示，图中展示了常见的黑色花园蚁的分类，其学名为蚂蚁属黑蚁种（Lasius niger）。然而，这种蚂蚁也是蚁科的一员，蚁科也是蚂蚁的分类之一。如果从那里往上看，你会发现黑色花园蚁也属于膜翅目（包括蜜蜂和黄蜂）、昆虫纲（包括昆虫）、节肢动物门（包括贝类和蜘蛛）。

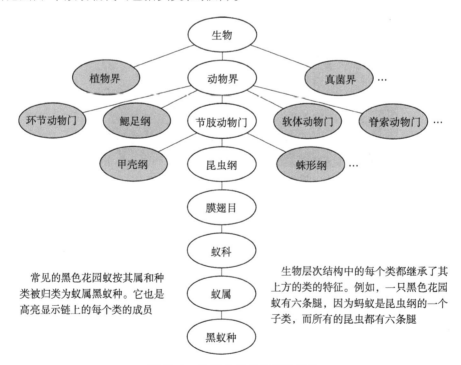

常见的黑色花园蚁按其属和种类被归类为蚁属黑蚁种。它也是高亮显示链上的每个类的成员

生物层次结构中的每个类都继承了其上方的类的特征。例如，一只黑色花园蚁有六条腿，因为蚂蚁是昆虫纲的一个子类，而所有的昆虫都有六条腿

图 11-1　生物世界的类层次结构

该生物分类系统的一个有用的特性是，在层次结构的每一层上，所有生物都属于其中一个类别。因此，每一个个体生命形式同时属于几个类别，并继承了每一个类别的特征属性。例如，黑色花园蚁是一种蚂蚁、一种昆虫、一种节肢动物，同时也是一种动物，这些属性是同时存在的。此外，每个蚂蚁都共享它从每个类别中继承的属性。昆虫纲的一个显著特征是昆虫有六条腿。因此，所有的蚂蚁都必须有六条腿，因为蚂蚁属于这一类。

生物学上的类比也有助于说明类和对象之间的区别。虽然每一种普通的黑色花园蚁都有相同的生物学分类，但普通的黑色花园蚁有许多个体。在面向对象编程语言中，黑色花园蚁是一个类，每只蚂蚁是一个对象。

JavaScript 中的类结构基本遵循相同的层次模式，如图 11-2 所示，它展示了图形库中类之间的关系。**GWindow** 类本身就是一个类别。图顶部是另一个名为 **GObject** 的类，虽然你到目前为止还不了解它，但某种意义上，你一直在使用它。**GObject** 类位于层次结构的顶部，它包含可以在 **GWindow** 中显示的每个图形对象。表示图形化对象的类都是 **GObject** 类的子类，有些是直接继承的，有些是通过中间的 **GFillableObject** 类间接继承的，其中 **GFillableObject** 类表示图形内部是可填充的。

图 11-2 中的图表使用了一种表示类层次结构的标准方法，这种方法称为**统一建模语言**（Universal Modeling Language）或 UML。在 UML 图中，每个类都表示为一个矩形框，类的名称写在矩形框的上方。由该类实现的方法写在矩形框的下方。类之间的层次关系是用箭头表示的，箭头从一个类指向在层次结构较高层的另一个类。层次结构中较低层次的类是它所指向的类的一个子类（subclass），而子类指向的类称为它的**超类**（superclass）。

在面向对象的语言中，每个子类都继承（inherit）了其超类的方法，这种继承关系一直向上延伸直到层次结构的顶部。例如，**GRect** 类继承了 **GFillableObject** 中的所有方法，而 **GFillableObject** 又继承了 **GObject** 中的所有方法。对于 **GRect** 类的一个实例，你可以调用 **setFillColor** 方法，因为该方法是在 **GFillableObject** 中定义的。类似地，你也可以调用 **setColor** 方法，因为它在上两层的 **GObject** 类中定义过。

在图 11-2 的 UML 图中，**GObject** 和 **GFillableObject** 类的名称以斜体显示。这一般用来表示一个**抽象类**（abstract class），抽象类不是用来创建对象的，而是作为在层次结构中出现在它下面的具体类（concrete class）的公共超类。由于 **GObject** 类是抽象类，所以你无法直接创建 **GObject** 的实例，一般做法是创建它的一个子类的实例。

除了从超类继承的方法之外，层次结构中的每个类还可以实现该类特有的方法。例如，字体的概念只适用于 **GLabel** 类，与之相对应，**setFont** 方法也是在 **GLable** 类中定义，而不是在层次结构中更高层的类中定义。与此相反，**setFilled** 方法只应用于 **GFillableObject** 类的子类，而不应用于 **GObject** 类的其他子类。因此，在 **GFillableObject** 类中定义 **setFilled** 方法是有意义的，这方便了它被 **GRect**、**GOval**、**GArc** 和 **GPolygon** 类继承。

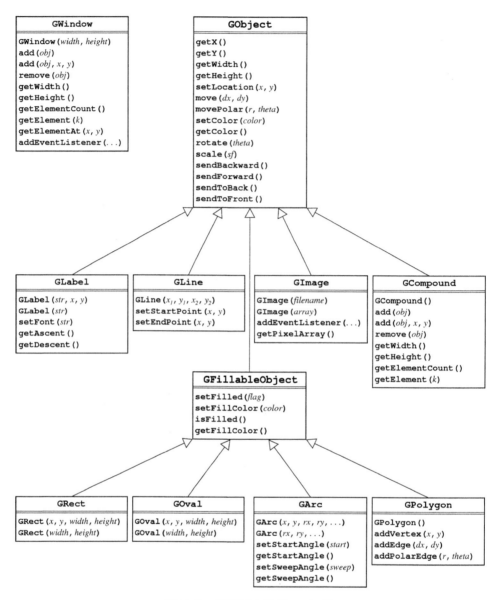

图 11-2　图形库中类的 UML 图

11.2　定义雇员的类层次结构

尽管第 9 章中使用的保存雇员数据的简单模型可能适用于两个人的公司（如"Scrooge and Marley"公司），但是并不适用于大公司，因为大公司有不同级别的雇员，这些雇员在某些方面相似，但在其他方面不同。例如，一个公司可能同时雇用时薪雇员、受委托雇员和一般薪资雇员。因为这些雇员类别会共享一些信息，所以定义像 **getName** 和 **getJobTitle** 这样对所有雇员都有效的方法是有意义的。但同时，雇员的类型不同，工资的计算方式也是不同的。因此，必须为 **Employee** 的每个子类分别实现 **getPay** 方法。用于表示雇员的类层次结构可能类似于图 11-3 中的 UML 图。

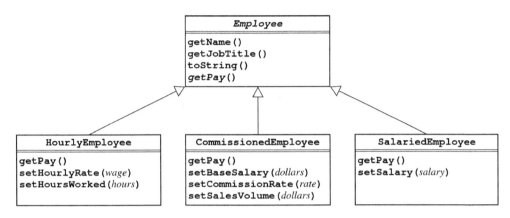

图 11-3　简单的雇员类层次结构

这个层次结构的根节点是 **Employee** 类，它定义了所有雇员通用的方法。因此，**Employee** 类导出 **getName** 和 **getJobTitle** 等方法，其他类只是继承这些方法。然而，对于子类来说，**getPay** 方法是需要单独实现的，因为每种情况下的计算方法不同。时薪雇员的工资取决于计时工资和工作小时数。对于受委托雇员来说，工资通常是基本工资加上销售额的佣金后的总和。这时你会发现，每个雇员都拥有一个 **getPay** 方法，尽管它的实现因子类而异。因此，UML 图在 **Employee** 类的层次上包含了 **getPay** 方法，即使这个方法是在更低的层次上定义的。**Employee** 类和其中的 **getPay** 方法的名称是以斜体形式书写的，表示它们是抽象实体，作为具体定义的占位符。

图 11-4 和图 11-5 定义了 **Employee** 类及其 **HourlyEmployee** 子类的简单版本。**Employee** 的工厂方法接受两个参数 **name** 和 **title**，并且创建一个对象，该对象包含这些字段以及所有子类中通用的方法。**HourlyEmployee** 的工厂方法同样接受这两个参数，并将它们作为 **Employee** 的参数来设置通用结构。**HourlyEmployee** 工厂方法还定义了计算时薪雇员的工资所需的局部变量，并且添加了 **getPay** 方法的定义：

```
function getPay() {
   return hoursWorked * hourlyRate;
}
```

因为 **getPay** 方法是 **Employee** 类本身规范的一部分，所以图 11-4 中的 **Empl-oyee** 定义也定义了一个 **getPay** 方法，如下所示：

```
function getPay() {
   throw Error("getPay not defined at this level");
}
```

```
/*
 * File: Employee.js
 * ------------------
 * This file defines the Employee class, which is the top of a class
 * hierarchy with three subclasses: HourlyEmployee, CommissionedEmployee,
 * and SalariedEmployee.  The HourlyEmployee subclass is defined in a
 * separate file; the other two subclasses are left as exercises.
 */

"use strict";

/*
 * This class represents the superclass of the various categories of
 * employees.  It defines the methods that are common to all employees.
 */
function Employee(name, title) {
   return { getName, getJobTitle, getPay, toString };
/*
 * Returns the name of the Employee object.
 */

   function getName() {
      return name;
   }
/*
 * Returns the job title of the Employee object.
 */

   function getJobTitle() {
      return title;
   }
/*
 * Returns the current pay due to this employee.  This method is specified
 * at this level but implemented only in each Employee subclass.
 */

   function getPay() {
      throw Error("getPay not defined at this level");
   }
/*
 * Converts the Employee object to a string in the form "name (title)".
 */

   function toString() {
      return name + " (" + title + ")";
   }
}
```

图 11-4　**Employee** 类的定义

```
/*
 * File: HourlyEmployee.js
 * ------------------------
 * This file defines the HourlyEmployee subclass of Employee.
 * The definitions of CommissionedEmployee and SalariedEmployee are
 * left as exercises.
 */

"use strict";

/*
 * This subclass represents an hourly employee whose pay is the
 * product of the hourly rate and the hours worked.  The code for
 * the subclass begins by calling the factory method for the
 * Employee superclass to create the template for the object.
 * It then defines the new variables and methods that the subclass
 * needs and assigns those methods to the original object.
 */
```

图 11-5　**HourlyEmployee** 类的定义

```
function HourlyEmployee(name, title) {
   let emp = Employee(name, title);
   let hourlyRate = 0;
   let hoursWorked = 0;
   emp.setHourlyRate = setHourlyRate;
   emp.setHoursWorked = setHoursWorked;
   emp.getPay = getPay;
   return emp;

/*
 * Sets the hourly rate for this employee.
 */

   function setHourlyRate(wage) {
      hourlyRate = wage;
   }

/*
 * Sets the number of hours worked in the current pay period.
 */

   function setHoursWorked(hours) {
      hoursWorked = hours;
   }

/*
 * Overrides the getPay method in the Employee superclass.
 */

   function getPay() {
      return hoursWorked * hourlyRate;
   }
}
```

图 11-5　（续）

该函数的函数体引入了 JavaScript 里的 **throw** 语句，该语句用来抛出一个异常（exception）。尽管对异常的完整处理超出了本书的范围，但是作为类的设计人员，以一致的方式处理错误是很重要的。JavaScript 中的内置 **Error** 类创建一个携有异常信息的实例，JavaScript 调试器将其识别为报错条件。**Error** 类的工厂方法接受一个消息字符串，该字符串将在调试器中显示（如果正在运行），或在系统控制台中显示。

幸运的是，只要客户端正确使用 **Employee** 类的层次结构，就不会报错。因为 **Employee** 是一个抽象类，所以客户端不会调用它的工厂方法，而是创建它的一个具体子类。这些子类中的每一个都必须将抽象父类 **Employee** 中的 **getPay** 方法替换为一个适当的计算雇员工资的方法。在面向对象编程中，为层次结构中更高层次类定义的方法提供新定义的过程称为覆盖（overriding）。

在练习题 1 中，你将给 **Employee** 类实现另外两个子类。

11.3　扩展图形类

正如你在图 11-2 中看到的，图形库中的类形成了一个继承层次结构，其中 **GRect**、**GOval** 和 **GLabel** 等类扩展了一个更通用的 **GObject** 类。通过在现有类的基础上构建新类，你可以轻松地扩展这个层次结构。

11.3.1 扩展 GPolygon 类

在某种程度上，你已经看到了创建新 **GObject** 子类的程序示例，尽管当时你还没有相应的专业术语来描述它们。例如，我们来看看 **createStar** 函数，第 6 章中图 6-12 给出了它的定义。该函数创建一个空的 **GPolygon** 对象，然后增加一些边来创建一个返回给客户端的五角星。同时，把该函数看作是一个新的 **GPolygon** 子类的工厂方法也是合理的，这个子类在图形窗口中显示为一个星形。

图 11-6 包含与图 6-12 相同的代码，但是将操作定义为创建一个新的 **GObject** 子类的实例，而不是一个新的图形对象。

```
/*
 * File: GStar.js
 * --------------
 * This file illustrates the strategy of subclassing GPolygon by
 * creating a new GObject class depicting a five-pointed star.
 */

"use strict";

/*
 * This class represents a five-pointed star with its reference point
 * at the center.  The size parameter indicates the width of the star
 * at its widest point.
 */

function GStar(size) {
   let poly = GPolygon();
   let dx = size / 2;
   let dy = dx * Math.tan(18 * Math.PI / 180);
   let edge = dx - dy * Math.tan(36 * Math.PI / 180);
   poly.addVertex(-dx, -dy);
   let angle = 0;
   for (let i = 0; i < 5; i++) {
      poly.addPolarEdge(edge, angle);
      poly.addPolarEdge(edge, angle + 72);
      angle -= 72;
   }
   return poly;
}
```

图 11-6　扩展后的五角星类

作为 **GPolygon** 的一个子类，**GStar** 类实现了 **setFilled** 和 **setFillColor** 方法，通过执行下面这个方法，可以在图形窗口的中心显示一个黑边的金色星星：

```
const STAR_SIZE = 100;

function DrawOutlinedGoldStar() {
   let gw = GWindow(GWINDOW_WIDTH, GWINDOW_HEIGHT);
   let cx = gw.getWidth() / 2;
   let cy = gw.getHeight() / 2;
   let star = GStar(STAR_SIZE);
   star.setFilled(true);
   star.setFillColor("Gold");
   gw.add(star, cx, cy);
}
```

运行此程序将在图形窗口输出如下效果。

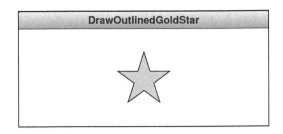

11.3.2　扩展 GCompound 类

GCompound 类是一个比 **GPolygon** 类更有用的扩展类设计平台，因为它支持将多个图形对象组合成作为独立单元的单个对象。举一个简单的例子，你可以扩展 **GCompound** 类来创建一个名为 **GTextBox** 的新类，这个类由一个矩形框组成，其中包含一个内部居中的文本字符串。**GTextBox** 的工厂方法接受三个参数：框的宽度、框的高度和框内要显示的文本。示例代码如下所示：

```
const BOX_WIDTH = 80;
const BOX_HEIGHT = 40;

function HelloBox() {
   let gw = GWindow(GWINDOW_WIDTH, GWINDOW_HEIGHT);
   let cx = gw.getWidth() / 2;
   let cy = gw.getHeight() / 2;
   let box = GTextBox(BOX_WIDTH, BOX_HEIGHT, "Hello");
   gw.add(box, cx - box.getWidth() / 2,
               cy - box.getHeight() / 2);
}
```

以上程序会在窗口中央显示一个包含字符串 **"Hello"** 的 80×40 的方框，如下图所示。

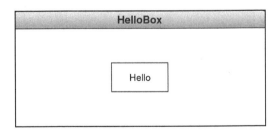

GTextBox 类本身的代码如图 11-7 所示。

```
/*
 * File: GTextBox.js
 * -----------------
 * This file creates a new GTextBox class that extends GCompound to
 * display text inside a rectangular box.
 */

"use strict";

/*
 * This class represents a compound that displays text in a rectangular
 * box.  The factory method returns a new GTextBox object with the
```

图 11-7　扩展后包含文本的盒子类

```
 * specified width, height, and text.
 */

function GTextBox(width, height, text) {
   const DEFAULT_FONT = "18px 'Helvetica Neue','Arial','Sans-Serif'";
   let box = GCompound();
   let frame = GRect(width, height);
   let label = GLabel(text);
   frame.setFilled(true);
   frame.setFillColor("White");
   label.setFont(DEFAULT_FONT);
   box.add(frame);
   box.add(label, (width - label.getWidth()) / 2,
                  (height + label.getAscent()) / 2);
   box.setLineColor = setLineColor;
   box.setFillColor = setFillColor;
   box.setTextColor = setTextColor;
   return box;

/* Sets the line color of the frame surrounding the text */

   function setLineColor(color) {
      frame.setColor(color);
   }

/* Sets the fill color of the frame surrounding the text */

   function setFillColor(color) {
      frame.setFillColor(color);
   }

/* Sets the color of the text in the box */

   function setTextColor(color) {
      label.setColor(color);
   }

}
```

图 11-7 （续）

除了创建 **GCompound** 对象及其包含的 **GRect** 和 **GLabel** 对象的工厂方法之外，**GTextBox** 还导出另外三个方法 **setLineColor**、**setFillColor** 和 **setTextColor**，它们控制显示不同部件的颜色。每个方法都将客户端请求转发给负责显示该特性的图形对象。**setLineColor** 和 **setFillColor** 方法将这些消息传递给存储在局部变量 **frame** 中的 **GRect** 对象，而 **setTextColor** 方法将相关消息转发给存储在 **label** 变量里的 **GLable** 对象。这种将操作传递给存储在类中的私有对象称为 *转发*（forward）。

11.4　分解和继承

图 4-11 中的 **DrawHouse.js** 程序演示了如何将分解策略的思想应用于绘制房屋，使用的方法是将程序划分为更小的函数分别绘制框架、门和窗户。假设你想要编写一个图形化程序，该程序需要创建如下所示的一个拥有三节车厢的火车图像，其中包括一个黑色的火车头、一个绿色的车厢和一个红色的车尾。

如何着手设计这样一个程序？

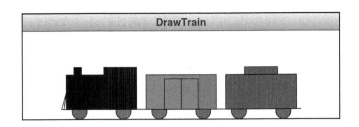

如果采用与第 4 章类似的分解策略，那么可以通过将其划分为不同的函数来实现这个程序，例如 **drawEngine**、**drawBoxcar** 和 **drawCaboose**。这些函数被分解成用于专门绘制汽车的某一部件，特别是当你创建不同类型的汽车时，其中的相同代码就可以共享了。然而，这种策略有一个严重的缺点，虽然在之前画房子时，问题看起来没有那么严重。房子的位置一般保持在同一个地方，但火车经常处于移动状态。如果你想让火车动起来（动画化），你需要让程序在每一个时间步上改变图像中每个图形对象的位置。如果火车可以像 **GCompound** 对象一样作为一个整体单元来动画化，那么问题就会变得简单很多。

幸运的是，分解策略并不局限于函数。在很多情况下，通过创建类的层次结构来分解问题，而该结构能反映对象之间的关系，这同样也有用。对于这个应用程序，你可以将 **Train** 类定义为 **GCompound** 类的子类，这样火车就可以作为一个单独的图形对象。然后，火车的各个部件可以作为名为 **TrainCar** 类的对象，其中 **TrainCar** 类也是 **GCompound** 的一个子类。这三种不同类型的火车车厢就成为 **TrainCar** 的子类。

此时，你可以考虑引入分解策略。特别是，寻找在多个子类中重复出现的子任务通常是很有意义的。为了查看如何对当前问题应用分解策略，我们再回顾一下这三种不同类型的车厢。

看一下这三节车厢的示意图，你会发现它们有许多共同的特性。轮子是一样的，连接车厢的连接器也是一样的。事实上，除了颜色不同外，车厢本身的结构也大同小异。每种类型的车厢都有一个类似如下所示的公共框架。

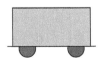

因此，你可以把它当作这三种车厢的基础，你可以给车厢内部涂上合适的颜色。对于火车头，你需要添加一个烟囱、一个驾驶室和一个排障器。对于车厢，你需要添加车门。对于车尾，还需要一个穹顶舱。

如果要方便地绘制出任何颜色的汽车，最简单的方法是让 **TrainCar** 工厂方法接受一个 color 参数，该参数指定上个示意图中灰框需要填充的颜色。然后，各个子类可以选择是否对颜色做出特定的判断（可能火车头总是黑色的，而车尾总是红色的），或者将选择传递给子类。例如，**Boxcar** 子类还可以接受一个 **color** 参数，然后将其传递给 **TrainCar** 工厂方法。

另外我们可以观察到，每节车厢都有两个轮子，所以我们可以共享创建轮子部分的代码，定义一个 **TrainWheel** 类可以简化 **TrainCar** 类。图 11-8 所示的类层次结构体现了上述所有想法。UML 图中的每个类都是一个 **GObject** 对象，因此可以显示在图形窗口中。

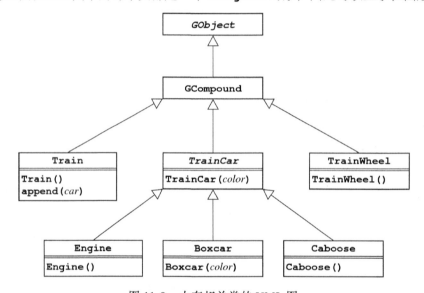

图 11-8　火车相关类的 UML 图

根据这种设计，你可以使用以下代码组装本节开头所示的三节车厢的火车：

```
let train = Train();
train.append(Engine());
train.append(Boxcar("Green"));
train.append(Caboose());
```

第一行代码创建了一个空的火车，其余代码分别添加了一个火车头、一个绿色的车厢和一个车尾。你可以把火车放在窗口的底部中心，事实上，**Train** 类继承了 **GObject** 类中的 **getWidth** 方法。因此，你可以查询火车有多长，然后从窗口中心的坐标中减去其一半宽度。

在这段代码中创建的 **Train** 对象是一个 **GCompound** 对象，它包含窗口中出现的每个图形对象。如果你想让火车移动，你需要做的就是让 **GCompound** 对象的位置动起来（动画化），因为它所有的部件都会和顶级复合对象一起移动。

图 11-9 给出了创建并动画化火车的代码。实现包括 **Train**、**TrainCar**、**Train-Wheel** 和 **Boxcar** 等类的定义。在练习题 8 中，你需要实现 **Engine** 和 **Caboose** 子类。

```
/*
 * File: DrawTrain.js
 * --------------------
 * This program defines a class hierarchy for representing train cars
 * based on the GCompound class.  The implementations of the Engine
 * and Caboose classes are left to the reader as exercises.
 */

"use strict";

/* Constants */

const GWINDOW_WIDTH = 500;          /* Width of the graphics window       */
const GWINDOW_HEIGHT = 300;         /* Height of the graphics window      */
const CAR_WIDTH = 113;              /* Width of the frame of a train car  */
const CAR_HEIGHT = 54;              /* Height of the frame of a train car */
const CAR_BASELINE = 15;            /* Distance of car base to the track  */
const CONNECTOR = 6;                /* Width of the connector on each car */
const WHEEL_RADIUS = 12;            /* Radius of the wheels on each car   */
const WHEEL_INSET = 24;             /* Distance from frame to wheel center*/
const CAB_WIDTH = 53;               /* Width of the cab on the engine     */
const CAB_HEIGHT = 12;              /* Height of the cab on the engine    */
const SMOKESTACK_WIDTH = 12;        /* Width of the smokestack            */
const SMOKESTACK_HEIGHT = 12;       /* Height of the smokestack           */
const SMOKESTACK_INSET = 12;        /* Distance from smokestack to front  */
const DOOR_WIDTH = 27;              /* Width of the door on the boxcar    */
const DOOR_HEIGHT = 48;             /* Height of the door on the boxcar   */
const CUPOLA_WIDTH = 53;            /* Width of the cupola on the caboose */
const CUPOLA_HEIGHT = 12;           /* Height of the cupola on the caboose*/
const TIME_STEP = 20;               /* Time step for the animation        */

function DrawTrain() {
   let gw = GWindow(GWINDOW_WIDTH, GWINDOW_HEIGHT);
   let train = Train();
   train.append(Boxcar("Green"));
   let x = (gw.getWidth() - train.getWidth()) / 2;
   let y = gw.getHeight();
   gw.add(train, x, y);
   let timer = null;
   gw.addEventListener("click", clickAction);

   function clickAction() {
     timer = setInterval(step, TIME_STEP);
   }

   function step() {
      train.move(-1, 0);
      if (train.getX() + train.getWidth() < 0) {
         clearInterval(timer);
      }
   }
}

/*
 * Creates a new instance of the Train class, which is a subclass of
 * GCompound extended to include an append method.
 */

function Train() {
   let train = GCompound();
   train.append = append;
   return train;

/*
 * Appends the car to the end of the train.
 */

   function append(car) {
      train.add(car, train.getWidth(), 0);
   }
}

/*
 * Creates a new instance of the TrainCar class, which is the common
```

图 11-9　使用类层次结构画火车的程序

```
 * superclass for the concrete subclasses Engine, Boxcar, and Caboose.
 */

function TrainCar(color) {
   let frame = GCompound();
   let x = CONNECTOR;
   let y = -CAR_BASELINE;
   frame.add(GLine(0, y, CAR_WIDTH + 2 * CONNECTOR, y));
   frame.add(TrainWheel(), x + WHEEL_INSET,  -WHEEL_RADIUS);
   frame.add(TrainWheel(), x + CAR_WIDTH - WHEEL_INSET,  -WHEEL_RADIUS);
   let r = GRect(x, y - CAR_HEIGHT, CAR_WIDTH, CAR_HEIGHT);
   r.setFilled(true);
   r.setFillColor(color);
   frame.add(r);
   return frame;
}

/*
 * Creates a new instance of the Boxcar class in the specified color.
 */

function Boxcar(color) {
   let boxcar = TrainCar(color);
   let x = CONNECTOR + CAR_WIDTH / 2;
   let y = -(CAR_BASELINE + DOOR_HEIGHT);
   boxcar.add(GRect(x - DOOR_WIDTH, y, DOOR_WIDTH, DOOR_HEIGHT));
   boxcar.add(GRect(x, y, DOOR_WIDTH, DOOR_HEIGHT));
   return boxcar;
}
/*
 * Creates a new TrainWheel object whose reference point is the center.
 */

function TrainWheel() {
   let wheel = GCompound();
   let r = WHEEL_RADIUS;
   let circle = GOval(-r, -r, 2 * r, 2 * r);
   circle.setFilled(true);
   circle.setFillColor("Gray");
   wheel.add(circle);
   return wheel;
}
```

图 11-9 （续）

11.5 继承的替代方案

当试图展示对象之间清晰的层次关系时，你可以使用继承。这种关系当然是真实存在的，例如，图形库中的类。在第 12 章中，你将了解文档对象模型支持的各种元素类型，文档对象模型也是使用继承层次结构实现的。然而，继承在面向对象语言中经常被过度使用。事实上，你可以将一个类定义为另一个类的子类，但并不意味着你应该这样做。

如果查看面向对象语言（如 Java）的教科书，你会发现使用继承却没有任何明显优势的大量例子。例如，一些作者定义了一个 **Pizza** 类，并定义 **PepperoniPizza** 和 **MushroomPizza** 类作为其子类。虽然这些类可以说是 **Pizza** 类的具体化形式，但是这种示例很难说明继承的价值。如果没有其他的补充，这种策略会留下一个完全没有回答的问题，那就是如何给一个既有意大利辣香肠（pepperoni）又有蘑菇（mushroom）的比萨分类，以及为什么要用这么多独立的选项来定义一个类层次结构。更好的策略是将佐料列表存储为 **Pizza** 类本身的一部分，而不使用任何层次结构。

在很多情况下，与其将现有类扩展以包含新操作，不如将对象嵌入新类中，新类暴露出所需的操作集，然后通过将适当的方法转发给嵌入进来的对象来实现这些操作。这种嵌入和转发的组合策略通常为数据结构给出了最佳模型，这种数据结构使用了现有类的行为，但实际上并没有扩展该现有类。

总结

本章简要介绍了 JavaScript 中的继承思想，并给出了一些适当的示例。本章的重点包括以下几点：

- 面向对象语言中的类形成层次结构，其中位于较低层的类继承了其上层的类所定义的方法。
- 类的直接后代称为它的子类。类的直接祖先称为它的超类。
- 构成继承层次结构一部分但不对应于任何实际对象的类，称为抽象类。
- 通用建模语言（UML）为类层次结构的关系表示提供了一种表示法结构。UML 图中的每个子类都使用空心箭头连接到它的超类。
- 第 4 章和第 6 章中的图形库使用了图 11-2 的 UML 图中所示的类层次结构。该层次结构包括两个抽象类 **GObject** 和 **GFillableObject**，二者用于给图形对象提供一组共同操作。
- 你可以通过分层调用工厂方法来实现 JavaScript 中的继承。子类的工厂方法先调用超类的工厂方法，然后再给子类添加任何需要的新定义。
- 在类的实现中报告错误的常规方法是使用如下语句抛出错误异常：

  throw Error(*message*);

  其中，*message* 是描述错误消息的字符串。程序运行到此语句处时，将停止并将控制权返回给 JavaScript 调试器。如果调试器没有运行，则将消息显示在系统控制台上。
- 如果使用继承，你可以在数据域中应用自顶向下的设计和逐步细化的原则。
- 图形库中的类，特别是 **GPolygon** 和 **GCompound** 类，它们为继承关系提供了有用的起点，如图 11-6、图 11-7 和图 11-9 分别展示的 **GStar.js**、**GTextBox.js** 和 **DrawTrain.js** 程序。
- 继承很容易被过度使用。在许多情况下，最好将现有对象嵌入新类中，然后使用转发来实现所需的操作。

复习题

1. 请选择一个喜欢的动物并将其添加到图 11-1 所示的生物层次结构中。为了在层次结构中找到其合适的位置，你需要使用 Web 来查找它的门、纲、目、科、属和种。

2. 每一个昆虫纲的生物都有六条腿，因为这是所有昆虫共有的属性之一。这是否意味着所有长六条腿的生物都是昆虫？

3. 请定义术语：子类和超类。

4. 判断题：子类继承超类中的方法以及继承层次结构中所有的超类。

5. UML 是什么的简写？

6. 在 UML 图中，类的子类和超类之间的关系是如何表示的？

7. 对于给定 UML 图中的类，如何确定它支持哪些方法？

8. 抽象类和具体类的区别是什么？

9. 请用你自己的话解释一下图 11-2 给出的图形层次结构中 **GFillableObject** 类的用途。

10. **GOval** 类实现了 **rotate** 方法吗？为什么实现了，或者，为什么没有实现？

11. **Employee** 类中的 **getPay** 方法的实现通过抛出错误异常来表示失败。如果客户端正确地使用了雇员的层次结构，是什么避免了报错？

12. 请问是什么术语，描述了为一个方法提供新定义以取代超类中已经定义过的方法这一过程？

13. "转发" 这个术语是什么意思？

14. 图 11-9 中的 **Train** 类导出了一个名为 **append** 的方法，用于将车厢添加到火车的尾部。使用 **add** 这一方法名是否同样有效？

15. 判断题：继承在编程应用程序中经常被过度使用。

16. 在本章中有哪些策略可以替代继承？

练习题

1. 定义 **CommissionedEmployee** 和 **SalariedEmployee** 方法，借以完成图 11-4 和图 11-5 中 **Employee** 层次结构的定义。

2. 许多游戏天然会使用继承。例如，如果你正在编写一个国际象棋程序，可以通过定义一个 **ChessPiece** 抽象类来表示各个棋子，不同类型的棋子分别为 **King**（王）、**Queen**（后）、**Rook**（车）、**Bishop**（象）、**Knight**（马）和 **Pawn**（兵）等子类。**ChessPiece** 类记录棋子的颜色和位置。各个子类通过实现特定的移动操作进而拓展其通用结构。编写必要的代码，给出图 11-10 中的 UML 图显示的类的定义。每个具体类的工厂方法都有一个参数 **bw**（表示 **"B"** 或 **"W"**）和另一个参数 **sq**（指代棋子位置），列用字母表示，行用数字表示，如下面的棋盘初始状态示意图所示。

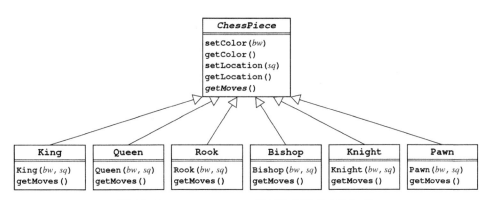

图 11-10 **ChessPiece** 类层次结构的 UML 图

例如，调用 **Queen("W", "d1")** 将在 **d1** 位置的方块上创建一个白色的皇后（queen）。

本练习中有趣的挑战是为每个具体子类实现 **getMoves** 方法。该方法应该返回一个数组，其中元素是由两个字符表示的位置，这些位置是棋子从当前方块可以移动到的位置，假设其余的部分是空的。以防你不熟悉国际象棋的规则，图 11-11 显示了不同棋子该如何移动。白色棋子可以移动到任何标有 × 的方块上，黑色棋子可以移动到任何标有 O 的方块上。最后一张图中的白兵可以移动一个或两个方块，因为它在第 2 行上的初始位置，但是黑兵只能移动一个方块，因为它已经从第 7 行上的初始位置移动过了。

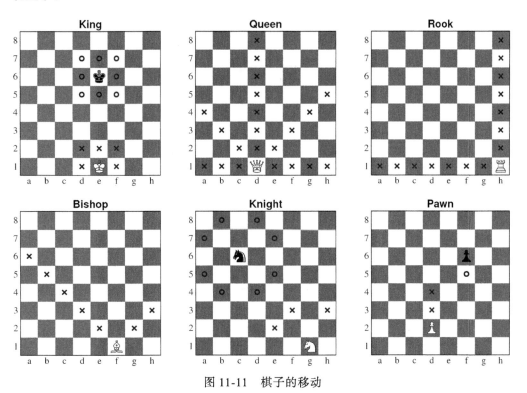

图 11-11 棋子的移动

3. 扩展 **GPolygon** 类, 创建一个新的 **GRegularPolygon** 类。这样就可以很容易地表示一个正多边形, 即边长相同、角度相等的多边形。**GRegularPolygon** 工厂方法应该有两个参数: **nSides** (表示边的数量) 和 **radius** (表示从中心参考点到任意顶点的距离)。多边形应该是有方向的, 其底部是水平的。例如, 调用 **GRegular-Polygon(5,30)** 应该创建一个如下图所示的 **GRegularPolygon** 对象。

   类似地, 调用 **GRegularPolygon(200,30)** 应该创建一个 200 条边的多边形, 在外观上, (至少在图形窗口的规模上) 与半径为 30 的圆是无法区分的。

4. 使用前一个练习中的 **GRegularPolygon** 类, 创建一个 **GStopSign** 类, 让其扩展自 **GCompound** 类, 并创建一个如下所示的图像。

5. **GRect** 类的工厂方法有两种可能的参数形式。调用 **GRect**(*x*, *y*, *width*, *height*) 将创建一个具有指定尺寸的 **GRect** 对象。你还可以调用 **GRect**(*width*, *height*), 这将创建一个初始位置位于原点并拥有指定尺寸的 **GRect** 对象。将此功能添加到图 11-7 的 **GTextBox** 类中。

6. 扩展 **GTextBox** 类, 以便它也导出 **setFont** 方法, 用于重置文本字符串的字体。因为改变字体通常会改变标签的尺寸, 所以 **setFont** 方法的实现需要调整标签在框中的位置。

7. 实现一个名为 **GVariable** 的 GCompound 子类, 它使在图形窗口中绘制变量的方框图变得很容易。**GVariable** 需要实现的方法如图 11-12 所示。**GVariable** 的参考点应该是变量框的左上角。

GVariable(*name*) **GVariable**(*name*, *width*) **GVariable**(*name*, *width*, *height*)	创建一个指定名字为 *name* 的 **GVariable** 对象。如果没有指定 *width* 和 *height* 参数，实现使用合适的默认值。**GVariable** 对象的初始值是 **undefined**，这将在变量柜中显示为空白
gvar.**getName**()	返回 **GVariable** 对象的名称。一旦创建后，变量的名称不再改变
gvar.**setValue**(*value*)	设置变量的值。*value* 参数可以是任何类型。变量柜中将会显示其字符串表示
gvar.**getValue**()	返回上一次设置给变量的值
gvar.**setFont**(*font*)	设置用于展示变量值的内部 **GLabel** 对象的字体

图 11-12　**GVariable** 类实现的方法

8. 编写代码，给出 **Engine** 和 **Caboose** 类的定义，以便完成图 11-9 中 **DrawTrain.js** 程序的实现。更新主程序，使火车包括一个车头、一个绿色的车厢、一个橙色的车厢和一个车尾。

9. 在第 6 章中，你使用了几个程序通过在图形窗口上拖动鼠标来创建图形。以这些程序为基础，创建一个更复杂的 **DrawShapes** 程序，它在屏幕上沿窗口左侧显示一个包含 5 种形状的菜单：填充矩形、描边矩形、填充椭圆、描边椭圆和一条直线，如下图所示。

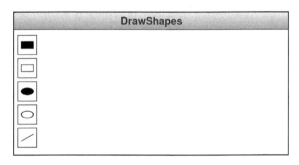

单击菜单中的一个方块，将选择该形状作为绘图工具。因此，如果单击菜单区域中间的填充椭圆，则程序应该绘制填充的椭圆。在菜单外单击和拖动将绘制当前选定的形状。

窗口左边缘的每个绘图工具都应该是一个 **GCompound** 对象，它将表示工具的符号和外层的正方形组合在一起。此外，每个工具都应该定义创建形状的其他方法。你的程序应该检查鼠标单击是否在某个工具中，如果是，则将该工具存储在一个变量中，以便鼠标事件的回调函数可以执行实现该工具所需的任何操作。

10. 扩展前一个练习中的 **DrawShapes** 应用程序，让左侧边栏包含一个颜色调色板。单击其中一种颜色将设置应用程序的当前颜色，以便随后使用该颜色绘制形状。由于没有足够的空间显示 JavaScript 预定义的所有颜色，因此需要选择一个从美学角度上令人满意的子集。

11. 20 世纪 90 年代，我在斯坦福大学的同事尼克·帕兰特（Nick Parlante）开发了一款很棒的模拟游戏，它不仅涉及遗传，还对进化这一隐喻表达了敬意，而进化的概念正是从这一隐喻中衍生出来的。达尔文游戏是在一个矩形网格中运行的，它看起来如下所示。

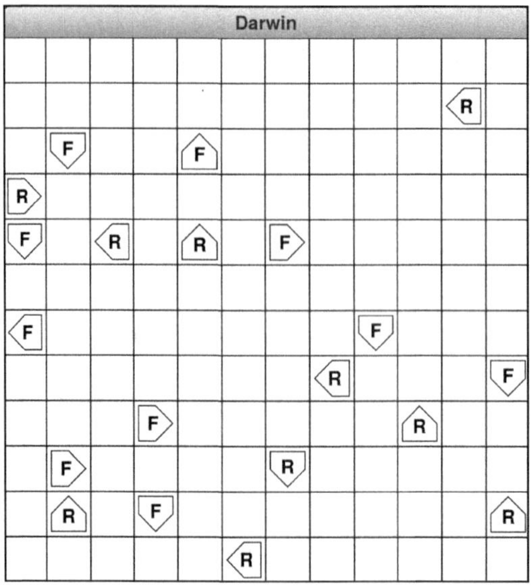

这个样本世界里有 20 个生物，其中 10 个叫作捕蝇草（Flytrap），另外 10 个叫作漫游者（Rover）。在每种情况下，生物在图形窗口中以其名称的首字母标识。其方向由标识字母周围的图形表示，生物面向箭头所指的方向。每个生物（你可以把它们想象成一个简单的机器人，就像 Karel 一样）运行着一个特定于其物种的程序。因此，所有的漫游者的行为方式都是一样的，所有捕蝇草的行为方式也是一样的，但这两个物种的行为方式不同。

随着模拟的进行，每个生物都有一个回合。轮到某个生物的回合时，它执行图 11-13 第一部分所示的操作之一。当操作完成后，该生物的当前回合结束，另一个生物的回合开始。当每个生物轮流过后，这个过程又重新开始，每个生物都依次开启第二回合，以此类推。

达尔文操作

move	如果生物所面对的方格是空的，则该生物就会向前移动。如果生物被阻挡了，则该 **move** 指令什么也不做
turnLeft	生物向左转 90 度
turnRight	生物向右转 90 度
infect	如果该生物前面的方格被另一个物种的生物占据，那么对方就会被"感染"，所以就会成为当前生物所在物种的一个实例。先移除那个生物，用新生物取代，同时方向与之前一致

控制指令

goto n	从指令集数组的索引 n 处读取下一条指令。与所有控制指令一样，执行 **goto** 指令不能算作一个回合
ifEmpty n	如果该生物前面的方格是空的，则从指令集数组的索引 n 处读取下一条指令。否则，从接下来的位置处读取下一条指令
ifWall n	如果该生物前面是边界墙，则从指令集数组的索引 n 处读取下一条指令。否则，从接下来的位置处读取下一条指令

图 11-13　达尔文生物的编程指令

ifSame *n*	如果该生物前面的方格被同种生物占据，则从指令集数组的索引 *n* 处读取下一条指令。否则，从接下来的位置处读取下一条指令
ifDifferent *n*	如果该生物前面的方格被另一个物种生物占据，则从指令集数组的索引 *n* 处读取下一条指令。否则，从接下来的位置处读取下一条指令
ifRandom *n*	等概率选择，要么从指令集数组索引 *n* 处读取下一条指令，要么从接下来的位置处读取下一条指令

图 11-13 （续）

如果一个生物面对的下一个方格里的生物是不同物种的话，第一个生物就会"感染"第二个生物，使被感染的生物变成第一个生物的同类。在达尔文游戏中，每个物种的目标是感染尽可能多的生物。

每个物种的指令集都表示为字符串数组，每个字符串都是图 11-13 中的一个语句。例如，捕蝇草生物的指令集由以下五元素数组组成：

```
[
    "ifDifferent 3",
    "turnRight",
    "goto 0",
    "infect",
    "goto 0"
]
```

每个生物实例都保存着指令集中当前指令的索引，在创建生物时，该索引总是从 0 开始。在一个回合中，该生物执行指令，直到其中一个达尔文操作发生。例如，捕蝇草生物首先执行位于数组的索引 0 处的 **"ifDifferent 3"** 指令。如果捕蝇草面对的是不同物种的生物，它会转到索引 3 处的 **"infect"** 指令并执行该操作。如果 **ifDifferent** 不适用，则该生物继续执行索引 1 处的 **"turnRight"** 指令。在任何一种情况下，该生物的回合在执行该动作后结束。在它的下一个回合，生物开始执行 **"goto 0"** 指令，回到指令集的索引 0 处。因此，捕蝇草生物会顺时针旋转，直到它看到一个不同物种的生物，此时，它会感染该生物，使其成为捕蝇草一员。

在这个练习题中，你的任务是实现运行模拟的 **Darwin.js** 文件和 **Creature** 类，后者是 **Flytrap** 和 **Rover** 类以及你设计的任何其他生物的抽象超类。图 11-14 中给出了 **Flytrap** 和 **Rover** 这两个子类的定义。**Creature** 类的定义必须提供这两个子类需要的方法。**Creature** 类还负责管理生物在图形窗口中的显示，可以通过将 **Creature** 类设置为 **GCompound** 的子类来实现这一点。

Darwin 程序主要负责以下操作：

❑ 设置图形窗口并绘制网格。

❑ 初始化网格，为每个物种创建 10 个相应生物，并将它们随机放置在网格中，面向随机选择的方向。

❑ 遍历网格，开启每个生物一个回合。

这个问题最有趣的部分是设计新的生物，让它们在面对达尔文游戏的适者生存进化挑战时表现良好。

```
/*
 * This class implements the Flytrap creature.  A Flytrap never moves
 * but instead spins clockwise, infecting any creatures it sees.
 */
function Flytrap() {
   const FLYTRAP_PROGRAM = [
      "ifDifferent 3",   /* 0 */
      "turnRight",       /* 1 */
      "goto 0",          /* 2 */
      "infect",          /* 3 */
      "goto 0"           /* 4 */
   ];
   let flytrap = Creature()
   flytrap.setSymbol("F");
   flytrap.setProgram(FLYTRAP_PROGRAM);
   return flytrap;
}
/*
 * This class implements the Rover creature.  A Rover constantly moves
 * forward.  When it runs into a wall or another Rover, it randomly
 * turns left or right.
 */
function Rover() {
   const ROVER_PROGRAM = [
      "ifDifferent 10",  /*  0 */
      "ifWall 5",        /*  1 */
      "ifSame 5",        /*  2 */
      "move",            /*  3 */
      "goto 0",          /*  4 */
      "ifRandom 9",      /*  5 */
      "turnLeft",        /*  6 */
      "goto 0",          /*  7 */
      "turnRight",       /*  8 */
      "goto 0",          /*  9 */
      "infect",          /* 10 */
      "goto 0"           /* 11 */
   ];
   let rover = Creature()
   rover.setSymbol("R");
   rover.setProgram(ROVER_PROGRAM);
   return rover;
}
```

图 11-14　**Flytrap** 和 **Rover** 子类的代码

第 12 章

JavaScript 与 Web

目前还没有看到我想象中的 Web，留给我们未来去发掘的仍有很多。

——蒂姆·伯纳斯 – 李，第 18 届国际万维网大会，2009 年

蒂姆·伯纳斯 – 李（Tim Berners-Lee）于牛津大学获得物理学学位，后来成为欧洲核子研究组织（简称 CERN，位于瑞士日内瓦附近的国际核研究实验室）的一名研究员。在 1989 年 3 月，伯纳斯 – 李写了一份关于一套新的通信协议的提案，这套协议将允许用户轻松地浏览存储在许多不同计算机上的大量数据仓库。这个提案如今发展成了万维网，全世界有数十亿人都在使用它。在整个 Web 的发展史上，伯纳斯 – 李一直致力于确保用户对 Web 的访问是自由和开放的，使之不受限于政府或者公司的控制。鉴于他创造性的贡献，伯纳斯 – 李在 2004 年被英国女王伊丽莎白二世封为爵士，并且在 2016 年获得了计算机领域的最高荣誉图灵奖。

(Philip Toscano/EMPPL PA Wire/AP Images)

蒂姆·伯纳斯 – 李 (1955—)

在 Web 上实现交互式内容的使用最广泛的语言是 JavaScript，并且在未来一段时间内可能仍将如此。在读完本书的前 11 章之后，你已经学习了许多关于 JavaScript 的知识，这已经足够让你编写出令人兴奋的程序了。然而，本书到目前为止只关注了 JavaScript，没有考虑它与 Web 其他基础编程模型的关系。第 12 章的重点就是教你如何结合这些模型来创建更复杂的应用。

正如你在第 2 章中了解到的，有三种技术负责 Web 页面功能的不同方面，如下所示：

1. HTML 指定页面的结构和内容。

2. CSS 控制视觉外观样式方面。

3. JavaScript 实现交互式行为。

虽然要详细介绍 HTML 和 CSS 至少还再需要一本书，但是本章中的例子会为你创建有趣的交互式应用夯实基础。

12.1 一个简单的交互式示例

在详细研究 JavaScript 和 Web 环境之间的交互之前，跟大多数应用一样，先从一个通过按钮来触发交互的简单 Web 页面开始是非常有必要的。我最喜欢的交互模型的例子来自 1979 年道格拉斯·亚当斯（Douglas Adams）的小说 *The Hitchhiker's Guide to the Galaxy*，其中有一个场景是阿瑟尔·登特（Arthur Dent）与福特·普里弗克特（Ford Prefect）发现他们登上了一艘神奇的新太空飞船：

> 阿瑟尔听了一小会儿，但是因为听不懂福特所说的，就心不在焉了起来，然后用手指在那台奇怪的电脑边缘划动，并且伸出手按下了控制面板旁边一个吸引人的红色大按钮，最后控制面板上亮起了"请不要再按这个按钮"的字样。

在 Web 页面中模拟这个小插曲很容易。第一步是在窗口中创建一个带有"RED"标记的按钮（目前用它的颜色标记它），如下。

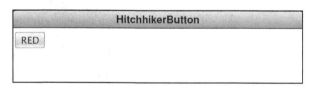

单击该按钮之后应该展示一条提示信息，如下所示。

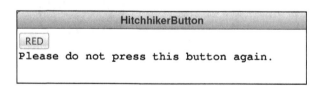

虽然亚当斯的故事没有说明再次按下按钮会有什么后果，但是最简单的方式就是重复上面的警告。

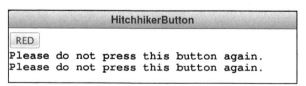

在 Web 页面中实现这个程序非常简单，特别是如果你用了从第 2 章以来一直在使用的 **JSConsole.js** 库。HTML 中包含一个 **\<button>** 标签，可以用来在窗口中创建按

钮。在 **\<button\>** 与 **\</button\>** 之间是按钮的标记，所以用以下 HTML 代码：

```
<button>RED</button>
```

它用来显示带有"RED"标记的按钮。按钮所执行的操作在 **\<button\>** 标签内定义，如图 12-1 所展示的完整 index.html 文件所示。**type="button"** 属性用于指示按下按钮将由 JavaScript 处理，而不是由提供 Web 页面的服务器处理。**onclick** 属性指定了按下按钮时所要执行的 JavaScript 代码：

```
console.log('Please do not press this button again.')
```

作为参数传递给 **console.log** 的字符串用单引号括起来，因为在 **index.html** 文件中整个表达式是用双引号括起来的。实现此程序所需的 JavaScript 代码编写在 index.html 文件中，所以不需要再创建和加载单独额外的 JavaScript 文件。虽然这个按钮可能不是小说中所描述的"吸引人的红色大按钮"，但是你可以在练习题 1 中修复这个问题。

```
<!DOCTYPE html>
<html>
  <head>
    <title>HitchhikerButton</title>
    <script src="JSConsole.js"></script>
  </head>
  <body>
    <button type="button"
            onclick="console.log('Please do not press this button again.')">
      RED
    </button>
  </body>
</html>
```

图 12-1　**HitchhikerButton** 页面的 **index.html** 文件

12.2　HTML 概览

在本书中看到的 **index.html** 仅使用了 HTML 的可用功能的一小部分。在 HTML 的最新版本 HTML5 中，一共定义了 100 多个不同的标签。在一本专注于 JavaScript 的书中无法涵盖所有的标签，幸运的是，也不需要这么做。跟大多数编程语言和工具一样，最佳策略是学习了足够多的入门知识之后再在此基础上逐步拓展。当你发现你需要的功能已经超出了你的知识范围时，你可以在网络上找到所需要的文档。即便如此，你也有必要学习一些新的 HTML 概念和标签，这样你的知识框架就可以大到足以创建有趣的 Web 页面。

图 12-2 中定义了一个由 25 个 HTML 标签组成的"入门工具包"，使用它们足以实现本书中出现的示例与练习。如你所知，HTML 标签通常是成对出现的，所以 **\<body\>** 标签跟结尾的 **\</body\>** 标签匹配。但是有些标签是不需要结束标签的。例如，你能通

过 **\<br /\>** 标签来插入换行符。右尖括号前的斜线代表 **\<br /\>** 是自闭合的。

文档标签

\<!DOCTYPE html\>	位于 HTML 文档的第一行
\<html\>	包裹页面的 HTML 内容
\<head\>	包裹 head 部件内容
\<body\>	包裹 body 部件内容

出现在 \<head\> 部件中的标签

\<title\>	指定显示在浏览器标题栏中的文档标题
\<script\>	加载脚本文件，脚本文件通常是用 JavaScript 编写的
\<style\>	包裹 CSS 样式定义
\<link /\>	链接外部资源，如 CSS 样式表

块级元素

\<div\>	以块级元素样式显式
\<p\>	包裹一个文本段落
\<br /\>	插入换行符。请注意，**\<br /\>** 没有结束标签
\<blockquote\>	包裹一个缩进的引用
\<pre\>	包裹预格式化的文本，如程序片段
\<ol\>	包裹带编号的有序列表
\<ul\>	包裹前有标志符的无序列表
\<li\>	包裹有序或无序列表的内部列表项

内联元素

\<span\>	定义一个可以整体设置样式的内联区域
\<b\>	设置 **\<b\>** 和 **\</b\>** 之间的文本为粗体
\<i\>	设置 **\<i\>** 和 **\</i\>** 之间的文本为斜体
\<code\>	设置 **\<code\>** 和 **\</code\>** 之间的文本为等宽字体
\<a\>	创建当前页面到外部引用的超链接
\<img /\>	插入由该标签的 **src** 属性指定的图像

HTML 交互元素

\<button\>	插入一个能触发 **click** 事件的按钮
\<input\>	插入一个在内容变更时能触发 **input** 事件的文本字段

HTML 注释

\<!--...--\>	包裹 HTML 文件里的注释，浏览器会忽略它

图 12-2　HTML 标签的"入门工具包"

你已经用过图 12-2 中第一部分的标签以及第二部分中的 **\<title\>** 和 **\<script\>** 标签。接下来的章节将说明如何使用其他标签来创建更有趣的 Web 内容。

12.2.1　在 Web 页面中展示文本

当你在浏览器中查看 Web 页面时，你会发现有许多内容都是以段落的形式出现的。这些段落通常包括各种样式的文本、图片以及指向其他 Web 页面的链接。到目前为止，本书中的 **index.html** 文件仅将 **<body>** 部分当作 **JSConsole** 跟 **JSGraphics** 程序库的占位符使用。如果想要创建更有趣的 Web 页面，你需要在 **<body>** 里包含其他类型的内容。

在大多数情况下，你在 Web 页面上看到的文本在 **index.html** 中或多或少都是以相同的形式出现的。然而，因为 HTML 文件是以纯文本形式编写的，所以你不能像使用文字处理器那样，通过简单地更改 **index.html** 文件中某些文字的字体来设置斜体字。你需要做的是使用 HTML 标签来指定格式化信息。例如，要使文本以斜体出现，你需要将文本放置在成对的标签 **<i>** 和 **</i>** 之间。用同样的方法，需要将段落文本放置在 **<p>** 和 **</p>** 标签之间。因此，如果 **index.html** 文件包含如下的代码：

```
<p>
   This paragraph consists of one sentence and
   includes a word set in <i>italic</i> type.
</p>
```

则在浏览器窗口会生成如下的界面。

ItalicsExample
This paragraph consists of one sentence and includes a word set in *italic* type.

除了"italic"一词如预期那样以斜体的形式出现之外，关于这个输出还有其他重要的细节需要注意。首先，如果没有出现其他的样式信息，那么文本被设置为衬线字体（例如 Times New Roman），它是浏览器使用的标准字体。因此，单词"italic"是斜体的衬线字体。此外，**index.html** 文件和浏览器窗口的换行出现在不同位置。在默认情况下，浏览器在一行中显示段落中的单词，如果一行中已无法显示下某个完整单词，则换到下一行。这种行为叫作**填充**（filling）。此外，填充操作是动态的。如果你改变了窗口的大小，段落中的换行则会出现在其他位置。最后，**index.html** 文件中每行开头出现的额外空白符在屏幕中消失了。除了 **<pre>** 跟 **</pre>** 标签之间的内容以外，HTML 会对所有的空白符进行相同的操作，将所有连续的空白符都折叠到同一个空格中。

本例中使用的 **<p>** 和 **<i>** 标签是两种不同类别的 HTML 标签的代表。**<p>** 标签是一个*块级元素*（block element）的示例，它是 Web 页面上的一个区域，以垂直单元存在。**<i>** 标签是一个*内联元素*（inline element）的示例，内联元素是存在于某一行上的 Web 页面区域。例如，填充操作适用于块级元素的内部，而不适用于 HTML 文件中连续出现的两个块级元素。相比之下，出现在块级元素中的内联元素就像普通文本一样被填充。因此，由 HTML 内联元素 **`<i>italic</i>`** 中的单词"italic"，以与其他单词相同的方式显示在浏览器中。

适当地与 **`<p>`** 和 **`<i>`** 标签关联起来，就可以轻松理解图 12-2 中的一些标签。例如 **`<blockquote>`** 标签的功能跟 **`<p>`** 标签的功能相似，不同之处只是它可以在左右两侧缩进文本。内联标签 **`<b>`** 和 **`<code>`** 跟 **`<i>`** 标签类似，不过它们分别定义了粗体或等宽字体。其他标签则稍微复杂些，当用到时再介绍。

HTML 将标签包在尖括号内会引发出一些有趣的问题。如果你想在 Web 页面的文本本身中含有尖括号，这将发生什么呢？例如，当你试图说明 HTML 代码或者需要表示小于和大于操作符时。类似地，该如何显示标准键盘上没有出现的特殊字符呢？对于不同的语言文本来说，这些字符可能是必不可少的。HTML 通过为字符定义符号化表示来解决这两个问题，若非如此，这些字符将无法正常包含在纯文本的 HTML 文件里。这些符号化表示的字符被称为**字符实体**（character entity），以 & 符号开始，以分号结束。HTML 定义了大量的字符实体，图 12-3 显示了典型的 Web 页面中经常使用的字符实体。

`&amp;`	表示 & 字符，在 HTML 中 & 本身是一个字符实体首字符
`&lt;`	表示小于字符 (<)，在 HTML 中，< 是 HTML 标签的首字符
`&gt;`	表示大于字符 (>)，在 HTML 中，> 是 HTML 标签的尾字符
` `	表示不间断的空格字符，并且不会跨行分割
`&lsquo;`	表示左单引号字符 (')
`&rsquo;`	表示右单引号字符 (')，也可以当作撇号
`&ldquo;`	表示左双引号字符 (")
`&rdquo;`	表示右双引号字符 (")
`&ndash;`	表示短破折号，传统打印大小为 1en 宽
`&mdash;`	表示长破折号，传统打印大小为 1em 宽
`&#x`*dddd*`;`	表示十六进制值为 *dddd* 的 Unicode 字符

图 12-3　HTML 中有用的字符实体

作为一个包含了块级元素、内联元素和字符实体的案例，图 12-4 显示了 12.1 节对 *The Hitchhiker's Guide to the Galaxy* 示例介绍的 **`index.html`** 文件以及屏幕效果。**`<body>`** 部分包含了表示两个文本段落的 **`<p>`** 标签，一个用于插入引述小说内容的 **`<blockquote>`** 标签，以及来自原示例中用于模拟按键操作的 **`<button>`** 标签。HTML 代码用 **`<i>`** 标签将标题设置为斜体，用字符实体 **`&rsquo;`**、**`&ldcoo;`** 和 **`&rdcoo;`** 来生成撇号和两个双引号。从图 12-4 底部的屏幕效果可以看到，图中文本出现的换行跟 **`index.html`** 文件中的换行位置并不同，因为浏览器对 **`<p>`** 和 **`<blockquote>`** 元素的文本应用了填充操作。

```html
<!DOCTYPE html>
<html>
  <head>
    <title>HitchhikerButton</title>
    <script src="JSConsole.js"></script>
  </head>
  <body>
    <p>
      Before exploring the interactions between JavaScript and the web
      environment in more detail, it is useful to set the stage by looking
      at a simple web page that uses buttons to trigger interactions just
      as most modern applications do.  My favorite example comes from the
      following scene in Douglas Adams&rsquo;s 1979 novel, <i>The
      Hitchhiker&rsquo;s Guide to the Galaxy,</i> in which Arthur Dent
      and Ford Prefect find themselves aboard a marvelous new spaceship:
    </p>
    <blockquote>
      Arthur listened for a short while, but being unable to understand the
      vast majority of what Ford was saying he began to let his mind wander,
      trailing his fingers along the edge of an incomprehensible computer
      bank, he reached out and pressed an invitingly large red button on a
      nearby panel. The panel lit up with the words &ldquo;Please do not
      press this button again.&rdquo;
    </blockquote>
    <p>
      It is easy to simulate this vignette in a web page.  The first step
      is to create a button in the window, which for the moment can be
      labeled with its color, like this:
    </p>
    <button type="button"
            onclick="console.log('Please do not press this button again.')">
      RED
    </button>
  </body>
</html>
```

HitchhikerButton

Before exploring the interactions between JavaScript and the web environment in more detail, it is useful to set the stage by looking at a simple web page that uses buttons to trigger interactions just as most modern applications do. My favorite example comes from from the following scene in Douglas Adams's 1979 novel, *The Hitchhiker's Guide to the Galaxy,* in which Arthur Dent and Ford Prefect find themselves aboard a marvelous new spaceship:

> Arthur listened for a short while, but being unable to understand the vast majority of what Ford was saying he began to let his mind wander, trailing his fingers along the edge of an incomprehensible computer bank, he reached out and pressed an invitingly large red button on a nearby panel. The panel lit up with the words "Please do not press this button again."

It is easy to simulate this vignette in a web page. The first step is to create a button in the window, which for the moment can be labeled with its color, like this:

RED

图 12-4 扩展的 **HitchhikerButton** 页面和示例运行效果

12.2.2 显示图片

如果不能同时显示图片和文本，那么现代的 Web 就很难想象是什么样的了。因为大多数 Web 页面都包含了图片，所以你必须知道如何在设计的 Web 页面中插入图片。

将图片和文本集成到一个通用可访问仓库的想法远比现代的 Web 要古老得多。比利时目录学家和发明家保罗·奥特勒（Paul Otlet）在 20 世纪 30 年代设想了这样一个系统。在他最具影响力的作品 *Traité de documentation: le livre sur le livre*（可译成英文 *Treatise on Documentation: The Book on the Book*）中，奥特勒为多媒体库做了一个复杂的设计，这个设计预见了当今因特网中很多我们以为理所当然的想法。可惜的是，二战期间，德国军队占领布鲁塞尔时，奥特勒的大部分作品都被毁了。

如果你想创建一个 Web 页面来纪念这位鲜为人知的先驱的事迹，则将奥特勒的图片以及其他传记的信息包含在内是非常有用的。幸运的是，网上有很多关于奥特勒的图片，其中有几张是公开的。如果你下载其中一张图片并改名为 **PaulOtlet.png**，则可以通过编写 **index.html** 文件中的 **<body>** 来将该图片（以及其来源的引用）作为 Web 页面中的一部分展示出来，**<body>** 中的代码如下：

```
<img src="PaulOtlet.png" alt="Paul Otlet image" />
<br />(Art Collection 4/Alamy Stock Photo)
```

<img> 标签的 **src** 属性会告诉浏览器在哪里可以找到图片文件。这个值可以是 Web 上一个图片的完整 URL，在这种情况下，它会以 **http:**（或者是 **https:**，如果你像大多数的现代 Web 页面一样强调安全连接）开头。更常见的情况是，**src** 属性指定文件的名称，通常与用于显示页面的其他文件一起出现。例如，图片文件 **PaulOtlet.png** 和 **index.html** 文件在同一个目录中。

alt 属性指定浏览器在无法显示图片时展示的内容。在 Web 的早期，使用 **alt** 属性的最主要目的是为了适配不支持图片的浏览器，尽管这样的浏览器已经很少了。如今的 **alt** 属性是为了给有视力障碍的用户提供更多的服务。当用户开启对应的可访问选项时，语音合成技术就可以提供每个图片内容的描述。

加载包含此 **<img>** 标签的 Web 页面会在浏览器如下展示。

屏幕上图片的大小跟文件中的图片大小相同。当你在设计 Web 页面时，经常需要修改图片的大小和位置。然而，现代的方式是需要通过使用 CSS 样式（将在 12.3 节介绍）去实现的。

12.2.3 超链接

Web 的基本优势之一是，页面可以包含对提供附加信息的其他页面的引用。这些对其他页面的引用称为**超链接**（hyperlink）。

　　与奥特勒所设想的通用 Web 文档一样，将文档链接在一起的想法由来已久。一个令人惊讶的现代 Web 概念出现在 1945 年，*The Atlantic Monthly* 发表了一篇名为"As We May Think"的文章。这篇文章的作者是范内瓦·布什（Venevar Bush），他是二战期间美国科学研究与开发办公室的负责人。信息技术先驱泰德·纳尔逊（Ted Nelson）在 1963 年创造了"超链接"一词。

　　由于一些历史原因，你可以使用被称为锚点的 **<a>** 标签来给 Web 页面加上超链接。在早期的 HTML 里，**<a>** 标签用于标记 Web 页面中的特定位置，因此可以作为特定位置的锚点。该功能现在是由 **id** 属性来负责，但是 **<a>** 标签仍然保留其名称作为其旧功能的缩写。锚标签的目标页面就是 **href** 属性的值。例如，如果你想在 **index.html** 文件里添加指向 *New York Times* 的超链接，则可以包含如下所示的锚标签：

```
<a href="https://www.nytimes.com">New York Times</a>
```

<a> 和 **</a>** 标签之间的文本将会成为超链接，并且在浏览器中高亮显示。单击高亮的链接浏览器会跳转到 **href** 属性指定的 Web 页面。

　　在一个完整的 Web 页面上下文中使用超链接会如图 12-5 所示，其中包含了指向维基百科中名为"As We May Think"的文章以及计算科学先驱范内瓦·布什和泰德·纳尔逊的页面超链接。

```
<!DOCTYPE html>
<html>
  <head>
    <title>Hyperlinks</title>
  </head>
  <body>
    <p>
      One of the fundamental advantages of the web is that pages
      can include references to other pages that provide additional
      information.  These references to other pages are called
      <b><i>hyperlinks.</i></b>
    </p>
    <p>
      As with Otlet&rsquo;s vision of a universal web of documentation,
      the idea of linking documents together has a long history.
      A surprisingly modern conception of the web appears in a 1945
      article in <i>The Atlantic Monthly</i> entitled
      &ldquo;<a href="https://en.wikipedia.org/wiki/As_We_May_Think">As We
      May Think</a>,&rdquo; written by
      <a href="https://en.wikipedia.org/wiki/Vannevar_Bush">Vannevar Bush</a>,
      who headed the U.S. Office of Scientific Research and Development
      during World War II.  The pioneering information technologist
      <a href="https://en.wikipedia.org/wiki/Ted_Nelson">Ted Nelson</a>
      coined the term <i>hyperlink</i> in 1963.
    </p>
  </body>
</html>
```

图 12-5　Hyperlinks 页面的 index.html 文件

　　如果你将图 12-5 中的 **index.html** 文件加载到浏览器中，其内容会如下显示。

Hyperlinks

One of the fundamental advantages of the web is that pages can include references to other pages that provide additional information. These references to other pages are called *hyperlinks.*

As with Otlet's vision of a universal web of documentation, the idea of linking documents together has a long history. A surprisingly modern conception of the web appears in a 1945 article in *The Atlantic Monthly* entitled "As We May Think," written by Vannevar Bush, who headed the U.S. Office of Scientific Research and Development during World War II. The pioneering information technologist Ted Nelson coined the term *hyperlink* in 1963.

单击此页面中三个带下划线的超链接的其中任何一个，都会将浏览器重定向到 **href** 属性所指定的页面。

12.3 使用 CSS

就如本章开头所述，HTML 用于定义 Web 页面结构，CSS 用于定义其样式。CSS 允许 Web 页面设计者控制各种属性，如字体、大小以及颜色。虽然这里不会对 CSS 定义的接近 400 个样式属性都一一介绍，但在图 12-6 中列出其中最重要的一些属性。如果你发现你需要使用除了这个列表之外的其他样式属性，你可以访问对 CSS 有详尽描述的网站。

12.3.1 CSS 声明

Web 设计者通过编写一个或多个 CSS 声明（CSS declarations）来控制页面的样式，每一个 CSS 声明都包含一个属性名称、一个冒号、一个值以及一个分号。就像这样：

name:*value*;

显示属性

display	控制元素的显示方式。对于形成独立垂直单元的元素，例如 **\<p\>** 和 **\<div\>** 等，默认值为 **block**。对于出现在文本行中的元素，默认值为 **inline**。设置 **display: none** 表示不显示该元素
background-color	设置背景颜色。跟 CSS 标签中所有的颜色规范一样，该值可以是任何合法的 JavaScript/CSS 颜色

外边距、内边距、边框和大小属性

margin	设置边框外的边距区域大小。**margin** 属性本身适用于所有四个方向。但是，你可以通过添加后缀 **-left**、**-right**、**-top** 或者 **-bottom** 来设置单独方向的值。相同的后缀也适用于 **padding** 和 **border** 属性。对于块级元素，**margin: auto** 可以使其包含的元素上下文中居中
padding	设置内边距的大小，即内容区域以及边框之间的空间
border	设置当前元素周围边框的属性。相应的值由三部分组成：*style width color*，其中有空格相隔。常用的 *style* 值有 **solid**、**dotted**、**dashed** 和 **double**。*width* 指定边框宽度，通常以像素为单位。*color* 可以是任何 JavaScript/CSS 颜色

图 12-6 部分 CSS 样式属性

width height	设置内容区域的大小。其值的单位通常指定为像素值，也可以是相对于包裹其元素的大小的百分比
文本属性	
font	如 4.3 节所描述的，**font** 属性支持设置字体样式、字体粗细、字体大小以及字体族等属性。CSS 还允许你通过添加后缀 **-style**、**-weight**、**-size** 或 **-family** 来更改字体的相应部分
color	设置当前元素中的文本所使用的颜色
text-align	设置当前元素中的文本水平对齐方式。可接受的值有 **left**、**right**、**center** 和 **justify**
text-indent	设置块级元素中第一行文本的缩进。缩进值可以为负数，在这种情况下，第一行主要向左边距方向左移
列表属性	
list-style-type	设置列表项标志符或者编号样式。当列表是 **<ul>** 标签创建的无序列表时，值可以为 **disc**、**circle** 和 **square**。当列表是 **<ol>** 标签创建的有序列表时，值支持的范围更广，包括 **decimal**（1、2、3）、**lower-alpha**（a、b、c）、**upper-alpha**（A、B、C）、**lower-roman**（i、ii、iii）和 upper-roman（Ⅰ、Ⅱ、Ⅲ）
list-style-image	使用 **url('*filename*')** 设置列表项标志符为图片，要取消由容器列表设置的 **list-style-image** 时，请使用 **none** 值

图 12-6　（续）

图 12-6 中所列出的 CSS 属性的值根据属性采取不同的形式。以下是最常见的值类型：

❑ 关键字：很多 CSS 属性都会定义一组特定的关键字。例如，**display** 属性支持 **block**、**inline** 和 **none**。图 12-6 列出了每个属性所支持的最常见的关键字。

❑ 度量值：用于控制元素的大小或者位置的 CSS 属性的值，并带有度量单位。这些属性的值由一个数字以及跟图 12-7 所示的一个单位缩写组成。

❑ 颜色：引用颜色的 CSS 属性可以使用 4.3 节中的图 4-5 中定义的 JavaScript 颜色名称中的任何一个。例如，CSS 声明 **background-color: yellow** 表示黄色背景。颜色可以采取 #*rrggbb* 的形式，这里的 *rr*、*gg*、*bb* 是颜色十六进制的组成部分。

px	表示像素，是绝对大小
in	表示英寸，是绝对大小
cm	表示厘米（1in = 2.54cm），是绝对大小
mm	表示毫米（1in = 25.4mm），是绝对大小
pt	表示磅（1pt = 1in 的 1/72），是绝对大小
pc	表示皮卡（1pc = 12pt），是绝对大小
em	表示相对于当前字体大小的倍数（2em 表示当前大小是当前字体大小的两倍），是相对大小
%	表示相对于当前容器尺寸的百分比（100% 表示与容器大小一样大），是相对大小

图 12-7 CSS 度量单位

你已经在 4.3.4 节关于 **GLabel** 对象的讨论中看到了 **font** 属性。**font** 属性由四个值组成，即字体样式、字体粗细、字体大小和字体族，它们用空格隔开。这些值都是可选的，但是出现的任何选项都必须按指定的顺序编写。例如，要改变字体以 20 像素的 Time New Roman 粗体显示，则需要使用 CSS 声明：

```
font:bold 20px 'Times New Roman','Serif';
```

跟你在第 4 章所使用的字体规范一样，此声明中包括了 serif 字体来兼容 Times New Roman 不可用的情况。

12.3.2 为元素指定样式

HTML/CSS 组合模型提供多种方式给 HTML 文档中的元素指定样式。最简单但并不提倡的方式就是将 **style** 属性作为标签的一部分。例如，HTML 片段：

```
<p style="font:16px 'Helvetica Neue','Sans-Serif';">
  This paragraph appears in a 16-pixel sans-serif font.
</p>
```

告诉浏览器以 16 像素 sans-serif 的字体来展示此段落的内容，如果字体可用，则为 Helvetica Neue，否则则为默认值 sans-serif。浏览器窗口中展示的结果如下所示。

SansSerifExample
This paragraph appears in a 16-pixel sans-serif font.

这种策略的问题在于 **style** 属性仅能用在它出现的元素中。在大多数情况下，你需要做的是定义适用于整个文档的样式。为此，常规的做法是定义一组 CSS 规则（CSS rule），每个规则都具有以下形式：

```
选择器  {
    用分号分隔的 CSS 样式声明
}
```

此模式的选择器组件可以使用以下任何一种形式：

❑ 一个 HTML 标签名称。这种选择器将选择具有相同名称的标签。因此，**p** 选择器适用于所有使用 **<p>** 标签的段落，**code** 选择器适用于每个 **<code>** 标签。

❑ 点号（.）加类名。这种选择器将选择包含指定 **class** 属性的每个元素。例如，**.example** 匹配任何包含 **class="example"** 属性的 HTML 标签。这种形式的选择器使得有选择地将一组样式应用于一组指定的元素成为可能。

❑ # 加 id 名称。该选择器仅适用于具有指定 **id** 属性的元素。因此，选择器 **#appendix** 仅适用于包含属性 **id ="appendix"** 的元素。

如果多个选择器应用到同一个元素上，浏览器将选择最明确的选择器，这样，基于 **id** 属性的选择将覆盖基于 **class** 属性的选择，而基于 **class** 属性的选择又将覆盖基于标签名称的选择。

文档的规则列表可以出现在两个不同的位置。如果要在单个 Web 页面中使用一组规则，可以将这些规则包含在 **\<style\>** 标签中，该标签作为 **\<head\>** 部件的一部分出现。例如，如果要更改文档中的所有段落，以便文本以 16 像素的 sans-serif 字体显示，并且每个段落的第一行缩进到距左边距半英寸的位置，则可以将以下 **\<style\>** 部件添加到 **index.html** 文件中：

```
<style>
    p {
        text-font: 16px 'Helvetica Neue','Sans-Serif';
        text-indent: 0.5in;
    }
</style>
```

如果你将此 **\<style\>** 部分插入图 12-5 中所示的超链接示例的 index.html 文件，则输出如下所示。

> **Hyperlinks**
>
> One of the fundamental advantages of the web is that pages can include references to other pages that provide additional information. These references to other pages are called *hyperlinks.*
>
> As with Otlet's vision of a universal web of documentation, the idea of linking documents together has a long history. A surprisingly modern conception of the web appears in a 1945 article in *The Atlantic Monthly* entitled "As We May Think," written by Vannevar Bush, who headed the U.S. Office of Scientific Research and Development during World War II. The pioneering information technologist Ted Nelson coined the term *hyperlink* in 1963.

CSS 规则列表也可以存储在文件中，从而可以在许多不同页面之间共享同一规则集。例如，如果你创建一个名为 **SansSerifRules.css** 的文件，其中包含前面显示的规则，这种基于文件模型的规则通常称为样式表（style sheet）。可以将下面的 **\<link\>** 标签引入 **\<head\>** 中，从而包含这些规则：

```
<link type="text/css" href="SansSerifRules.css"
      rel="stylesheet" />
```

可以通过定义文档本地其他样式或者指定特定元素的 **style** 属性，来覆盖样式表中定义的样式。

12.3.3 设置外边距、边框、内边距和大小

图 12-6 第二部分中的样式属性使你可以设置元素的大小，添加边框以及调整包围元素的空间。尽管这些属性乍一看似乎令人困惑，但图 12-8 中的图表准确地说明了每个关键字在 Web 设计者称为 CSS 盒子模型（CSS box model）上下文中的含义。**width** 和

height 属性调整内容区域（content area）的大小，该区域是显示元素内容的窗口区域。
border 属性控制元素周围边框的样式、宽度和颜色，**padding** 和 **margin** 属性分别
在边框内部和边框外部添加额外的空间。

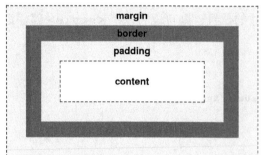

margin 属性设置边框以外的透明边距宽度。

border 属性设置边框的宽度。

padding 属性设置边框内透明边距的宽度。

width 和 height 属性设置内容区域的大小。

图 12-8　CSS 盒子模型

默认情况下，**border**、**padding** 和 **margin** 属性适用于内容区域的所有四个侧面。
例如，CSS 样式声明：

```
border:solid 1px blue;
```

在内容区域和所有四个侧面的内边距区域之外绘制一个宽度为 1 像素宽的蓝色边框。但
是，你也可以通过向这些属性名称中的任何一个添加 **-left**、**-right**、**-top** 和 **-bottom**
来控制各个侧面的属性。例如，声明：

```
border-right:solid 3px black; padding-right:10px;
```

它在内容区域的右侧绘制一个 3 像素宽的黑色边框，该边框与文本相距 10 个像素的空
间。你可以使用这种样式的边框来创建编辑者所称的**变更指示符**（change bar），变更指
示符是文档右边的黑色实线，用于指示自上一版本以来已更改的文档部分。

图 12-9 中的 **index.html** 文件演示了生成以下屏幕效果的 CSS 盒子模型的所有
属性。

> **StyleExample**
>
> The text in this **<div>** element is justified,
> framed by a solid blue border, and padded
> by 15 pixels inside the border on the left
> and right sides. The content area takes up
> 70% of the horizontal space and the **<div>**
> element is centered in the window.

选择器 **#example** 标记的 CSS 规则适用于带有属性 **id ="example"** 的 **<div>** 元
素。规则中的声明按照文本中描述的顺序来定义该元素的属性。**code** 标签的 CSS 规则
可确保 **<code>** 标签内的文本以粗体显示，从而使其在页面上更加清晰。

```
<!DOCTYPE html>
<html>
  <head>
    <title>StyleExample</title>
    <style>
      code {
        font-weight: bold;
      }
      #example {
        text-align: justify;
        border: solid 1px blue;
        padding-left: 15px;
        padding-right: 15px;
        width: 70%;
        margin: auto;
      }
    </style>
  </head>
  <body>
    <div id="example">
      The text in this <code>&lt;div&gt;</code> element is justified,
      framed by a solid blue border, and padded by 15 pixels inside
      the border on the left and right sides.  The content area takes
      up 70% of the horizontal space, and the <code>&lt;div&gt;</code>
      element is centered in the window.
    </div>
  </body>
</html>
```

图 12-9 **StyleExample** 页面的 **index.html** 文件

12.4 连接 JavaScript 和 HTML

虽然本章开头的 **HitchhikerButton** Web 页面提供了一个交互性的示例，但它避开了 JavaScript 和 HTML 需要交互时出现的最重要的问题。按下该示例中的按钮将触发与该按钮关联的 **onclick** 操作，该操作将执行以下代码：

```
console.log("Please do not press this button again.");
```

此操作能成功是因为 **console** 是一个全局变量，因此可以在任何 JavaScript 代码中使用。要创建更复杂的支持交互性的网站，你需要了解 HTML 实体如何与其他代码交互。

12.4.1 文档对象模型

在 Web 页面的 HTML 描述和 JavaScript 之间建立连接的关键是浏览器将 **index.html** 文件的内容读取到内部数据结构中。就像第 11 章中描述的基于继承的结构一样，Web 页面的内部形式使用称为**文档对象模型**（Document Object Model）的层次结构框架，通常缩写为 DOM。

从整体上讲，DOM 极其复杂并且难以理解，其中有一部分复杂性来自这样一个事实，即 DOM 必须支持仍然出现在某些 Web 页面中的过时特性。因此，DOM 是新旧特性的集合，很难以连贯、集成的方式描述它。幸运的是，你可以使用 DOM 的大部分内容，而不必掌握其复杂性。本文中的示例仅限于类、字段和方法，如果你将 DOM 视为传统的类层次结构，则这些类、字段和方法是有意义的。

DOM 类的简化 UML 图如图 12-10 所示。为了使这个图尽可能容易理解，已经从层次结构中删除了几个类，并且将一些字段和方法移到编写 JavaScript 代码的人最希望存在的类中。层次结构底层的具体类中显示的字段和方法正是你想要使用的，即使它们的原先定义的位置与图中建议所在层次的位置略有不同。

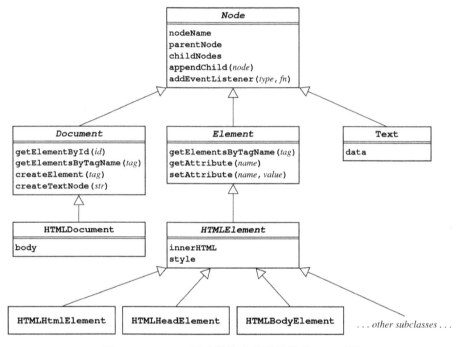

图 12-10　DOM 层次结构中的类的简化 UML 图

图 12-11 为图 12-10 中显示的每个字段和方法提供了一行描述。在网上可以轻松找到这些方法的更完整的详细信息，以及这个简化描述版省略的其他字段和方法。

Node

nodeName	当前节点的大写标签名称，例如 **DIV** 或者 **P**
parentNode	当前节点的父节点
childNodes	当前节点的子节点数组
appendChild(*node*)	将指定 *node* 添加为当前节点的最后一个子节点
addEventListener(*type, fn*)	将监听器添加到当前节点来监听指定 *type* 的事件

Document

getElementById(*id*)	返回带有指定 *id* 的元素，如果不存在，则返回 **null**
getElementsByTagName(*tag*)	返回带有指定 *tag* 的节点数组

图 12-11　DOM 类的字段和方法摘要

createElement(*tag*)	创建具有指定 *tag* 的新元素
createTextNode(*str*)	创建包含 *str* 的新文本 (**Text**) 节点

HTMLDocument

body	返回 **<body>** 标签相对应的 DOM 元素

Element

getElementsByTagName(*tag*)	返回当前元素内与 *tag* 匹配的节点数组
getAttribute(*name*)	返回 *name* 属性的值，如果不存在，则返回 **null**
setAttribute(*name, value*)	设置 *name* 属性的值为 *value*

HTMLElement

innerHTML	返回当前元素的 HTML 内部文本，包括任何标签
style	带有已命名字段的记录，CSS 的样式结构

Text

data	当前 **Text** 节点所表示的字符串

图 12-11　（续）

当你加载 Web 页面时，浏览器会设置全局变量 **document**，以便它保存该页面的数据结构。然后 JavaScript 代码可以调用 **document** 对象上的方法访问其内容。这些方法允许你分析或修改页面的结构，通过提供新的 CSS 声明来更改现有元素的样式，并给元素添加回调函数使它们具有交互性。

document 变量保存的是类 **HTMLDocument** 的一个实例，这意味着它有一个名为 **body** 的字段。该字段又保存与 **index.html** 文件中的 **<body>** 标签相对应的 DOM 对象。此外，因为 **HTMLDocument** 是 **Document** 子类，所以它继承了父类中定义的方法 **getElementById**、**getElementsByTagName**、**createElement** 和 **createTextNode**。同样，**document** 变量也支持 **Node** 类定义的字段和方法。

存储在 **document.body** 中的值是 **HTMLBodyElement** 类型的对象，它没有定义自己的字段和方法。由于 **HTMLBodyElement** 从其祖先类 **HTMLElement**、**Element** 和 **Node** 继承了行为，因此使用 **document.body** 的代码意味着可以使用在这些层级上定义的字段和方法。每个 HTML 标签都与其 **HTMLElement** 子类相关联，除了那些已经从 DOM 层次结构根的抽象类中继承的字段和方法外，本书中出现的 **HTMLElement** 子类都没有添加任何新的字段或方法。

12.4.2　给 HTML 元素添加事件监听器

为了说明如何在 HTML 元素以及 JavaScript 代码之间建立连接，本节通过使用第 2 章中介绍的华氏度与摄氏度互转的公式来实现一个简单的 Web 应用。温度转换器的 **index.html** 文件如图 12-12 所示。

```
<!DOCTYPE html>
<html>
  <head>
    <title>TemperatureConverter</title>
    <script src="TemperatureConverter.js"></script>
  </head>
  <body onload="TemperatureConverter()">
    <input id="Fahrenheit" value="32" />Fahrenheit<br />
    <input id="Celsius" value="0" />Celsius
  </body>
</html>
```

图 12-12　**TemperatureConverter** 页面的 **index.html** 文件

本例中唯一的新 HTML 标签是 **<input>**，它创建一个允许用户输入文本的输入框。每个 **<input>** 输入框都包括一个 **id** 属性和一个 **value** 属性，**id** 属性便于 JavaScript 代码引用该元素，**value** 属性指示输入框的初始值。**index.html** 文件包含的信息会在浏览器如下显示。

TemperatureConverter	
32	Fahrenheit
0	Celsius

index.html 文件还加载了 **TemperatureConverter.js** 文件，该文件内容如图 12-13 所示。**<body>** 标签中的 **onload** 属性使浏览器调用 **TemperatureConverter** 函数，该函数以如下语句开头：

```
let fahrenheit = document.getElementById("Fahrenheit");
let celsius = document.getElementById("Celsius");
fahrenheit.addEventListener("input", convertFToC);
celsius.addEventListener("input", convertCToF);
```

前两行使用 **getElementById** 方法把 DOM 元素的引用存储到变量 **fahrenheit** 和 **celsius**。接下来的两行绑定回调函数，它们在输入框发生 **"input"** 事件时触发。例如，在 fahrenheit 存储的 **<input>** 元素中键入一个字符会产生一个 input 事件，它调用函数 **convertFToC**。此函数读取 **fahrenheit** 元素的 **value** 字段，将该字符串转换为数字，应用将华氏度转换为摄氏度的公式，然后使用该计算结果设置 **celsius** 元素的 **value** 字段。例如，如果用户在 **fahrenheit** 输入框中输入 212，则回调函数将相应的摄氏温度存储在 **celsius** 输入框中，如下所示：

TemperatureConverter	
212	Fahrenheit
100	Celsius

每次按下按键都会触发转换操作，因此用户在看到 212°F 对应的摄氏温度之前，会先看到 2°F 和 21°F 对应的摄氏温度。

convertCToF 函数以类似的方式操作，但执行相反方向的转换。在显示转换后的结果之前，每个回调函数都会调用 **roundedString** 函数，以确保该值在小数点后包含的数字不超过两位。

```
/*
 * File: TemperatureConverter.js
 * ------------------------------
 * This program implements an interactive Fahrenheit-to-Celsius converter.
 */

"use strict";

/* Constants */

const DIGITS_AFTER_DECIMAL_POINT = 2;

/* Main program */

function TemperatureConverter() {
   let fahrenheit = document.getElementById("Fahrenheit");
   let celsius = document.getElementById("Celsius");
   fahrenheit.addEventListener("input", convertFToC);
   celsius.addEventListener("input", convertCToF);

/* Converts the value in the Fahrenheit box to Celsius */

   function convertFToC() {
      if (fahrenheit.value === "") {
         celsius.value = "";
      } else {
         let f = Number(fahrenheit.value);
         let c = 5 / 9 * (f - 32);
         celsius.value = roundedString(c);
      }
   }

/* Converts the value in the Celsius box to Fahrenheit */

   function convertCToF() {
      if (celsius.value === "") {
         fahrenheit.value = "";
      } else {
         let c = Number(celsius.value);
         let f = 9 / 5 * c + 32;
         fahrenheit.value = roundedString(f);
      }
   }

/* Converts n to a string, limiting the digits after the decimal point */

   function roundedString(n) {
      let str = n.toFixed(DIGITS_AFTER_DECIMAL_POINT);
      while (str.endsWith("0")) {
         str = str.substring(0, str.length - 1);
      }
      if (str.endsWith(".")) str = str.substring(0, str.length - 1);
      return str;
   }
}
```

图 12-13 用于华氏度与摄氏度之间的温度转换交互式程序

12.4.3 可折叠列表

<ul> 和 **<ol>** 标签支持 HTML 格式化列表的显示。**<ul>** 标签生成无序列表（unordered list），其中在列表中的每个元素前面都有一个列表项标志符。**<ol>** 标签生成有序列表（ordered list），其中由 **list-style-type** 属性确定元素的顺序编号。两种

类型列表中的单个元素都包裹在一个闭合的 **<li>** 标签中。

列表可以嵌套在其他列表中。例如，如下 HTML 片段：

```
<ul>
  <li>Item 1</li>
  <li>
    Item 2
    <ul>
      <li>Item 2.1</li>
      <li>Item 2.2</li>
      <li>Item 2.3</li>
    </ul>
  </li>
  <li>Item 3</li>
</ul>
```

在浏览器中生成如下所示的二级列表：

NestedList

- Item 1
- Item 2
  - Item 2.1
  - Item 2.2
  - Item 2.3
- Item 3

当一个列表足够小时，默认的格式才会显得好看，但如果列表过大或者嵌套过深，就会变得难以阅读。在这种情况下，如果列表只展示部分细节，用户就会觉得更加方便。在开始时，浏览器只显示列表的顶级元素。但是，每个元素都有一个可单击的三角形标志符，用于展开并显示内部结构。支持这种选择性查看的列表被称为**可折叠列表**（collapsible list）。

例如，以下截图显示了本书目录章级别条目的可折叠列表，省略了位于层次结构较低级别的各个小节和子小节的信息。

Table of Contents

- ▶ Chapter 1. A Gentle Introduction
- ▶ Chapter 2. Introducing JavaScript
- ▶ Chapter 3. Control Statements
- ▶ Chapter 4. Simple Graphics
- ▶ Chapter 5. Functions
- ▶ Chapter 6. Writing Interactive Programs
- ▶ Chapter 7. Strings
- ▶ Chapter 8. Arrays
- ▶ Chapter 9. Objects
- ▶ Chapter 10. Designing Data Structures
- ▶ Chapter 11. Inheritance
- ▶ Chapter 12. JavaScript and the Web

单击 Chapter 1 列表项前面的三角形可展开该项，并显示下一级详细信息，如下所示。

```
                    Table of Contents

    ▼ Chapter 1. A Gentle Introduction
        ▶ 1.1 Introducing Karel
        ▶ 1.2 Teaching Karel to solve problems
        ▶ 1.3 Control statements
        ▶ 1.4 Stepwise refinement
          1.5 Algorithms in Karel's world
    ▶ Chapter 2. Introducing JavaScript
    ▶ Chapter 3. Control Statements
    ▶ Chapter 4. Simple Graphics
    ▶ Chapter 5. Functions
    ▶ Chapter 6. Writing Interactive Programs
    ▶ Chapter 7. Strings
    ▶ Chapter 8. Arrays
    ▶ Chapter 9. Objects
    ▶ Chapter 10. Designing Data Structures
    ▶ Chapter 11. Inheritance
    ▶ Chapter 12. JavaScript and the Web
```

再次单击三角形将折叠列表项并隐藏其内容。计算机科学家使用**切换**（toggle）这个动词来描述在两种状态之间来回转换的操作。在这种情况下，单击三角形可使列表项在折叠和展开状态之间切换。每个列表项的状态由用作列表项的三角形标志符的方向表示，指向右方的三角形表示元素处于折叠状态，指向下方的三角形表示元素处于展开状态。

　　当你展开 Chapter 1 的列表时，1.1 节～1.4 节的列表项前面的标志符是向右的三角形，表明它们包含下一嵌套层级的其他数据。相比之下，1.5 节不包含其他子小节，因此它前面没有三角形标志符。通过单击列表项前面的三角形，可以展开前 4 个小节中的任何一个小节。例如，如果单击 1.3 节的列表项之前的三角形将展开显示如下的三级列表。

```
                    Table of Contents

    ▼ Chapter 1. A Gentle Introduction
        ▶ 1.1 Introducing Karel
        ▶ 1.2 Teaching Karel to solve problems
        ▼ 1.3 Control statements
              Conditional statements
              Iterative statements
              Solving general problems
        ▶ 1.4 Stepwise refinement
          1.5 Algorithms in Karel's world
    ▶ Chapter 2. Introducing JavaScript
    ▶ Chapter 3. Control Statements
    ▶ Chapter 4. Simple Graphics
    ▶ Chapter 5. Functions
    ▶ Chapter 6. Writing Interactive Programs
    ▶ Chapter 7. Strings
    ▶ Chapter 8. Arrays
    ▶ Chapter 9. Objects
    ▶ Chapter 10. Designing Data Structures
    ▶ Chapter 11. Inheritance
    ▶ Chapter 12. JavaScript and the Web
```

　　令人惊讶的是，将常规的 HTML 列表转换为更有用的可折叠列表形式的 JavaScript 代码只需要一页就够了，如图 12-14 所示。`<body>` 标签中的 `onload` 属性调用 `collapseAll` 函数，该函数遍历每个 `<li>` 标签并对相应的 DOM 元素执行以下操作：

斯坦福程序设计入门课：JavaScript 实现

❑ 调用 **setDisplayState** 函数以确保元素开始时是折叠的。
❑ 添加一个事件监听器，它通过调用切换展开状态和折叠状态的回调函数来响应单击事件。

```
/*
 * File: CollapsibleList.js
 * --------------------------
 * This file contains code for converting HTML lists into collapsible lists.
 */

"use strict";

/*
 * Collapses all <li> elements and adds a listener for click events.
 */
function collapseAll() {
   let nodes = document.getElementsByTagName("li");
   for (let i = 0; i < nodes.length; i++) {
      initListItem(nodes[i]);
   }
/* Initializes a list item and marks it as collapsed */

   function initListItem(listItem) {
      setDisplayState(listItem, true);
      listItem.addEventListener("click", clickAction);

      function clickAction(e) {
         e.stopPropagation();
         setDisplayState(listItem, !listItem.isCollapsed);
      }
   }
/* Sets the display state of the specified list item */

   function setDisplayState(listItem, isCollapsed) {
      let containsNestedLists = false;
      for (let i = 0; i < listItem.childNodes.length; i++) {
         let node = listItem.childNodes[i];
         if (node.nodeName.toLowerCase() === "ul") {
            containsNestedLists = true;
            node.style.display = (isCollapsed) ? "none" : "block";
         }
      }
      if (containsNestedLists) {
         let marker = (isCollapsed) ? "TriangleRight.png"
                                    : "TriangleDown.png";
         listItem.style.listStyleImage = "url('" + marker + "')";
         listItem.isCollapsed = isCollapsed;
      } else {
         listItem.style.listStyleImage = "none";
         listItem.style.listStyleType = "none";
      }
   }
}
```

图 12-14　用可折叠列表替换标准的 HTML 列表的代码

　　setDisplayState 函数遍历列表节点的子节点，查找嵌套的 **<ul>** 元素。如果找到了，根据元素当前状态是折叠的还是展开的，函数将节点的 **style** 字段中的 **display** 字段更改为 **"none"** 或 **"block"**。**setDisplayState** 函数还用名为 **isCollapsed** 的字段记录显示的状态，然后用于检查回调函数中的当前状态，该回调函数在折叠状态和展开状态之间切换元素。最后，**setDisplayState** 的代码将包含嵌套子列表的每个列表项对应标志符的图片文件的 URL 切换为 **TriangleRight.png** 或 **TriangleDown.png**，对于没有嵌套列表的列表项的 URL 被设置为 **"none"**。

图 12-14 中的 **CollapsibleList.js** 代码有几个方面值得更详细地研究。首先，**setDisplayState** 的代码通过为 **listItem.style** 的几个字段重新分配新值，从而对列表样式进行必要的更改。**HTMLElement** 的样式组件中的子字段名称尽可能地匹配相应 CSS 属性的名称。在许多情况下，名称是完全相同的，就像如下赋值一样：

```
listItem.style.display = "none";
```

它与如下 CSS 样式声明具有相同的效果：

```
display:none;
```

但是，如果 CSS 属性名称包含连字符（它在 JavaScript 标识符中是非法的），则需要更改名称。DOM 使用的解决方案是移除连字符，然后将每个连字符后面的字母大写，以创建符合 JavaScript 规则的驼峰式字段名，如下所示：

```
listItem.style.listStyleImage = "none";
```

它等效于如下 CSS 样式声明：

```
list-style-image:none;
```

乍一看，对于没有嵌套子元素的列表元素，可能没办法马上理解为什么需要将 **listStyleImage** 字段设置为 **"none"**。默认情况下，列表项从其容器列表继承行为，这意味着省略显式赋值的 **"none"**，将导致列表继承其父对象的图片，这在本例中不是期望的行为。

另一个需要进一步解释的是在回调函数中的如下代码：

```
e.stopPropagation();
```

这行代码的目的是确保单击（**click**）事件只影响调用它的列表项。如果有列表嵌套，单击事件通常不会只在一个节点上发生。单击特定列表节点三角形标志符，该节点上将产生单击事件，但在每个更高级别的列表节点上也会产生单击事件。当 JavaScript 给 DOM 对象分发事件时，它首先调用最低层次的 DOM 事件监听器，但是默认情况下，它将继续调用当前节点的每一个祖先节点的事件监听器。此过程称为**冒泡**（bubbling）。事件在层次结构的每个层级上自下而上冒泡，从而使每个节点都有机会做出响应。调用 **stopPropogation** 可以防止任何进一步的冒泡，并确保仅切换当前节点的折叠或展开状态。

12.5　将数据存储在 **index.html** 文件中

12.4 节描述的文档对象模型的存在为 Web 应用程序提供了一种存储数据的新方法。

尽管对 JavaScript 施加的安全限制使其无法读取任意数据文件，但在浏览器中运行的所有 JavaScript 程序都可以访问 **index.html** 文件中包含的数据。此外，该信息已经由浏览器解释并存储在 DOM 层次结构中。如果可以找到一种方法对应用程序所需的数据以与 **index.html** 文件兼容的格式进行编码，则可以使用 DOM 中可用的方法来访问该信息。

12.5.1 使用 XML 表示数据

从第 2 章可以知道，**index.html** 文件是用一种称为 HTML 的语言编写的。HTML 是称为 XML 这种更通用语言的一种特殊形式。XML 是 Extensible Markup Language（可扩展标记语言）的简写形式，它很容易被人和机器阅读，并且足够灵活，可以在许多不同的应用程序中使用。在过去十年左右的时间里，商业应用程序越来越多地使用 XML 来存储过去以专有二进制形式表示的信息。例如，在 Microsoft Office 工具系列中，**.docx** 和 **.pptx** 文件类型中的 **x** 表示这些文件使用 XML 格式存储。

XML 和 HTML 都以由尖括号中的标签包围的形式表示结构化数据。这些标签通常是成对的，因此标签 Web 页面主体开头的 **<body>** 标签与标记 Web 页面主体结尾的 **</body>** 标签匹配。当在 XML 中使用时，没有结束标签的标签（如 HTML 中的 **
** 标签）必须在闭合尖括号之前包含斜杠，即使该斜杠在 HTML 中是可选的。XML 和 HTML 中的标签都可以以属性的形式指定其他信息，这些属性在两种语言中的使用方式相同。

使用 XML 表示应用程序数据背后的基本思想是，所有现代浏览器都允许 **index.html** 文件包含浏览器自带的 HTML 标签之外的 XML 代码。此外，浏览器将扫描 **index.html** 整个文件的内容，并将其组装成一个层次数据结构，其中包括所有有标签及其属性，即使这些标签和属性不是在 HTML 中定义的。因此，为特定应用程序发明新的 XML 标签，然后将这些标签包含在 **index.html** 文件中是完全合法的。

12.5.2 打造一个教学机

与大多数编程概念一样，将 XML 数据包含在 **index.html** 文件中的想法最容易通过示例说明。本节的目的是创建一个"教学机"，其中使用一种被称为*编序教学法*（programmed instruction）的策略，计算机教学工具会提出一系列问题，根据前一个问题的答案确定后续问题的顺序。只要学生获得正确答案，编序教学法的过程就会跳过一些简单的问题，而转向更具挑战性的主题。对于遇到问题的学生，过程将进行得慢些，留出了重复和复习的时间。尽管编序教学法的想法在 40 年前非常流行，但它并没有实现其支持者所宣称的潜力。尽管如此，基于编序教学法模型构建一个简单的教学机，为以 HTML 形式存储应用程序数据的一般技术提供了一个有用的示例。

为了让教学机的应用程序变得更加具体，可以想象学生如何使用它。该程序启动时，首先向学生提问。例如，一个简单的 JavaScript 编序教学法课程可能以如下形式开始。

```
TeachingMachine
True or false: Numbers in JavaScript may contain a
decimal point.
>
```

然后，程序将等待学生输入答案。程序将根据回答选择下一个问题，或者提供更多复习机会，或者让学生的进展更快。例如，如果学生输入了错误的答案，程序将继续出现另一个有关数字（number）的问题，看起来可能如下所示。

```
TeachingMachine
True or false: Numbers in JavaScript may contain a
decimal point.
> false
True or false: Numbers can be negative.
>
```

如果学生提供了正确的回答，程序将转到更高级别的问题，例如以下控制台日志中显示的问题，它向学生询问一个有关余数操作符的问题。

```
TeachingMachine
True or false: Numbers in JavaScript may contain a
decimal point.
> true
What is the value of 7 % 4?
>
```

　　每个问题的文本、可能的答案列表以及要问的下一个适当的问题都以 XML 格式存储在 **index.html** 文件中。例如，在 JavaScript 简易课程中，第一个问题在 **index.html** 文件中以如下形式表示：

```
<question id="Numbers1">
  True or false: Numbers can have fractional parts.
  <answer response="true" nextQuestion="Remainders1" />
  <answer response="false" nextQuestion="Numbers2" />
</question>
```

<question> 标签同时包含问题文本和可能的答案列表，每一个答案都以带有两个属性的 **<answer>** 标签形式出现。**response** 属性指示来自用户的可能响应，**nextQuestion** 属性是当用户选择该答案后接着要询问下一题的标识键值。例如，如果输入答案为 **true**，则教学机将会给出 **id** 属性为 **"Remainders1"** 的问题，它是有关取余操作符主题的第一个问题。相反，如果输入答案为 **false**，则教学机将会给出 **id** 属性为 **"Numbers2"** 的问题，此时，表示学生需要在当前主题上多加练习。

　　图 12-15 中显示了一个包含 7 个问题的小型 JavaScript 课程的 **index.html** 文件。这 7 个问题的 **<question>** 标签包含在 **index.html** 文件的以下标签内：

```
<div style="display:none;">
```

CSS 声明 **style="display:none;"** 确保浏览器不显示 **<question>** 标签的内部文本。

```
<!DOCTYPE html>
<html>
  <head>
    <title>Simple JavaScript</title>
    <script src="JSConsole.js"></script>
    <script src="TeachingMachine.js"></script>
  </head>
  <body onload="TeachingMachine()">
    <div style="display:none;">

      <question id="Numbers1">
        True or false: Numbers in JavaScript may contain a decimal point.
        <answer response="true" nextQuestion="Remainders1" />
        <answer response="false" nextQuestion="Numbers2" />
      </question>

      <question id="Numbers2">
        True or false: Numbers can be negative.
        <answer response="true" nextQuestion="Remainders1" />
        <answer response="false" nextQuestion="Numbers1" />
      </question>

      <question id="Remainders1">
        What is the value of 7 % 4?
        <answer response="3" nextQuestion="Boolean1" />
        <answer response="*" nextQuestion="Remainders2" />
      </question>

      <question id="Remainders2">
        What is the value of 4 % 7?
        <answer response="4" nextQuestion="Boolean1" />
        <answer response="*" nextQuestion="Remainders1" />
      </question>

      <question id="Boolean1">
        How many values are there of Boolean type?
        <answer response="2" nextQuestion="Finish" />
        <answer response="two" nextQuestion="Finish" />
        <answer response="*" nextQuestion="Boolean2" />
      </question>

      <question id="Boolean2">
        What JavaScript operator best represents the English word "and"?
        <answer response="&&" nextQuestion="Finish" />
        <answer response="*" nextQuestion="Boolean1" />
      </question>

      <question id="Finish">
        You seem to have mastered JavaScript. Start over?
        <answer response="yes" nextQuestion="Numbers1" />
        <answer response="no" nextQuestion="EXIT" />
      </question>

    </div>
  </body>
</html>
```

图 12-15　小型 Javascript 课程的 HTML 文件

图 12-16 给出了 **TeachingMachine** 应用程序本身的代码。该程序首先将变量 **questionXML** 设置为与 **index.html** 文件中的第一个问题相对应的 DOM 对象，该对象位于所有 **<question>** 标签的数组索引 0 处。然后，程序将调用 **askQuestion** 以显示当前问题的文本，内部使用了 **console** 对象导出的新方法 **console.write**，该方法类似于 **console.log**，将输出发送到控制台。区别在于 **console.write** 会将其参数解释为 HTML 而不是简单的字符串，这意味着课程设计者可以在问题中包含 HTML 格式化标签。**console.write** 的参数是包含在 **<question>** 标签的完整 HTML 内容中，该标签与字符串 **"
"** 相连，从而确保问题以换行符结束。

```
/*
 * File: TeachingMachine.js
 * ------------------------
 * This program executes a programmed instruction course.  The questions
 * and answers appear in the index.html file in the following form:
 *
 *    <div style="display:none;">
 *      <question id="...">
 *         . . . text of the question . . .
 *          <answer response="..." nextQuestion="..." />
 *         . . . more <answer> tags . . .
 *      </question>
 *      . . . more <question> tags . . .
 *    </div>
 */

"use strict";

/* Main program */

function TeachingMachine() {
   let questionXML = document.getElementsByTagName("question")[0];
   askQuestion();

   function askQuestion() {
      console.write(questionXML.innerHTML + "<br />");
      console.requestInput("> ", checkAnswer);
   }

   function checkAnswer(str) {
      let answerXML = getAnswerXML(str.toLowerCase());
      if (answerXML === null) {
         console.log("I don't understand that response.");
      } else {
         let nextQuestionId = answerXML.getAttribute("nextQuestion");
         if (nextQuestionId === "EXIT") return;
         questionXML = document.getElementById(nextQuestionId);
      }
      askQuestion();
   }

   function getAnswerXML(str) {
      let answers = questionXML.getElementsByTagName("answer");
      for (let i = 0; i < answers.length; i++) {
         let answerXML = answers[i];
         let response = answerXML.getAttribute("response").toLowerCase();
         if (response === str || response === "*") return answerXML;
      }
      return null;
   }
}
```

图 12-16　教学机的 JavaScript 代码

一旦将问题的文本写入控制台，**askQuestion** 函数就会获取用户输入的那一行文本。当用户完成这一行的输入之后，控制台将调用 **checkAnswer** 回调函数来处理用户的响应。**checkAnswer** 函数调用 **getAnswerXML** 来查看用户输入的字符串，查看该字符串是否与此问题期望的某一个答案相匹配。如果没有匹配，函数 **getAnswerXML** 返回 **null**，此时，回调函数 **checkAnswer** 显示一条消息，要求用户重试。如果找到匹配项，则函数 **getAnswerXML** 返回相应 **<answer>** 标签的 DOM 对象。在这种情况下，函数 **checkAnswer** 可以从该对象中检索 **nextQuestion** 属性并提出下一个问题。

TeachingMachine 应用程序包含几个值得注意的特殊属性。

- 如果 **<answer>** 标签中的 **response** 属性是字符串 **"*"**，那么它匹配用户输入的任何答案。函数 **getAnswerXML** 按顺序检查 **<answer>** 标签，因此仅将 **"*"** 选项用作最终选项是有意义的。

- 如果 **nextQuestion** 属性是字符串 **"EXIT"**，则 **TeachingMachine** 将该值解释为结束课程的请求。

12.5.3 更改应用程序领域

事实上，**TeachingMachine** 应用程序从 **index.html** 文件中获取其所有数据，这使得在完全不同的上下文中使用该程序成为可能。例如，如果你更改了 XML 条目，如图 12-17 所定义的课程内容，则 **TeachingMachine** 程序将会玩起一个类似于威利·克罗瑟（Willie Crowther）在 1970 年代创建的冒险（Adventure）程序的游戏。

```
<div style="display:none;">
  <question id="OutsideBuilding">
    You are standing at the end of a road before a small brick
    building.  A small stream flows out of the building and down
    a gully to the south.  A road runs up a small hill to the west.
    <answer response="south" nextQuestion="Valley" />
    <answer response="in" nextQuestion="InsideBuilding" />
    <answer response="west" nextQuestion="EndOfRoad" />
  </question>
  <question id="Valley">
    You are in a valley in the forest beside a stream tumbling along
    a rocky bed.  The stream is flowing to the south.
    <answer response="south" nextQuestion="SlitInRock" />
    <answer response="north" nextQuestion="OutsideBuilding" />
  </question>
  <question id="SlitInRock">
    At your feet all the water of the stream splashes down a two-inch
    slit in the rock.  To the south, the streambed is bare rock.
    <answer response="north" nextQuestion="Valley" />
    <answer response="south" nextQuestion="OutsideGrate" />
  </question>
  . . . entries for the other rooms . . .
</div>
```

图 12-17　基于文本的冒险游戏的 XML 定义

作为克罗瑟冒险游戏的一名玩家，你将扮演一个漫游世界的冒险家。游戏中的各个地点通常称为房间，即使它们可能在室外。你可以通过键入简单的命令从一个房间移到另一个房间，如下所示。

```
                    Adventure!
You are standing at the end of a road before a
small brick building.  A small stream flows out
of the building and down a gully to the south.
A road runs up a small hill to the west.
> south
You are in a valley in the forest beside a stream
tumbling along a rocky bed.  The stream is flowing
to the south.
> south
At your feet all the water of the stream splashes
down a two-inch slit in the rock.  To the south,
the streambed is bare rock.
>
```

总结

本章向你介绍了如何将 JavaScript 与 HTML 和 CSS 结合起来用于创建交互式 Web 页面。尽管对这些功能的完整讨论需要另一本书，但是本章中的示例足以使你入门。本章的重点包括以下内容：

- 包含 **\<button\>** 标签的 HTML 显示为一个屏幕上的按钮。单击按钮将运行与 **onclick** 属性关联的 JavaScript 代码。

- **\<button\>** 标签只是本章介绍的许多新 HTML 标签之一。图 12-2 总结了本章中使用的标签。

- HTML 中的大多数标签都是成对的，因此它们既有开始标签又有结束标签，不过有一些标签是独立的。按照惯例，本书中的独立标签都在右尖括号前包含一个斜杠，如 **\<br/\>**。

- 创建 Web 页面上显示的元素的标签分为两类，块级元素具有自己的垂直空间的文本区域，内联元素出现在一行中并且会填充，就像标准的文本一样。

- HTML 支持多种字符实体，这些字符实体用于显示标准键盘上未出现的字符或在 HTML 中具有特殊意义的字符。图 12-3 列出了最重要的字符实体。

- **\<img\>** 标签使在 Web 页面中显示图片成为可能。**src** 属性指定图片的来源，而 **alt** 属性提供替代的文本描述，以提供更强的可访问性。

- HTML 文件使用 **\<a\>** 标签来定义超链接，这是一个活动链接，从一个页面跳转到另一个页面。

- HTML 定义了构成 Web 页面的元素结构，CSS 定义了元素样式。

- CSS 规范由一组 CSS 规则组成，每条 CSS 规则都将选择器与一组 CSS 声明相关联，这些 CSS 声明定义了属性及其对应的值之间的关系。图 12-6 列出了 CSS 中一些最重要的样式属性。

- CSS 规则中的选择器可以是标签名称，带点号的类名称或带 # 符号的特定 ID 名称。

- 涉及长度的 CSS 属性可以使用多种后缀来指定度量单位。这些后缀在图 12-7 中列出。

- CSS 规范可以出现在单个元素的 **style** 属性中，也可以在 **index.html** 文件的 **\<style\>** 部件中，或者在使用 **\<link\>** 标签加载的单独样式表中。

- 块级元素的间距和边框遵循 CSS 盒子模型的规则，该规则在图 12-8 中显示。

- 浏览器将 HTML 文件的全部内容读取到称为文档对象模型（DOM）的层次数据结构中。DOM 层次结构的每个层级都定义了可由任何子类继承的字段和方法。图 12-10 和图 12-11 给出了 DOM 层级结构。当前页面的 **HTMLDocument** 对象存储在全局 **document** 变量中。

- **Node** 类中的 **addEventListener** 方法使得可以为任何 HTML 元素中发生的

事件指定一个回调函数。这些回调函数通常涉及应用程序的由闭包引用的私有数据。除非调用 **stopPropagation**，否则事件将传播到所有祖先元素。

❑ DOM 允许 JavaScript 程序引用 CSS 定义的属性。把包含连字符的 CSS 数学名称改写成驼峰形式，因此 CSS 属性 **font-size** 在 JavaScript 中变为 **fontSize**。

❑ JavaScript 应用程序可以将数据编码为 XML（可扩展的标记语言），从而将数据存储在 **index.html** 文件中。

复习题

1. **<button>** 标签中的哪个属性可以将 JavaScript 代码与 HTML 按钮相关联？

2. 在 HTML 中独立标签的标准约定是什么？

3. 用你自己的话描述块级元素和内联元素之间的区别。

4. 什么是字符实体？

5. 如何在 Web 页面中表示以下每个字符：与字符（**&**）、小于号（**<**）、大于号（**>**）和不会跨一行边界的空格？

6. 为什么即使所有现代浏览器都可以显示图片，但在 **<img>** 标签中包含 **alt** 属性仍然很重要？

7. 谁创造了超链接一词？ 在本章中提到哪两个人在 20 世纪初提出过类似的想法？

8. 你会使用什么 CSS 规则来对齐页面上所有段落中的文本？

9. 本章列出的 CSS 选择器的三种形式是什么？

10. CSS 样式规则可能出现的三个地方是什么？

11. 描述 CSS 盒子模型中的属性 **border**、**margin**、**padding** 和 **content** 之间的关系。

12. DOM 是什么的缩写？

13. 本章所提到的 DOM 复杂性是什么原因？

14. **HTMLBodyElement** 类是否支持 **addEventListener** 方法？

15. **TemperatureConverter.js** 程序没有包含防止用户在输入框中输入数字以外的内容的代码。如果出现这种情况，程序会发生什么？

16. 在 12.4.3 节中，为什么在第三个图片中，目录的 1.5 节前没有三角形？

17. 图 12-14 中所示的 **clickAction** 函数的实现中，调用 **stopPropagation** 的目的是什么？ 如果省略此调用，会导致什么样的错误行为？

18. JavaScript 如何处理那些带有连字符的 CSS 属性？（注意：在 JavaScript 中，标识符里使用连字符是不合法的。）

19. 为了改变变量中存储的 HTML 元素使其字体大小变为原来的 2 倍，你可以使用什么 JavaScript 代码？

20. 在 Microsoft 文件类型 **.docx** 和 **.pptx** 中的 **x** 代表什么？

21. 判断题：浏览器在 HTML 文件中遇到无法识别的标签时会报错。

22. 描述 **console.log** 和 **console.write** 之间的区别。

练习题

1. 如本章所述，**HitchhikerButton** 页面显示的按钮不是道格拉斯·亚当斯描述的"吸引人的红色大按钮"。使用 CSS 样式可以更改字体大小、文本颜色、背景颜色和按钮的对齐方式，使其看起来在窗口中水平居中，如下所示。

2. 从你为上一道练习题编写的版本开始，重写 **HitchhikerButton** 页面，使其在按下按钮的前三次时提示消息变得越来越尖锐，如下所示。

　　在用户第三次按下按钮后，它应该停止响应，要改成这种情况，即你需要创建一个包含实现按钮回调函数的代码的 **HitchhikerButton.js** 文件。

3. 在 6.2 节的图 6-1 中，向 **DrawDots.js** 程序中添加一个"Clear"按钮。按下 Clear 按钮将删除图形窗口中先前绘制的所有点。

4. 在显示 Paul Otlet 图片的 Web 页面的 **index.html** 文件中添加必要的 CSS 样式，使图片在窗口中居中，并动态调整大小，使其宽度为窗口大小的三分之一。将标题和来源放在图片下方，使屏幕图片如下所示。

5. 写一个"专注力"（Concentration）游戏程序。游戏的布局由一副打乱的纸牌组成，排四行，每行十三张，并且面朝下。然后玩家翻转任意两张牌。如果这些牌的点数匹配，则两张牌都将从布局中移除。如果它们不匹配，牌就会再次面朝下，玩家有机会挑选新的牌。这个游戏的目的是为了训练你记忆在之前几轮中见过的牌。图 12-18 中的屏幕效果显示了玩家翻过两个匹配的皇后后的游戏状态，这两个皇后将从布局中移除。你的程序应该在移出或翻转卡片之前暂停两秒钟，以便玩家可以记住它们的位置。

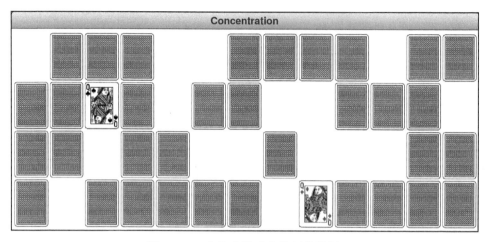

图 12-18　专注力游戏中的屏幕效果

这个问题的挑战是在不使用图形库的情况下实现专注力游戏。这些卡片应该使用 **\<img\>** 标签显示，你的程序应该通过更新 **src** 属性为适当的图片文件的名称来更新屏幕上的图片。本书配套的网站包括了一副标准纸牌的图片文件。

6. 如 **TeachingMachine.js** 程序所示，当用户给出错误答案时，**TeachingMachine.js** 程序不会提供任何反馈。添加必要的代码，允许 **\<answer\>** 标签中出现可选的 **msg** 属性。如果存在此属性，则程序应在访问下一个问题之前显示该消息。

7. 修改和扩展 **TeachingMachine.js** 程序，使之成为一个更有趣的冒险游戏。你需要做的改变包括：

❑ 更新 XML 结构，使新标签的名称适合冒险的上下文。例如，使用名称为 **\<room\>** 和 **\<passage\>** 的标签比使用名称 **\<question\>** 和 **\<answer\>** 的标签似乎更好。

❑ 通过引入一个新的 XML 标签 **\<object\>**，添加物品到游戏中，如下所示：

```
<object name="keys" description="a set of keys"
        room="InsideBuilding" />
```

本例中的属性指定物品的名称，用于描述物品的字符串以及物品最初放置的房间。

❑ 实现允许玩家使用对象的用户命令 **TAKE**、**DROP** 和 **INVENTORY**。例如，

　　　TAKE KEYS 命令表示从当前房间拿起"keys"并将其添加到玩家物品清单中，
　　　DROP KEYS 表示将"keys"留在当前房间中，INVENTORY 命令应该显示玩
　　　家所携带物品的描述。

❑ 为了创建有趣的谜题，只有当玩家携带一些物品时，才允许玩家在通道中移
　　动。例如，标签：

```
<passage direction="down" key="keys"
         destination="BeneathGrate" />
```

　　它表示如果玩家物品清单中有"keys"物品，则可以向下移动到 id 属性为
"BeneathGrate" 的房间。稍后 <passage> 标签可以指定如果玩家尝试在没有
"keys"的情况下向下移动时如何响应。

推荐阅读

普林斯顿计算机公开课

作者：［美］布莱恩 W. 柯尼汉　ISBN：978-7-111-59310-2　定价：69.00元

智能新时代不可不知的计算常识

人人都能读懂的数字生活必修课

哈佛概率论公开课

作者：［美］贝内迪克特·格罗斯 等　ISBN：978-7-111-66377-5　定价：79.00元

智能时代不可不知的数学世界观

人人都能读懂的通识概率普及课